마쓰다식
임신 출산 육아 백과

-만 1세 반에서 7세까지-

마쓰다 미치오 지음
김순희 옮김

AK

이 책을 읽는 방법

❶ 이 책은 굳이 처음부터 끝까지 전부 다 읽지 않아도 됩니다. 아기가 생후 1개월이 되면 1개월에 해당하는 내용을, 만 1세가 되었다면 만 1세 된 아기에 대한 내용을 찾아서 읽으시면 됩니다.

❷ '이 시기 아기(이)는'은 각 시기별 아기의 성장 흐름과 개성이 어떻게 나타나는지를 알려줍니다.

❸ '이 시기 육아법'과 '환경에 따른 육아 포인트'에는 엄마가 꼭 알아두어야 할 육아 정보가 담겨 있습니다. 자신의 아이에게 해당되는 월령이나 나이에 맞춰 미리 꼼꼼하게 읽어보시기 바랍니다.

❹ '엄마를 놀라게 하는 일'은 아이를 키우면서 발생할 수 있는 여러 돌발상황에 관한 정보입니다. 아이가 평소와 다른 모습인 것 같아 보일 때 해당되는 월령에 정리된 내용을 참고하면 됩니다. 아이의 이상 증상에 관한 정보는 책의 맨 뒷부분에 정리된 '색인'을 통해서도 찾아볼 수 있습니다. 하지만 엄마의 눈에 이상하게 보이는 일도 아이에게는 병이 아닌, 하나의 개성인 경우가 많습니다.

❺ '보육시설에서의 육아'는 이르면 생후 2~3개월부터 보내게 되는 공동 육아시설에 종사하는 사람들이 알아두어야 할 육아 정보를 담고 있습니다. 부모에게 또한 가정에서의 예의범절 교육을 보충하는 데 도움이 될 수 있습니다.

❻ 책 내용을 좀 더 한눈에 알아볼 수 있도록 내용이 설명하는 주체에 따라 각기 다른 그림을 사용하고 있습니다. 🧒은 아기(이)에게서 나타나는 현상이나 변화 등 아기(이)에 관한 내용입니다. 👩은 부모가 알아두어야 할 육아정보입니다. 👨은 아빠가 알아두어야 할 정보입니다.

❼ 이 책은 아기(이)를 키우는 부모뿐 아니라 육아 관련 업종에 종사하는 모든 사람들도 함께 보고 간직해야 할 육아 필독서입니다.

유치원과 보육시설의 영·유아 교사라면 자신이 맡고 있는 아이들에게 해당되는 '이 시기 아기(이)는'을 읽어본 후, '보육시설에서의 육아'에 관한 정보를 꼼꼼히 체크할 필요가 있습니다. 특히 아이에게 '엄마를 놀라게 하는 일'의 내용과 같은 상황이 발생하면 그 월령이나 나이에 해당되는 부분의 정보를 찾아보기 바랍니다. 물론 나머지 내용도 보육시설에서 육아를 하는 데 꼭 필요한 정보입니다.

보건소에서는 육아를 지도하기 전에 해당 월령의 '이 시기 아기

(이)는'과 '이 시기 육아법'을 읽어보고 아기의 개성을 파악하면 도움이 될 것입니다.

❽ 그리고 이 책을 읽는 모든 독자가 절대 빠트리지 않고 읽어 늘 염두에 두어야 할 내용이 있습니다. 바로 '장중첩증', '돌발성 발진', '겨울철 설사'에 관한 내용입니다. 이 질병들을 모르고 지나치면 큰 병이 될 수 있습니다. 꼼꼼히 읽고 숙지하여 육아에 활용하시기 바랍니다.

목 차

무엇이든 흉내내기도 하고
심하게 떼쓰는 일도 생깁니다.
아이의 개성이 확실하게 두드러지는 때입니다.
자립과 의존 사이에서 방황하는 시기로
부모는 아이가 자립심을 키울 수 있도록
도와주어야 합니다.

17

만 1세 반 ~ 2세

이 시기 아이는

360. 만 1세 반~2세 아이의 몸

● 개성이 확실하게 두드러지는 시기로 무엇이든 흉내 내려 하고 심하게 떼를 쓰기도 한다.

● 자립과 의존 사이에서 방황하는 시기로 자립심을 키울 수 있도록 도와줘야 한다.

무엇이든 흉내 내려고 합니다.

만 2세가 된 아이는 아기라고 부르는 것이 더 이상 어울리지 않습니다. 그만큼 독립적인 인격체가 되었기 때문입니다. 이 시기의 아이는 무엇이든 흉내내려고 합니다. 창조를 위한 테크닉을 배우고 있는 것입니다.

다리가 튼튼해지고 한쪽 발로 1~2초 동안 서 있을 수도 있습니다. 뒷걸음질 칠 수도 있고, 잘 넘어지지만 뛸 수도 있습니다. 계단도 오르락내리락하고, 밥상 위에 올라가 뛰어 내리기도 합니다.

점차 공도 던질 수 있게 됩니다. 발로 찰 수도 있습니다. 블록을 주면 5~6개 정도 끼워 쌓을 수 있습니다. 손도 섬세하게 움직일 수 있어 책장을 넘기기도 합니다. 수도를 틀어주면 그 밑에서 손 씻는 시늉을 합니다.

만 1세 반일 때는 10개 정도의 단어밖에 말하지 못했던 아이가 이제 어설프게나마 어른과 대화할 수 있습니다. 이웃 아이인 수진이가 우는 소리를 듣고 "수진이 앙 한다"라고 말할 수 있게 됩니다. 그림 맞추기를 시키면 동그라미, 세모, 네모 등을 끼워 맞출 줄도 압니다. 텔레비전을 보다가 광고에서 간단한 노래가 나오면 따라 부르기도 합니다.

●

심하게 떼를 쓰기도 합니다.

일단 기분이 상하면 떼쓰는 방법도 격해집니다. 바닥에 드러누워 손발을 바둥거리며 화를 내는 아이도 있습니다. 물건을 던지는 것도 배웁니다. 같은 나이의 아이가 다가오면 좋아하고, 조금 큰 아이가 거리에서 놀고 있으면 계속 쳐다봅니다. 그러나 막상 또래 아이들과 함께 있게 해주면 어울려 놀지는 못합니다.

자기 물건에 대한 소유 의식이 강해져서 자기 장난감을 다른 아이가 만지면 화를 내며 끌어안고 놓지 않습니다. 어른이 처벌을 가하거나 병원에서 무리하게 붙잡고 링거 주삿바늘을 꽂으면 때리거나 할퀴기도 합니다.

●

자립과 의존 사이에서 방황합니다.

운동 능력과 지혜가 발달하여 한 인간으로서 성장하고 있는 것은 사실이지만 엄마에게 의지하려는 마음이 아직 강합니다. 만 1세 정도에 모유를 떼지 못한 아이들 중에는 이 시기에 낮에도 엄마에게 젖을 달라고 하는 아이가 많습니다.

이른 시기부터 엄마 곁에서 자는 습관이 없었어도 엄마에게 기대어 자고 싶어 합니다. 엄마가 거부하면 대상행위로 담요를 껴안거나, 수건을 입에 넣고 우물거리거나, 자기 엄지손가락을 빨면서 잠이 듭니다.

자립과 의존 사이에서 방황하는 것이 만 1세 반에서 2세까지의 특징입니다. 그러므로 이 시기에 부모는 아이가 마음을 안정시킬 정도의 의존을 허용하면서 아이를 격려하여 자립으로 이끌어가야 합니다. 어느 정도는 엄마에게 의지하면서 자신의 일을 스스로 하는 습관을 기르도록 하는 것이 이 시기의 교육 목표입니다.

아이가 자신의 의지대로 한 일이 좋은 결과를 얻었을 때의 기쁨을 몇 번이고 경험하게 해주어야 합니다. 그러려면 사고가 나지 않도록 위험 요인을 모두 제거한 뒤 아이에게 자신의 능력을 시험해볼 수 있는 모험의 기회를 만들어줍니다.

그런데 안타깝게도 요즘 대부분의 가정에는 아이가 모험을 해볼 만한 공간이 없습니다. 좁은 방과 차가 많이 다니는 도로밖에 없는 곳에서는 하고 종일 "위험해!", "안돼!"를 연발하면서 아이의 모험을 방해하게 됩니다. 고작해야 아이가 뛰어가다가 넘어졌을 때 일으켜주지 않는 것으로 자립성을 키워주는 정도입니다.

●

엄마의 배려가 아이의 자립심을 저지시킵니다.

생활의 합리화를 좋아하는 엄마는 아이가 스스로 하는 것을 기다리지 못합니다. 기다리는 것을 시간 낭비라고 생각하기 때문입니다. 보고 싶은 텔레비전 프로그램이 시작되기 전에 빨리 끝내야 하므로 아이가 스스로 팬티 벗는 것을 기다리지 못하고 엄마가 벗겨서 화장실로 데리고 갑니다.

식사할 때도 아이가 숟가락을 사용해서 먹는 것을 기다리지 못하고 엄마가 재빠르게 먹여줍니다. 아이에게 직접 컵을 주어 마시게 하면 흘리는 것이 싫어서 엄마가 컵을 들어주고 마시게 합니다. 이렇게 엄마가 무엇이든 다 해주면, 처음에 자기가 직접 하려고 했던 아이도 그것이 편해져서 나중에는 스스로 하지 않게 됩니다. 엄마의 이런 행동은 아이로 하여금 자립하지 못하고 의존하게 만듭니다.

●

엄마는 육아시간을 아까워해서는 안 됩니다.

아이가 스스로 하려고 하는 것을 옆에서 지켜보고 있다가 격려해주고, 잘하면 칭찬해 줍니다. 아이가 숟가락으로 먹으려고 하면 흘리거나 더럽혀도 신경 쓰지 말아야 합니다. 입으로 가져가기만 하면 기뻐해 줍니다. 한 번 컵으로 잘 마신 아이에게는 "자, 컵으로 마시자"라며 격려해 줍니다. 목욕할 때도 아이가 스스로 옷을 벗으려고 하면 바쁘더라도 거들어주지 말고 "어디, 잘 벗을 수 있나 볼까?", "조금만 더, 조금만 더" 하고 격려해 주어야 합니다.

만 2세 가까이 되어도 "맘마"와 "빵빵"밖에 말하지 못하는 아이가 늘고 있습니다. 친구가 없이 텔레비전만 보는 아이들 중에 이런 아이가 많습니다. 물론 천성적으로 말이 늦은 아이도 있습니다. 하지만 의미 있는 말을 한마디라도 할 수 있다면 반드시 말을 잘할 수 있게 됩니다.

아이의 자립을 격려해 줄 뿐만 아니라 자립할 수 있는 능력을 키워주어야 합니다. 몸을 움직이는 능력을 단련시키기 위해서는 되도록 넓은 곳에서 아이의 체력에 맞는 놀이 기구를 이용하여 놀게 해주어야 합니다. 이것은 집에서는 쉽지 않은 일입니다.

●

체력과 함께 지혜의 훈련도 필요합니다.

만 1세 반이 지난 아이는 "이게 뭐야?"라고 끊임없이 질문합니다. 이 말을 하면 엄마가 자신에게 무언가를 열심히 대답해 준다는 것을 알고 "이게 뭐야?"를 되풀이하는 것입니다. 이때 엄마는 성실하게 대답해 주어야 합니다. 바쁘다고 해서 "나중에"를 반복하면, 아이는 부모에게 말하고 싶은 의욕을 잃게 될 뿐만 아니라 부모가 말을 걸 때 자기도 "나중에" 하고 피해 버립니다.

엄마는 백과사전처럼 대답해 주지 말고 시인처럼 대답해 주는 것이 좋습니다. 그 상황에서 아이가 알고 싶어하는 것을 아이의 눈높이에 맞추어 간략하고 정확하게 대답해 주도록 합니다. ^{426 아이 질문에 답하기}

●

개성이 확실하게 두드러집니다.

각양각색인 개성이 이미 이 시기부터 확실하게 나타납니다. 음악을 좋아하는 아이는 라디오나 텔레비전에서 음악이 나오면 귀를 기울입니다. 음악에 맞추어 몸을 움직이기도 합니다. 그림 그리기를 좋아하는 아이는 크레용이나 매직을 주면 혼자서 무언가를 그립니다.

책을 좋아하는 아이는 그림책을 뚫어질 정도로 봅니다. 운동을 좋아하는 아이는 밖에 나가 달리거나 뛰어놉니다. 도구 만지기를 좋아하는 아이는 전기 기구를 장난감삼아 놀기도 하고, 의자 나사를 돌려 빼보기도 합니다.

아이는 자기가 좋아하는 일을 하면 즐거워하므로 부모는 그것을 도와주어야 합니다. 음악을 좋아하는 아이에게는 함께 노래를 불러주면 좋습니다. 그림을 좋아하는 아이에게는 커다란 종이를 줍니다.

책을 좋아하는 아이에게는 서점에 데리고 가서 그림책을 고르게 합니다. 운동을 좋아하는 아이에게는 세발자전거를 사줍니다. 도구를 좋아하는 아이에게는 공작을 할 수 있는 장난감을 줍니다.

밤의 수면 시간은 아이가 활동형인지 아닌지에 따라 달라집니다. 활동형인 아이는 밤에 늦게까지 놀고 아침에도 늦잠을 자지 않습니다. 밤 9시가 지나 겨우 잠들고도 아침 7시면 일어납니다. 반면 느긋한 아이는 밤 7시에 잠들어 아침 7시까지 내리 잡니다. 놀기 바쁜 아이는 낮잠도 오전이나 오후에 1시간만 자도 금방 기운이 회복되는 경우가 많습니다. 그러나 잘 자는 아이는 2시간 이상 자기도 합니다. 326 재우기 밤에 취침 전에는 가능하면 아이 스스로 옷을 벗도록 합니다. 단추만 풀어주어 아이가 직접 옷을 벗게 하고, 잠옷도 스스로 소매를 끼도록 합니다. 단, 겨울에는 방이 너무 추우면 옷 벗는 것을 싫어하므로 난방을 잘해야 합니다.

●

이가 총 16개가 됩니다.

이 시기에 이는 위아래 앞니 각각 4개씩과 송곳니와 어금니가 좌우상하로 각각 1개씩 나서 전부 16개가 됩니다. 자기 전에 칫솔질을 시키는 것은 아직 무리입니다. 부모가 닦아주려면 식사 후가 좋습니다. 똑바로 아이 머리를 부모 무릎에 끼우면 닦아주기 쉽습니다.

식사는 되도록 가족이 모여 함께 하는 것이 좋습니다. 부모는 아이가 어떤 음식을 가리는지 알 수 있으며, 아이는 가정의 단란한 분위기를 느끼게 됩니다. 이 나이에는 하루에 세 번의 식사와 두 번의 간식, 생우유 400~600ml를 먹는 아이가 많습니다. 그러나 아침은 그다지 먹으려고 하지 않고 빵 조금이나 비스킷 또는 삶은 달걀과 생우유 200ml를 먹는 아이가 많습니다.

●

밥은 그다지 많이 먹지 않습니다.

이 시기의 아이는 밥을 그다지 많이 먹지 않습니다. 한 번에 어린이용 밥그릇으로 1공기를 다 먹는 아이보다 그렇지 않은 아이가 훨씬 많습니다. 하루 먹는 양이 어린이용 밥그릇으로 1공기가 전부인 아이도 적지 않습니다. 그래도 달걀이나 생선, 고기를 반찬으로 먹고 있다면 괜찮습니다.

밥과 반찬은 별로 먹지 않지만 생우유를 1000ml나 먹는 아이도 있습니다. 이렇게만 먹어도 만 1세 반에서 2세의 인생을 살아가는 데는 충분하며, 이것이 장래에 나쁜 영향을 미치지는 않습니다.

아이가 먹을 수 있는 반찬의 범위가 넓어짐에 따라 어느 아이에게나 있는 음식에 대한 선호의 정도가 점점 심해져 "편식"이라는 형태를 띠게 됩니다. 편식은 아이의 미각에 개성이 있다는 것입니다. 편식이 반드시 유해하다고는 말할 수 없습니다. 엄마가 말하는 편식은 자신이 만든 요리를 남김없이 먹어주지 않는다는 뜻에 불과합니다.

소식도 걱정할 필요가 없습니다. 그것보다도 이 시기에는 아이 혼자서 먹을 수 있도록 훈련시키는 것이 중요합니다. 숟가락으로 떠서 먹을 수 있도록 아이를 격려해야 합니다. 컵도 혼자서 들고 떠마시도록 해야합니다.

소식이나 편식을 걱정하여 처음부터 자신이 직접 숟가락이나 젓가락으로 먹여주는 엄마가 많습니다. 아이의 인생에서는 밥을 반 공기 더 먹는 것보다 혼자서 숟가락을 들고 식사할 수 있다는 자립심을 길러주는 것이 더 중요합니다. 야채를 안 먹는 아이가 많은데 과일을 먹는다면 영양에는 문제가 없습니다.

떠먹는 요구르트는 변이 단단한 아이에게 도움이 됩니다. 또 밥도 잘 먹고 생우유도 1000ml나 먹는 대식가인 아이에게는 "미용식"

으로 생우유 대신 떠먹는 요구르트를 먹이는 것이 좋습니다.

배설 훈련은 춥지 않은 계절이라면 시작해도 좋습니다. 하지만 마침 추운 계절에 접어들었다면 6개월 정도 늦추어도 됩니다. ^{363 배설}
훈련

●

낮에 소변을 가리더라도 밤에는 대부분 못 가립니다.

배설 훈련은 방법의 좋고 나쁨보다도 아이의 배설 유형과 성격에 따라 달라집니다. 어떤 아이라도 대소변은 반드시 가리게 되고 혼자서 처리할 수 있는 시기가 오므로 조급하게 생각해서는 안 됩니다.

배설은 아이 자신이 하는 것이므로 아이에게 자립심이 생기는 것이 중요합니다. 엄마가 너무 열심히 배설 훈련을 시키면 아이는 배설을 엄마에게 맡겨버리거나 자립심을 저항으로 표현하게 됩니다. 이 나이에는 낮에는 소변을 가리더라도 밤에는 대부분 잘 가리지 못합니다. 밤에만 기저귀를 차는 것이 보통입니다.

아이가 밖에 나가 다른 아이들과 놀거나 큰 아이가 집에 놀러 오면 전염병에 걸릴 기회가 많아집니다. 그러므로 홍역, 풍진, 수두, 볼거리 등의 초기 증상을 알아두는 것이 좋습니다. 그러나 빈도로 보아 가장 많은 병은 바이러스로 인한 감기입니다. 자가중독도 만 1세 반이 넘으면 조금씩 나타납니다. ^{369 자가중독증이다}

아이가 혼자서 집 밖으로 나가는 일도 있으므로 대형 사고가 일어날 수도 있습니다. 특별한 주의가 필요합니다. ^{366 이 시기 주의해야 할 돌발 사고}

DTaP 추가 접종을 해야 합니다.

아기 때 DTaP를 접종한 아이는 태어난 지 정확히 1년 반 되었을 때 추가 접종을 하는 것이 좋습니다. 이전에 3회 연속으로 주사를 맞았을 것이므로 이번에는 1회만 맞으면 됩니다. ^{430 추가 예방접종}

생후 2개월에 시작하는 헤모필루스 인플루엔자 B형 예방접종(뇌수막염 예방)을 아직까지 못했을 경우 의사와 상담하여 이 시기에 접종하도록 합니다. ^{150 예방접종}

361. 먹이기

- 계절에 따라 많이 먹기도하고 덜 먹기도 한다. 중요한 것은 즐겁게 먹는 것이다.

계절에 따라 잘 먹는 시기가 있습니다.

계절에 따라 아이가 잘 먹는 시기와 그렇지 않은 시기가 있습니다. 소식하는 아이는 여름에 접어들면서 먹는 양이 줄어듭니다. 또 여름에 체중이 줄어드는 아이도 드물지 않습니다.

계절에 관계없이 잘 먹는 아이도 있는데 이런 아이는 너무 많이 먹어서 비만이 되지 않도록 주의해야 합니다. 이 연령에 체중이 13kg 이상이면 절식의 의미로 과일을 많이 먹이고, 생우유 대신 요구르트를 먹이도록 합니다.

대식도 소식도 하지 않는 보통 아이의 하루 식사는 다음의 예와 비슷할 것입니다.

08시 30분(식탁 의자에서) 요구르트, 밥 1/3공기 또는 식빵 1조각

10시 생우유 200ml, 과일

13시 30분(식탁 의자에서) 밥 1/2공기(또는 우동이나 스파게티),

생선(어른과 같은 양) 또는 달걀 1개, 야채

15시 생우유 150ml, 비스킷

18시 30분(식탁에 둘러앉아) 밥 1/3공기, 생선(어른과 거의 같은 양)

또는 고기(어른의 1/3), 야채

목욕 후 생우유 200ml

이 아이는 숟가락을 그런대로 사용합니다. 처음 4~5분 동안은 스스로 밥을 떠서 먹지만 그 이상은 먹으려 하지 않습니다. 엄마가 나머지를 숟가락으로 먹여주지만 기껏해야 어린이용 밥그릇 1/2공기밖에 먹지 않습니다. 먹여주지 않으면 도중에 밥을 그만 먹을 때는 나머지는 엄마가 먹여주는 것이 좋습니다.

아무리 시간이 걸려도 아이 혼자서 1공기를 다 먹을 때까지 엄마가 계속 옆에서 격려하는 것은 현명하지 못한 방법입니다. 이렇게 하면 식사하는 데 1시간 정도 걸립니다. 30분 내에 식사를 마치고 단련할 시간을 확보해야 합니다. 이럴 때는 식탁 의자에 앉혀놓고 엄마가 남은 밥을 먹여줍니다. 아이에 따라 밥이나 빵을 거의 먹지 않는 경우도 있습니다. 하지만 반찬을 많이 먹고 생우유를 500ml 정도 먹는다면 걱정하지 않아도 됩니다. 생우유는 엄마가 같이 있을 때만 컵에 줍니다. 분유를 먹고 자란 아이는 아직 젖병을 떼지 못한 경우도 많습니다.

편식을 고치려고 싫어하는 음식을 무리해서 먹이면 아이는 식탁에 앉기를 거부하고 도망갑니다. 우선 부모가 무엇이든지 맛있게 먹어야 아이도 이것저것 먹게 됩니다.

식사 때마다 밥 1공기를 그럭저럭 먹는 아이라면 생우유는 400ml만 먹여도 됩니다. 그러나 생우유는 전혀 먹이지 않고 밥만 더 먹이려는 것은 바람직하지 않습니다. 간식과 밥의 비율에 대해서는 325 간식 주기를 다시 한번 읽어보기 바랍니다.

빨리 숟가락을 능숙하게 사용했으면 하는 마음에 엄마가 같이 잡고 먹이면 아이가 싫어합니다. 손끝이 야무진 아이는 만 1세 반이 넘으면 젓가락을 들 수 있지만 그렇지 못해도 전혀 상관이 없습니다. 왼손잡이 아이를 자꾸 오른손잡이로 고치려고 하면 혼자서 먹지 못하게 되므로 자유롭게 왼손을 사용하게 그냥 두는 것이 좋습니다. 컵도 겨우 들고 마실 수 있게 됩니다. 처음에는 잡아주어도 됩니다. _{325 간식 주기}

362. 재우기 😊

● 엄마에 대한 애착 때문에 잠 잘때도 엄마를 곁에 두려고 한다. 잠들 때까지 10~15분 동안 엄마가 곁에 있어준다.

엄마에게 부리는 어리광이 늘어납니다.

아이가 만 1세 반에서 2세 정도 되면 밤에 잠드는 것이 그만큼 편해질 것으로 생각하면 오해입니다. 엄마에게 부리는 어리광도 그만큼 늘어납니다. 잠옷으로 갈아입히고 자리에 눕히면 그대로 조용히 잠이 드는 아이는 거의 없습니다. 졸리면 낮에는 어리광을 부리지 않던 아이도 엄마에게 매달리려고 합니다. 자리에 누워서 잠들 때까지 10~15분 동안 엄마가 옆에 붙어 있어야 하는 아이가 압도적으로 많습니다. 엄마들은 여러 가지 방법을 시도해 본 결과 어떤 것이 자기 아이를 가장 편하게 재우는 방법인지 알 수 있게 됩니다.

"쉬!"라고 말할 수 있다거나 숟가락을 사용할 수 있는 자립 행동이 가능해졌다고 해도 아직 아이의 마음속에는 엄마에 대한 끊을 수 없는 애착이 남아 있습니다. 그래서 엄마를 곁에 두려고 합니다. 그런데 이를 거부하며 혼자 자라고 야단치는 것이 과연 아이의 자립에 도움이 될까요?

●

마음속의 원망은 자립 행동이 늦어지게 만듭니다.

아이의 마음 깊은 곳에 자신을 거부하는 엄마에 대한 원망을 품게 한다면 나중에 스스로 신발을 신을 수 없는 것보다 더 심각한 문제를 초래합니다. 마음속에 남아 있는 원망은 엄마와의 관계를 악화시켜 엄마에 대한 협력을 거부하며 자립 행동이 늦어지게 만듭니다.

잠들기 전에 엄마가 옆에 있어주기를 원한다면 기쁜 마음으로 그렇게 해주어야 합니다. 아이를 안심시켜 편안하게 빨리 잠들게 하는 것이 현명합니다. 목욕을 시켜주면 빨리 자는 아이에게는 목욕을 시켜주는 것이 좋습니다. 잠들 때까지 손가락을 빠는 아이가 많은데, 엄마가 처음부터 옆에서 아이의 손을 잡고 있으면 예방이 될 것입니다. 아이 혼자 자도록 강요한 결과 손가락을 빨게 되는 경우가 많습니다. 손가락 빠는 것이 이미 버릇이 되어버렸다면 그것에 너무 신경을 곤두세울 필요는 없습니다. 엄마가 옆에 있어주면 빨리 잠들기 때문에 손가락을 빠는 시간도 그만큼 짧아질 것입니다.

낮잠을 자면 밤에 졸린 시간이 그만큼 늦어집니다. 그러므로 낮잠을 잔 날은 너무 일찍 재우려 하지 않는 것이 좋습니다. 자지 않고 누워 있는 시간이 길어지면 손가락을 빨거나 이불을 입에 넣고 우물거립니다.

모유를 먹고 자란 아이로 밤에만 모유를 먹는 습관을 아직 고치지 못한 경우 엄마 옆에서 5~10분 동안 모유를 먹고 잠이 든다면 그렇게 하는 것도 나쁘지 않습니다. 모유가 영양적인 측면에서 유해한 경우는, 낮에도 아직 모유에만 집착해서 다른 음식을 전혀 먹지 않을 때뿐입니다.

엄마에 대한 애착을 모유에 대한 집착으로 나타내는 아이의 경우 언제 젖을 뗄 것인지는 아이의 성격과 환경을 고려하여 심리적인 타격이 가장 적도록 해야 합니다. 잠들기 전에는 젖병을 놓지 않는 아이도 적지 않습니다. 이것이 가장 간단한 수면법이라면 그대로 두어도 상관없습니다. 낮에도 생우유를 잘 먹고 식사도 많이 한다면 비만이 되지 않도록 낮에 먹는 생우유 양을 줄입니다. 그리고 생우유에 설탕을 넣는 일은 없도록 합니다.

363. 배설 훈련 😊

● 아이에게 배설을 의식시키기 위해 소변을 보게 하기 전이나 도중, 그리고 다 본 후에 여러 번 '쉬'에 대한 얘기를 해준다.

4~6월 사이에 배설 훈련을 시작합니다.

4~6월경에 만 1세 반이 된 아이에게는 배설 훈련을 시작해도 좋습니다. 그러나 소변보는 간격이 너무 짧은 아이는 아직 무리입니다. 보리차나 주스를 자주 마시지 않으면 목이 말라서 화를 내는 아이는 소변 보는 횟수가 많기 때문에 좀처럼 시간을 예측하기 어렵습니다. 반면 소변 보는 간격이 1시간 이상인 아이는 시간을 정해 배설을 시키고, 그것이 잘되면 기저귀를 빼도 됩니다. ^{327 배설 훈련}

소변을 보게 하기 전이나 보는 도중, 그리고 다 본 후에 "쉬 하자", "쉬 나왔네", "쉬 했네"라며 여러 번 '쉬'에 대해 말해 줍니다. 아이에게 배설을 의식시키기 위해서입니다. 아이가 "쉬"라고 말하면, 배설 전이든 후든 항상 "쉬라고 말했네"라며 칭찬해줍니다.

한동안 "쉬"라고 말하며 소변을 잘 가리던 아이가 어쩌다 실수했을 때 "쉬하고 싶다고 말하라고 했잖아!"라며 엉덩이를 때리고 화를 내면 그 후부터 절대 "쉬"라고 말하지 않을 수도 있습니다.

소변을 보게 하면 몸을 뒤로 젖히면서 심하게 저항하는 아이에게 배설 훈련을 시키기는 어렵습니다. 이럴 경우 2~3주 간격을 두었다가 다시 시도해 보고 그래도 저항하면 더 미루도록 합니다.

기후, 소변 보는 간격, 아이의 기분이 잘 맞으면 배설 훈련은 10~15일 정도 만에 성공합니다. 조금 기다리면 그런 시기가 오니까 무리하게 배설 훈련을 시켜 아이를 화나게 하거나 울려서 분쟁 기간을 길게 하는 것은 현명하지 못합니다.

기후가 좋을 때 때가 되었다고 생각되면 기저귀를 빼버리고 팬티만 입혀놓습니다. 기저귀에 아무 말 없이 배변해 버리는 것이 습관이 되어버린 아이는 기저귀가 채워져 있으면 안심이 됩니다. 그래서 기저귀를 빼버리면 채워달라고 할 것입니다.

이것을 무시하고 기저귀를 채워주지 않는다면 1시간마다 화장실에 데리고 가서 소변을 보게 해야 합니다. 이때마다 소변을 잘 본다고는 장담할 수 없습니다. 아무리 기다려도 소변을 보지 않아 화장실 밖으로 데리고 나온 순간 싸버리기도 합니다. 이때 화를 내고 그다음부터 소변이 나올 때까지 화장실에 가두어두는 일은 하지 않아야 합니다. 그러면 화장실에 가는 것조차 거부하게 됩니다. 처음 2~3일은 알려주지 않고 싸버리는 경우도 있지만 곧 "쉬"라고 말하게 됩니다. 기저귀를 차지 않은 채 싸버리면 소변이 다리에 흘러 기분이 나쁘기 때문입니다.

소변을 알려주는 시기와 동시에 "응아" 하고 대변도 알려주는 아이가 있는데 소변보다는 늦게 알려주는 경우가 많습니다. 단, 순순히 따르는 아이는 정해진 시간에 대변을 보게 하면 잘 봅니다. 하지만 이것은 아이가 배설을 알려준다고는 할 수 없습니다. 결과적으로 기저귀는 절약되지만 말입니다.

●

날씨가 추워지면 훈련을 다음 해 봄으로 미루는 것이 좋습니다.

추워지는 계절(9~12월)에 만 1세 반이 된 아이에게 소변을 가리게 하기는 매우 어렵습니다. 봄이 되어 꽃이 필 때까지 기다리는 것이 좋습니다. 낮에는 소변을 알려주던 아이도 밤에는 아직 알려주지 못합니다. 대부분의 아이가 밤에는 아직 기저귀를 찹니다. 그러나 소변 보는 간격이 긴 아이는 자기 전에 소변을 보게 하면 밤중에 자다가 한 번도 소변을 안 보는 경우도 있습니다. 그러나 이것도 추워지면 잘 안 될 때가 많습니다.

남자 아이가 기저귀를 떼었을 때 소변이 똑바로 나오는 것이 아니라 옆으로 휘는 것을 보게 됩니다. 이것은 생리적인 포경 때문입니다. ^{522 포경이다}

364. 변기 사용하기

● 변기는 엉덩이에 딱 맞는 것이 안정감이 있어 좋다. 절대 강요하지 말고 스스로 사용하게 한다.

변기는 몇 살 때부터 사용해야 한다는 원칙은 없습니다.

유아용 변기를 전혀 사용하지 않고 일반 변기로 넘어가는 아이도 있습니다. 만 1세 반이 넘어서 변기 사용을 시작하는 아이가 많은 것은 이 시기부터 변기에 차분하게 앉아서 배변하기 때문입니다.

그전까지 변기는 그 위에서 엄마가 아이를 안고 배설시키는 배설물 용기였을 뿐 앉는 도구는 아니었습니다. 만 1세 반에도 변기를 변을 보는 도구로 사용하는 경우는 대변을 볼 때뿐입니다.

만 1세 정도의 아이는 소변을 보게 하면 싫어서 몸을 뒤로 젖히기 때문에 변기에는 앉히지 않도록 합니다. 아침에 일어나서 처음 보는 소변도 엄마가 안고 변기 위로 올려주어 보게 합니다. 소변은 기다리는 시간이 짧기 때문에 안고 있어도 별로 힘들지 않습니다.

그러나 대변은 시간이 걸립니다. 만 1세 반이 넘으면 아이가 무거워져 엄마가 장시간 변기 위에 들고 있을 수 없기 때문에 변기에 앉힙니다.

●

엉덩이에 딱 맞는 변기가 안정감이 있어 좋습니다.

아이가 변기에 잘 앉는지 아닌지는 그 느낌에 따라서도 좌우됩니다. 오랫동안 사용하려고 대형 변기를 사면 둘레가 커서 아이가 싫어합니다. 엉덩이에 딱 맞는 변기가 안정감이 있어 좋습니다. 변기 앞부분에 새 머리나 말 얼굴이 달려 있으면 아이는 놀이 기구라고 생각하고 노는 데 정신이 팔려 열심히 배설하려고 하지 않습니다.

아이를 엉덩이에 딱 맞는 변기에 앉히고 혼자서 빠져나올 수 없도록 해야 합니다. '응아' 하면 빼준다고 교육을 시킵니다. 기온이 낮으면 변기에 닿는 부분이 차가워 아이가 싫어합니다. 그러므로 앉는 부분에 낡은 담요나 천을 도넛 모양으로 잘라 씌워주는 것이 좋습니다.

변기에 대변 보는 것이 익숙해지면 소변도 변기에 보게 됩니다. 하지만 만 1세 반이 되었다고 모든 아이가 변기에 배설할 수 있는 것은 아닙니다. 추울 때는 변기에 앉는 것을 싫어하므로 따뜻해질 때까지 기다립니다.

●

절대 강요해서는 안 됩니다.

배설 훈련에서 가장 중요한 것은 아이가 싫어하는 경우 강요해서는 안 된다는 것입니다. 변기에 앉히거나 화장실에 데려갈 때 큰 소리로 운다면 당분간 배설 훈련을 단념해야 합니다. 강제로 하면 변기(화장실)공포증에 걸려 배변시키기가 더 어려워집니다.

그렇게 되면 변이 나오지 않아 대장 아랫부분이 딱딱해집니다. 변은 더욱 나오기가 힘들어지고 나올 때는 항문이 아픕니다. 그러면 변기 공포증이 더욱 심해집니다.

때로는 변이 단단하고 굵게 나와 항문이 찢어져서 배변할 때 매우 아프기도 합니다. 이런 경우에는 변비약이나 관장으로 변을 부드럽게 해주어야 합니다. 그러나 영구적으로 이렇게 되는 것은 아닙니다. 반드시 스스로 대변을 볼 수 있게 되니 너무 걱정할 필요는 없습니다.

환경에 따른 육아 포인트

365. 놀이 공간 만들기

● 걷는 것이나 손 움직임이 활발해지면서 좀 더 넓은 놀이 공간이 필요해진다.

모래밭에서 노는 시간도 점차 길어집니다.

만 1세 반이 넘으면 걷는 것도 빨라지고 손 움직임도 활발해집니다. 이때 특별한 장난감을 사줄 필요는 없습니다. 지금까지 가지고 놀던 장난감^{332 놀이 공간 만들기}으로 좀 더 활발하게 놀게 해주면 됩니다.

아이가 활발하게 놀려면 넓은 공간이 필요합니다. 넓은 놀이 장소를 제공해 주는 것이 더 중요합니다.

모래밭에서 노는 시간도 점차 길어집니다. 크레용이나 매직을 가지고 큰 종이에 그림을 그리게 해도 금방 싫증 내지 않습니다. 블록을 가지고 노는 시간도 길어집니다. 집중력과 지구력이 길러진 것입니다.

운동을 좋아하는 아이는 다른 아이가 세발자전거를 타고 있으면 자기도 타고 싶어합니다. 만 2세 가까이 되면 사주어도 됩니다. 여름에는 물놀이를 좋아합니다. 오랜 시간 놀 때는 모자 씌우는 것을 잊어서는 안 됩니다.

●

힘이 세져서 파괴력도 커집니다.

장난감을 항상 점검하여 망가진 부분에 손이 베이거나 눈이 찔리지 않도록 해야 합니다. 태엽으로 움직이는 장난감은 양철로 만든 것도 있는데 주의가 필요합니다.

그림책을 찢는 버릇이 생기지 않도록, 아무리 오래된 그림책이라도 처음 찢었을 때는 야단치는 것이 중요합니다. 낡은 책은 찢어도 되고 새 책은 찢으면 안 된다는 구별은 아직 하지 못합니다. 쉽게 찢어지는 얇은 종이로 된 책은 처음부터 주지 않는 것이 좋습니다.

●

이 나이에도 몸을 단련시키는 체조를 시키는 것이 좋습니다.

엄마와 아이 둘이서만 하는 체조는 재미없어서 억지로 시켜도 아이가 도망가 버립니다. 이 나이의 아이가 집에서 할 수 있는 단련으로는 일요일에 아빠와 넓은 장소에서 노는 것, 매일 시간을 정해 엄마와 산책하는 것 등이 있습니다. 산책은 집에만 갇혀 있던 아이에게 놀이와 마찬가지로 즐거운 일입니다. _{377 강한 아이로 단련시키기}

366. 이 시기 주의해야 할 돌발 사고

● 아이가 성장하는 만큼 사고의 강도도 커진다.

뛰어다니다 미끄러져 머리를 부딪히는 일이 생깁니다.

아이의 성장과 함께 사고도 커진다는 것을 염두에 두어야 합니다. 깜빡 잊고 대문을 열어둔 사이에 아이가 거리로 나가 길을 잃어버리는 일도 있고, 차에 치어 중상을 입는 일도 있습니다. 개천에 빠져 익사하는 일도 있습니다. 문 잠그는 것을 깜빡했다는 실수 때문에 일어나는 사고입니다.

이제 난간 정도는 상자나 받침대를 가지고 와서 발판을 만들어 올라갈 수도 있습니다. 엄마가 무심코 냉장고를 포장했던 상자를 베란다에 두었는데 아이가 그 상자에 올라가 베란다 난간 너머로 떨어진 사례도 있습니다.

만 2세가 가까워지면 아이는 제법 속도를 내서 달릴 수 있기 때문에 넘어져서 머리를 부딪힐 때의 강도도 그만큼 세집니다. 욕실에서 장난치며 뛰다가 미끄러져 머리를 부딪힐 때도 돌 전후 때와는 강도가 다릅니다.

아이가 머리를 부딪혔을 때 만약 후두부라면 뇌에 손상을 일으키거나 두개내혈종을 일으킬 수 있습니다. 강하게 머리를 부딪혔을 때 부딪힌 부위가 어디인지 혹의 상태로 알아봅니다.

실신 상태가 계속될 때는 응급실로 데리고 가야 합니다. 후두부를 부딪힌 후 금방 울면 괜찮다는 말은 만 1세 반이 넘은 아이에게는 적용되지 않는 경우도 있습니다. 머리를 부딪혀서 울다가 울음을 그치고 잘 놀아도 강하게 부딪혔을 때는 2일 동안은 잘 관찰해야 합니다.

그동안 구토나 경련을 일으키거나, 꾸벅꾸벅 졸거나, 일어서서 걷지 못하거나, 말이 뒤틀리는 증상이 나타나면 신경외과에 데리고 갑니다. 얼굴색이 비정상적으로 창백하고 좌우 동공의 크기가 다를 때는 두개내혈종일 수 있습니다. 이때는 수술로 혈종을 제거해야 합니다.

추락하거나 차에 치어서 의식을 잃고 깨어나지 않을 때는 바로 신경외과로 갑니다. 뇌 속의 출혈 여부는 CT 촬영 검사로 알 수 있습니다. 추락했는데 머리의 어느 부위를 부딪혔는지 알 수 없을 때는 추락 당시에만 일시적으로 울고 나중에는 잘 놀아도 조심해야 합니다.

1.5m 이상의 높이에서 떨어졌다면 의사와 상담해야 합니다. 목욕도 1~2일 동안은 시키지 않는 것이 좋습니다. 그리고 되도록 집에서 조용히 지내게 합니다. 1주가 지나도 별 이상이 없으면 괜찮습니다. 그러나 가정에서 매일같이 일어나는 1m 이하 높이에서의 추락으로는 뇌내출혈은 일어나지 않는다고 할 수 있습니다.

●

추락 다음으로 많은 사고는 화상입니다.

아이가 뜨거운 찻잔을 엎어서 손이나 팔, 가슴에 화상을 입기도 합니다. 차는 아이로부터 떨어진 곳에서 우려내어 적당히 마실 온도가 된 후에 식탁에 올려놓아야 합니다.

부엌에서의 사고도 많습니다. 가스레인지에 냄비를 올려놓고 조림을 할 때 아이가 호스를 잡아당겨 냄비가 떨어지면서 머리와 얼굴에 큰 화상을 입은 사례도 있습니다. 가스레인지나 가스스토브의 호스는 짧게 하고 아이가 잡아당기지 못하도록 고정시켜 두어야 합니다.

아이가 어른 흉내를 내다가 일으키는 사고도 많습니다. 아빠가 귀이개를 사용하는 모습을 지켜본 아이가 뜨개질용 대바늘로 귀를 찌른 사례도 있습니다. 또 아빠의 수면제를 먹은 경우도 있습니다. 면도칼로 얼굴을 벤 일도 있습니다. 재단가위로 손가락을 자른 일도 있습니다. 목수 아저씨 흉내를 내어 입에 못을 물고 있다가 삼켜버리는 일도 있습니다. 아이 앞에서 물건을 삼키는 마술을 보여서는 안 됩니다.

또 의사에게 처방받은 물약을 제멋대로 한 번에 마셔버리는 일도 있습니다. 사이다 등의 빈 병에 벤젠이나 석유를 넣어두어서는 안 됩니다. _{마셨을 때는 651 응급처치 참고}

여름에 밖에 나갈 때는 반드시 모자 씌우는 것을 잊어서는 안 됩니다. 차를 타고 외출할 때 정차한 차 안에 아이 혼자 두어서는 안 됩니다. 과열로 사망한 사례도 있습니다. 차가 다니는 길을 지나갈 때는 아이 손을 잡고 엄마가 차가 다니는 쪽에 서서 가야 합니다. 떡은 1cm 이하의 크기가 아니면 이 나이의 아이에게는 위험합니다.

367. 계절에 따른 육아 포인트 😊

● 춥다고 방 안에만 가두어놓으면 안 된다. 덥다고 바닷물 속에 오래 있게 해서도 안 된다.

겨울에 춥다고 방 안에만 가두어놓으면 안 됩니다.

아기 때부터 밤중에 울던 아이가 이 나이가 되어도 그치지 않는 경우도 있습니다. 성장한 만큼 떼 쓰는 방식도 심해지고, 엄마를 때리기도 하고, 혼자 깨어나 자지 않기도 합니다. 큰 병원에 데리고 가면 뇌파를 검사하고, 간질약을 처방해 주기도 합니다. 하지만 이것은 성장과 함께 반드시 고쳐지므로 자연에 위배되는 일은 하지 않는 것이 좋습니다. 낮에 운동을 충분히 시켜야 하므로 겨울에 춥다고 방 안에만 가두어놓아서는 안 됩니다.

만 2세 가까이 된 아이는 날씨가 따뜻해져서 입는 옷의 가짓수가 적어지면 단추를 풀어주고 스스로 옷 벗는 연습을 하게 합니다. 목욕을 좋아하는 아이는 목욕 전에 옷 벗는 것부터 시키면 잘합니다. 하지만 추운 계절에 잠옷을 입기 위해 옷을 스스로 벗게 하는 것은 무리입니다.

대소변 가리기를 추워지는 시기에 시작하는 경우에는 성공하기 어렵습니다. 만 2세에 겨울을 맞은 아이가 아직 소변을 가리지 못해도 결코 늦은 것이 아닙니다.

●

여름철 바닷물에 5분 이상 두어서는 안 됩니다.

6월에 접어들면 평소 밥을 잘 먹던 아이도 전혀 먹으려고 하지 않기도 합니다. 그러나 기운차게 잘 논다면 신경 쓸 필요 없습니다. 차가운 생우유라도 대신 먹이면 됩니다. 만 1세 반이 넘은 아이는 여름에 해수욕을 시켜도 됩니다. 바닷물에 들어가기 전에 충분히 준비 운동을 시킨 후 서서히 물에 몸을 담그도록 합니다. 하지만 5분 이상 물 속에 두어서는 안 됩니다. 그리고 모래사장에서 햇볕을 너무 많이 쬐면 피부염을 일으켜 열이 날 수도 있습니다. 마당에서 비닐 풀장을 사용할 때는 수심을 10cm 이내로 해야 합니다. 20cm 이상이면 풀장 안에서 넘어졌을 때 위험합니다.

이 시기 아이의 움직임이 활발해지므로 난방을 하거나 뜨거운 음식을 많이 만드는 추운 계절에는 더욱 조심해야 합니다. 화상을 입는 예로 가장 많은 것이 식탁 위에 놓아둔 찌개나 국, 커피 등을 엎는 것입니다. 스토브 위에 주전자를 놓아두어서는 절대 안 됩니다. 계절병으로 초여름에는 구내염[250 초여름에 열이 난다_구내염·수족구병]이 많습니다. 가을 태풍이 오는 시기에 가래가 잘 끓는 아이는 기침이 심해집니다.[370 천식이다]

●

늦가을이 되면 잠에서 깨어 우는 아이가 있습니다.

날씨가 추워지면 소변이 잦아지고, 그러다 보면 푹 잠이 들지 못하고 꿈을 꾸게 되기 때문일 것입니다. 예방법으로 낮에 밖에서 운동을 충분히 시키는 것이 좋습니다.

겨울에 접어들면 겨울철 설사[280 겨울철 설사이다]를 하는 경우가 많은데, 만 2세 가까이 되면 걸려도 증세가 그다지 심하지 않습니다.

엄마를 놀라게 하는 일

368. 구토를 한다

- 열이 높고 구토를 하면 구내염 또는 인두염일 가능성이 있다.
- 열이 없고 기침과 구토를 하면 천식성 기관지염일 수 있다.
- 구토와 함께 설사를 여러 번 하면 세균성 질병을 의심해 본다.
- 열 없이 심한 복통을 동반한 구토일 때는 탈장을 의심해 본다.

어떤 상태에서 토했는지 주의 깊게 보아야 합니다.

이 나이의 아이가 음식을 토했을 때는 어떤 상태에서 토했는지 주의 깊게 보아야 합니다. 열이 높으면서 구토를 할 때는 목을 불편하게 하는 병인 경우가 많습니다. 초여름이라면 구내염[250 초여름에 열이 난다·구내염·수족구병], 겨울이라면 바이러스에 의한 편도선염이거나 용혈성 연쇄상구균에 의한 인두염일 경우가 많습니다.

열은 없고 심한 기침과 함께 구토를 하면, 백일해가 줄어든 요즘에는 천식성 기관지염 때문인 경우가 많습니다. 평소에도 가래가 자주 끓는 아이가 잘 놀기는 하는데 가슴 속에서 그르렁거리는 소리가 난다면 서둘러 병원에 가지 않아도 됩니다. 백일해 예방접종을 하지 않은 아이가 매일 밤 심하게 기침을 하고, 얼굴이 빨개지며, 기침을 한 후에 토한다면 백일해일 가능성이 있습니다. 이것은 빨리 치료해야 합니다.

구토와 함께 설사를 여러 번 한다면 여름에는 세균성 질병(예를 들면 이질)을 의심해 보아야 합니다. 이것은 대체로 열을 동반합니다. 이때는 빨리 의사에게 보여야 합니다. 겨울에 구토와 설사를 같이 하면 겨울철 설사인 경우가 많습니다. [280 겨울철 설사이다] 이것은 생후 1년 7~8개월까지 많이 나타나고, 만 2세가 되면 훨씬 줄어듭니다. 열없이 심한 복통을 동반하는 구토를 하면 헤르니아의 감돈[139 탈장되었다_서혜 헤르니아]을 의심해 봐야 합니다. 장중첩증은 이 나이에는 드물긴 하지만 전혀 없는 것은 아닙니다.

369. 자가중독증이다

- 왕성하게 논 다음 날 갑자기 토하고 힘이 없는 증상으로 주기성 구토라고도 한다.
- 피로가 원인으로 조용히 재우면 저절로 낫는다.

아이가 왕성하게 놀고 난 다음 날 갑자기 토하고 힘이 없습니다.

이 나이쯤부터 초등학교에 입학할 때까지의 아이에게서 나타나는 특별한 구토가 있습니다. 열은 없는 것이 특징입니다. 구토와 하품 증상이 있는 것이 단서가 됩니다.

이 병은 월요일 아침에 발병하는 경우가 많습니다. 일요일에 가족과 유원지에 가서 하루 종일 즐겁게 놀고 왔다거나 또래 친척 아이가 놀러 와서 하루 종일 뛰어놀았다거나 할 때 그 다음날 아침에 흔히 발병합니다. 특히 너무 피곤해서 식사도 하지 않고 잠든 다음 날에 많이 생깁니다. 다행히 최근에는 드물어졌습니다.

아침에 일어날 때부터 어딘지 모르게 기운이 없던 아이가 아침 식사 때도 밥을 반 정도 먹고 그만둡니다. 그리고 잠시 후 먹은 음식을 전부 토합니다. 보리차라도 먹이면 안정이 될 거 같아 마시게 하지만 이것도 토해 버립니다.

아이는 축 늘어져 누워 있습니다. 그리고 계속 하품만 합니다. 자리에 눕히면 꾸벅꾸벅 좁니다. 얼굴색도 좋지 않습니다. 열을 재보면 36℃ 정도입니다. 어제 먹은 음식이 잘못된 것은 아닐까 하고 관장을 시키면 변은 정상입니다. 하지만 아이는 또다시 토합니다.

처음 진찰한 의사가 보는 것은 이러한 상태의 아이입니다. 전날 즐겁게 많이 놀았다는 말을 하면 그 피로가 오늘 나타난 것이라고 추측합니다. 이럴 때는 푹 재우면 2~3시간 만에 기운을 회복합니다. 노련한 의사는 아이를 재우라고 할 것입니다.

한숨 자고 나면 아이는 다시 기운이 나서 얼음 조각이나 사탕을 잘 먹습니다. 어느 정도 진정이 되면 주스, 보리차, 과즙 등의 수분을 먹입니다. 수분을 보충해 주면 갑자기 기운이 납니다. 그러면 이제 생우유, 빵, 비스킷 등을 먹을 수 있습니다. 저녁에는 밥을 먹는 아이도 적지 않습니다.

아이가 흥분하며 논 다음 날 이런 증상이 나타나므로 원인은 피로임이 틀림없습니다. 조용히 재우면 회복되는 것이 그 증거입니다. 이 상태에 자가중독증이라는 이상한 이름을 붙인 것은 그야말로 잘못 취급해서 생긴 결과입니다.

●

주기성 구토라고도 합니다.

아이가 축 늘어져서 구토를 하기 때문에 심각한 병은 아닌지 걱정되어 여러 가지 주사를 놓으면, 아이는 나른한 상태에서 아픈 주사를 맞는 괴로움까지 당하기 때문에 상태가 더욱 악화되어 구토가 진정되지 않습니다. 몸속의 신진대사가 이상을 일으켜, 보통 소변으로는 나오지 않는 케톤체 등이 소변에 섞여 나옵니다. 의식을 잃기도 합니다.

이런 상태가 되면 의사는 놀라서 입원을 시킵니다. 병원에 입원했을 때는 의식도 없고 몹시 쇠약해진 상태입니다. 의사는 무언가에 중독된 것이라 생각하고 여러 가지 세균 검사를 해보지만 아무것도 발견되지 않습니다. 중독 증상을 일으키는 이질과 비슷하지만 외부적인 원인이 없기 때문에 자가중독증이라는 병명을 붙였습니다.

의사도 최초의 상태를 보았다면 피로에 따른 증상이라는 사실을 알았겠지만, 아이가 고통받아 쇠약해진 상태밖에 보지 않았기 때문에 중독이라고 진단했을 것입니다.

발병할 때마다 입원시켜 주사로 실컷 고통을 주고, 단식시키고,

3~4일 동안 링거주사를 자주 꽂다 보니 "링거 주사를 놓지 않아도 푹 재우면 낫습니다"라고 말해도 믿지 못합니다. 자가중독증이라는 병명 때문입니다. 독일 의사는 이 병을 주기성 구토라고 명명했습니다. 한번 발병하면 몇 번이고 반복해서 구토를 하기 때문입니다.

●

예민한 아이에게 많이 나타납니다.

이런 증상은 만 2~3세부터 나타나기 시작하여 1년에 4~5번씩 반복되다가 유치원에 갈 때쯤에 나아지는 일이 많습니다. 초등학교 2학년까지 계속되는 경우도 가끔 있습니다. 예민한 아이에게 많은데, 성격이 예민해서 그런 것일 뿐 인격적으로는 아무런 이상이 없습니다.

최근 영국에서 선천적으로 인슐린 분비가 많은 아이에게 단식을 시켜 저혈당증을 일으키는 실험을 했습니다. 유아는 18시간 단식을 시키면 발작을 일으킵니다. 자가중독증인 아이들 중에는 피로 외에 당분이 부족한 경우도 있을 것입니다. 하지만 요즘 아이들은 시시때때로 감미료를 먹기 때문에 저혈당은 줄었을 것입니다.

아이는 어른에 비해 배고픔을 참지 못합니다. 아주 잠깐의 단식에도 혈당이 크게 줄어듭니다. 자가중독증 환자에게 사탕이나 주스를 주면 기운이 나는 것은 저하되어 있는 혈당을 높여주기 때문일 것입니다.

1~2번 자가중독증을 겪은 후 그 원인이 피로인 것을 알게 된 엄

마는 아침에 아이의 상태가 이상할 때는 조용히 눕혀 재우게 됩니다. 그리고 당분 부족이 원인일 수도 있다는 것을 알고부터는 사탕이나 초콜릿, 주스를 먹이고 나서 재울 것입니다.

　침착한 엄마가 "괜찮아, 푹 자"라고 말할 때와 당황한 엄마가 아이를 응급실로 데리고 가서 교통사고 환자 같은 취급을 할 때, 아이의 기분은 천지 차이일 것입니다. 아이도 자신감을 잃고 자신은 환자라고 생각하여 신체 단련도 하지 않으려 합니다. 그리고 모험을 자제하고 집 안에만 틀어박혀 있기 때문에 점점 더 허약한 아이가 됩니다.

370. 천식이다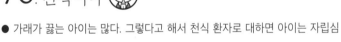

● 가래가 끓는 아이는 많다. 그렇다고 해서 천식 환자로 대하면 아이는 자립심을 잃고 병이 더 악화된다.

천식 환자라고 인정하는 순간부터 병은 더 악화됩니다.

　감기라고 하기에는 기침이 너무 오래가서 걱정이 된 엄마가 아이를 다른 병원에 데려가면 '소아천식'이라는 진찰을 받습니다. 의사가 아이의 폐에 가래가 끼어 있다고 하면 엄마는 깜짝 놀랍니다.

　또는 엄마가 진단하는 경우도 있습니다. 이전부터 밤에 잘 때나 아침에 일어났을때 한동안 기침을 하던 아이가 어느 가을 밤에 갑자기 가슴 속에서 그르렁거리는 소리가 나기 시작하고 머리카락이 젖을 정도로 땀을 흘리면서 울면 엄마는 천식이라고 생각합니다. 아기 때부터 기침을 오래 하는 증상이 있었는데 만 2세가 지난 가을부터 갑자기 가래가 끓기 시작했다는 아이도 없지 않습니다.

어른에게 나타나는 천식과 아이의 가래가 잘 끓는 체질은 다른 것입니다. 어른은 자신을 천식 환자라고 인식하지만 만 3세짜리 아이는 자신을 환자라고 인식하지 않습니다. 이것은 큰 차이입니다. 천식은 자신이 천식 환자라고 인식하면 병을 더 악화시킵니다. 바깥 공기 속에서 몸을 단련하는 것도 불가능해집니다.

어른이 되어 천식 환자로 만들지 않으려면 아이에게 '나는 건강하다'는 자신감을 계속 갖게 해주어야 합니다. 만 3세짜리 아이라도 주위의 어른들이 걱정스러운 얼굴로 간호하거나 체질 개선 주사를 맞히러 다니면 자신이 중병이 있는 것으로 느낍니다. 이렇게 되면 엄마에 대한 의존심이 강해져 가래가 끓을 때 엄마에게 어리광을 부립니다. 그리고 자신의 힘으로 가래를 뱉어내려는 의욕을 잃어 점점 더 가래가 많이 끓게 됩니다. 천식 환자로 취급하는 것이 가래가 많은 아이를 진짜 천식 환자로 만들어버리는 것입니다.

●

엄마로부터 자립심을 키워주는 것이 중요합니다.

가래가 잘 끓는 아이는 많이 있습니다. 이런 것 정도는 대수롭지 않게 생각하며 키운 아이는 초등학교에 입학할 무렵에는 언제 그랬냐는 듯이 없어집니다.

아이들이 5~6명이나 되는 집에서는 천식 환자가 생기지 않는 반면 아이가 하나뿐인 집에서는 천식 환자가 생기는 것으로 보아 부모의 과보호 때문이라는 것을 알 수 있습니다. 밤에 약간 가래가 끓어도 다음 날 아침 아이가 평소처럼 기운차게 잘 논다면 환자 취급하지 않는 것이 좋습니다.

갑자기 기온이 내려간 날에는 가래가 많이 끓기 때문에 이런 날에는 목욕은 시키지 않습니다. 그리고 조금 기온이 올라가면 집 밖으로 데리고 나가 몸을 단련시켜야 합니다. 또 엄마로부터 자립하는 것이 중요하므로 되도록 자신의 일은 스스로 하도록 가르쳐야 합니다. 385 자립심 기르기

●

약은 1~2일 정도 짧게 사용해야 합니다.

이전에 천식으로 심한 발작을 일으켜 응급실에 2~3번 실려 간 적이 있는 아이의 엄마는 처음 증세가 어떠했는지 기억할 것입니다. 아이가 밤중에 갑자기 쌕쌕거리기 시작하면 주저하지 말고 잘 듣는 약을 먹이도록 합니다.

천식은 조기에 치료하는 것이 좋다는 것은 의사들의 상식입니다. 부신피질호르몬이나 교감신경자극제가 잘 듣는데, 의사가 밤중에 발작을 일으켰을 때 먹이도록 약을 처방해 주는 일이 많아졌습니다. 또 약국에서 권하는 분무식 흡입약에는 베타-2-자극제가 함유된 것이 많습니다. 이런 약은 길어야 1~2일 정도 사용한 후 기침이 줄어들고 기운을 회복하면 중지해야 합니다. 집에서 마음대

로 오래 사용해서는 안 됩니다.

최근 대기 오염이 눈에 띄게 심해져 공장 굴뚝이 즐비한 지역에서는 천식 환자가 증가했습니다. 부모는 대기를 오염시키는 굴뚝을 세우는 회사에 항의해야 합니다. 설령 모든 아이들에게 가래가 끓는 증세가 있는 것은 아니라 해도 그것이 오염의 원인임에는 틀림없습니다. 그러나 아이에게는 굴뚝이 있는 한 천식은 막을 수 없다고 포기하는 태도를 취해서는 안 됩니다. "가래 정도는 아무것도 아니야. 뱉어버려!"라고 격려하면서 환자 취급은 하지 말아야 합니다.

우리가 곧잘 잊어버리는 것은 집 안에 굴뚝이 있다는 사실입니다. 바로 아빠가 피우는 담배입니다. 담배를 직접 피우는 사람이 마시는 연기보다 주위에 퍼지는 연기에 유해 물질이 더 많습니다. 아이가 그르렁거린다는 것을 알았다면 아빠는 금연하거나 밖에서 담배를 피워야 합니다.

아이가 그르렁거리는 것에는 여러 가지 원인이 있습니다. 바이러스 감염도 있고, 특정 물질에 대한 과민 반응도 있습니다. 과민 반응을 일으킬 우려가 있는 것은 되도록 빨리 없애야 합니다. 성장하면서 과민 반응의 범위가 넓어지는 것을 예방하기 위해서입니다. 애완용으로 동물을 기르는 것도 피해야 합니다. 진드기도 과민 반응의 원인이 되므로 장롱이나 방도 구충하는 것이 좋습니다.

의사에 따라서는 천식의 원인을 밖으로부터 침입하는 알레르겐에 대한 과민 반응이라고 믿고, 알레르겐을 피하에 소량씩 주사하여 과민 반응을 없애는 탈감작요법을 권하기도 합니다. 하지만 아이가 아파할 뿐만 아니라 효과도 없고 위험하여 영국의 면역알레르기학회에서는 권하지 않습니다.

371. 병원에 너무 자주 간다

● 툭하면 병원을 찾는 것은 아이가 약해서라기보다 엄마가 예민하기 때문이다.

병원에 자주 가는 아이가 모두 약한 아이는 아닙니다.

매일 많은 아이를 진찰실에서 보고 있노라면 매월 얼굴을 비치는 아이가 있고, 2~3개월에 한 번밖에 오지 않는 아이도 있습니다. 매월 거르지 않고 병원에 오는 엄마는 2~3개월에 한 번밖에 오지 않는 엄마를 대기실에서 만나면 "우리 아이는 왜 이렇게 약한지…"라며 푸념합니다. 그러나 소아과 의사 입장에서 보면 양쪽 아이 모두 튼튼합니다. 한쪽 아이가 특별히 약한 것이 아닙니다. 이것은 툭하면 아이를 소아과에 데리고 오는 엄마는 예민하고, 가끔 오는 엄마는 대담하다는 차이에 지나지 않습니다.

첫아이거나 딸을 여럿 낳은 후에 얻은 아들, 아빠가 출장을 자주 가서 집을 많이 비우는 가정의 아이, 결혼 후 10년 이상 지나서 얻은 아이, 첫아이를 잃은 후에 낳은 아이, 이런 아이의 엄마는 대담해지기 어렵습니다.

●

대부분 기침 때문인 경우가 많습니다.

만 1세 반부터 2세 정도까지의 아이가 병원에 왔을 때 그 병은 거의 정해져 있습니다. 대부분이 기침 때문입니다. 집안 식구들에게 감기가 돌아 그것이 아이에게 전염되어 기침을 하게 되는 경우가 많습니다.

이보다 더 많은 것은 아기 때부터 가슴 속에 가래가 자주 끓고 기온이 급속히 내려 가는 날에는 그르렁거리는 소리를 내는 아이가 기침을 할 때입니다. 낮에는 그다지 심하지 않지만 아침과 저녁에는 자주 기침을 합니다. 하지만 열도 없고, 식욕도 좋으며, 기운차게 잘 놉니다.

예민한 엄마는 기침을 하면 바로 병원으로 달려오지만, 대담한 엄마는 기침을 해도 활발하게 놀면 병원에 오지 않습니다. 이전에도 그냥 두었더니 저절로 나았던 경험이 있기 때문입니다.

물론 의사는 찾아온 환자에게 약을 처방해 주므로 엄마는 의사가 오지 말라고 할때까지 병원에 다니게 됩니다. 의사에 따라서는 좀처럼 그런 말을 해주지 않는 사람도 있습니다. 이렇게 병원에 다니는 동안 환자 대기실에서 바이러스에 감염되어 정말 감기에 걸리기도 합니다.

또 변이 물러져서 병원에 오는 아이도 있습니다. 조금 과식했다거나 색다른 과일을 먹으면 다음 날 변 보는 횟수가 잦아집니다. 나중에는 변이 형태를 갖추고 있지 않습니다. 이런 경우에도 예민한 엄마는 병원에 데리고 옵니다. 그러나 대담한 엄마는 열도 없고 잘 놀며 식욕도 좋기 때문에 대단한 병은 아니라고 생각하고 식사량을 평소의 60~70%로 제한할 뿐입니다.

양쪽 아이 모두 2~3개월에 한 번 정도는 갑자기 고열이 납니다. 이것은 바이러스 때문에 일어나는 병으로 1~2일 만에 열이 내립니다. 이때는 대담한 엄마도 아이를 병원에 데려옵니다. 만 1세 반에서 2세 정도의 아이는 대체로 2~3개월에 한 번 바이러스 때문에 병에 걸리는 것이 보통이며, 의사에게 몇 번이나 찾아오는 아이가 특별히 약한 것은 아닙니다. [479 자주 열이 난다]

보육시설에 처음 다니게 된 아이는 지난해에 비해 감기에 잘 걸리고 홍역이나 수두에도 걸립니다. 감염될 기회가 늘어났기 때문입니다. 집에서 자라는 아이보다 병원 가는 일이 잦아지는 것은 당연합니다. 하지만 보육시설에 다녀서 약해진 것은 아닙니다.

아이가 홍역, 수두, 볼거리를 잇달아 앓으면 직장에 눈치가 보여 일을 그만두려고 생각하는 엄마도 있습니다. 하지만 이제는 면역이 생겼기 때문에 그렇게 직장을 쉴 일은 없을 것입니다. 집에서만 키우는 아이라고 해도 엄마가 백화점을 좋아하여 아이를 자주 데리고 다니는 경우에는 보육시설에 다니는 아이 못지않게 소아 전염병에 잘 감염됩니다.

●

1년 내내 병원에 다니는 아이도 있습니다.

엄마가 약 받는 것을 좋아하는 데다 의사도 약을 좋아하여 좀처럼 약을 끊지 못하는 경우도 있습니다. 또 저절로 나았는데도 약을 먹어 치료되었다고 생각하여 병은 의사의 치료를 받아야 낫는다고 믿는 엄마도 있습니다. 하지만 이런 아이는 약에 의존하는 엄마 덕분에 몸을 단련할 기회를 잃고, 병원 대기실에서 병에 전염되기 때문에 병을 앓는 횟수가 오히려 늘어납니다.

이렇게 보면 병원에 자주 가는 이유는 아이의 몸 어딘가에 이상이 있다기보다는 환자를 다루는 의사의 태도 때문에 그렇게 된 경우가 많습니다. 엄마는 아이가 잘 논다면 병원에 가지 않고도 낫는 것을 경험해야 합니다.

그러나 각기 체질이 달라서 열이 나는 횟수가 다른 아이보다 2~3배나 많고 열이 39~40℃까지 올라가는 아이도 소수 있습니다. 이런 아이도 만 3세가 되면 열이 나지 않는 것을 보면 이 시기에 아이의 면역 성숙이 체질적으로 뒤떨어져 있기 때문인 것 같습니다.

●

높은 곳에서 떨어졌다. 265 아이가 추락했다 참고

화상. 266 화상을 입었다 참고

이물질을 삼켰다. 284 이물질을 삼켰다 참고

밥을 먹지 않는다. 338 밥을 먹지 않는다 참고

갑자기 고열이 난다. 343 갑자기 고열이 난다 참고

고열이 계속된다. 344 고열이 오래 지속된다 참고

설사. 346 설사를 한다 참고

열이 나고 경련을 일으켰다. 348 경련을 일으킨다.열성 경련 참고

아이의 울어대기. ^{349 심하게 운다_분노발작 참고}

천식. ^{370 천식이다 참고}

보육시설에서의 육아

372. 늘 기분 좋은 아이 만들기

● 피곤하거나 에너지를 충분히 발산하지 못하면 아이는 기분이 나쁘다. 이때는
낮잠을 재우거나 놀이를 통해 기분을 풀어줘야 한다.

아이의 피로를 풀어주는 가장 좋은 방법은 낮잠입니다.

아침 8시에 보육시설에 온 아이는 4시간 정도 지나면 매우 지칩
니다. 작은 방에서 5~6명이 함께 놀 때보다 큰 방에서 자신보다 큰
아이들과 함께 지낼 때 더 피곤을 느낍니다. 혼합 보육을 할 때 작
은 방을 사용하지 않으면 만 1세 반에서 2세까지의 아이는 많이 지
칩니다. 이럴 때 피로를 풀어주는 가장 좋은 방법은 낮잠입니다.
낮잠은 점심 식사 후에 재우는 것이 좋습니다.

낮잠을 재우려면 수면실이 필요합니다. 하지만 실제로 낮잠 자
는 방이 별도로 있는 보육시설은 드뭅니다. 이것은 보육시설로서
는 실격입니다. 혼합 보육을 하면서도 낮잠 자는 방이 따로 없으
면, 아이의 개성과 연령에 따라 각기 다른 낮잠 시간과 놀이를 잘
조화시킬 수 없습니다. 큰 아이들이 신나게 놀고 있는 방 한쪽 구
석에서 어린아이가 피곤하여 앉은 채로 꾸벅꾸벅 졸고 있게 됩니

다. 그리고 어린아이를 기준으로 낮잠을 재우면 큰 아이는 졸리지 않기 때문에 떠들기 시작합니다. 방 하나를 놀이방과 낮잠 자는 방으로 같이 쓰는 것은 무리입니다.

낮잠은 각자 자신의 이불을 덮고 자도록 해야 합니다. 그러려면 어느 것이 자기 이불인지 구별할 수 있어야 합니다. 잠자리에 들기 전에 배설을 시키고 잠옷으로 갈아입게 합니다. 만 1세 반에서 2세까지의 아이는 아직 혼자서 완벽하게 옷을 입고 벗을 수는 없지만, 할 수 있는 데까지 혼자서 하도록 격려해 주는 것이 좋습니다.

낮잠을 잘 자지 못하는 아이가 있는데 이런 아이는 집에서도 엄마가 옆에 붙어 있어야 잠을 잡니다. 보육시설에서는 보육교사가 잠시 동안 옆에 붙어 있으면서 안심시키면 잠이 듭니다.

빨리 잠에서 깨는 아이는 조용히 낮잠 자는 방에서 데리고 나와 배설을 시킨 후 잠옷을 평상복으로 갈아 입힙니다. 낮잠을 재울 때와 낮잠에서 깼을 때의 아이들 치다꺼리를 한 명의 보육교사가 하는 것은 너무 무리입니다.

●

아이는 에너지를 충분히 발산하지 못해도 기분이 나쁩니다.

아이는 피곤할 때도 기분이 나쁘지만 에너지를 충분히 발산하지 못할 때도 공격적이 되어 아이들 사이에 충돌이 잦아집니다. 실내와 실외에 충분히 뛰어다닐 수 있는 공간이 있어야 합니다. 혼합보육으로 방 하나에 아이들이 밀집되어 있고 장난감 숫자도 부족할 경우 어린아이는 항상 큰 아이에게 장난감을 빼앗기기 때문에 즐겁지 않습니다. 놀이 기구가 적고, 마당에서는 놀이도 줄을 지어 기다리는 시간이 길다면 이것도 재미 없습니다.

　요즘 집에서의 육아가 밀실 육아인 것처럼 보육시설에서의 보육은 감금 보육이나 마찬가지입니다. 보육교사의 손도 부족하고 도로가 위험해져 원외 보육도 점점 줄고 있는데 아이들은 밖으로 나가고 싶어 합니다. 아이의 기분이 항상 즐겁도록 해주려면 원외 산책을 일과 속에 포함시켜야 한다는 것을 잊지 말아야 합니다. 이렇게 하기 위한 노력도 게을리 하면 안 됩니다. 만 1세 반에서 2세까지의 아이는 아직 완전히 자립하지 못합니다. 그래서 옆에 의지할 수 있는 어른이 없으면 불안해 합니다. 보육교사는 항상 아이의 요구에 응할 수 있도록 아이 근처에 있어야 합니다. 다른 아이들의 배설 뒤처리, 급식 준비, 어질러놓은 교재 정리에 쫓겨 아이가 무언가를 요구해도 "기다려"나 "나중에"를 연발한다면 아이는 불안감에서 헤어나지 못합니다.

373. 자립심 키우기 😊

● 기본 생활 습관을 익히는 과정에서 자신감을 불어넣어주면 그것이 곧 자립심과 연결된다.

보육교사는 기동력이 있어야 합니다.

즐거운 집단을 만들기 위해서는 보육교사는 충분히 기동력이 있어야 합니다. 아이가 기초적인 생활 습관을 익히지 못하면 보육교사는 자유롭게 움직일 수도 없고 아이의 창의력을 기르는 데 힘을 쏟을 수도 없습니다. 아이들이 배설이나 식사, 옷 입고 벗는 것을 되도록 혼자서 할 수 있도록 격려해 주어야 합니다.

흔히 아이를 격려하는 방법으로 모든 사람들 앞에서 칭찬하는 방법을 잘 씁니다. 그러나 이것이 의식적인 행위가 되어서는 안 됩니다. 보육교사와 아이 사이에 인간적인 유대감이 있어 보육교사가 아이의 성장을 진심으로 기뻐하고 있다는 것을 아이가 느낄 수 있어야 합니다.

아이가 잘하고 못 하고에 따라, 또는 계절에 따라 다소 차이가 있지만, 만 2세가 되면 혼자서 숟가락과 젓가락을 사용하여 식사하게 하고, 컵도 혼자서 들고 마실 수 있게 합니다. 또 자신의 음식과 옆 아이의 음식을 구별할 수 있도록 식기에 표시를 하는 것이 좋습니다. 만 1세 반이 넘으면 되도록 반찬은 반찬 그릇에 담아줍니다. 밥과 반찬을 한그릇에 섞어 먹는 비빔밥이나 덮밥 같은 음식만 주는 것은 좋지 않습니다.

혼자서 먹지 못하는 아이도 있으므로 끊임없이 격려해 주면서 어느 정도 도와주어야 합니다. 보육교사의 손이 부족하면 아이가 맨손으로 먹게 되므로 식사 전에는 손을 씻게 합니다. 혼합 보육에서는 큰 아이가 본보기를 보여주면 좋은 자극이 됩니다.

●

5~10월에는 배설 훈련에 힘을 써야 합니다.

처음 소변을 보게 할 때나 이미 배설해 버렸을 때 "쉬하자", "쉬해 버렸네"라고 말해 배설을 "쉬"라는 말로 기억하도록 강한 인상을 심어줍니다. 그러면 얼마 지나지 않아 아이 스스로 "쉬"라고 말하게 되는데(물론 처음에는 이미 배설하고 나서) 이렇게 말하기 시작하면 칭찬해 줍니다. 배설 전이나 후에 "쉬"라고 확실하게 말하게 되면 기저귀를 빼고 배설 시간을 예측하여 변기에 데려갑니다.

변기는 아이의 힘으로는 빠져나올 수 없으며 크기가 딱 맞는 것이 좋습니다. 아이가 소변을 다 보면 변기에서 내려줍니다. 추운 계절에 난방이 잘되지 않은 실내에서는 변기가 차가워서 앉히는 것이 무리입니다.

배설 훈련을 시작하면 엄마에게도 알려, 집에서도 아이가 깨어 있을 때는 기저귀를 빼놓도록 합니다. 그리고 보육시설로 팬티를 10장 정도 가져오게 합니다. 배설한 후에는 아이 혼자서 팬티를 올리도록 격려해 줍니다. 그리고 배설한 후에 손을 씻는 습관은 처음부터 철저히 가르쳐야 합니다. 이때 수도꼭지의 수가 적거나 높은 곳에 있어서는 안 됩니다.

낮잠 전후에 옷을 입고 벗는 연습을 시킵니다. 만 2세 아이에게는 단추만 풀어주면 스스로 벗을 수 있도록 훈련시켜야 합니다. 그리고 잠옷은 자신의 사물함에 넣어두게 합니다.

소변을 보겠다고 알려주고 식사 때 숟가락을 사용하는 기초적인 생활 습관을 이제 겨우 익히게 된 아이를 바로 자립한 아이로 생각하여 과대한 기대를 해서는 안 됩니다. 어른에게 편한 아이가 된 것일 뿐 인간으로서 자립한 것은 아닙니다.

주위의 다른 아이가 모두 하기 때문에 따라 하다 보니 할 수 있게 되는 아이도 있습니다. 이런 아이는 집단에 대한 의존이 강해서 고립에 대한 공포심 때문에 기초적인 생활 습관을 습득한 것일 뿐이지, 인격적으로 자립했다고 할 수는 없습니다. 기초적인 생활습관을 익히는 과정에서 아이가 적극적이고 자기가 익힌 것에 자신감을 가진다면 아이의 생활 태도가 생기 넘치고 자신을 표현하려는 의욕이 넘쳐납니다. 이것이 인격적으로 자립하는 데 하나의 자극이 됩니다.

374. 창의성 기르기 😊

● 적절한 도구를 활용한 놀이를 통해 창의성을 기를 수 있다. 이때 보육교사는
아이를 즐거운 대화 속으로 끌어들여야 한다.

놀이 속에서 창의성을 시험하는 단계입니다.

만 1세 반에서 2세까지의 아이는 아직 집단을 만들어 놀지는 못
합니다. 한 명 한 명이 놀이 속에서 자신의 창의성을 시험하는 단
계입니다. 이 시기에는 되도록 여러 가지 놀이 도구를 주어 노는
즐거움을 맛보게 해주어야 합니다. 학습과 같은 체계적인 지도가
아닌 자유선택 활동(자유 놀이)을 주로 하는 것이 좋습니다. 만 1세
반이 되면 저절로 흙, 모래, 돌, 물을 가지고 놀이를 하게 되는 것이
아닙니다. 흙과 모래를 파는 삽, 양동이, 체질하는 모래체를 주어야
놀 수 있습니다. 그리고 비닐 풀장, 물뿌리개, 물을 퍼오는 양동이,
물을 쏘는 물총이 있기 때문에 물을 가지고 놀고 싶어 하는 것입니
다.

●

창의성 발달을 위해선 적절한 도구가 필요합니다.

아이의 창의성을 길러주려면 도구가 필요합니다. 부드러운 재료
로 만든 동물 인형이나 사람 인형, 목재로 된 트럭·기차·자동차 등
의 장난감은 꼭 필요합니다. 머지않아 소꿉놀이를 할 수 있도록 소
꿉을 마련해 줍니다. 블록을 주어 쌓아 올리는 능력을 길러주고 크

레용이나 매직, 종이를 주어 그리는 기쁨을 맛보게 해줍니다.

이 나이에는 운동을 통해서도 창조의 즐거움을 알게 해주어야 합니다. 그네, 미끄럼틀, 구름다리, 조그마한 정글짐 등을 설치해 주면 좋습니다. 흙 위에 20cm 폭의 널빤지를 놓고 지나가게 하면 아이는 다리를 건너는 기쁨을 느끼게 됩니다. 공 던지기와 공 굴리기는 남자 아이와 여자 아이 모두가 즐거워하는 놀이입니다.

●

음악에 대한 감수성도 발달하기 시작합니다.

실로폰이나 케스터네츠는 리듬놀이를 활기 있게 해줍니다. 아이가 이해할 수 있는 가사의 노래를 불러주거나 오르간을 연주해 주어 음악에 대한 사랑을 길러줍니다. 그림책도 잠재 능력을 이끌어 내는 데 없어서는 안 되는 도구입니다. 책에서 고양이, 강아지, 할머니, 할아버지, 꽃 그림을 익힌 아이는 머지않아 보게 될 그림연극의 줄거리를 더욱 잘 이해할 수 있습니다. 이런 장난감을 가지고 놀 때 보육교사는 아이를 즐거운 대화 속으로 끌어들여야 합니다. 아이의 창의성은 인간과 인간의 유대 속에서 길러나가야 합니다.

텔레비전을 켜놓기만 해서는 안 됩니다. 텔레비전은 보육교사와 아이, 아이와 아이의 관계를 형성하는 수단으로 이용해야 합니다. 모두 모여 텔레비전에서 미키마우스를 볼 때 미키마우스가 "아~" 하고 하품을 하면, 보육교사는 "미키마우스가 지금 어떻게 했지요?"라고 아이들에게 묻습니다. 그러면 아이들은 "아~" 하고 하품 흉내를 낼 것입니다. 이런 식으로 이용하면 텔레비전이 보육교사와 아이들의 관계 형성에 유용한 존재가 됩니다. 하지만 창의성이 뛰어난 보육교사는 텔레비전을 이용하지 않는데 가능하면 그렇게 하는 것이 좋습니다.

375. 유대감 형성하기 😊

● 아이가 다른 사람과 유대감을 형성하는 것이 곧 말을 잘하게 되는 방법이다.

라디오나 텔레비전을 켜놓아도 절대 말을 배우지 못합니다.

아이가 어느 정도 말을 할 수 있는가는, 아이가 어느 정도 견고한 인간적인 유대를 이루고 있는가와 관련이 있습니다. 라디오나 텔레비전을 켜놓아도 아이는 절대 말을 배우지 못합니다. 말보다 먼저 사람과 사람 사이에 유대가 맺어져야 합니다. 만 2세가 가까워지면 저절로 친구 이름이나 사물 이름을 말하게 되는 것이 아닙니다. 부모나 보육교사가 아이에게 말을 필요로 하는 인간관계를 만들어주었기 때문에 말을 할 수 있게 되는 것입니다.

3~4명의 그룹을 만들어 보육교사가 한 명 한 명에게 이름을 불러 말을 거는 모습을 보면서 아이는 친구들의 이름을 외우게 되는 것입니다. 20명의 아이를 한방에 두고 보육교사가 출석을 부른다면 만 1세 반 된 아이는 친구들의 이름을 외우지 못합니다. 항상 함께 놀 수 있는 가까운 거리에 좋아하는 친구가 있기 때문에 이름을 부

르는 것입니다.

발음을 하기 위해서 아이는 너무나 열심히 상대의 입을 바라봅니다. 많은 엄마들이 2세 된 아이의 난청을 발견하지 못하는 것은 아이가 엄마의 입술 모양을 보고 말뜻을 알아차리기 때문입니다. 아이가 발음을 익히기 위해서는 입술의 움직임을 보고 이해할 수 있는 거리에 상대가 있어야 합니다.

아이에게 말을 가르친다는 것은 말을 필요로 하는, 함께 놀고 싶은 소그룹을 만들어주는 일입니다. 아이에게 말을 가르칠 때 중요한 것은 명사를 외우게 하는 것이 아닙니다. 자신이 생각하고 있는 것을 확실하게 표현하도록 하는 것이 중요합니다. 집에 있는 아이가 엄마에게 자신이 생각하는 것을 무엇이든 표현하는 것은 엄마에 대해 거리낌이 없기 때문입니다. 엄마에게는 뭐든지 말해도 괜찮다는 신뢰감이 형성되어 있다는 것입니다.

●

아이가 보육교사에게 인간적인 매력을 느끼도록 해야 합니다.

보육시설에서 아이가 자신이 생각하는 것을 무엇이든 보육교사에게 표현할 수 있도록 하려면 아이가 보육교사를 신뢰해야 합니다. 보육교사에게 인간적인 매력을 느끼도록 해야 합니다. 아이는 소변 가리기를 실패할 때마다 체벌을 가하는 상대에게는 신뢰를 갖지 못합니다. 무서워하며 눈치만 볼 뿐입니다. 이런 상황에서는 보육교사에게 자신의 생각을 말하지 않습니다.

아이가 보육교사를 신뢰하면 여러 가지 요구를 합니다. 아이가 자신의 요구를 말로 표현하도록 하려면 그 요구에 언제라도 응해 줄 수 있는 곳에 보육교사가 있어야 합니다. 무엇을 요구해도 "기다려" 또는 "나중에"라고 말하는 보육교사에게는 말해도 소용이 없다고 생각하여 말을 하지 않게 됩니다.

이 나이의 아이에게 말을 가르치는 방법으로 주머니 속에서 여러 가지 물건을 꺼내어 그 이름을 말하게 하는 놀이가 있습니다. 그러나 명사만 많이 알게 되는 것일 뿐 자신의 요구를 표현할 수 없는 아이라면 말을 한다고 할 수 없습니다. 말은 인간의 창의성과 연결된 행동을 위해서 필요한 것입니다.

말에 따라 보육교사와 아이, 아이와 아이가 서로의 생활을 연결할 수 있게 되면 말은 제 역할을 다하는 셈입니다. 이 시기에 명사를 정확하게 발음하도록 하려고 아이의 발음을 일일이 교정해 주는 것은 말을 하려는 아이의 의욕에 브레이크를 거는 일입니다.

말을 배우는 수업이라는 특별한 학습 과정이 있는 것은 아닙니다. 보육시설에서 즐겁게 놀고 즐겁게 생활하는 것 모두가 말을 배우는 학습 과정입니다. 만 1세 반 된 아이가 말을 할 수 있으려면 소그룹 생활이 필요합니다.

아이는 감동을 표현하고 싶어 합니다. 그러므로 아이에게 감동의 장을 만들어주고, 보육교사가 말을 걸면 잘 받아들일 수 있도록 해주어야 합니다. 설령 보육교사의 말을 흉내 내는 것일지라도 아이가 자신의 감동을 표현할 수 있는 신선한 말을 발견하는 것은 창조입니다.

보육교사는 자연 관찰이라고 하는, 아이와 자연과의 첫 만남을 항상 감동적으로 만들어주기 위해 노력해야 합니다. 자연을 감동 없이 복제된 것으로 아이에게 보여주어서는 안 됩니다. 인생은 자연을 본뜬 것이 아닌 창조이기 때문입니다.

376. 창의적 집단 만들기

● 즐거운 집단이야말로 창의적인 집단이 될 수 있다. 더 많은 놀이 기구와 장난감, 놀이 장소가 필요하다.

아이는 친구들과 더불어 하는 놀이를 통해 창의성을 기를 수 있다.

보육교사는 아이의 창조적인 활동을 길러주면서 이것이 즐거운 집단을 이루는 원동력이 되도록 이끌어야 합니다. 이때 집단이라는 말을 너무 단어적인 의미로 생각해서는 안 됩니다. 어디까지나 아이 본위로 생각해야 합니다. 한 명의 보육교사가 만 1세 이상 3세 미만의 아이를 15~16명 담당하기 때문에 이 그룹을 하나의 집단으로 생각하기 쉽지만 이것은 보육교사 본위의 생각입니다.

즐거운 집단을 만들기 위해서는 집단 구성원들이 서로를 알고 인간적인 유대가 맺어져야 합니다. 만 1세 반에서 2세까지의 아이가 친구를 알아보고 서로 도울 수 있는 범위는 기껏해야 5~6명일 것입니다.

이 나이의 아이들 집단의 규모는 창조적인 활동에 몇 명의 친구가 필요한가에 따라 정해집니다. 지금의 그네, 모형 정글 등은 나이를 무시한 채 만들어져 있는데, 크기와 안정성 등을 각각의 나이에 맞추어 제작한 여러 가지 모양의 놀이 기구가 있다면 좋을 것입니다. 아이들의 집단은 이러한 놀이 기구를 통해 형성되도록 해줍니다.

블록, 모래놀이, 물놀이, 차 밀기 등을 통해 창의성을 충분히 길러주고 친구와 함께 즐길 수 있도록 격려해 주어야 합니다. 여기서 아이들의 집단이 만들어집니다. 즐거운 집단은 창조의 기쁨 속에서 생기는 것이지, 규칙을 지키게 한다고 해서 형성되는 것이 아닙니다.

지금까지 만 2세 아이들의 집단생활에서 집단의 규칙이 잘 지켜지는 것을 성공이라고 생각해 왔으나, 사실 이것은 열악한 집단 보육의 반영입니다. 보육교사들의 뛰어난 노력은 만 2세 아이들에게 끼어들기로 인한 싸움을 하지 않도록 "순서 지켜, 순서!"라는 말을 하게 해서 줄을 서게 했습니다. 또 장난감 쟁탈전을 막기 위해 "빌려줘"라는 말을 하게 해서 평화를 지켰습니다.

그러나 이것은 손 씻는 수도꼭지가 부족하거나 장난감 수가 너무 적은 보육시설의 열악한 환경에 아이들을 적응시킨 것뿐입니다.

●

보육시설은 즐거운 집단이어야 합니다.

특별한 즐거움이 있기 때문에 아이들을 집에서 끌어내어 보육시설에 보낸다는 관점에서 보면, 집단은 아이들의 창의성으로 아이들이 만든 것이라야 합니다. 만 2세 아이에게 필요한 것은 준법 정신이 아니라, 혼자서 노는 것보다 친구와 같이 놀면서 더 즐겁게 느끼는 집단생활의 기쁨입니다.

만 2세 아이들이 즐거운 집단을 만들려면 더 많은 놀이 기구와 장난감, 놀이 장소가 주어져야 합니다. 원외 산책도 데리고 나가 아이들에게 동료 의식도 길러주어야 합니다. 그러나 보육시설의 설비는 아이들이 길게 줄 서지 않아도 되도록 충분히 갖추어져 있어야 합니다.

또 여러 가지 놀이 기구를 이용하여 아이 몸을 더욱 단련시키는 것이 좋습니다. 아이의 운동 능력이 성장하는 만큼 놀이 내용도 깊어지고 집단의 즐거움도 커집니다. 그리고 무엇보다도 놀이 장소를 마련해 주는 보육교사가 창조적이고 매력적이어야 합니다. 보육시설의 급식이 맛있고 모두 함께 먹는 것이 즐거운 것도 집단생활의 기쁨입니다. 만 1세 반에서 2세까지의 아이들만으로 집단을 만든다면 10명의 아이를 2명의 보육교사가 담당하는 것이 바람직합니다.

377. 강한 아이로 단련시키기

● 아이를 단련시키기 위해 바깥 공기를 많이 쐬어주고 체조를 충분히 시킨다.

바깥 공기를 많이 쐬어주어야 합니다.

되도록 바깥 공기를 많이 쐬어주어야 합니다. 하루에 5시간 바깥 공기를 쐬어주려면 보육시설 마당에서의 놀이 이외에 원외 산책 (100~200m)이나 옥외 낮잠도 필요합니다. 이것은 지금의 보육시설 상황에서는 쉽게 바랄 수 없는 일이지만 그렇다고 꿈같은 일로만 생각해서는 안 됩니다. 집에서만 생활하는 아이도 주변이 위험하지 않다면 하루 5시간 정도 집 밖에서 놀게 하는 것이 좋습니다.

●

체조를 충분히 시켜야 합니다.

아이를 단련시키려면 체조를 충분히 시켜야 합니다. 만 2세 가까이 되면 집단적인 행동에 조금 익숙해지기 때문에 즐거운 분위기를 만들어주면 8~9명이 그룹을 이루어 체조를 할 수 있습니다. 이전 시기보다 체계적으로 체조를 할 수 있게 됩니다.

◈ 보행 운동

· 양팔을 벌려 수평으로 올리고 길이 2m, 폭 25cm, 높이 15cm의 평균대 위를 걷게 합니다.

· 바닥에 12~18cm의 줄 또는 막대기를 놓고 그것을 넘어갔다가 다시 넘

어오게 합니다.

· 바닥에 6개의 나무 벽돌을 8~10cm 간격으로 놓고 순서대로 그 위를 걷게 합니다.

· 깊이 15cm의 상자에 들어갔다 나오게 합니다.

· 폭 20~25cm, 길이 1.5m의 두꺼운 판자 한쪽을 20~25cm 높게 하여 경사지게 만들고 그 위를 걸어가게 합니다.

◈ 기어가기 운동

· 평균대 끝에서 끝까지 기어가게 합니다.

◈ 던지기 운동

· 아이들을 한 줄로 세워 각자 앞으로 공을 던진 후 달려가서 공을 주워 제자리로 돌아오게 합니다. 왼손과 오른손을 교대로 합니다.

· 배구공을 홈을 파낸 두꺼운 판자 위에서 굴리도록 합니다.

· 50~70cm 떨어져 있는 바구니 속에 4개의 공을 던져 넣게 합니다.

◈ 전신 운동

· 아이들을 반원형으로 배열한 의자에 앉게 하고 양손에 깃발을 들게 합니다. 그런 다음 구령에 맞춰 행동하도록 합니다. "깃발 드세요", "의자 밑으로 감추세요", "다시 깃발 올리고 머리 위에서 흔드세요"(복근 및 팔 운동)

· 아이들을 한 줄로 의자에 앉게 하여 끝에서 공을 보내게 합니다.

· 2명이 링을 마주 잡고 서서 일어섰다 앉았다 하게 합니다.

·매달린 네트 속에 들어 있는 공을 주먹으로 쳐서 흔들리게 합니다.

이러한 체조 시간은 15분 정도로 합니다.

378. 모자분리불안 증세를 보일 때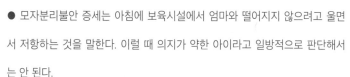

● 모자분리불안 증세는 아침에 보육시설에서 엄마와 떨어지지 않으려고 울면서 저항하는 것을 말한다. 이럴 때 의지가 약한 아이라고 일방적으로 판단해서는 안 된다.

아이는 한 번에 자립할 수 있는 것이 아닙니다.

이상한 용어이지만 모자분리불안 증세란 용어가 보육시설에서는 자주 쓰입니다. 보육시설에 아이를 맡기려고 하는데 아무리 해도 엄마에게서 떨어지려 하지 않습니다. 엄마가 마음을 굳게 먹고 아이를 두고 가면 크게 소리치며 울어 달랠 수가 없습니다. 이런 것을 모자분리불안 증세라고 합니다.

출산휴가가 끝난 뒤 바로 아기를 보육시설에 맡기면 이런 일이 일어나지 않지만, 만 1세 반 정도에 처음 맡기면 아이가 엄마에게서 떨어지는 것이 쉽지 않습니다. 그런데도 무리하게 보육교사에게 맡기고 엄마가 돌아가면 아이는 보육교사에게 달라붙어서 떨어지지 않습니다. 그러다 보면 보육교사는 다른 아이들을 보육할 수 없게 됩니다.

반면 쉽게 엄마에게서 떨어져 다른 친구들과 노는 아이도 있습니다. 하지만 모자분리가 처음에 잘되었던 아이도 방심할 수 없습니다. 어느 시기가 지나면 엄마에게서 떨어지지 않으려 해서 아침마다 눈물의 이별을 하는 아이도 많습니다. 만 1세 반 정도까지 엄마와 함께 생활했던 아이라면 모자 분리가 쉽게 이루어질 리 없습니다. 쉽게 떨어졌다면 그때까지 모자 관계가 다정하지 못했을 것입니다. 아이는 한 번에 자립할 수 있게 되는 것이 아닙니다. 누워 있던 환자가 지팡이에 의지하는 과정을 거쳐 혼자서 걸을 수 있게 되는 것처럼, 자립하기 위해 의존이 필요한 시기가 있습니다.

●

한동안은 엄마가 보육시설에 같이 있어줍니다.

아이를 엄마에게서 갑자기 떼어놓지 말고 처음 한동안은 엄마가 보육시설에 같이 있어줍니다. 그사이에 아이는 보육시설 생활에 익숙해지고 보육교사와도 낯을 익히게 됩니다. 이렇게 엄마에 대한 의존이 보육교사에게로 옮겨가기 시작하면 엄마는 아이에게 "빠이빠이"를 하고 집으로 갑니다. 또 집에 돌아가는 시간을 앞당겨서 엄마가 빨리 데리러 오게 합니다. 이러한 준비 기간을 거쳐야 나중에 문제가 생기지 않습니다. 준비 기간은 아이의 성격에 따라 다릅니다.

엄마가 아이와 보육시설에서 하루 동안 같이 지내보면 보육시설의 생활에 대해서도 이해하게 되고, 자신의 아이가 어떠한 부분이 발달하지 않았는지도 알게 됩니다. 예전에는 아이가 보육시설에 적응할 준비 기간을 두지 않고 처음부터 강제로 엄마와 떼어놓으면서 그것을 견딜 수 있는 강한 아이를 만들고자 했습니다. 그러나 아이가 울지 않게 되었다고 해서 아이 마음에 상처가 없는 것은 아닙니다. 또 아이가 충격에서 단념에 이른 것을 자립한 것으로 오해하면 엄마는 그 후에도 아이의 입장을 무시하고 자신의 사정에만 맞추게 됩니다.

아침에 아이를 보육시설에 데려가려 할 때 울면서 저항하는 일이 있습니다. 이럴 때 의지가 약한 아이라고 일방적으로 판단해서는 안 됩니다. 보육시설의 여건이 소극적이거나 예민한 아이를 포용하지 못하는 경우도 있을 수 있습니다. 또 보육시설 마당이 좁아서 하루의 대부분을 보육실 안에서 지내고, 한 명의 보육교사가 너무 많은 아이들을 담당하는 경우도 있습니다.

이런 보육시설에서는 아이 한 명 한 명에게 제대로 신경을 쓸 수 없기 때문에 주로 집단행동을 하게 됩니다. 소극적인 아이는 단체여행에 헐떡거리며 따라다니는 노인처럼 되어 보육시설에서의 생활이 즐겁지 않은 것입니다. 이런 보육시설에 매일 가는 것을 견디지 못하는 아이를 집단행동을 하지 못하는 문제아로 취급한다면 엄마는 다시 생각해 보아야 합니다. 여건이 더 좋은 보육시설을 찾아보는 것도 한 방법입니다.

기저귀도 차지 않고, 밥도 혼자 먹고,
말도 많이 할 수 있어 어른과의 대화가
자유로워집니다.
스스로 할 수 있는 것이 많아지면서
아이에게는 집이 점점 좁게 느껴집니다.
넘치는 에너지를 충분히 발산할 수 있도록
해줘야 합니다.

18

만 2 ~ 3세

이 시기 아이는

379. 만 2~3세 아이의 몸

● 스스로 할 수 있는 것이 많아지면서 아이에게 집이 좁게 느껴진다. 이럴 때 에너지를 충분히 발산하지 못하면 반항하기도 한다.

이 시기 아이는 여러 가지를 스스로 할 수 있게 됩니다.

기저귀도 차지 않습니다. 밥도 혼자서 먹습니다. 말도 많이 배워 어른과의 대화가 자유로워집니다. 그리고 인간으로서의 자립성도 강해집니다.

인간은 자립하면 더불어 살아가고 싶어 합니다. 아이는 친구와 놀고 싶어집니다. 그러나 실제로 놀아보면 잘 놀지 못합니다. 금방 싸우게 됩니다. 겨우 자립은 했지만 협력은 못합니다. 협력하지 않고는 사회생활이 불가능합니다.

●

반항기가 시작됩니다.

많은 가정에서 만 2~3세 아이를 교육하면서 가장 어려움을 겪는 것은, 자립은 시켰지만 협력을 가르치지 못했다는 것입니다. 가정 생활에서도 아이는 부모에게 협력하지 않습니다. 부모가 하는 말에 꼬박꼬박 말대꾸를 합니다.

이럴 때 반항기가 시작되었다고 하는데, 반항기는 사춘기나 갱년기처럼 누구나 거쳐 가는 생리적인 시기가 아닙니다. 집에서만 자라는 아이는 반항기가 시작된 것처럼 보입니다.

그러나 보육시설에서 자라는 아이를 아기 때부터 관찰하면 집단 속에서는 반항기가 생기지 않는다는 사실을 알 수 있습니다. 오히려 이전까지 친구들과 잘 어울려 놀지 못했던 아이가 만 2~3세가 되면 집단으로 어울려 놀 수 있게 됩니다. 만 2~3세는 협력을 할 수 있게 되는 시기입니다. 아이들의 집단 교육을 하게 되면서 보육교사들이 이러한 사실을 발견한 것입니다.

반항기라 부르는 것은 가정에서 아이에게 협력을 가르치기에 부적합하기 때문에 일어나는 현상에 지나지 않습니다. 어른들의 교육에 문제가 있었기 때문에 아이의 행동을 반항으로 몰고 간 것입니다. 지금 우리 가정에는 아이가 부모에게 반항하게 되는 조건이 너무 많이 갖추어져 있습니다. ^{387 반항기 대처하기}

예전에는 아이를 집에서 키워도 아이가 자립하기 시작하면 협력을 배울 기회가 있었습니다. 아이는 자유롭게 집 밖으로 나가서 친구들과 어울려 놀았습니다. 큰 아이들도 사람이 많을수록 재미있기 때문에 나이가 어린 아이들에게는 규칙을 느슨하게 적용하여 놀이에 참여시켰습니다. 거기에서 아이는 협력을 배웠습니다. 제멋대로 행동하면 놀이 집단에 끼워주지 않는다는 사실을 알게 된 것입니다.

그러나 지금은 아이를 집 밖으로 나가지 못하게 합니다. 도로에는 자동차가 끊임없이 달리기 때문에 위험해서 밖으로 내보낼 수가 없습니다. 엄마는 대문을 잠가놓고 있습니다.

어쩌다 아이가 밖으로 탈출한다고 해도 놀 만한 빈터가 없습니다. 빈터가 있다 해도 거기까지 가는 길이 위험하기 때문에 예전처럼 멀리서부터 아이들이 모이지도 않습니다.

요즘 아이들은 어른들의 관리를 받지 않고 자기들끼리 마음껏 놀 수 있는 자유 공간을 잃어버렸습니다. 예전에는 이런 자유 공간이 있었기 때문에 집에서 엄하게 교육을 받아도 밖에 나가 기분을 풀 수 있었습니다. 그리고 지금은 친구와 자유롭게 이야기하는 대신 텔레비전에 나오는 어른들의 유창한 말만 듣기 때문에 자발적으로 이야기할 기회도 줄었습니다.

●

아이에게 집이 좁게 느껴질 때입니다.

만 3세 가까이 되어도 "아빠", "엄마", "빵빵" 정도밖에 말하지 못하는 아이가 많아졌습니다. 엄마는 이웃집 아이에 비해 자기 아이가 말을 못하면 지능에 문제가 있는 것은 아닌가 하고 걱정합니다.

그러나 귀가 들리고(뒤에서 이름을 불렀을 때 뒤돌아보면 청각에는 이상이 없는 것임) 평소의 행동이 정상이라면 반드시 말할 수 있게 됩니다. 말이 늦은 집안도 있으므로 초조해할 필요는 없습니다. 되도록 또래 아이들과 자유롭게 놀 기회를 많이 만들어주도록 합니다.

예전에는 집 밖에서 뛰어놀면서 발산했던 에너지를 요즘 아이들은 어쩔 수 없이 집 안에서 발산하게 됩니다. 그러나 예전에 비해 집도 좁아졌습니다. 마당이 있는 집도 점차 줄어들었습니다. 좁은 방 안에만 갇혀 있는 아이가 에너지를 많이 필요로 하는 놀이를 하려면 의자를 넘어뜨려 계단을 만들거나 벽장에 올라갈 수밖에 없습니다. 하지만 이렇게 하면 엄마가 "의자 망가뜨리면 안 돼!", "어지럽히면 안 돼!", "집 안에서 뛰어다니면 안 돼!" 하고 금지시킵니다.

에너지를 발산할 방법이 없는 아이는 엄마에게 반항하는 것으로 대신합니다. 화내거나 소리치거나 물건을 던지는 것은 엄마가 싫어서가 아닙니다. 이렇게라도 하지 않으면 견딜 수가 없기 때문입니다. 반항 대신 자위442 자위를 한다를 시작하는 아이도 있습니다.

만 2세가 넘은 아이는 넓은 곳에서 다양한 놀이 기구를 이용하여 친구들과 자유롭게 놀게 해주어야 합니다. 예전의 아이들은 이렇게 자랐습니다. 자동차 물결 속의 외딴 섬과 같은 집에서는 아이에게 협력을 가르칠 수 없습니다. 그래서 많은 아이들이 모여 있어 적극적으로 친구를 만들 수 있는 보육시설 같은 곳이 필요해지는 것입니다. 그러나 지금의 보육시설은 너무 좁습니다. 아이들은 작은 방에서 생활해야 하고, 마당은 아이들이 달리면 서로 부딪힐 정도로 작습니다. 이런 환경에서는 아이가 자유롭게 에너지를 발산할 수 없습니다.

아이의 교육을 전부 집단에서 담당할 수 있는 것은 아닙니다. 가족과 어떻게 살아갈 것인지를 가르쳐야 하는 곳은 가정입니다. 또 남의 뒤만 쫓아다니다 자기 자신을 잃어버리지 않기 위해서는 고독도 견뎌낼 수 있는 사람으로 키워야 합니다. 요즘의 가정이 아이에게 협력을 가르치기 어렵게 되었다고 해서 가정교육이 집단 교육에 비해 뒤떨어진다는 생각은 옳지 않습니다. 아이의 교육은 가정교육과 집단 교육이 서로 조화롭게 병행되어야 합니다. 다만 지금은 예전보다 빨리 집단 교육을 할 필요가 생겼다는 것입니다.

외동아이인 경우 혼자서는 외롭기 때문에 하나 더 낳을까 하고 생각하는 부모도 있을 것입니다. 맞벌이 경험자들은 대부분 세 살 정도 터울이 좋다고 합니다.

만 2세가 넘은 아이들이 자주 하는, 같은 것을 반복해서 하는 놀이 방법을 이용하여 이 시기에 혼자 노는 습관을 들이도록 합니다. 그러기 위해서는 아이의 넘쳐나는 에너지를 발산할 대상을 성장하는 아이의 능력과 연결시키도록 합니다. 집단 교육의 보충으로 엄마가 친구가 되어주기도 하고 보육교사가 되어주기도 하는 것이 아니라 아이 자신의 흥미로 혼자 놀게 하는 것입니다.

●

이 시기에는 손을 더 섬세하게 움직일 수 있게 됩니다.

크레용을 손가락 4개로 잡지 않고 손끝으로 잡게 됩니다. 블록도 꽤 높이 쌓을 수 있게 됩니다. 삽도 능숙하게 사용합니다. 이런 능력을 이용하여 아이 혼자 놀게 하면 됩니다.

인형을 좋아하는 여자 아이에게는 인형과 소꿉을 줍니다. 아이는 엄마 모습이 보이는 곳에서 혼잣말을 하며 놉니다. 머지않아 상상력이 풍부해지는 것은 물론, 엄마가 보이지 않아도 혼자서 소꿉놀이에 빠져 놀게 됩니다. 좁은 마당에라도 모래밭을 만들어주는 것이 좋습니다. 아이는 모래밭에서 자동차나 곰인형을 가지고 혼자 놀기도 합니다. 책을 좋아하는 아이에게는 책을 줍니다. 아이는 스스로 책장을 넘기며 그림을 즐깁니다.

그림 그리는 것을 좋아하는 아이에게는 크레용이나 매직, 그리고 큰 종이를 줍니다. 아이는 혼자 무언가를 말하면서 멋대로 그림을 그리며 즐거워합니다. 물론 아직 동그라미나 사각형을 그리지는 못합니다. 그래도 자신의 손움직임에 따라 무언가가 그려진다는 느낌 자체가 즐거운 것입니다. 큰 종이를 주지 않으면 벽이나 문에 낙서를 합니다. 이 나이에 가위를 사용할 수 있다면 재주가 있는 아이입니다.

●

더운 계절에는 물놀이를 시키는 것이 좋습니다.

비닐 풀장은 욕심을 내어 너무 크고 깊은 것을 사서는 안 됩니다. 안에서 넘어져 일어나지 못하면 익사할 수 있기 때문입니다. 엄마가 방의 카펫이 더러워지는 것을 걱정하지 않고 찰흙을 주면 아이는 상당히 오랫동안 혼자서 놉니다.

혼자서 얌전하게 있다고 해서 아이를 텔레비전에 맡겨서는 안 됩니다. 혼자 하는 놀이에는 아이의 창의력이 필요하지만 텔레비전에는 어른들의 생각밖에 없습니다. 또 혼자 하는 놀이에서는 아이가 주인이지만 텔레비전 시청에서는 아이가 노예입니다. 그리고 텔레비전을 한번 보기 시작하면 각 채널의 어린이 프로그램을 전부 보게 됩니다.

음악을 좋아하는 아이에게는 적당한 라디오 프로그램을 들려줍니다. 음악은 클래식만 있는 것이 아닙니다. 재즈도 있습니다. 야무진 아이라면 만 3세 가까이 되면 음악 테이프를 혼자서 틀 수 있습니다. 그렇지만 이러한 실내 놀이만으로 하루를 보내게 해서는 안 됩니다.

●

전신 운동 능력이 발전합니다.

아이의 전신 운동 능력은 이 시기에 눈부시게 발전합니다. 그러나 개인차가 매우 크다는 것을 알아야 합니다. 뛰는 것이 빨라지고, 넘어지는 횟수는 줄어듭니다. 번갈아 한쪽 발로 깡충깡충 뛰어갈 수는 없지만 만 3세가 될 때까지 발끝으로 걸을 수는 있습니다. 한쪽 발로 꽤 오랫동안 서 있을 수도 있습니다. 빠른 아이는 만 3세쯤에 평균대를 건너가기도 합니다. 그네도 무서워하지 않게 됩니다.

아이는 큰 놀이 기구를 이용하여 놀면서 에너지를 충분히 발산하고 싶어 합니다. 어느 집이나 세발자전거를 사주는데(만 3세 때까지는 페달을 밟지 못하는 아이가 많음) 집 밖에서의 놀이는 무엇보다 친구가 있어야 즐겁습니다.

집단 보육에 부탁하기는 어렵지만, 하루에 한 번은 집 밖의 안전한 장소에서(이것도 도시에서는 어려워지고 있지만) 이웃의 또래 아이들과 같이 놀게 해주는 것이 좋습니다. 날씨가 좋을 때는 하루 3~4시간 바깥에서 놀면 아이의 몸은 충분히 단련됩니다.

●

낮잠을 자는 아이와 자지 않는 아이가 생깁니다.

만 2세 때부터는 낮잠을 전혀 자지 않는 아이가 나오기 시작합니다. 활동형 아이는 놀기 바쁘고 그것이 즐겁기 때문에 낮잠을 자지 않습니다. 이런 아이를 억지로 낮잠을 재우고자 할 때는 아이의 놀이가 중단되지 않도록 하고, 밤에 너무 늦게까지 안 자게 되는 것은 아닌지 살펴보아야 합니다. 여름철에는 낮잠을 재우는 것이 아이의 피로를 덜어줍니다. 또 아이 스스로 낮잠을 자게 됩니다.

밤의 수면은 보통 밤 8시 30분에서 9시 사이에 잠들어 아침 7시 전후에 일어나는 아이가 많습니다. 하지만 밤 10시가 넘어서 자는 아이도 있습니다. 이런 아이는 퇴근해서 집에 돌아온 아빠와 놀고 아침 9시까지 푹 잘 테니까 부모만 곤란하지 않다면 아이에게 해로울 것은 없습니다. [382 재우기] 아이가 잠들면 조명은 어둡게 해줍니다. 이 나이에는 밤중에 분유를 먹던 아이도 점차 안 먹게 됩니다.

●

체중은 많이 늘지 않습니다.

만 2세 아이는 1년에 체중이 2kg 정도밖에 증가하지 않습니다. 키가 자라기 때문에 자칫 마른 것처럼 보이는데 초조한 마음에 많이 먹이려고 해서는 안 됩니다. 식사는 영양을 따지기보다는 부모와 함께 단란한 분위기를 즐기는 것과 아이 스스로 먹도록 하는 것이 중요합니다.

이유식으로 부드러운 음식을 먹이는 것이 습관이 된 부모는 식탁에서 딱딱한 음식을 골라냅니다. 또 성격이 급한 부모는 아이가 빨리 식사를 마치게 하려는 마음에 씹는 것을 기다리지 못합니다. 그 결과 아이가 씹지 않고 음식을 삼키기 때문에 턱뼈의 발달이 나빠집니다. 그러면 이가 고르게 나지 않고 덧니가 됩니다.

유아에게서 씹는 훈련을 시켜야 합니다. 그러려면 햄이나 소시지보다 가공하지 않은 고기를 굽거나 조려서 주는 것이 좋습니다. 빵도 가장자리 부분을 떼어내지 말고 딱딱한 껍질째 주고, 야채는 삶지 않은 날것도 주고, 단무지, 샐러리, 연근 등도 주는 것이 좋습니다.

더운 계절에는 여름을 타느라고 체중 증가가 멈추어버리는 아이도 드물지 않습니다. 밥을 먹다가 도중에 그만두면 야단을 쳐서 억지로 식탁 의자에 앉혀놓고 떠먹이는 엄마도 있습니다. 매번 식사 때마다 1시간이나 걸려 이렇게 한다면, 아이가 자유롭게 먹던 때보다 체중은 어느 정도 증가할지 모르지만 이것은 남은 칼로리가 지방이 되어 피부 밑에 쌓이는 것에 불과합니다.

●

밥을 먹지 않으면 생우유를 먹입니다.

밥을 먹지 않는 아이에게는 생우유를 먹이면 됩니다. 그런데 생우유를 먹기 때문에 밥을 먹지 않는다고 생각하여 생우유를 주지 않고 밥만 먹이는 것은 영양 면에서는 오히려 해롭습니다.

만 2~3세까지는 아직 생우유를 400~600ml는 먹이는 것이 좋습니다. 간식도 아이가 좋아하는 것을 주는 것이 좋습니다. 반찬을 많이 먹는 아이 중에는 하루 밥(1/2공기) 두 번, 식빵(사방 10cm 크기 1조각) 한 번, 생우유 400~600ml 정도 먹으면서 간식은 전혀 먹고 싶어 하지 않는 아이도 있습니다. 밥은 1/3공기밖에 먹지 않지만 생우유와 함께 크래커를 먹는다면 영양상으로는 문제가 없습니다.

단무지 같은 딱딱한 음식은 그대로 변으로 나오기 때문에 부모가 걱정하는데 괜찮습니다. 소화가 잘 되지 않는 것을 그대로 배설하는 것은 정상입니다. 무서운 것은 세균이 번식한 음식입니다.

●

거의 모든 아이가 대소변을 가립니다.

이 나이에는 거의 모든 아이가 대소변을 가리게 됩니다. 그러나 놀기에 바빠서 오줌을 그냥 싸버리는 아이도 드물지 않습니다. 이것은 소변을 보고 싶다는 감각을 느끼지 못하는 것이 아니라, 혼자서 바지를 잘 벗지 못하는 자립 부족 때문입니다. 엄마는 "쉬할 때는 말을 해야지" 라고 야단치기 전에 아이가 혼자서 옷을 입고 벗을 수 있도록 격려해 주어야 합니다.

이웃의 또래 아이가 소변을 가리게 되었다고 하면 아직 소변을 잘 가리지 못하는 아이의 엄마는 초조해집니다. 그러나 아기 때부터 소변 보는 간격이 짧아서 기저귀가 많이 필요했던 아이는 아직

이 나이에도 소변을 잘 가리지 못합니다. 이것은 타고난 체질이므로 실패했다고 생각해서는 안 됩니다. 시간이 걸리더라도 반드시 소변은 가리게 됩니다. 소변을 자주 보는 아이는 밤에도 이불에 오줌을 쌉니다. 이것도 신경 쓸 필요가 없습니다.

만 3세 가까이 되면 목욕하기 전에 단추를 풀어주면 혼자서 옷을 벗을 수 있습니다. 혼자서도 단추 1~2개는 풀기도 합니다. 신발도 신을 수 있고, 모자도 앞뒤를 구별하여 씁니다.[385 자립심 기르기]

밤에 자기 전에 엄마가 소변을 보게 하면 아침까지 견디는 아이가 점점 많아집니다. 그러나 추울 때나 자기 전에 생우유를 마셨을 때는 실패합니다. 남자 아이는 여자 아이보다 야무지지 못해서 만 2~3세에 3명 중 1명 정도는 밤에 이불에 오줌을 쌉니다.

●

병에 감염될 가능성이 많습니다.

만 2~3세가 되면 친구와 놀 기회가 점차 많아지기 때문에 홍역, 풍진, 수두, 볼거리의 전염을 각오해야 합니다. 풍진이나 수두, 볼거리는 이 나이에 걸리면 가볍게 끝나므로 이왕 걸린다면 이때 걸리는 것이 낫습니다. 갑자기 고열이 나고 경련을 일으키는 경우는 바이러스로 인한 감기가 가장 많습니다. 자가중독을 일으키는 아이도 있습니다.[369 자가중독증이다]

아기 때 습진을 심하게 앓았던 아이나 가슴 속에 가래가 끓어 그르렁거리는 소리가 났던 아이는 이 시기에 소아천식[370 천식이다]으로 진단받는 일도 있습니다. 그러나 의사에게서 어떤 소리를 들어도 아기 때 습진을 이겨낸 것처럼 이겨낼 수 있다는 신념을 잃어서는 안 됩니다.

또 이 시기에는 아이에게 신경증이라거나 이상행동이라고 하는 일들이 일어납니다. 손톱을 물어뜯는 것[441 손가락을 빨거나 물어뜯는다], 자위[442 자위를 한다], 말더듬이[443 말을 더듬는다], 머리를 바닥에 쾅쾅 부딪치는 것[404 머리를 바닥에 부딪친다] 등입니다. 아이의 자위가 어떠한 것인지 알고 있지 않으면 엄마는 아이가 자위를 해도 알아차리지 못하는 경우가 있습니다. 자위는 보통 여자 아이에게 많습니다.

만 2~3세에 부모는 아이의 다리 모양에 대해 걱정을 많이 합니다. 아기 때의 생리적인 O자형 다리[323 만 1세~1세 반 아이의 몸]가 만 1세 반에 똑바로 되었다가 만 2세 반부터는 반대로 X자형이 됩니다. 무릎과 무릎을 붙이면 발 사이가 벌어지는 것입니다. 이것도 생리적인 현상으로 만 4~6세 정도 되면 자연히 낫습니다.

사시는 아기 때 발견되는 경우가 많지만 유아기(幼兒期)에 나타나기도 합니다. 외상이나 병을 앓고 난 후에도 발병하지만 원인은 원시입니다. 어느 한쪽의 검은자위가 코 쪽으로 쏠리는 내사시로 나타납니다. 처음에는 좌우가 번갈아가며 사시가 되지만 나중에는 어느 한쪽만 사시가 됩니다.

이것은 원시를 수정체로 조절할 때 반사적으로 안구가 코 쪽으로 쏠리기 때문입니다. 원시 안경을 쓰면 사시는 교정됩니다. 조절하는 데 노력하지 않아도 되기 때문입니다. 아이가 때때로 사시가 되는 것 같으면 되도록 빨리 안과에 가서 검사를 받아보아야 합니다.

이 시기의 예방접종에는 일본뇌염 3차 접종이 있습니다. [150 예방접종]

이 시기 육아법

380. 먹이기

● 세 끼 중 저녁 식사만큼은 온 가족이 식탁에 둘러앉아 함께 먹도록 한다.

만 2~3세 된 아이는 밥을 많이 먹지 않습니다.

대부분의 엄마가 "우리 아이는 밥을 먹지 않아요"라며 걱정합니다. 그러나 1년간 체중이 2kg 정도밖에 증가하지 않는 시기이므로 밥을 그렇게 많이 먹을 필요가 없습니다. 대부분의 아이가 밥은 하루에 먹는 양을 합하면 1공기 반 정도밖에 되지 않습니다. 아침, 점심, 저녁에 각각 1/2공기씩 먹는 아이도 있고, 낮에 1공기, 밤에 1/2공기를 먹는 아이도 있습니다. 또 아침에는 빵을 먹는 집이 늘었기 때문에 다음과 같이 식사하는 아이가 많아졌습니다.

아침 토스트 1~2조각, 생우유 200ml 또는 달걀 프라이

점심 밥 1공기 또는 면 종류 1그릇, 생선, 야채

15시 비스킷 또는 빵, 가끔 핫케이크

저녁 밥 1/2공기, 고기, 두부, 야채, 과일

20시 생우유 200ml

생우유를 좋아하는 아이는 간식 때 200ml를 더 먹어 하루에 600ml를 먹습니다. 하루에 1000ml 팩을 전부 비우는 아이도 있는데 비만형이 많습니다. 소식하는 아이는 아침에 빵을 먹지 않고 생우유 200ml로 만족하는 경우도 있고, 빵과 주스만 먹는 아이도 있습니다.

생우유를 싫어하는 아이는 만 2세가 넘으면 전혀 먹지 않는 경우도 있습니다. 이런 아이가 영양 면에서 별 탈이 없는 것은 달걀이나 생선, 고기로 동물성 단백질을 충분히 섭취하기 때문입니다. 반대로 생선과 고기를 싫어하는 아이는 생우유를 800ml 정도 먹어 동물성 단백질의 필요량을 채우면 됩니다.

만 2~3세까지는 아직 젖병으로 생우유를 먹는 아이가 상당히 많습니다. 소식하는 아이는 생우유로 영양을 보충합니다. 젖병으로 먹는 것은 보기에 좋지 않지만 컵에 따라주면 먹지 않기 때문에 어쩔 수 없이 계속 이렇게 먹이는 것입니다. 또 젖병으로 주면 아이혼자서 먹어도 흘리지 않기 때문에 엄마가 옆에 붙어 있지 않아도 됩니다.

젖병 꼭지를 너무 오랫동안 사용하면 이가 고르지 않게 된다는 이야기도 있지만 그런 것 같지는 않습니다. 분유를 좋아하는 아이라면 아직 밤중에 일어나 울면서 분유를 달라고 보챕니다. 물론 주어도 됩니다.

밥을 먹는 양은 적지만 반찬은 많이 먹습니다. 생선, 고기 등은 어른이 먹는 양의 2/3 정도 먹습니다. 야채를 좋아하지 않는 아이가 많습니다. 달걀로 야채 오믈렛을 만들어준다든가 푹 삶은 야채 수프를 주면 그럭저럭 먹는 아이도 있습니다. 어떻게 해주어도 야채를 먹지 않는 아이에게는 과일을 많이 먹어야 합니다.

●

저녁 식사는 온 가족이 식탁에 둘러앉아 먹는 것이 좋습니다.

가족과 함께 식탁에 둘러앉아 먹게 할 것인가, 아니면 아이를 따로 유아용 식탁 의자에 앉혀서 먹일 것인가는 아이의 식욕에 따릅니다. 밥 먹는 것이 즐거워 아직 식사 준비가 되지 않았는데도 식탁 앞에 앉아서 숟가락으로 그릇을 두들기는 식욕이 왕성한 아이는 어른과 함께 식탁에서 밥을 먹을 수 있습니다. 반면 밥을 싫어하여 항상 도중에 도망가는 소식하는 아이는 유아용 식탁 의자에 앉히지 않으면 얌전히 먹지 않습니다. 아침과 점심은 아이를 따로 유아용 식탁 의자에 앉혀 먹여도 되지만, 저녁 식사는 온 가족이 함께 식탁에 둘러앉아 먹는 것이 좋습니다.

아이가 숟가락과 젓가락을 사용할 수 있는지 여부도 식욕과 많은 관계가 있습니다. 즐거워하며 먹는 아이라면 숟가락과 젓가락에도 빨리 익숙해져서 자기 스스로 먹을 수 있게 됩니다. 하지만 마지못해 먹는 아이는 숟가락을 잡을 수는 있지만 도중에 던져버립니다. 혼자서는 밥을 3~4숟가락밖에 먹지 않는 아이는 엄마가 어느 정도 도와주며 먹어야 합니다. 그러나 만 3세가 되면 어떻게든 젓가락질을 할 수 있도록 훈련시켜야 합니다.

충치 예방으로 식후에 보리차나 끓여서 식힌 물을 먹이도록 합니다. 칫솔질은 아직 제대로 하지 못합니다. 간식을 먹은 후에 칫솔을 주어 이를 닦도록 점차 연습시킵니다. 치약은 삼켜버리기 때문에 불소가 들어 있는 것은 사용해서는 안 됩니다. 칫솔질은 아직 능숙하지 못하지만 간식을 먹은 후에 이를 닦는 습관을 들이는 것으로 족합니다.

●

식사 전에는 손 씻는 습관을 들이는 것이 좋습니다.

엄마, 아빠도 식사 전에 손을 씻어야 합니다. 또 아이가 혼자서 씻을 수 있도록 하려면 수도꼭지가 아이 손이 닿는 위치에 있어야 합니다. 높은 세면대에는 안정된 발판을 놓아주도록 합니다. 11~3월까지는 온수를 사용합니다. 이때 뜨거운 물이 나오는 수도꼭지가 있는 곳에서는 아이 혼자 손을 씻도록 두어서는 안 됩니다.

식사 전에는 "잘 먹겠습니다", 식사를 마치면 "잘 먹었습니다!"라고 말하는 습관을 들이게 합니다. 가족이 모두 모였을 때 다 함께 "잘 먹겠습니다"라고 말하면 아이도 따라 하게 됩니다.

381. 간식 주기 😊

● 간식 주는 시간을 정해 놓고 정해진 시간에 조금씩 준다.

간식 주는 시간을 정해야 합니다.

간식을 먹는 것은 아이에게 즐거움입니다. 인생은 즐겁게 살아야 하기 때문에 아이에게 되도록 간식을 주도록 합니다. 아이들이 움직이는 동안 소비하는 에너지를 보충하는 데는 당분이 가장 좋습니다. 따라서 단것을 먹고 싶어 하는 것은 자연스러운 욕구입니다. 그러나 당분을 너무 많이 섭취하면 지방이 되어 몸에 쌓입니다. 따라서 식사에서 섭취하는 에너지만으로는 부족한 부분을 간식으로 보충해 주는 정도로만 주는 것이 좋습니다.

이 나이의 아이는 밥(당질)을 별로 먹지 않기 때문에 간식으로 비스킷, 카스텔라, 빵 등을 주면 됩니다. 그러나 식사 때 밥을 2공기나 먹고 토스트도 3조각이나 먹는 아이에게는 간식으로 당분을 주면 비만이 됩니다. 밥을 잘 먹는 아이를 집 밖에서 충분히 놀게 하지 않는 경우 간식은 가능하면 과일을 주는 것이 좋습니다.

간식 주는 시간은 아이의 영양 상태와 부모의 사정에 맞추어 적당한 시간으로 정하면 됩니다. 간식은 정해진 그릇에 조금 담아서 줍니다. 간식이 많이 들어 있는 용기째 아이에게 보이면 계속 달라고 졸라댑니다. 달라고 떼를 써도 주어서는 안 됩니다.

●

스스로 과자 고르는 습관을 들이지 않게 합니다.

아이를 슈퍼에 데리고 갔을 때 과자를 고르는 습관이 들지 않도록 합니다. 떼를 쓰는 아이라면 머지않아 과자 앞에 주저앉아서 가려고 하지 않게 됩니다. 이것뿐이 아닙니다. 과자봉지를 끌어안고 집에 돌아오면 그것은 자기 것이라고 생각하기 때문에 아이에게 일부만 주고 나머지를 보관해 둘 수 없게 됩니다. 제과 회사는 한 봉지의 단가가 비싼 것이 이익이 많이 나므로 한 봉지의 용량을 점점 늘립니다.

요즘 아이들에게 충치가 많은 것은 양이 많아진 과자 한 봉지나 한 상자를 한 번에 먹어버리기 때문입니다. 아이들의 충치를 예방하려면 당분이 많은 과자는 텔레비전 광고를 못하게 하고, 과자 한 봉지의 용량도 줄여야 합니다. 제과 회사는 경품으로 아이들을 현혹하는 상술을 포함하여 아이들을 좀 더 배려해 주었으면 좋겠습니다.

초콜릿은 모든 아이가 좋아하는데 한번 맛을 들이면 다른 과자는 먹지 않는 아이가 많으므로 멀리하는 것이 좋습니다. 그리고 밤에 코피를 자주 흘리는 아이는 초콜릿을 먹은 날 밤에 코피를 흘리는 일이 종종 있습니다. 간식을 줄 때는 먹은 후에는 칫솔질하기로 약속하고 나서 주는 것이 좋습니다.

382. 재우기 😊

● 잠드는 유형도 아이마다 다르다. 하지만 아이가 밤늦도록 자지 않는다면 단호하게 불을 끄고 재워야 된다.

잠드는 유형은 각양각색입니다.

어른들과 마찬가지로 아이들도 잠드는 유형이 각양각색입니다. 밤에 자리에 누우면 금방 잠드는 사람도 있고, 잠이 들 때까지 20~30분 정도 걸리는 사람도 있습니다. 이것은 아이 때부터 유형이 정해져 있습니다. 금방 잠이 드는 아이는 문제가 없지만, 잠들 때까지 시간이 걸리는 아이는 나름대로 재우는 방법을 강구해야 합니다.

만 2~3세까지는 자신의 엄지손가락을 빨면서 자는 아이가 많습니다. 이런 아이 중에는 아기 때 엄마 젖을 빨면서 잠들었는데 첫돌이 되면서 모유를 끊어 손가락을 빨게 된 경우가 적지 않습니다. 또 젖병을 빨면서 잠들었는데 젖병을 치워버렸을 때도 이렇게 됩니다.

큰아이에게서 이런 것을 경험했기 때문에 만 2세가 된 아이에게 아직 모유를 먹이는 엄마도 있습니다. 이 나이에 아직 모유를 빨거나 젖병을 물고 자던 아이도 만 3세가 되면 대부분 아무것도 빨지 않고 잠들게 됩니다. 손가락을 빠는 것도 만 3세 즈음에는 없어집니다. 이것은 엄마가 옆에 있어주는 것만으로도 충분히 만족할 만

큰 아이가 성장했기 때문입니다.

그러나 이렇다 할 이유 없이 손가락을 빠는 아이도 많습니다. 엄마가 옆에 누워서 아이 손을 잡아주고 재미있는 이야기를 들려 주면서 재우는 것도 한 방법이지만, 내버려둬도 저절로 고쳐집니다. 엄마 모습이 보이지 않아도 자는 아이 중에는 이불을 덮고 잠이 들 때까지 수건을 질겅질겅 씹거나, 담요를 입에 넣고 우물거리는 아이가 의외로 많습니다. ^{384 애완용 물건을 떼지 못할 때} 수건이나 담요가 엄마 대 용인 셈입니다. 아무리 더러워져도 놓지 않습니다. 이런 아이도 성 장하면 씹거나 우물거리지 않고 손으로 잡고 있기만 해도 잠이 들 게 됩니다. 엄마에게 자기 옆에 누워서 '토끼와 거북'이나 '백설공 주' 이야기를 매일 밤 반복해서 들려달라고 조르는 아이도 있습니 다. 이렇게 해서 잠이 든다면 계속 그렇게 해도 좋습니다.

이 시기에는 텔레비전을 보면서 잠이 드는 아이도 있습니다. 하 지만 그 시간에는 아이들을 위한 프로그램을 방영하지 않으므로 어 른들이 보는 프로그램을 보게 됩니다. 아이를 다른 방에서 재울 수 있는 처지가 아니라면 아이를 위해 부모가 자제해야 합니다. 텔레 비전을 보지 못해서 후회하는 일은 생기지 않습니다. 그러나 무서 운 프로그램을 보면, 아이는 무서운 꿈을 꾸고 두려워서 웁니다. 야경증이라는 것입니다. ^{525 밤에 일어나 걸어 다닌다}

●

아이가 쉽게 자지 않아도 단호하게 재워야 합니다.

아이를 보육시설에 보내는 집에서는 아이가 밤늦게까지 자지 않아서 곤란을 겪는 경우가 있습니다. 낮에 부모와 떨어져 있기 때문에 밤에 놀아주려고 하지만, 11시가 되어도 12시가 되어도 자지 않으면 부모의 체력이 견뎌내지 못합니다. 10시경에 불을 끄고 다 함께 잠자리에 눕지만 아이가 울어대기 때문에 부모가 지고 맙니다. 이런 경우 역시 부모가 강해져야 합니다. 10시에 일단 불을 끄면 아이가 울더라도 단호하게 내버려두어야 합니다. 그러면 4~5일 만에 아이는 단념합니다.

옆집에서 시끄럽다고 항의하여 아이를 울게 내버려둘 수 없는 때는 보육시설에 2시간 30분 자던 낮잠을 2시간으로 줄여달라고 부탁합니다. 그렇지 않으면 보육시설에서 집으로 데려올 때 조금 걷게 합니다. 그러나 늦게까지 자지 않는 가장 큰 원인은 보육시설의 마당이 좁아 아이가 피곤해질 정도로 운동을 할 수 없기 때문이라는 사실을 잊어서는 안 됩니다.

383. 배설 훈련

● 배설 시간이 일정해져서 변기에 앉으면 대부분 성공한다. 하지만 밤에는 아직도 소변을 가리지 못하는 경우가 있으므로 기저귀를 채우는 것이 좋다.

대변 보는 시간도 거의 일정해집니다.

아이의 식사량과 먹는 횟수가 일정하다면 대변 보는 시간도 거의 일정해집니다. 아침에 일어나서 바로 보거나, 아침 식사 후에 보는 아이가 많습니다. 오후에 낮잠을 자고 나서 보는 아이도 있습니다.

배설 시간이 일정하면 그때쯤에 "자, 응가하자"라고 말하면서 변기에 앉히면 됩니다. 이 나이에는 변기에 얌전히 앉아 있기 때문에 대변 배설이 잘됩니다. 아이가 스스로 말하지 않아도 부추기면 대체로 잘하므로 엄마에게 알려주고 못 알려주는 것에 대해서는 너무 신경 쓰지 않는 것이 좋습니다. 이 나이에는 어느 아이나 "응가"라고 말할 수 있게 됩니다.

소변은 빠른 아이는 만 1세 반 정도부터 가리지만, 추운 계절이 되면 만 2세가 되어도 가리지 못하는 아이가 많습니다. 그러나 만 2세 봄이 되었을 때 소변을 가리도록 훈련시키면[327, 363 배설훈련] 대부분의 아이들은 성공합니다.

●

낮에는 기저귀를 채우지 않아도 됩니다.

낮에는 기저귀를 채우지 않아도 되지만, 밤에 기저귀를 채우지 않게 되는 시기는 개인차가 큽니다. 밤에 기저귀를 채우지 않아도 되는 아이는 이런 아이입니다. 자기 전에 소변을 보게 하면 아침까지 보지 않고 계속 자는 아이, 자기 전에 소변을 보게 하면 밤중에 한번 울면서 소변을 보겠다고 알려주고 이때 소변을 보게 하면 아침까지 그대로 자는 아이입니다. 이것은 엄마가 훈련을 시켜서 된 것이 아니라 아이의 체질일 것입니다.

자기 전에 소변을 보게 해도 밤중에 자면서 그냥 싸버리는 아이에게는 기저귀를 채워야 합니다. 이런 아이의 경우 밤중에 1~2번 깨워서 소변을 보게 하는 것이 좋은지, 그냥 엄마가 잠에서 깨었을 때 젖은 기저귀를 갈아주는 것이 좋은지는 엄마의 체력에 따라 정하면 됩니다.

엄마가 밤중에 2~3번 일어나 소변을 보게 하든, 젖어서 기분이 나빠 아이가 울때 기저귀를 갈아주든, 기저귀를 차지 않게 되는 시기에는 차이가 없습니다. 성장함에 따라 잠에서 깨기도 쉬워지고, 소변 보는 간격이 길어져서 아침까지 그대로 잔다면 저절로 해결됩니다. 이것이 가장 좋은 해결책입니다.

그런데 밤중에 반드시 2~3번은 소변을 보는 것이 커서까지 계속되는 아이도 있습니다. 남자 아이 중에 이런 아이가 많습니다. 이른바 야뇨증인데, 밤중에 자명종을 맞추어놓고 엄마가 일어나 소변을 보게 한다고 해서 야뇨증을 예방할 수 있는 것은 아닙니다.[511]

야뇨증이다 야뇨증도 언젠가는 반드시 고쳐지므로 신경과민이 되어 밤에 아이를 깨울 필요는 없습니다. 만 2세에는 밤중에 깨어 소변을 알려주지 못하는 아이가 많으므로 그냥 싸도 야뇨증이라고 말하지 않습니다. 병원에 데리고 가는 것도 의미가 없습니다.

384. 애완용 물건을 떼지 못할 때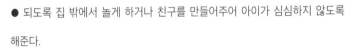

● 되도록 집 밖에서 놀게 하거나 친구를 만들어주어 아이가 심심하지 않도록 해준다.

아이 돌보기를 텔레비전에 맡기면 손가락을 빠는 아이가 많습니다.

이 나이에 털 빠진 담요나 솜이 군데군데 나와 있는 이불, 낡아빠진 봉제 곰인형을 애완용 물건으로 삼는 아이가 적지 않습니다. 애완용 물건을 어루만질 뿐만 아니라 젖병을 빨 때도 꼭 쥐고 있어야 합니다. 예방259 애완용 물건 만들지 않기이 잘되지 않았기 때문입니다.

젖을 먹을 때 빈손으로 애완용 물건을 가지고 노는 것은 괜찮습니다. 그러나 새 옷을 입고 외출하려고 할 때 애완용 물건을 가지고 나서면 부모는 곤란해집니다.

이 시기에 애완용 물건을 떼어버리는 것은 아이에게는 크나큰 비극이므로 많은 엄마는 싫지만 어쩔 수 없이 내버려둡니다. 애완용 물건이 없으면 젖병을 물려고 하지 않기 때문에 낮잠을 재울 수도 없습니다.

애완용 물건은 자를 수 있는 것은 2개로 나누고, 자를 수 없는 것은 대용품을 준비해 깨끗하게 세탁해 주도록 합니다. 애완용 물건이 하나뿐일 때 그것을 세탁하면 마를 때까지 아이가 옆에서 울기 때문입니다.

낮잠을 자지 않게 되면 젖병도 필요 없어지므로 그때가 되면 애완용 물건을 떼어버릴 수 있습니다. 이 시기에는 되도록 집밖에서 놀게 하거나 친구를 만들어주어 아이가 심심하지 않도록 해주어야 합니다. 심심해지면 손가락을 빨기 시작하고, 손가락 빨기와 애완용 물건을 더욱 끊을 수 없게 됩니다. 아이가 텔레비전을 보게 방치해 두면 손가락을 빨게 되기가 쉽습니다.

385. 자립심 기르기 😊

● 서툰 아이의 행동이 답답해 참지 못하고 해줘 버릇하면 아이는 어느 것도 스스로 하기가 힘들다. 시간이 걸려도 아이 혼자 하도록 둔다.

방관하는 어른의 인내가 아이의 자립심을 길러줍니다.

아이 스스로 하느냐 그렇지 않느냐는 아이의 능력보다 아이를 둘러싼 어른들의 태도와 관계가 있습니다. 살림을 능숙하게 잘하며 시간과 순서를 정확하게 정해 일을 척척 해나가는 엄마는 아이가 서툰 손짓으로 천천히 옷 벗는 것을 기다리지 못합니다. 그래서 능숙한 솜씨로 자신이 벗겨줍니다. 이렇게 하지 않으면 정해 놓은 다음 일을 할 수 없기 때문입니다.

또 아이 옷이 바로 입혀져 있어야 직성이 풀리는 엄마는 아이가 서툴게 옷 입는 것을 그냥 보고만 있지 못합니다. 할아버지, 할머니와 같이 살면 이러한 경향이 더욱 강해집니다. 깔끔한 성격의 엄마는 아이가 밥 흘리는 것을 싫어해서 자신이 숟가락을 들고 먹여 줍니다. 성격 급한 할머니와 함께 살 때는 할머니가 이렇게 합니다. 아이가 잘하지 못하는 것은 무엇이든 대신해 주어야 한다는 생각에서 벗어나지 못하면 아이가 자신의 일을 스스로 하도록 교육시킬 수 없습니다. 일부러 방관하는 어른의 인내가 아이에게 자립심을 길러줍니다.

아이가 무엇이든 엄마가 해줄 거라고 생각하면 엄마로부터 독립한 하나의 인격체라는 인식을 갖게 되는 데 방해가 됩니다. 특히 친구도 없고, 엄마 이외에 접촉하는 사람이 별로 없을 경우에는 더욱 그렇습니다. 만 2~3세 된 아이가 혼자서 할 수 있는 일은 다음과 같은 것들입니다.

숟가락으로 떠서 먹을 수 있습니다. 젓가락을 잡을 수 있습니다. 주먹을 쥐듯 젓가락을 잡고 그럭저럭 음식을 집습니다. 옷은 단추를 풀어주면 혼자서 벗습니다. 머리위로 벗는 옷은 만 3세가 넘어야 벗을 수 있습니다. 양말은 혼자서 벗을 수 있습니다. 신발도 혼자서 신습니다.

목욕할 때 혼자서 얼굴을 씻을 수도 있습니다. 몸에 비누를 묻힐 수 있습니다. 목욕 후에 수건으로 얼굴, 가슴, 배를 닦을 수 있습니다. 식사 전에 손을 씻을 수도 있습니다.

소변을 가리게 되면 팬티도 내릴 수 있습니다. 남자 아이는 더운 계절에는 혼자서 소변을 보러 갈 수 있습니다. 하지만 여자 아이는 아직 소변을 본 후 혼자서 닦지는 못 합니다. 만 3세가 되어도 대변

뒷처리는 혼자 하기 어렵습니다. 혼자서 코를 푸는 것도 무리입니다.

386. 아이 몸 단련시키기

● 단련을 시키면서 올림픽 선수를 만들려고 하는 등 부모의 이상을 강요해서는 안 된다. 즐거운 놀이라는 느낌을 심어주는 것이 중요하다.

집에서 할 수 있는 단련은 한계가 있습니다.

만 2~3세 아이를 집에서 단련시키기란 쉬운 일이 아닙니다. 단련은 운동 능력을 키워주므로 아이가 어느 정도 노력하도록 해야 합니다. 지금까지 할 수 없었던 것을 할 수 있게 하려면 아이도 견뎌내야 합니다.

언덕을 오르거나, 계단을 올라가거나, 늑목에 기어 올라가거나, 평균대 위를 걸어가는 것은 처음에는 아이의 호기심을 이용하여 시도해 볼 수도 있습니다. 그러나 낮에 엄마와 아이 단둘이 지내면서 아이의 능력을 높이기 위한 훈련을 매일 반복한다는 것은 불가능합니다.

많은 아이들이 있는 보육시설 같은 곳이라면 경쟁심을 불러일으킬 수도 있지만, 집에서는 팬티 내리는 것조차 혼자서 하기 싫어하기 때문에 쉬운 일이 아닙니다. 410 강한 아이로 단련시키기 집에서 할 수 있는 단련은 한계가 있습니다. 그중 우선적인 것이 바깥 공기를 쐬어 주는 것입니다. 그러기 위해서는 산책이 가장 좋습니다. 아주 더울 때를 제외하고는 적어도 하루에 한 번은 반드시 아이를 데리고 나가 산책을 해야 합니다.

겨울에는 옷이 무거우면 쉽게 피로해지고 땀을 흘리므로 산책하러 나갈 때는 되도록 가벼운 차림을 하는 것이 좋습니다. 그리고 신발이 작거나 끈이 풀려 있거나 신발 깔창이 밀리면 걷기 힘들기 때문에 아이가 안아달라고 합니다. 산책하기 전에 반드시 신발을 점검하도록 합니다.

아이의 걷는 능력을 잘 기억해 두었다가 점차 걷는 거리를 늘려 가는 것이 단련입니다. 때로는 돌층계가 있는 곳이나 언덕을 데리고 가서 올라가게 해봅니다. 단련을 위한 산책을 하려면 안아달라고 떼를 쓰더라도 금방 안아주는 버릇을 들여서는 안 됩니다. 산책하는 동안 아이와 자연스럽게 이야기를 나누는 것도 잊지 말아야 합니다.

건포마찰도 피부 단련에 좋지만 만 2세가 넘으면 아이를 붙잡고 문지르는 방법으로는 하기가 힘듭니다. 꼭 하겠다면, 아침에 아빠와 함께 일어나 나란히 서서 구령이라도 붙여주지 않으면 할 수 없습니다.

만 3세 가까이 되었을 때 식구가 모두 함께 맨손체조를 하면 아이도 정확하게는 하지 못하지만 어느 정도는 따라 합니다. 이것을 계속해 나가려면 아빠가 아주 쾌활한 태도를 보여주어야 합니다.

여름에 해수욕장에 데려가는 것은 좋지만 하루 이틀 바닷물에 5~6분씩 있게 한다고 아이에게 도움이 되는지는 모르겠습니다. 그것보다 즐거운 여행이라는 느낌을 심어주는 것이 중요합니다. 집 근처에 수영장이 있다면 가래가 잘 끓는 아이는 꼭 다니도록 합니다. 천식에는 수영이 가장 좋습니다. 그러나 장래에 올림픽 선수를 만들 작정으로 체조교실이나 수영교실에 보내는 일은 없어야 합니다. 아이에게 부모의 이상을 강요해서는 안 됩니다.

387. 반항기 대처하기

● 엄마의 요구와 아이의 생리적 요구가 어긋날 때 반항한다. 이때는 그것을 자연스럽게 해소해주는 완충 공간이 필요하다.

창의력을 만족시킬 수 있는 집단 보육이 필요합니다.

아이가 만 3세 가까이 되면 반항기에 접어든다고 합니다. 그러나 그것은 오해입니다. 아이를 집 안에만 가두어놓고 창조의 장을 마련해 주지 않는 어른이야말로 아이의 자립에 반항하는 것입니다. 집단 보육을 하는 사람이라면 누구나 알겠지만, 아이는 만 3세가 가까워지면 친구와 서로 도와가며 놀 수 있게 됩니다. 바로 협력하는 시기가 온 것입니다.

아이의 장난을 자세히 지켜보면, 그것은 아이가 자신의 능력을 시험하려는 하나의 창조적인 과정임을 알 수 있습니다.

빨래를 하는 엄마 옆에 앉은 아이가 세제를 집어 양동이에 넣으면 엄마는 세제통을 빼앗습니다. 그러면 아이는 세제통을 돌려달라고 울고 엄마는 돌려주지 않습니다. 세제를 장난감으로 가지고 노는 습관을 들여서는 안 되므로 금지시키는 것입니다. 그리고 계속 달라고 우는 아이를 반항한다고 생각해 버립니다.

그러나 아이 입장에서 보면, 물속에 넣으면 예쁜 거품이 나는 세제가 얼마나 재미있는 장난감이겠습니까. 엄마는 지금까지 그런 장난감을 한 번도 사준 적이 없습니다. 그런 장난감을 찾게 된 것이 아이에게는 말로 표현할 수 없을 정도로 큰 기쁨인데 이것을 엄마가 빼앗아버린 것입니다.

쉬는 날이면 목수 일을 취미로 즐기는 아빠가 있습니다. 정말 재미있어 보입니다. 옆에서 보고 있던 아이는 아빠가 대패질을 하는 동안 옆에 놓아둔 톱을 슬쩍 가지고 가서 옆에 있는 기둥에 아빠가 한 것처럼 해봅니다. 우아! 몇 번이고 머리를 부딪혔던 딱딱한 기둥이 쓱쓱 잘려나갑니다. 이런 즐거운 느낌은 태어나서 처음입니다. 하지만 쓱쓱 밀고 있는데 아빠가 호통을 치면서 톱을 달라고 합니다. 이럴 때는 정말 주기 싫습니다. 그러면 아빠는 강제로 톱을 빼앗으려 하고, 아이는 발을 동동 구르며 내놓지 않으려고 합니다.

어른 입장에서는 해서는 안 되는 일을 가르치고 있는데 아이가 반항하는 것으로 보입니다. 그러나 만 3세짜리 아이가 과연 나쁜

짓이 무엇인지 알고 했을까요? 아이가 떼를 쓰는 것은 아이의 자립에 필요한 장이 마련되지 않았기 때문입니다. 아이의 반항이라는 최종 단계만 보고 그것을 잘 달래는 방법만 생각하는 것은 바람직하지 않습니다. 체벌을 해도 되느냐는 상담을 하기도 하는데, 아이에게 놀이 장소를 마련해 주지 않은 어른에게 체벌을 해도 소용없는 것처럼, 자신이 찾아낸 놀이 장소를 빼앗겨 반항하는 아이에게 체벌을 하는 것도 소용없습니다.

요즘 가정에서 아이의 반항은 만 3세 아이를 키우는 데는 집이 너무 비좁다는 것을 의미합니다. 아이의 창의력을 만족시킬 수 있는 집단 보육이 필요합니다.

●

아이의 반항에는 다 아이만의 이유가 있습니다.

아이가 말을 하게 되는 순간 엄마는 말대꾸를 하게 되었다고 생각합니다. 엄마가 금지하는 것에 대해 "옆집 수빈이는 그렇게 해요"라고 말대꾸를 하는 것은 아이 자신의 인격적인 독립을 나타내는 것입니다. 그도 사람이고 나도 사람이라는 의식이 생겨서, 자립한 한 인간으로서 엄마에게 자신의 의견을 이야기하는 것입니다. 말대꾸가 도덕적으로 좋은지 나쁜지를 따지기보다 엄마가 아이에게 요구하는 것이 그 아이의 주어진 상황에서 타당한지에 대해 항상 반성해 보아야 합니다. 엄마의 요구와 아이의 생리적인 요구가 어긋날 때 엄마의 요구는 관철되기 어렵습니다.

겨울에 아이를 데리고 외출할 때 엄마는 자신이 코트를 입으면 아이에게도 코트를 입히려고 합니다. 그러나 코트를 절대 입으려 하지 않는 아이도 있습니다. 코트를 입으면 운동이 제한되어 기분 좋게 걸을 수 없기 때문입니다. 그리고 땀이 나서 기분이 나쁘기도 합니다. 엄마의 보조에 맞추어 걸으려면 상당히 바삐 걸어야 합니다. 코트를 입지 않는 편이 산책하기에 즐겁다든 것을 아이는 경험을 통해 알고 있지만 이것을 정확하게 말로 표현하지는 못합니다. 그래서 코트를 입히려고 하면 반항하는 수밖에 없는 것입니다. 또 이 나이의 남자 아이는 날씨가 추워도 반바지에서 긴 바지로 바꿔 입으려고 하지 않습니다. 긴 바지는 걷기 힘들고, 소변도 혼자서 볼 수 없기 때문입니다. 또 노는 도중에 소변을 보고 싶으면 엄마를 찾아야 합니다. 그래서 긴 바지를 입기 싫어하는 것입니다.

아이가 반항한다면 아이가 지금 하고 싶어 하는 것을 어떠한 장소에서 하게 하면 평화적으로 할 것인지를 생각해 봅니다. 또 아이가 주장하는 것에는 생리적인 이유가 있을 거라고 생각해 보아야 합니다.

자동차가 집 앞 도로를 위험한 장소로 만들어버렸습니다. 예전에는 집에서 한 걸음만 밖으로 나가면 자유롭게 놀 수 있었습니다. 길가에 핀 민들레를 꺾을 수도 있었습니다. 나비나 잠자리를 따라다닐 수도 있었습니다. 비 오는 날에는 물 흐르는 곳에 나뭇잎 배를 띄울 수도 있었습니다. 도로가 놀이터였으므로 또래 친구들을 언제든지 만날 수 있었습니다.

그것을 자유 공간이라고 이름 붙일 수 있습니다. 자유롭게 놀 수 있을 뿐만 아니라 부모의 '관리'로부터도 자유로웠습니다. 야단맞아도 거리로 도망가면 더 이상 설교를 듣지 않아도 되었습니다.

해 질 무렵 집에 돌아올 때쯤이면 부모도 화낸 사실을 잊어버렸습니다. 그래서 다시 평화로운 부모 자식 관계로 돌아왔습니다. 옛날에 엄한 교육이 가능했던 것은 자유공간이라는 완충 지대가 있었기 때문입니다.

388. 충치 대처 및 예방하기

● 입 안을 청결히 하는 것과 3~4개월마다 정기 검진을 받는 것이 최선이다.

이의 정기 검진을 게을리 하지 않도록 합니다.

충치는 세균이 이 표면에 붙어 있는 당분을 발효시켜 산을 만들고, 그 산이 이의 에나멜질을 녹이기 때문에 생깁니다. 당분 중에서 세균이 가장 좋아하는 것은 설탕입니다. 그런데 아이가 좋아하는 것도 설탕입니다. 껌, 캐러멜, 사탕, 주스, 요구르트, 탄산음료 모두 설탕이 많이 들어 있습니다.

예전에 비해 아이들의 충치가 늘어난 것은 간식의 종류와 양이 늘어났기 때문입니다. 아이를 실내에 가두어놓고 텔레비전에 맡기기 때문에 아이는 텔레비전 광고를 보고 간식을 달라고 졸라댑니다. 충치는 세균과 설탕 이외에 유전자인 것과도 관계가 있는 것이 사실입니다. 아이가 많은 집에서 똑같은 음식을 주었을 때 자주 칫솔질을 하는데도 충치가 많이 생기는 아이가 있는가 하면, 칫솔질을 하지 않는데도 충치가 전혀 생기지 않는 아이도 있습니다. 또 80세가 되었는데도 형제 모두가 이가 남아 있는 집안도 있습니다. 그러나 유전적으로 이가 좋은지 나쁜지를 알 수 없는 지금으로서는 입 안을 청결히 하는 것과, 이에 남아 있는 설탕과 세균의 소굴이 되는 음식 찌꺼기를 칫솔로 닦아내는 것밖에는 예방법이 없습니다. 따라서 아이에게 일찍부터 양치질과 칫솔질을 시켜 이 닦는 습관을 들이게 해야 합니다.

그 다음으로는 이의 정기 검진을 게을리 하지 않도록 합니다. 어른은 6개월마다 해도 되지만 유아는 3~4개월마다 해야 합니다. 충치를 빨리 발견하여 구멍이 뚫린 곳을 막아주는 것이 충치 확산을 막는 가장 좋은 방법입니다. 그런데 이것도 치과 의사에 따라 실행할 수 없는 경우도 있습니다.

어른의 의치만을 주로 만드는 의사라면 아이를 달래서 아프지 않도록 치료하는 것은 시간이 아까울 것입니다. 그래서 우는 아이를 달래면서까지 충치 치료를 해주지는 않습니다. 이런 상황에서 아이의 이만 전문으로 치료해 주는 소아 치과가 생기는 것은 반가운 일입니다. 보험 치료만으로 치과를 유지하는 의사는 봉사 정신이 강한 사람입니다.

이제 막 나기 시작한 이 표면의 에나멜질은 불소와 합쳐져 산에 강한 물질을 만듭니다. 그래서 아이의 이에 불소를 바르는 것이 여러 가지로 연구되고 있습니다. 양치질을 할 수 있게 된 아이는 학교에서 불소가 들어 있는 물로 양치질을 하게 하는 방법도 있습니다. ^{389 이와 불소} 충치 예방과 간식의 관계에 대해서는 381 간식 주기에서도 다루었습니다.

389. 이와 불소 😊

● 불소가 이를 보호하는 기능을 하지만 부작용도 있으므로 안전한 양인지 확인해야 한다.

불소가 충치를 예방하지만 많이 섭취하면 뼈나 갑상선에 이상이 생깁니다.

불소는 지각(地殼)에 함유된 원소 중 17번째로 많습니다. 처음 불소와 이의 관계에 주목하게 된 것은, 지하수에 불소가 특히 많이 함유된 지역에서 반상치가 많이 나타난다는 사실을 알게 되고부터입니다. 반상치가 많은 곳에서는 반대로 충치가 적다는 사실도 알게 되었습니다.

반상치도 생기지 않고 충치도 적게 하는 불소의 농도를 연구한 결과 1ppm(100만분의 1%) 정도라는 사실을 밝혀냈습니다. 그 후부터 충치 예방으로 수돗물에 1ppm의 불소를 넣는 것이 검토되기 시작했습니다. 미국의 통계에 따르면, 15년 동안 수돗물에 불소를 넣었더니 이전에 비해서 충치가 반 이상 줄었다고 합니다. 그러나 불소를 많이 섭취하면 뼈나 갑상선에 이상이 생기기도 하고, 성장이 멈출 위험도 있습니다. 이러한 위험을 충분히 피하기 어렵다는 우려 때문에 현재 일본에서는 수돗물에 불소를 거의 넣지 않습니다. 치과 의사는 요즘 충치 예방으로 새로 나온 이의 표면에 불소를 바를 것을 권합니다. 불소를 바르면 바로 이의 에나멜질과 섞여서 불화인회석(fluorapatite)이라는 산에 대해 저항력이 있는 물질을 만들어냅니다. 그러면 세균의 효소가 이에 붙어 당으로부터 산이 만들어져도 쉽게 에나멜이 녹지 않는다는 것입니다. 만 2~3세에 젖니가 다 나는데, 이가 나는 즉시 불소를 바르려면 3개월에 한 번은 치과에 가야 합니다.

그 후에 영구치가 나는 순서는 만 5~6세에 제1대구치(뒤어금니)와 하악절치, 만 6~7세에 상악절치(앞어금니), 만 8~10세에 소구치와 아랫니 견치(송곳니), 만 11~12세에 제2대구치와 윗니 견치입니다.

최근 여기저기서 시도하는 것은 양치질을 할 수 있게 되면 불화나트륨 물로 입을 씻어내는 방법입니다. 유아는 매일 1회, 초등학생은 매주 1회로, 언제까지 해야 하는지에 대해서는 정설이 없지만 미국에서는 만 16세까지 하고 있습니다. 불화나트륨 물로 매일 씻어낼 경우에는 연한 액(0.02~0.05%)을, 주 1회 씻어낼 경우에는 조금 진한 액(0.1~0.2%)을 사용합니다. 입에 머금고 있는 시간은 1

분이 적당하지만 이 나이의 아이는 30초 정도를 겨우 할 수 있습니다.

최근에는 불소가 함유된 치약이 많이 나오고 있습니다. 그러나 지하수에 불소가 많이 함유된 지역에서는 오히려 불소가 들어 있지 않은 치약이 안전합니다. 불소 화합물을 정제로 먹는 방법도 있는데, 이것도 각 지방의 수돗물에 들어있는 불소 양을 알지 못하면 안전하지 않습니다. 수돗물에 0.7ppm 이상의 불소가 함유된 곳에서는 불소 정제를 먹어서는 안 됩니다.

자신이 사는 지역의 수도나 지하수의 불소 양은 수질 검사를 하는 보건소에 문의하면 알 수 있습니다. 상수도 사업소에서도 알 수 있을 것입니다.

환경에 따른 육아 포인트

390. 이 시기 주의해야 할 돌발 사고

● 무언가를 모험하고 싶은 충동이 사고를 불러일으킨다. 집 밖에서의 사고에
주의한다.

자립심이 생기면서 모험하고 싶은 충동을 느낍니다.

자신의 일을 스스로 하도록 교육시키는 것은, 아이에게 혼자서
모험을 해보고 싶은 충동을 느끼게 합니다. 아이는 혼자서 자유로
운 세계로 뛰어나가고 싶어 문을 열고 거리로 나갑니다.

이때 집 바로 앞이 차가 다니는 도로라면 대문은 지옥으로 가는
문이라고 생각해야 합니다. 세발자전거를 타고 노는 것은 아이에
게 기쁨이자 단련도 되지만, 차가 다니는 도로밖에 탈 장소가 없다
면 세발자전거를 사주어서는 안 됩니다. 교외나 농촌에서는 저수
지에서 아이가 익사하는 사고가 자주 일어납니다. 집 옆에 울타리
가 없는 저수지가 있다면 소유자에게 말하여 울타리를 만들도록
해야 합니다. 집 가까이에 전철 선로가 있다면 아이가 선로에 가까
이 가지 않도록 철저히 교육시켜야 합니다. 선로에 담이 쳐져 있을
경우에는 파손된 부분이 없는지 항상 잘 살펴보아야 합니다. 집이

강 옆이라면 상당한 주의가 필요합니다. 아이들끼리 강에 갔다가 익사하는 사고가 많으므로, 부모와 함께 가는 것이 아니라면 강가에는 가지 않도록 엄하게 일러두어야 합니다.

또 이 나이에는 자주 미아가 됩니다. 미아가 되는 아이는 모험을 좋아하는 아이입니다. 한번 미아가 되면 몇 번이고 이런 사고가 되풀이된다고 생각해야 합니다. 겁이 많은 아이는 엄마에게서 떨어져 혼자 걸어가지 않지만 모험을 좋아하는 아이는 아무렇지 않게 혼자서 집 밖으로 나갑니다. 이런 아이에게는 항상 이름표를 달아주어야 합니다.

집에서는 아빠 이름과 주소를 말할 수 있어도, 미아가 되어 많은 낯선 어른들에게 둘러싸이면 평소 알고 있던 것도 말하지 못하는 수가 많습니다. 그러므로 엄마, 아빠 앞에서 주소를 잘 말한다고 해서 이름표를 달아줄 필요가 없다고 생각해서는 안 됩니다. 동전이 목에 걸리는 사고도 이 나이에 많이 발생합니다. 병목이나 장난감 총의 총구에 손가락을 넣었다가 빠지지 않는 일도 종종 있습니다. 슈퍼에서 카트에 태운 아이가 추락하여 머리를 다치는 사고가 미국에서는 연간 2만 건 이상 발생합니다. 손 움직임이 섬세해지기 때문에 라이터를 켜거나 스토브의 조절기를 만져 화재나 가스중독을 일으킬 위험도 있습니다. 평소에 이런 것을 만지지 못하도록 엄하게 금지시켜야 합니다.

이런 각양각색의 사고를 미연에 방지할 수 있느냐 없느냐는 아이가 부모의 명령을 따르느냐 따르지 않느냐에 달려있습니다. 아이의 창의성을 중시하는 것과 생활 속에서 위험한 일을 엄하게 금지하는 것은 분명 서로 모순된 행위입니다. 평소에 금지하는 것이 너무 많으면 아이가 거기에 무뎌져서 막상 절대 해서는 안 되는 일에 대한 명령에는 말을 듣지 않게 됩니다.

아이를 볼 때마다 야단을 치면 아이는 반항할 수밖에 없습니다. 야단맞지 않고 아이가 좋아하는 것을 할 수 있는 장을 만들어주어야 합니다.

391. 놀이 공간 만들기

● 놀이 공간이 제한적인 요즘은 아이에게 장난감을 사주는 것보다 함께 어울릴 친구를 찾아주는 것이 더 중요하다.

친구만 있으면 자갈도 장난감이 됩니다.

이 나이의 아이는 태엽으로 움직이는 장난감과 건전지로 달리는 장난감을 좋아합니다. 그러나 부모는 머지않아 아이가 혼자 가지고 노는 장난감에는 금방 싫증을 낸다는 것을 알게 됩니다. 장난감은 실내에서 가지고 노는 것이 대부분입니다. 그러나 이 나이의 아이는 방 안에 갇혀서 노는 장난감으로는 기껏해야 15~20분밖에 집중하지 못합니다.

아이는 집 밖으로 나가서 놀고 싶어합니다. 세발자전거를 갖고 싶어 하는 것도 이 나이 때입니다. 세발자전거는 처음에는 누가 밀어주어야 타거나 혼자서 밀고 다니는 것밖에는 하지 못합니다. 그러다가 만 3세가 가까워지면 자전거를 타고 혼자서 페달을 밟을 수 있게 됩니다.

모래놀이와 물놀이도 이 나이의 아이가 좋아하는 놀이입니다. 그러나 삽과 양동이와 모래체가 있어도 혼자서는 모래밭에서 오래 놀지 못합니다. 물놀이도 마찬가지입니다. 하지만 우연히 또래 아이가 와서 모래밭에서 같이 놀면 1시간 정도 계속해서 놀 수 있습니다. 큰 아이들 사이에 끼어서 물놀이를 하면 낮잠 자는 것도 잊은 채 놀기도 합니다.

이 나이의 아이에게는 장난감보다 친구가 더 필요하다는 사실을 부모는 알게 됩니다. 놀이 장소를 만들어준다는 것은 곧 친구를 만들어주는 것입니다. 놀이는 친구가 있어야 즐겁습니다. 친구만 있으면 자갈도 장난감이 됩니다.

●

엄마의 과제는 어울릴 친구를 찾아주는 것입니다.

예전에는 만 3세가 된 아이는 스스로 친구를 찾을 수 있었습니다. 거리가 아이들의 놀이터였기 때문입니다. 밖에 나가면 언제나 아이들이 놀고 있었습니다. 장난감을 가지고 가면 어느 한 무리에 들어갈 수 있었습니다. 그러나 요즘의 거리는 자동차가 독점해 버려서 만 2~3세 아이가 혼자서 걸어 다니지 못하는 길이 되어버렸습니다. 따라서 아이가 밖에 나가서 스스로 친구를 찾기란 불가능합니다. 이제 장난감은 친구와 함께 놀기 위한 도구가 아닙니다. 혼자 방 안에서 놀기 위한 사유재산에 불과합니다. 엄마가 옆집 아이를 집에 불러 놀게 해도 아이는 자기 장난감을 빌려주지 않습니다. 장난감 상자를 양손으로 끌어안고 무엇 하나도 주지 않기 때문에 옆집 아이는 재미가 없어서 금방 돌아가 버립니다.

엄마가 아이를 놀이터에 데려가서 그네나 정글짐에서 놀게 하면 처음에는 좋아합니다. 그러나 엄마가 지켜보면서 타는 그네나 정글짐 놀이가 마치 일과처럼 되어버리면 아이에게는 강제 노동처럼 생각될 것입니다. 그래서 나중에는 놀이터에 가자고 해도 싫다고 합니다.

방 안에서 동요 테이프를 들으며 엄마와 함께 노래하는 것도 좋을 듯하지만, 이것도 엄마하고만 하면, 오래가지 않습니다. 아이는 텔레비전 광고에 나오는 노래를 더 잘 외웁니다. 요즘은 많은 아이들이 어쩔 수 없이 방 안에서 혼자 놉니다. 블록, 퍼즐, 그림책, 자동차, 분유 먹는 인형 등을 가지고 놉니다. 그림 그리기를 좋아하는 아이는 크레용이나 매직으로 신나게 마구 그려댑니다. 이 시기에는 아직 사람 얼굴은 그리지 못합니다. 아이에게 어떤 장난감을 줄 것인가보다 같이 어울릴 친구를 찾아주는 것이 요즘 엄마들의 과제입니다.

392. 그림책 선택하기 😊

● 아이가 직접 본 적이 있는 사물이 그려진 그림책을 고른다. 이야기가 없어도 상관없다.

아이가 직접 본 적이 있는 사물이 그려진 책이 좋습니다.

이 나이의 아이가 보는 그림책은 되도록 현실에서 직접 본 적이 있는 사물이 그려져 있는 것이 좋습니다. 자동차를 좋아하는 아이에게는 자동차가 그려져 있는 책이, 동물을 좋아하는 아이에게는 동물이 그려져 있는 책이 좋습니다. 아이는 그림을 통해 자신의 마음속에 있는 자동차나 동물을 생각해 냅니다. 현재 자신의 눈앞에 없는 것을 마음속에서 그려내는 훈련을 통해 상상하는 것을 배우게 됩니다.

아이가 이미 알고 있는 자동차나 동물이라면 많이 추상화된 그림이라도 괜찮습니다. 사진처럼 실물과 너무 똑같은 그림은 오히려 상상력에 방해가 됩니다. 아이가 아직 본 적이 없는 사물을 그림책으로 가르치는 것은 좋은 방법이라고 할 수 없습니다. 자신의 눈으로 처음 보았을 때의 감동을 아이를 위해 남겨두어야 합니다.

텔레비전은 아이를 작은 백과사전으로 만들기도 하지만 그만큼 현실에 대해 무감동한 사람으로 만들어버리기도 합니다. 아이에게 친근한 것이 그려진 그림이라면, 배경 없이 그 사물만 따로 그려져 있지 않아도 됩니다. 아이는 자동차나 원숭이를 독립된 물체로만 보는 것이 아닙니다. 굴다리 밑을 달리는 자동차, 바위산 위에 앉아 있는 원숭이가 아이에게는 더 현실적입니다.

●

그림만 본다면 아이에게 직접 고르게 합니다.

그림만을 보기 위한 그림책이라면 이이에게 직접 고르게 하는 것이 좋습니다. 그러면 자동차를 좋아하는 아이는 자동차 그림책만 고릅니다. "이제 자동차 그림책은 많이 있으니까 됐지?"라고 말하는 것은 어른의 생각일 뿐입니다. 정말 좋아하는 것은 아무리 많이 있어도 또 갖고 싶은 것입니다. 그리고 같은 자동차라 해도 조금이라도 다른 부분이 있으면 아이에게는 다른 것으로 느껴집니다. 아이가 책을 아무렇게나 다룬다고 하여 아이의 취향을 무시한 채 제본이 튼튼한 그림책만 주는 것은 옳지 못합니다. 아이가 책을 소중하게 다루지 않는 이유 중 하나는 아이가 정말로 좋아하는 책을 주지 않기 때문입니다.

●

이야기가 없어도 좋습니다.

이 나이의 아이가 보는 그림책은 이야기가 없어도 괜찮습니다. 자신이 정말 좋아하는 대상이 그려져 있으면 아이는 간단한 이야기에는 동참할 수 있습니다. 그렇다고 이야기가 있어서는 안 된다는 것은 아닙니다. 문장을 읽어보고 훌륭한 언어라고 생각되면 주는 것도 좋습니다. 그리고 훌륭한 언어를 소리 내어 읽으면 얼마나 즐거운지를 알려주기 위해서 엄마가 읽어줍니다. 그림만 있고 글이 없는 책을 엄마가 올바른 언어로 즉흥적으로 이야기를 지어내 들려주는 것도 좋습니다.

393. 형제자매

● 동생이 생겨 이상행동을 보일 때는 스킨십을 계속해 주고 아빠가 더 많이 놀 아주어야 한다.

아이에게 스킨십을 계속해 주어야 합니다.

혼자 있다가 동생이 생기면 화를 잘 내거나 조그만 일에도 소리 치며 울어대는 아이가 있습니다. 이런 식으로밖에는 표현할 방법 이 없는 아이를 이해해야 합니다. 동생이 생기는 것을 이해시키려 고 "엄마가 우리 집에 아기를 데리고 올 거야. 엄마가 없더라도 엄 마 찾으면 안 돼"라고 말하면 그 순간부터 지금까지 소변을 잘 가리 던 아이가 가리지 못하게 됩니다(여자 아이보다 남자 아이에게 많 이 발생함). 이것은 긴장으로 인해 방광이 부풀어 오르는 것을 느 끼지 못하기 때문일 것입니다.

드디어 아기가 태어나 엄마가 동생을 안고 젖을 먹이거나 동생 을 재우는 모습을 보면 엄마나 동생을 때리는 아이도 있습니다. 소 변 보는 횟수도 잦아지고 화장실에 데려가기 전에 벌써 젖어 있습 니다. 밤에도 지금까지 없던 야뇨증이 생깁니다. 아이 자신도 기저귀를 채워달라고 합니다. 아기용 침대에 올라가서 자거나, 아기 소리를 내며 어리광을 부리거나, "젖 줘요"라고 말하는 아이도 종종 있습니다. 특히 예민한 아이는 이러한 현상이 상당히 오랜 기간 지속됩니다. 아기에게 짓궂게 구는 것은 4~5개월이 지나면 그만두지만, 소변을 자주 보는 것은 6개월 이상 계속 되는 아이도 있습니다. 새로 태어난 동생에게 처음부터 전혀 질투를 느끼지 않는 아이도 있고, 처음 1개월 정도는 엄마가 모유를 먹이면 내려놓으라고 하지만 그 후부터는 익숙해져서 관대해지는 아이도 있습니다. 그러나 6개월이 지나도록 질투가 완전히 없어지지 않는 아이도 상당히 많습니다. 이것은 교육 방법에 문제가 있다기보다는 아이의 타고난 성격 때문입니다.

엄마는 동생에게 관대하게 대하지 않거나 소변이 잦아진 큰아이에게 짜증을 내서는 안 됩니다. 새롭게 생긴 이상행동은 반드시 저절로 고쳐집니다. 엄마가 함께 짜증을 내고 야단을 치면 오히려 더 늦게 고쳐집니다. 동생이 태어나기 전처럼 아이에게 스킨십을 계속해 주어야 합니다.

●

질투를 치료하는 데는 아빠의 협조가 필요합니다.

큰아이가 평소에도 소변이 잦고 화를 잘 낸다면 되도록 보이지 않는 곳에서 아기에게 젖을 먹이는 것이 좋습니다. 그러다가 동생이 가족의 일원이라는 것을 받아들이기 시작하면 큰아이 앞에서 젖을 먹이도록 합니다. 새로 세발자전거를 사주거나 마당에 미끄럼틀을 만들어주어 되도록 밖에서 놀게 하고 동네 아이들과도 친하게 지내게 합니다. 동생이 생기고 나서 자위[442 자위를 한다]를 시작하는 아이가 종종 있습니다. 엄마가 아기에게 신경을 쓰느라 큰아이를 돌보아줄 시간이 없기 때문입니다. 어렵더라도 시간을 내서 큰아이와 놀아주는 데 신경을 써야 합니다. 말을 더듬는 아이도 드물지 않습니다.[402 말을 더듬는다] 큰아이의 질투를 치료하는 데는 아빠의 협조가 필요합니다. 아빠가 지금까지보다 더 많이 큰아이와 놀아주어 아이가 엄마에게 의존하는 정도를 줄일 수 있도록 해주어야 합니다.

394. 계절에 따른 육아 포인트

- 봄가을에 혼자 옷 벗기를 지도한다.
- 식사 전 손 씻기 훈련은 10월 이전에 시작한다.
- 여름에는 밖에서 놀 기회를 많이 만들어준다.

식사 전 손을 씻는 훈련은 10월 이전에 시작합니다.

설날에 주의해야 할 것은 떡국입니다. 어른들이 먹는 큰 떡을 그대로 아이에게 주어서는 안 됩니다. 통째로 입에 넣었다가 목에 걸릴 위험이 있습니다. 부모가 옆에서 콩알만 한 크기로 잘라주어야 합니다.

겨울이라 대소변 가리기를 미루었던 아이는 4월이 되면 훈련을 시작합니다. 또 봄 여름에 옷을 적게 입을 때 혼자서 벗을 수 있도록 지도합니다. 식사 전에 손을 씻는 훈련도 10월이 되기 전에 시작합니다.

여름에는 물가에서의 사고가 많으므로 집 근처에 강, 연못, 바다가 있는 곳에서는 특히 주의해야 합니다. 여름에는 해수욕장, 가을에는 스키장에 가는 집이 많아졌는데 이것은 어른들이 즐기기 위한 것이지 아이가 선택한 것은 아닙니다. 어른들이 노는 데 빠져 아이를 혼자 두어서는 안 됩니다. 항상 부모 중 누군가가 아이 곁에 붙어 있지 않으면 위험합니다.

겨울철 난방은 아무쪼록 조심해야 합니다. 화상, 일산화탄소중독, 화재 등 불의의 사고는 철저히 예방하면 막을 수 있습니다. 아이가 스토브의 조절기 등을 만지지 못하게 해야 합니다. 추워지면 지금까지 밤중에 오줌을 싸지 않던 아이도 실수하는 일이 많아집니다. 오줌 마렵다는 것을 스스로 알려주지 못하는 아이는 밤에만 기저귀를 채웁니다.

계절과 연관된 병으로는 초여름의 구내염250 초여름에 열이 난다_구내염·수족구병, 가을의 천식370 천식이다, 늦가을의 겨울철 설사280 겨울철 설사이다가 있습니다. 병은 아니지만 여름이 되면 전혀 밥을 먹지 않는 아이도 많습니다. 여름과 가을에 밖에서 자주 놀다가 겨울이 되어 집안에만 있게 되면 손가락을 빨기 시작하는 아이가 종종 있습니다. 또 자위442 자위를 한다를 하는 아이도 있습니다. 이때는 바로 밖에서 놀 기회를 만들어주거나 열중할 수 있는 놀이를 마련해 주어야 합니다.

엄마를 놀라게 하는 일

395. 밥을 먹지 않는다

● 체중이 기껏해야 2kg밖에 늘지 않는 시기이다. 잘 먹지 않는다고 하여 과민하게 반응할 필요는 없다.

밥을 1/2공기 정도 남깁니다.

만 2~3세에는 1년 동안 체중이 기껏해야 2kg밖에 증가하지 않습니다. 이때 모든 엄마의 눈에는 자기 아이가 식욕부진인 것처럼 보입니다. 스스로 숟가락을 들고 먹는 아이라면 밥을 1/2공기 정도 남깁니다. 엄마가 숟가락으로 먹여주는 아이는 도중에 놀기 시작하여 이 이상 먹지 않습니다.

더운 계절이 되면 거의 밥을 먹지 않는 아이도 생깁니다. 이런 아이는 6월에서 9월까지 체중 증가가 멈춰버립니다. 때로는 체중이 오히려 줄어드는 아이도 있습니다. 이전부터 소식하던 아이는 더위에 더 민감하여 먹지 않게 됩니다.

아이가 밥을 먹지 않으면 엄마는 무슨 병에 걸린 것은 아닐까 걱정합니다. 그러나 엄마는 아이의 기분을 가장 잘 아는 사람입니다. 아이의 기분이 평소와 같은지 아닌지는 세상에서 자신이 가장 잘 안다는 자신감을 가져야 합니다. 아이가 밥을 먹지 않아도 기분이 전과 다르지 않다면 걱정하지 않아도 됩니다. 이 나이의 아이에게 식욕만 떨어지는 병 따위는 없습니다. 소식하는 아이라면 비타민 B_1 부족으로 식욕이 떨어진 것이라고는 생각하기 어렵습니다. 비타민 B_1 부족으로 인한 각기병은 흰 쌀밥만 먹을 때 생기는 병이기 때문에 밥은 먹지 않지만 반찬이나 과일은 먹는 아이는 각기병에 걸리지 않습니다. 밥은 먹지 않지만 생우유라면 먹는 아이에게는 생우유를 먹이는 것이 좋습니다. 여름에는 차갑게 한 생우유가 맛있습니다.

이 나이의 아이는 '이 정도 먹고 어떻게 몸을 지탱할까'라고 걱정할 정도로 조금밖에 먹지 않습니다. 이것이 이 나이의 특징으로, 밥을 1공기 이상 먹는 아이는 오히려 비만의 우려가 있습니다. 소식 체질인 아이에게 밥을 많이 먹이겠다고 식욕 촉진 주사를 맞히는 것은 생리에 반하는 행위입니다. 이웃집 아이의 엄마로부터 "우리 아이는 잘 먹어요"라는 말을 듣더라도 동요되어서는 안 됩니다. 다른 사람에게 자기 아이가 잘 먹는다고 말하는 사람은 아이가 태어날 때부터 대식가라는 것을 의식하지 못합니다.

396. 편식을 한다 😊

● 편식을 고치려고 강요하는 것은 아무 의미가 없다. 자신의 기호에 따라 무엇이든 즐겁게 먹는 것이 중요하다.

대부분의 사람은 음식에 대한 기호가 있습니다.

음식에 관한 아이의 기호를 엄마는 편식이라고 하는데, 실제로 영양학에서 말하는 편식과는 다른 경우가 많습니다. 영양학에서의 편식은 비타민 C나 비타민 B₁, 비타민 A를 전혀 섭취하지 않거나, 필수 아미노산을 함유한 동물성 단백질을 섭취하지 않는 것 등입니다. 하지만 엄마가 말하는 아이의 편식은 어떤 특정한 반찬을 먹지 않는 것일 뿐입니다. 영양학적 측면에서의 편식은 건강에 좋지 않지만, 이 나이의 아이에게 음식을 가리는 것은 본인의 기호일 뿐 건강을 해치는 경우는 없습니다.

엄마가 "우리 아이는 편식을 해서 걱정이에요"라고 말하는 것은 파, 토마토, 오이, 가지, 무, 당근 등을 먹지 않거나 닭고기를 먹지 않는다는 의미입니다. 아무튼 무언가를 가리고 먹지 않는다는 것이 엄마가 말하는 편식입니다. 그러나 대부분의 사람은 음식에 대한 기호가 있습니다. 아이만 보지 말고 남편이 먹는 것을 살펴보면 바로 알 수 있을 것입니다. 호박이나 고구마 조린 것을 담은 접시와 피망, 김, 성게를 담은 접시를 주었을 때 양쪽 모두 깨끗하게 먹는 남편은 거의 없을 것입니다. 남편에게는 좋아하고 싫어하는 것이 있어도 되고 아이에게는 허용되지 않는다는 것은 아이의 인권을 무시하는 행위입니다.

●

편식을 한다고 영양분이 부족한 것은 아닙니다.

파, 오이, 가지 등은 싫어해도 귤, 사과, 딸기 등을 먹으면 비타민 C와 비타민 B_1은 필요한 양만큼 섭취할 수 있습니다. 닭고기를 싫어해도 생선을 먹으면 동물성 단백질이 부족하지 않습니다. 음식에 대한 기호를 도덕적인 악으로 가르쳤던 것은 예전 일본의 군대 교육에서 비롯된 것입니다, 군대에서는 맛을 무시한 채 칼로리만 계산하여 음식을 먹게 했으므로 병사가 전부 먹지 않으면 곤란했습니다. 싫어한다고 해서 남기면 칼로리가 부족해지기 때문이었습니다.

여자도 좋아하거나 싫어하는 음식이 있으면 시집가서 곤란을 겪었습니다. 그래서 교과서도 여성 잡지도 아이의 영양에 관해서라면 전부 편식 교정을 문제로 삼았습니다. 이 때문에 아직까지 편식 교정을 교육으로 생각하는 편견이 남아 있는 것입니다.

편식을 고쳐주는 것이 교사의 의무라고 생각하는 사람이 있으면 아이만 피해를 보게 됩니다. 당근을 싫어하거나 피망을 먹지 않는 것은 그 사람의 생리와 연결된 기호입니다. 타인에게 폐가 되지 않는 한 자신의 기호대로 먹는 것은 개인의 권리입니다. 싫어하는 당근을 다 먹을 때까지 자리를 뜨지 못하게 하거나, 한 사람이라도 반찬을 남기면 다른 아이들까지 자리를 뜨지 못하게 하는 것은 개인의 권리를 무시한 교육입니다. 옛날 세대들의 머릿속에서 편식은 악이라는 생각을 몰아내야 합니다. 당근이나 가지를 싫어해서 먹지 않으면 신체 성장에 지장을 준다고 생각하는 것은 영양학을 모르기 때문입니다.

아이의 편식은 선생님이 명령하거나 어르고 달래서 먹이면 물론 어느 정도는 고쳐집니다. 그러나 그것은 싫어하는 음식이 좋아진 것이라기보다는 싫어하는 음식을 참고 먹을 수 있게 된 것뿐입니다. 유아 때부터 야채를 싫어했던 아이가 초등학교의 급식은 참고 먹어도, 결혼해서 아내가 만들어주는 음식을 먹게 되면 역시 야채는 남깁니다. 자신의 기호에 맞는 것만을 선택하여 즐겁게 사는 것이 인간의 바람직한 삶의 방식입니다.

당근을 싫어하는 아이에게 여러 가지 방법으로 먹여보는 것도 좋습니다. 그러나 아이가 당근을 싫어하는데 억지로 먹이기보다 좋아하는 귤을 주어 즐겁게 먹도록 하면 엄마와 아이 사이의 불필요한 마찰이 줄어듭니다. 아이의 생리에 반하는 쓸데없는 강요가 너무나 자주 '교육'이라는 이름으로 자행되어 왔습니다.

397. 고열이 난다 😊

● 감기나 배탈이 원인인 경우가 가장 많다.

감기나 배탈 때문인 경우가 많습니다.

만 2~3세 아이가 갑자기 고열이 나는 것은 감기나 차게 자서 생기는 배탈 때문인 경우가 가장 많습니다. 감기와 차게 자서 생기는 배탈은 바이러스로 인해 생기는 병입니다. 의사는 갑자기 열이 나서 데리고 온 아이의 목을 일일이 체크하여 바이러스 때문이라는 것을 증명하지는 않습니다(단클론항체를 이용하여 바이러스 종류를 분류할 수 있지만). 의사는 많은 환자를 보기 때문에 감기나 차게 자서 생기는 배탈이 유행할 때는 일정한 형태를 압니다. 그래서 그 형태와 비슷하면 지금 유행하는 감기일 것이라고 짐작합니다.

감기를 감기로 진단하지 못하고 아무 열에나 항생제를 주사하는 의사에게 진찰받는 것은 안전하지 못합니다. 급성 폐렴도, 성홍열도 다행스럽게도 많이 줄어들었습니다. 예전에는 병이 매우 많았기 때문에 아이를 6~7명이나 키운 할머니라면 증상으로 판단합니다. 호흡이 가쁘고 콧방울이 움직이는 것은 폐렴이라거나, 가슴이나 등에 작고 빨간 발진이 생겼으면 성홍열이라고 맞히는 경우도 있습니다.

초여름에 고열이 나면 입을 크게 벌리게 하여 목을 살펴보아야 합니다. 위턱 가장 구석 자리에 수포가 있고 주위가 빨갛다면 구내염[250 초여름에 열이 난다_구내염·수족구병] 이라고 진단할 수 있습니다. 중이염일 경우만 3세 가까이 되면 귀가 아프다고 말할 것입니다. 폐렴이라면 호흡이 비정상적으로 가쁘고 숨을 쉴 때마다 가슴이 들어갑니다. 고열과 함께 경련을 일으키는 것은 뇌수막염일 수도 있으나 대부분 열성 경련[348 경련을 일으킨다_열성경련] 입니다.

●

예방 백신을 접종했다면 고열이 나도 놀랄 필요가 없습니다.

BCG를 접종했다면 결핵은 우선 걱정하지 않아도 됩니다. 폴리오 생백신을 먹었다면 소아마비는 아닙니다. 홍역과 디프테리아도 예방이 끝났다면 걱정할 필요가 없습니다. 그러나 입을 벌리게 해서 보았을 때 편도선에 하얀 막이 생겼거나, 위턱 후부에 출혈반이 있으면 빨리 치료해야 합니다. 용혈성 연쇄상구균에 의한 것이라면 항생제가 잘 듣습니다. 열에 관한 처치에 대해서는 343 갑자기 고열이 난다를 다시 한 번 읽어보기 바랍니다. 이 나이가 되면 돌발성 발진은 없다고 생각해도 됩니다. 홍역은 초기에 고열이 나는 경우가 있습니다. 그러나 처음부터 발진이 생기지는 않습니다. 그래서 처음 보았을 때는 의사도 감기와 구별하지 못합니다. 아이의 형제가 홍역을 앓았거나, 보육시설에서 홍역이 유행하고 있거나, 이웃에 홍역 환자가 있었다는 이야기를 듣고 짐작합니다. 홍역은 전염되고 나서 12~13일째에 열이 나기 시작합니다. 볼거리도 열이 나는데 대체로 열과 함께 귀 아랫부분이 붓습니다.

수두는 열보다 수포를 동반한 발진이 생기므로 알 수 있습니다.

처음에 열만 나다가 나중에 수두인 것을 알게 된 경우에도 처음에 벌거벗겨 온몸을 살펴보았다면 몸 어딘가에서 1~2개의 발진을 발견했을 것입니다. 수두의 잠복 기간은 2주 전후입니다. 볼거리의 잠복 기간은 2~3주 정도입니다. 볼거리가 유행하고 있다면 역산하여 그 시기에 볼거리 환자와 접촉이 없었는지 생각해 보아야 합니다. 그 시기에 다른 아이들과 놀지 않았다면 볼거리는 아닙니다.

398. 구토를 한다

● 먼저 열이 있는지 살펴본다. 열이 없는데도 먹은 것을 토하면 문제가 생긴 것일 수 있다.

먼저 열이 있는지 살펴보아야 합니다.

저녁때까지 잘 놀던 아이가 잠이 들고 조금 있다가 깨어 저녁 먹은 것을 토할 경우 열이 38℃ 이상이면 먼저 열에 중점을 두고 생각해야 합니다. ^{397 고열이 난다} 열이 없는데도 먹은 것을 토할 때는 아이의 상태가 문제입니다. 구토를 했지만 아무 일도 없었다는 듯이 잘 논다면 걱정하지 않아도 됩니다. 평소 자주 하는 기침과 함께 토했거나 과식한 음식을 토해 버렸기 때문에 오히려 기분이 좋아진 것입니다. 먹은 것을 토하고, 열이 없는데도 축 늘어져 있고, 자주 하품을 할 때는 자가중독^{369 자가중독증이다}을 의심해 보아야 합니다. 전날 심하게 놀았다면 그럴 가능성이 큽니다.

늦가을부터 겨울 사이에 갑자기 먹은 것을 토하고 배가 아픈 듯하면 겨울철 설사^{280 겨울철 설사이다}인지도 모릅니다. 만 2세가 넘으면 설사는 별로 하지 않고 구토만 하루에서 하루 반나절 정도 계속되는 형태가 많습니다. 열은 없는데 구토를 하며 갑자기 심한 복통을 호소하고 조금 지나면 진정되었다가 또다시 복통을 일으킨다면 장중첩증^{181 장중첩증이다}을 의심해 봅니다. 그러나 만 3세 가까이 되면 장중첩증은 드뭅니다.

399. 설사를 한다

● 바이러스로 인한 설사는 걱정하지 않아도 되지만 마찰이나 병원성 대장균 때문이라면 병원에 가서 진찰을 받아야 한다.

바이러스에 의한 설사가 많습니다.

예전에는 만 2~3세 된 아이가 설사를 하면 이질이나 병원성 대장균에 의한 병인 경우가 많았지만 요즘에는 이런 세균에 의한 설사는 많이 줄었습니다. 최근의 유아 설사의 원인은 오히려 바이러스가 많습니다. 소화불량이나 배탈 때문이라고 하는 설사는 만약 세밀하게 검사한다면 틀림없이 바이러스가 발견될 것입니다. 다행히 바이러스로 인한 설사는 겨울철 설사^{280 겨울철 설사이다}를 제외하고 그다지 심한 증상은 없습니다. 고작해야 1~2일 정도 무른 변이 나오고 열도 나지 않고 낫습니다.

하루 동안 밥 대신 죽을 먹이고 하복부를 따뜻하게 해주면 좋습니다. 이런 가정요법으로 낫는 설사의 대부분은 바이러스 때문에 발병합니다. 잘 노는 아이에게 피가 섞인 변이 지속되는 경우에는 직장폴립을 의심해 보아야 합니다.

어른들이 먹는 고기를 많이 먹은 아이가 다음 날 설사를 하면 확실히 과식 때문임을 알 수 있고, 변에도 잔해물이 나오기 때문에 엄마가 걱정하지 않습니다. 유아의 설사에는 가정 상비약이 필요 없습니다. 단, 여름철에 엄마가 설사를 하고 이어서 아이가 몇 번이나 설사를 할 때나, 이질이 유행하고 있을 때는 병원에 가서 진찰을 받아야 합니다. 특히 변 속에 고름이나 피가 섞여 있다면 서둘러 병원에 가야 합니다. 가정요법으로 치료해서는 안 됩니다.

400. 밤에 코피가 난다 😊

● 대부분은 저절로 나오므로 신경 쓸 필요 없지만 몸에 멍든 것 같은 부분이 있으면 의사에게 진찰을 받아봐야 한다.

저절로 낫습니다.

아침에 일어났을 때 시트가 더럽혀져 있어서 아이가 밤에 코피를 흘렸다는 것을 알게 됩니다. 별다른 고통은 없었던 것 같고, 아이 자신도 모릅니다. 출혈이 있었던 콧구멍에(한쪽인 경우도 있고 양쪽인 경우도 있음) 피가 말라붙어 있을 뿐입니다.

이렇게 밤에 코피가 나는 것은 남자 아이에게 많습니다. 코청(두 콧구멍 사이를 막고 있는 얇은 막) 입구 가까이에 혈관망이 잘 발달되어 있는데 어쩌다가 찢어져 출혈을 일으킨 것으로 보입니다. 한 번 코피가 나면 몇 번이고 반복해서 납니다. 이비인후과에 가서 코를 세척해도 (아이가 심하게 저항하기 때문에 보통은 지속할 수 없음) 효과는 없습니다. 그러다가 어느새 저절로 낫습니다. 그러므로 신경 쓸 필요가 없습니다.

가정용 의학 서적에서 코피 항목을 찾아보면 코피의 원인으로 코디프테리아나 백혈병이 쓰여 있는데, 디프테리아인 경우에는 아이가 아침에 그렇게 태연하지 않습니다. 그리고 요즘에는 예방접종을 하기 때문에 디프테리아는 거의 없습니다. 또 백혈병인 경우에는 코피만 중세로 나타나지는 않습니다. 빈혈이나 피하 출혈, 잇몸 출혈 등을 동반합니다.

●

코피 때문에 잠에서 깼을 때는 아이가 불안해하지 않도록 해줍니다.

아이가 우연히 밤에 코피가 난 것을 알고 엄마를 깨울 때 아이가 불안해하지 않도록 해야 합니다. 콧구멍에 아이 손가락 정도 크기의 솜을 안쪽까지 잘 끼웁니다. 그리고 아이를 안고 머리를 심장보다 높게 합니다. 눕혀놓으면 출혈이 잘 멈추지 않습니다.

밤에도 낮에도 한쪽 콧구멍에서 연한 피가 나올 때는 콧속에 이물질이 끼어 있는 경우가 있으므로 이비인후과에 데리고 가야 합니다. 이물질이 들어 있으면 코에서 악취가 납니다. 간식으로 초콜릿이나 땅콩을 먹으면 코피가 나는 경우도 있습니다. 이런 아이에게는 신선한 과일을 주는 것이 좋습니다. 아침에 코피가 난 것을 알게 되면 잠옷을 벗기고 온몸을 살펴봅니다. 피하에 자줏빛의 멍든 것 같은 부분(피하 출혈)이 있으면 의사에게 진찰을 받아야 합니다. 자반증일 수 있기 때문입니다.

코피의 원인은 한가지가 아니므로 언제까지 반복될지는 예측할 수 없습니다. 바이러스 감염에 의한 경우는 1~2회 정도로 멈추지만, 대기가 건조해서 생기는 경우에는 1개월 동안이나 지속되기도 합니다.

401. 낯가림이 심하다

● 낯을 가린다고 아이를 혼내서는 안 되며, 주위 사람들이 무서운 사람이 아니라는 것을 경험하게 해준다.

이 시기에 낯가림이 더욱 심해집니다.

아이가 생후 8~9개월경부터 낯을 가려 크면 나아질 것으로 생각했는데 만 2세가 넘으면서 점점 더 심해지는 일이 종종 있습니다.

이런 아이는 부모 이외에는 누구에게도 안기지 않습니다. 놀이터에서 또래 아이가 놀고 있는 곳에 데리고 가도 같이 끼려고 하지 않습니다. 그리고 모르는 사람이 집에 오기만 해도 울상을 짓습니다.

요즘 이런 아이들이 늘어나고 있습니다. 이것은 집 안에서 엄마하고만 생활하기 때문이기도 하지만 원래부터 민감하기 때문이기도 합니다. 이런 아이는 조그마한 일에도 울음을 터뜨립니다.

엄마는 자신의 교육이 잘못되었다고 생각할 필요가 없습니다. 이런 아이도 얼마 지나지 않아 보통 아이들처럼 다른 아이들과 사귀게 됩니다. 이것은 아이의 성격이므로 야단치거나 단련시킨다고 해서 갑자기 고쳐지지는 않습니다. 민감하다는 것은, 유아기에는 키우기 힘든 점도 있지만 크면 다른 아이들이 갖지 못한 장점이 되기도 합니다. 낯을 가린다고 해서 아이를 혼내서는 안 됩니다. 무서워하는 것은 자신을 지키려고 하는 것이므로 되도록 또래 아이들과 같이 놀게 하여 친구는 무서운 사람이 아니라는 것을 경험시켜줍니다. 이렇게 낯을 가리는 아이는 많으므로 부모는 자신의 아이만 모자라다는 자괴감을 갖지 않도록 합니다.

402. 말을 더듬는다 😊

● 가장 중요한 것은 부모의 낙관적인 태도이다. 말을 더듬더라도 부모와 의사소통이 잘되고 있다고 아이를 안심시키는 것이 중요하다.

남자 아이 중에 이런 아이가 많습니다.

이 나이에 말을 더듬기 시작하는 일이 자주 있습니다. 특히 남자 아이 중에 이런 아이가 많습니다. 말을 더듬는 것에 대해 아이는 처음에는 별로 신경을 안 쓰지만, 엄마가 놀라서 다시 말하게 하거나 꾸짖으면 아이도 신경을 쓰기 시작합니다. 그래서 단어를 많이 알고 있는 아이라면 능숙하게 말하기 힘든 단어를 피해 다른 말로 표현합니다. 엄마의 교정이 너무 엄하면 아이가 전혀 말을 하지 않게 되어버리기도 합니다. 또 하고 싶은 말을 못하니까 답답해서 물건을 던지거나 발을 동동 구르기도 합니다.

말을 더듬는 원인을 확실히 알고 있는 경우도 있습니다. 왼손잡이 아이를 오른손잡이로 고치려고 숟가락을 바꾸어 쥐게 하거나 왼손으로 쥐고 있는 크레용을 빼앗은 경우, 아이가 밤에 오줌 싼 것을 호되게 혼낸 경우, 부모 사이가 갑자기 나빠진 경우, 친구나 형제 중에 상당히 말을 잘하는 아이가 있어서 자기가 무언가 말하려고 하면 먼저 말을 해버리는 경우, 동생이 생긴 경우 등입니다. 하지만 아무리 찾아봐도 아이에게 정서 장애를 일으킬 만한 원인을 발견하지 못하는 경우도 많습니다.

●

부모의 태도가 아이 버릇을 고칠 수 있습니다.

유아가 말을 더듬는 것은 일부러 교정하지 않아도 늦고 빠른 차이는 있지만 완전히 고쳐집니다. 가장 중요한 것은 부모의 낙관적인 태도입니다. 말을 더듬게 되어 큰 일이라고 아이가 느끼면 고치기 힘들어집니다. 따라서 부모는 아이가 말을 더듬지 않는 것처럼 행동해야 합니다. 아이가 말을 할때 더듬는지 아닌지 지켜보기 위해 조마조마해하면서 입 주위를 바라보는 것이 가장 나쁩니다. 아이가 말을 더듬든 더듬지 않든 아이가 말한 것에 대해 더듬기 전과 같은 태도로 대응해야 합니다. 아이에게 부모와 의사소통이 잘되고 있다고 느끼게 하여 안심을 시킵니다. 아이가 말을 더듬었을 때 다시 말하게 하면 아이는 의사소통이 잘되지 않는다고 생각하여 이때부터 말하기 전에 망설이고 말을 더 더듬게 됩니다.

병원이나 아동상담소에 데리고 가서 다른 사람 앞에서 말을 더듬는 실연을 하는 것은 아이에게는 큰 치욕으로, 말할 때 더 망설이게 됩니다. 3개월이면 고쳐질 것이 6개월이나 걸리게 됩니다. 특별한 약을 먹일 필요도 없습니다. 만 3세 아이를 교정센터에 보내는 것 또한 아이에게 말 더듬는 것을 강하게 인식시키는 의미밖에 없습니다.

403. 어깨가 빠졌다_주내장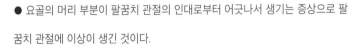

● 요골의 머리 부분이 팔꿈치 관절의 인대로부터 어긋나서 생기는 증상으로 팔꿈치 관절에 이상이 생긴 것이다.

정형외과나 외과에서 치료받을 수 있습니다.

아이 손을 잡고 산책하다가 갑자기 옆에서 차가 튀어나오거나 하면 놀라서 아이를 끌어당기게 됩니다. 이때 아이가 "아파요."라며 소리치고, 끌어당겼던 팔이 흔들거리는 일이 생깁니다. 또 누워서 일어나려고 하지 않는 아이의 한쪽 팔을 잡아당겨서 일으키려고 할 때도 이런 일이 일어납니다. 잡아당겼던 아이의 한쪽 팔이 매달린 채 움직이지 않고, 아이도 전혀 움직이려고 하지 않습니다. 그리고 만지면 아파합니다.

이것을 주내장이라고 하는데 요골의 머리 부분이 팔꿈치 관절의 인대로부터 어긋난 것입니다. 어깨가 아니라 팔꿈치 관절에 이상이 생긴 것입니다. 이것은 외과에 데리고 가면 간단하게 그 자리에서 고쳐줍니다.

주내장이 잘 생기는 아이는 여러 번 생깁니다. 그러다가 만 5세가 되면 없어집니다. 몇 번이나 생기고 간단히 치료할 수 있기 때문에 나중에는 부모가 고치는 방법을 익히게 됩니다. 팔꿈치를 가볍게 구부리게 하여 엄지손가락 쪽으로 비틀면서 요골 상단(팔꿈치의 모서리와 나란히 있는 또 하나의 돌출부)을 앞에서 누릅니다.

셔츠를 갈아 입히면 낫는다는 것은, 옷을 갈아입히는 동안 이런 동작이 우연히 이루어지기 때문일 것입니다.

404. 머리를 바닥에 부딪친다

● 처음에 대응이 중요하다. 재빨리 밖으로 데리고 나가 다른 장소에서 놀아주거나 다른 데로 주의를 돌린다.

처음 대응이 중요합니다.

엄마가 자신이 원하는 것을 들어주지 않으면 바닥에 엎드려서 이마를 쾅쾅 부딪치는 아이가 있습니다. 엄마는 아이가 떼를 쓰면 못 본 척하려고 하지만 머리를 부딪치는 것은 그냥 내버려둘 수가 없습니다. 그래서 뛰어가서 안아줍니다. 아이는 자신의 요구를 들어줄 때까지 엉엉 웁니다.

엄마가 너무 무리한 요구라고 생각하여 아이를 내려놓으면 또다시 머리를 쾅쾅 부딪치기 시작합니다. 아프니까 곧 그만두겠지 하고 지켜보고 있으면 그만두기는커녕 점점 더 세게 부딪칩니다. 그러면 엄마는 뇌에 손상이 갈지도 모른다는 생각에 어쩔 수 없이 아이의 요구에 굴복합니다.

이런 방법을 쓰는 아이는 자아가 강한 아이로, 빠르면 만 1세 반 정도에 이런 행동을 시작합니다. 개중에는 일부러 뒤로 넘어져 뒤

통수를 부딪치는 아이도 있습니다. 이때 간질과 달리 막대기를 넘어뜨리는 것처럼 넘어지지 않고, 한번 엉덩방아를 찧고 나서, 또는 옆으로 넘어졌다가 바로 눕습니다.

아이가 이런 행동을 할 때는 처음의 대응이 중요합니다. 아이를 재빨리 안고 밖으로 나가거나, 다른 장소에서 같이 놀아주거나, 그때 요구하는 것이 아닌 다른 것으로 아이를 기쁘게 해주면서 주의를 다른 데로 돌려 머리를 부딪치는 일을 잊게 합니다. 밖에서 충분히 놀지 못하면 이러한 반항을 생각하게 되므로 되도록 밖에서 놀면서 에너지를 발산시키게 합니다. 아이가 이 방법으로 종종 성공하여 상투적인 수단으로 이용하게 되면 대책을 마련하기 어렵습니다. 방바닥에 카펫을 깔아 쾅쾅 부딪치는 소리의 효과가 커지지 않도록 합니다. 아이에게 털실로 짠 나이트캡을 씌우는 것도 좋은 방법입니다. 아이가 이렇게 머리를 부딪친다고 해서 뇌가 손상되는 일도 없고, 몇 번 해보다가 엄마의 태도가 단호하다고 느끼면 그만두게 됩니다. 이와 매우 유사한 것으로, 소변을 가리던 아이가 요구를 들어주지 않으면 울면서 그 자리에서 오줌을 싸버리는 경우가 있습니다. 이것도 처음에 대하는 태도가 중요합니다. 엉덩이를 때리지 말고 가만히 화장실로 데리고 가거나, 재빨리 팬티를 벗겨버린 후 상관하지 않아야 합니다.

●

화상. ^{266 화상을 입었다 참고}

이물질을 삼켰다. ^{284 이물질을 삼켰다 참고}

울어댄다. ³⁴⁹ 심하게 운다_분노발작 참고

높은 곳에서 떨어졌다. ³⁶⁶ 이 시기 주의해야 할 돌발사고 참고

보육시설에서의 육아

405. 활기찬 아이로 키우기

● 아이의 자발성을 기르는 데 중점을 두면서 자유와 규율이 적절히 균형을 이루도록 한다.

아이에게 자립의 즐거움을 느끼게 해주어야 합니다.

아이가 항상 기쁜 마음으로 보육시설에 와서 무엇이든 스스로 하려는 마음을 갖도록 해주는 것이 보육의 출발점입니다. 아이는 만 2세가 넘으면 자기 주장이 강해집니다. 이때 다른 사람의 손을 빌리지 않고 자신이 직접 할 수 있도록 자립심을 길러주는 방향으로 이끌어가야 합니다. 그러기 위해서는 아이에게 자립의 즐거움을 느끼게 해주어야 합니다. 보육교사가 태워주는 그네보다 자기가 혼자 타서 직접 흔드는 그네가 훨씬 재미있다는 사실을 알게 해주는 것입니다.

자립적으로 자유롭게 행동할 수 있다는 즐거움이 아이를 활기차게 합니다. 그러나 집단생활의 숙명은 개인의 자유가 무제한으로 허용되지는 않는다는 것입니다. 집단생활에는 질서가 필요하며, 이를 위해 개인에게 규율을 지킬 것을 요구합니다. 만 2세된 아이는 자유를 즐기는 순간, 그 자유를 규율과 어떻게 조화시킬 것인가 하는 문제에 맞닥뜨립니다. 아이의 자유로운 활동과 집단 규율 사이의 균형에서 이 나이에는 되도록 아이의 자발성을 기르는 쪽에 중점을 두어야 합니다.

아이에게 "해서는 안 돼!"라는 금지의 수단으로 규율을 인식시켜서는 안 됩니다. 아이가 반항심을 갖지 않고 집단의 규율을 따르도록 하려면 이 나이에 특히 눈에 띄는 모방을 이용하면 됩니다. 모방은 아이에게 자기 능력을 테스트하는 가장 쉬운 방법입니다. '나도 할 수 있을까' 하는 마음으로 스스로 하도록 유도해야 합니다.

그러기 위해서는 먼저 아이가 자립 행동을 할 수 있는 환경을 조성해 주어야 합니다. 만 2~3세 된 아이를 보육하는 출발점은 보육 환경입니다. 더 구체적으로 말하면, 보육 설비를 갖추지 못하면 아이에게 자립심을 키워줄 수 없습니다.

●

창의성을 모험할 수 있는 장을 만들어줍니다.

아이가 장난감을 가지고 놀 때 큰 아이가 와서 빼앗는다면 자립된 행동을 할 수 없습니다. 아이는 다른 사람이 가지고 있는 것은 자신도 갖고 싶어합니다. 집에서 자주 일어나는 일로, 만 2세 된 아이에게 동생이 생기면 자기도 젖병을 달라고 하고 기저귀도 채워 달라고 합니다. 이것은 인간에게 본능적으로 내재된 평등에 대한 요구로 쉽게 억제할 수 없습니다. 또래 아이들끼리 그룹을 만들어 주려면 모든 아이가 장난감을 고루 나누어 가질 수 있도록 충분한 수의 장난감이 갖추어져 있어야 합니다. 세발자전거도 그네도 세면대도 충분하지 않으면 줄을 세워 "순서를 기다리세요, 순서!"라고 말해서 자신의 순서를 기다리도록 해야 합니다. 그러나 규율을 지키라며 아이의 활기를 어디까지 억눌러야 할 것인지에 대해서는 생각해 보아야 합니다. 줄 서는 것에 싫증을 느끼는 아이가 생기는 것은 세발자전거, 그네, 세면대의 수가 부족하기 때문입니다. 보육 시간의 대부분을 순서 기다리는 것으로 보내면 아이의 창의성은 억제되고 맙니다. 한 명의 보육교사가 담당하는 아이들이 각자 연령도 다르고 인원도 많으면 만 2~3세 아이만으로 소그룹을 만들 수 없습니다. 그렇게 되면 아이는 자립된 행동을 할 수 없습니다. 큰 아이들 뒤에 붙어 모방만 할 경우 아이의 능력은 가장 안이한 방법으로밖에 시험되지 않습니다.

아이가 자신의 창의성을 모험해 볼 수 있는 장을 마련해 주어야 합니다. 그러기 위해서는 혼합 보육을 할 경우, 2명의 보육교사가 만 2~3세 아이 5~6명으로 그때그때 '창조 그룹'을 조직할 수 있도록 해야 합니다.

한방에서 자신보다 큰 아이와 지낼 것을 강요당하면 작은 아이는 피로해집니다. 아이의 피로를 풀어주기 위해서는 낮잠 자는 방에서 조용히 재우는 것이 좋습니다. 또 만 2~3세경에 그림을 그리게 하거나, 찰흙놀이를 하게 하거나, 그림책을 보여줄 때 아이를 책상 앞에 앉히는 경우가 많아집니다. 이때 책상과 의자 높이가 몸에 맞지 않으면 피로해집니다. 또 보육시설 안에서만 보육할 것이 아니

라, 또래 아이들과 손을 맞잡고 밖으로 산책을 나간다면 아이는 해
방감을 맛볼 수 있을 것입니다.

활기찬 아이로 키우기 위해서는 아이가 자유 의사로 친구와 놀
수 있는 자유 공간을 마련해 주어야 합니다. 어른이 관리하지 않는
안전한 공간을 어떻게 마련해 줄 것인지에 대한 문제가 향후 집단
보육의 과제입니다.

406. 자립심 키우기

● 식사하거나 배설하기, 옷 입고 벗기 등 자기 일을 스스로 하도록 하는 자립심
은 자유를 바탕으로 할 때 더욱 빨리 진척될 수 있다.

자립을 지속시켜 주는 것은 바로 자유입니다.

만 2세가 넘으면 아이는 무엇이든지 스스로 하고 싶은 의욕이 강
해집니다. 단, 이것은 즐겁지 않으면 지속되지 않습니다. 아이가
싫어하는 것을 명령으로 시키려는 것은 서툰 방법입니다. 식사나
배설, 옷 입고 벗기 등의 기초 생활 습관을 익히는 것은 보육교사에
게는 고마운 일이지만, 아이의 자발성을 키우는 것이 먼저라는 사
실을 잊어서는 안 됩니다.

집단생활을 하면 어느 정도 다른 아이들이 하는 것에 따르게 됩
니다. 그러나 속으로는 싫은데 억지로 한다면 보육시설에서는 기

초 생활 습관이 잘된 '착한 아이'도 집에 돌아가면 드디어 해방되었다는 기분에 모든 것을 엄마에게 맡겨버립니다. 자기 일을 스스로 하는 것을 인격 자립의 상징으로 인식시키려면 보육시설에서의 예절 교육은 아이에게 즐거운 것이어야 합니다. 자립을 지속시켜 주는 것은 바로 자유입니다.

식사할 때 혼자서 숟가락을 쥐고 먹는 습관을 들이기 위해서는 급식 자체가 아이의 식욕을 당겨야 합니다. 먹고 싶으면 스스로 숟가락을 들게 됩니다. 식사가 즐겁고 기다려지는 일이라면 식사 전에 손 씻는 습관도 들이기 쉽습니다. 아이 스스로 손을 씻게 됩니다. 식사를 서둘러서는 안 됩니다. 아이에 따라 빨리 먹는 아이도 있고 천천히 먹는 아이도 있습니다. 식사 시간은 30분은 잡아야 합니다. 그리고 식사 전에는 "잘 먹겠습니다"라고 말하게 합니다. 이것은 환호성을 지르듯 외치게 합니다.

밥을 너무 빨리 먹는 아이의 습관을 고치려면 식사하면서 재미있었던 일을 이야기하게 하는 것도 좋습니다. 밥 먹는 속도가 늦은 아이를 먼저 먹은 다른 아이들이 모두 주시하는 상황이 벌어지는 것은 좋지 않습니다. 그리고 시간이 걸려도 좋으니 되도록 젓가락으로 먹는 훈련을 시켜야 합니다. 음식을 흘리는 것은 어쩔 수 없습니다. 자꾸 지적하면 식사가 즐겁지 않게 됩니다. 식당과 놀이방이 따로 마련되어 있는 곳에서는 다 먹은 아이부터 "잘 먹었습니다"라고 말한 후 식기를 정해진 장소에 가져다 놓고 놀이방으로 가게 하는 것이 좋습니다. 만 3세가 가까워지면 식사 때 당번을 정해 식기를 나누어주게 할 수도 있습니다. 음식은 보육교사가 아이들 각자의 식욕에 맞는 분량을 식기에 담아줍니다. 이때 아이들 각자의 싫어하는 음식을 알아두었다가 너무 많이 담지 않도록 합니다.

아이들이 전부 식사를 마칠 때까지 자리를 뜨지 못하게 하는 것은 좋지 않습니다. 아이 한 명 한 명의 적당한 식사량을 파악해 두지 않는 획일주의적인 보육시설에서 잘 벌어지는 일입니다.

●

옷을 입고 벗는 훈련도 즐거운 목표가 있으면 빨리 진척됩니다.

옷을 입고 벗는 것도 가능하면 혼자서 할 수 있도록 교육합니다. 만 2세에는 단추 몇 개를 풀어주어 겨우 벗을 수 있으면 됩니다. 만 3세가 되면 가장 위쪽 단추를 제외하고는 혼자서 풀 수 있게 됩니다.

옷을 입고 벗는 훈련도 즐거운 목표가 있으면 빨리 진척됩니다. 여름에 목욕을 하기 위해서나 원외 보육을 나가기 위해 옷을 갈아입을 때는 아이 혼자서 하고 싶어합니다. 반면 낮잠이 즐겁지 않으면 쉽게 혼자서 옷을 벗으려고 하지 않습니다. 혼합 보육을 할 경우 큰 아이를 표준으로 하면 어린아이는 따라 하기 힘들기 때문에 포기하게 됩니다. 큰 아이에게 어린아이의 옷 입고 벗기를 거들게 하는 것이 습관이 되어서는 안됩니다.

●

혼자서 소변을 보도록 훈련시킵니다.

대부분의 보육시설에서는 만 2~3세 된 아이에게는 혼자서 소변을 보러 가도록 훈련시킵니다. 그러나 배설을 하는 횟수에는 개인 차가 있고, 횟수가 잦은 아이는 혼자서 화장실에 가는 것이 늦어집니다.

만 2세가 되어도 소변을 가리지 못하는 아이는 많습니다. 소변을 자주 보는 아이입니다. 이런 아이는 우선 "쉬"라고 말할 수 있게 해야 합니다. 집에서 엄마가 아이와 항상 같이 있는 경우 소변을 가리게 하기 위해 어떻게 훈련시킬 것인지는 363 배설 훈련 부분을 읽어보기 바랍니다.

배설 훈련은 며칠 동안 아이와 함께 있어야 할 수 있으므로 일하는 엄마에게 집에서 소변을 가리도록 훈련시켜 달라고 하는 것은 무리입니다. 이 경우에는 보육시설에서 훈련시킬 수밖에 없습니다. 배설 훈련은 한 조에 한 명의 보육교사밖에 없다면 불가능합니다. 반드시 배설 훈련을 전담하는 보육교사가 따로 있어야 합니다.

이전까지 "쉬"라고 말하고 영아실에서 변기를 사용하던 아이는 만 2~3세에 혼자서 화장실에 가서 배설할 수 있도록 합니다. 만 2세 아이와 만 3세 아이를 혼합 보육하는 경우에는 간단합니다. 대부분의 보육시설에서는 정기 배설을 시키므로 여기에 따라가도록 하면 됩니다.

정기 배설이란 오전 10시 자유선택 활동(자유 놀이)에서 그룹 활동(집단 놀이)으로 바꿀 때, 11시 30분 식사하기 전, 1시 낮잠 자기 전, 3시 낮잠에서 깨어났을 때, 이런 식으로 시간을 정해 기분 전환을 겸해서 배설하도록 하는 것입니다. 남자 아이들은 방에서 팬티를 벗은 후 화장실에 가서 줄을 서서 순서대로 소변을 본 후 손을 씻고 나서 방으로 돌아옵니다. 그리고 돌아온 아이 순으로 혼자서 팬티를 입게 합니다. 보육교사는 남자 아이에게는 서서 소변을 보도록 가르칩니다. 지금까지 변기에 소변을 보던 아이는 불안해하지 않도록 처음에는 허리를 받쳐줍니다.

남자 아이들이 끝나면 여자 아이들을 배설시킵니다. 여자 아이의 경우는 보육교사가 화장실에서 팬티 벗는 것을 보아주어야 합니다. 배설이 끝나면 스스로 화장지를 뜯는 연습을 하게 합니다. 처음에는 혼자서 닦을 수 없으므로 보육교사가 닦아줍니다. 이때 앞에서 뒤로 닦도록 합니다.

배설 후에는 물 내리는 것을 가르쳐줍니다. 밸브가 뻑뻑한 경우에는 혼자서는 잘 누르지 못하므로 함께 눌러줍니다. 손을 씻는 것도 처음에는 혼자서 잘 씻지 못하지만 되도록 도와주지 말고 스스로 하게 합니다.

소변을 자주 보는 아이는 보육교사에게 좀처럼 "쉬"라고 말하지 못합니다. 그냥 싸버리는 경우가 많은데 이런 아이를 다른 아이들 앞에서 야단쳐서는 안 됩니다. 체벌은 절대 안 됩니다.

집단적으로 훈련을 시작했을 때 소변을 잘 본 아이에게 O를, 그렇지 못한 아이에게 X를 붙여준 표를 걸어놓는 것은, X를 받은 아이에게 체벌과 같은 굴욕감을 안겨 줍니다. 이것 때문에 소변 보는 횟수가 오히려 더욱 잦아집니다. 대변은 아이에 따라 보육시설에 있는 동안 배설하는 아이도 있고 그렇지 않은 아이도 있으므로 시간을 정해 훈련시키지는 않도록 합니다. 하루에 한 번 반드시 보육 시설에서 대변을 보게 하는 것은 개인차를 무시한 행동으로 아이를 고통스럽게 만듭니다.

배설 훈련이 잘 진척되도록 하려면 화장실이 무섭거나 불결해서는 안 됩니다. 타일 바닥에는 목재 판자를 깔아둡니다. 슬리퍼를 신으면 서두를 경우 넘어질 수 있기 때문입니다. 화장실로 가는 통로가 경사 진 경우는 계단을 설치하는 대신 경사가 완만하게 판자를 까는 것이 좋습니다.

만 2세 반 정도가 될 때까지 소지품을 자신의 사물함에 넣도록 합니다. 만 3세까지는 아직 혼자서 코를 풀지 못하는 아이가 많습니다. 그러므로 콧물을 잘 흘리는 아이는 보육교사가 닦아주어야 합니다.

407. 창의성 기르기

● 장난감 또는 놀이 공간을 활용한 자유 놀이를 통해 창조의 기쁨을 느끼게 해준다. 아이가 새로운 느낌을 받을 수 있도록 때때로 도구를 바꾸어준다.

창조의 기쁨을 느끼게 해줍니다.

이 나이의 아이는 자립하고 싶은 욕구가 강합니다. 아이의 자립을 격려하는 가장 좋은 방법은 창조의 기쁨을 느끼게 해주는 것입니다. 따라서 이 나이의 아이들 보육에서는 주로 자유 놀이를 합니다. 그러나 자유 놀이만으로는 아이의 놀이가 언제까지나 낮은 단계에 머물러 있게 됩니다. 아이의 지혜가 발달하고 손놀림이 야무져지는 것을 고려하여 놀이에서 집중력과 지구력을 키울 수 있도록 지도해야 합니다.

이것은 어느 정도 수업과 같은 형태를 띱니다. 그러나 만 2~3세 아이 20명 이상을 한 명의 보육교사가 담당해서는 자유놀이와 수업을 교대로 시키면서 창조와 지도의 균형을 맞추는 것은 매우 어려운 일입니다. 아이들에게 놀이 방법을 지도하는 수업에서 20명 이상을 대상으로 하는 것은 불가능합니다. 아이 한 명 한 명과 보육교사가 밀접하게 연결되어야 하기 때문에 7~8명 정도의 그룹이 아니면 할 수 없습니다. 그리고 수업은 10~15분밖에 지속되지 못하더라도 한 그룹씩 따로따로 해야 합니다. 그러기 위해서는 20명이 한 조인 아이들에게 2명의 보육교사가 붙어 있어야 합니다.

수업은 하루에 1~2번, 7~8분에서 15분 정도로 7~8명을 그룹으로 하여 실시하도록 합니다. 나머지 아이들의 자유 놀이를 다른 보육교사에게 부탁하고 수업은 작은 방에서 해야 아이들이 집중할 수 있습니다.

수업 내용은 보육교사의 질문에 대답하기, 자신이 생각하는 것을 보육교사와 친구들에게 이야기하기, 동화 듣기, 그림책을 보고 그림 이해하기, 음악 듣기, 자연에 있는 것들(풀, 꽃, 나무, 벌레, 동물) 이해하기, 그림 그리기, 찰흙으로 만들기, 안전 가위 사용하기,

노래 부르기 등입니다.

이러한 수업도 목표나 지도 요점보다는 교재를 주는 것이 먼저입니다. 도구가 있고 나서야 비로소 인류 문화가 생겨났던 것처럼, 아이에게도 놀이 도구가 있어야 놀이단계가 높아집니다. 아이의 창의성이 어른의 지도에 의해 비뚤어지지 않도록 아이 한 명 한 명의 능력을 파악하여 개별지도를 하는 것이 보육교사의 창조 능력입니다.

혼합 보육을 하는 보육시설에서 만 2~3세 아이들로 소그룹을 만들어 수업을 성공적으로 하고 있는 보육교사도 있습니다. 그곳에서는 같은 조의 큰 아이들이 집단생활에 익숙해져 있어 보육교사가 붙어 있지 않아도 어느 정도의 시간 동안 자유 놀이를 할 수 있습니다.

●

새롭다는 느낌이 아이의 창의성을 자극합니다.

만 2~3세 아이는 자유 놀이를 할 때 장난감을 이용하여 일상생활을 재현하는 경우가 많습니다. 자동차를 밀고 가는 아이는 질주하는 자동차를 재현하는 것입니다. 인형을 재우는 아이는 엄마가 재워주는 자신을 재현하는 것이고, 블록을 비스듬히 세우는 아이는 미끄럼틀을 재현하는 것입니다.

자유놀이를 즐겁게 하려면 장난감이 풍부해야 합니다(인형, 동물 봉재 인형, 손으로 미는 차, 이불, 장바구니, 블록 등). 장난감은 항상 같은 것을 주기보다는 때때로 바꾸어줄 필요가 있습니다. 새롭다는 느낌이 아이의 창의성을 자극하기 때문입니다.

보육실 공간을 잘 활용하여 소꿉놀이 장소나 조형 장소를 만들어 주면 아이들은 적당한 인원이 어울려 놀 수 있습니다. 혼자서 가지고 노는 작은 장난감뿐만 아니라 협력을 배울 수 있도록 큰 종이 상자와 큰 블록도 필요합니다. 특정 그룹을 구분 짓는 칸막이가 있는 것도 좋습니다. 머지않아 시작하게 될 역할놀이의 준비로 소형 가정용품과 가구도 마련해 둡니다.

●

아이들이 가장 좋아하는 자유 놀이는 모래놀이와 물놀이입니다.

자유 놀이에서 아이들이 가장 좋아하는 것은 모래놀이와 물놀이입니다. 모래놀이에는 그룹 전체가 놀 수 있는 넓은 장소, 모래가 충분한 모래밭과 장난감 삽·체·양동이·덤프트럭 등이 필요합니다.

물놀이에는 미니 수영장이 가장 즐겁습니다. 여름철 오전 중에 물놀이를 하게 합니다. 이 나이의 아이들에게 수심은 20~30cm가 안전합니다. 그리고 아이 3명에 한 명의 감시원이 필요합니다. 수온이 25℃라면 5분간, 28℃ 이상이라면 10분간 물속에 들어가게 해도 좋습니다. 처음에는 한 번으로 끝내야 하지만 익숙해지면 5분의 휴식 시간을 두고 두 번 내지 세 번 물속에 들어가도 됩니다.

배설을 마친 아이부터 수영복을 입혀서 준비 운동을 하게 합니다. 그리고 수영장에 들어가기 전후에 샤워를 하여 몸을 깨끗하게 하도록 합니다. 물놀이를 하면 오후에 푹 자기 때문에 피로가 해소됩니다. 물놀이만이 보육처럼 되지만 그래도 괜찮습니다.

408. 말 가르치기 😊

● 아이가 느끼는 신선한 감동이 말로 표출되는 것이다. 아이와 보육교사, 아이와 아이의 관계가 서로 단단히 연결되어 있어야 한다.

아이는 새로운 강렬한 체험을 했을 때 그것을 전하고 싶어집니다.

말은 마음과 마음을 연결해 주는 수단입니다. 아이에게 말을 들려주고, 또 아이가 말을 하도록 하려면 보육교사와 아이가 마음과 마음으로 단단히 연결되어 있어야 합니다. 아이가 '선생님이 말하는 것을 놓치면 안 돼'하며 귀를 기울이는 것은 보육교사의 인간성에 끌릴 때입니다. 또 아이가 말을 하지 않고는 견딜 수 없는 것은 자신의 체험을 보육교사에게 전달하여 인간적인 공감을 얻고 싶을 때입니다.

아이가 보육교사뿐만 아니라 친구에게도 말을 하고 싶어 하는 것은 자신의 기쁨을 친한 친구에게 나누어주고 싶을 때입니다. 아이는 새로운 강렬한 체험을 했을 때 그것을 전하고 싶어집니다. 아이가 말을 할 수 있도록 하려면 아이와 보육교사, 아이와 아이의 관계가 서로 단단히 연결되어야 하고, 다른 사람에게 말하고 싶은 감동을 연출해야 합니다. 아이가 보육교사와 친밀하지 못한 보육시설, 매일 무감동한 생활이 반복되는 보육시설에서는 말이 늦어집니다.

●

동화, 그림책 등으로 감동을 주면서 바른 말을 가르칩니다.

만 2~3세 아이는 친한 어른에게 "이게 뭐예요?", "왜 이렇게 돼요?"라는 질문을 반복하며 무엇이든 알고 싶어 합니다. 이 호기심을 계기로 보육교사는 아이에게 말을 가르쳐야 합니다. 이 시기 아이의 호기심은 현실 세계의 주위 사물로 향합니다. 그러므로 아이를 되도록 보육시설 밖으로 데리고 나가 주위의 사물에 대해 가르치는 것이 좋습니다.

그런데 안타깝게도 도시에 있는 보육시설의 아이들은 위험해서 산책하러 나갈 수가 없습니다. 이럴 때 슬라이드나 텔레비전을 이용하는 것도 한 방법이지만 현실에서 느낄 수 있는 신선한 감동이 어느 정도 손상된다는 것을 감안해야 합니다. 동화, 그림책 등으로 아이에게 감동을 주면서 바른 말을 가르치도록 합니다.

●

5~6명의 소그룹을 만들어 아이가 말할 기회를 만들어줍니다.

말을 가르칠 때는 들려주기만 하지 말고 끊임없이 아이에게 말을 걸어 말할 기회를 만들어주어야 합니다. 이것은 20명이 한 조인 대그룹 활동으로는 하기 힘듭니다. 되도록 5~6명의 소그룹을 만들어 아이 한 명 한 명이 보육교사가 말할 때의 입 모양과 표정을 볼 수 있도록 합니다. 또 보육교사도 아이 한 명 한 명의 이야기를 듣고 때로는 발음을 고쳐줍니다. 말은 마음을 전하는 것이므로 단어의 나열이 아닌 감동을 어떻게 표현해야 하는지를 가르쳐야 합니다. 만 3세가 가까워지면 역할놀이를 시작하게 됩니다. 역할놀이를 하려면 먼저 아이가 자신이 생각하고 있는 것을 다른 사람에게 전달할 수 있어야 합니다. 역할놀이를 시작하면서 말하고 싶은 마음이 자극을 받기 때문에 만 3세가 가까워지면 아이의 대화는 한층 진보합니다. 보육교사는 역할놀이에 참여하여 아이들의 이야기 내용이 풍부해지도록 이끌어줍니다.

409. 즐거운 집단 만들기 😊

● 친구라는 의식이 강하게 들도록 아이들 간에 동료 의식이 싹틀 수 있게 해주어야 한다.

아이의 본성을 무시한 규칙은 없애는 것이 좋습니다.

이 나이의 아이들은 친구라는 의식이 상당히 확실해집니다. 만 3세 가까이 되면 서로 도와주면서 어떤 목표를 달성하려는 마음도 생깁니다. 식사 때 당번을 할 수 있는 아이도 나타납니다.

이때 보육시설의 질서를 유지하기 위해 몇 가지 금지 사항을 규칙으로 만들 수 있습니다. "복도를 뛰어다니면 안 됩니다", "신발 넣는 선반에 올라가면 안 됩니다", "분유 타는 방에 들어가면 안 됩니다" 등 여러 가지가 있을 것입니다.

그런데 이러한 규제로서의 규칙은 대부분 보육시설을 경영하는 어른의 입장에서 만들어집니다. 아이의 본성(뛰고 싶고, 올라가고 싶고, 무엇이든 보고 싶은)을 무시한 규칙은 되도록 빨리 없애는 것이 좋습니다. 가능하면 아이들의 합의에 의한 규칙을 만들도록 격려해야 합니다.

●

동료 의식을 길러야 합니다.

아이들이 서로 합의하여 규칙을 만들기 위해서는 동료 의식을 기르는 것이 가장 우선입니다. 동료 의식이 강해져서 매일 매일의 보육시설 생활이 즐겁다면 아이는 생활의 즐거움을 소중하게 생각하는 마음에서 친구와 손을 잡게 됩니다. 이러한 연대감이 조금 더 커지면 친구 간의 합의에 의한 규칙이 생기게 되는 것입니다. 만 2~3세에는 아직 집단으로 자주적인 행동을 하기에는 불가능합니다. 만 2~3세 아이 20명을 2명의 보육교사가 맡는다면 20명을 하나의 친구 집단으로 인식시키는 것은 어렵지 않습니다. 하지만 처음부터 20명을 지속적으로 하나로 묶어 집단 놀이를 하게 하는 것은 불가능합니다. 처음에는 각자의 창의력에 따라 몇 개의 기능적인 그룹을 만들어 놀게 합니다. 이런 그룹을 계속해서 바꾸어가면서 아이가 공동 목표 설정에 익숙해지도록 합니다. 그리고 20명 중 누구와도 친구가 될 수 있다는 것을 알게 해줍니다. 이렇게 반복하다 보면 20명을 하나로 묶은 집단 만들기나 집단 게임, 집단 놀이가 짧은 시간이나마 점차 가능해집니다. 아이 20명에 2명의 보육교사가 있어야 하는 이유는 이 나이에는 겨울철에 아직 혼자서 배설할 수 없는 아이가 있기 때문입니다. 또 5~6명의 그룹을 만들어 집중을 요하는 만들기나 게임을 하는 동안 나머지 아이들은 자유 놀이를 하도록 하기 위해서도 보육교사는 2명이 있는 것이 좋습니다. 친구라는 의식을 강하게 갖도록 하기 위해서도 원외 산책을 일과 속에 포함시키는 것이 좋습니다. 보육시설을 떠나 자신들의 그룹만 외부 세계에 둘러싸이면 친구라는 의식이 강해집니다. 현실적인 사정으로 원외 산책을 하지 않는 보육시설이 많지만 보육에는 원외 산책이 꼭 필요합니다. 그 필요성을 채워주지 못하는 '죄의식'을 잊어서는 안 됩니다.

만 2세가 넘으면 지금까지 보육시설에 갈 때 씩씩하게 엄마에게 "빠이빠이" 하던 아이가 "안 가요!"라며 엄마와 헤어지려고 하지 않는 일이 생깁니다. 이런 경우 보육교사는 지금까지보다 아이를 더욱 환영해 주어야 합니다. 먼저 와 있는 친구들로 '환영 그룹'을 만드는 것이 가장 좋습니다. 아이를 데려온 엄마와 울면서 헤어지는 것이 지속되면 보육시설에 오는 것조차 거부하게 됩니다.

410. 강한 아이로 단련시키기 😊

● 매일 걷기 훈련을 시키고 일정한 시간을 정해 체조도 시킨다.

매일 걷기 훈련을 시킵니다.

만 2~3세 아이는 매일 걷기 훈련을 시키는 것이 좋습니다. 처음에는 150~200m를 걷게 하다가 만 3세가 되면 250~300m로 늘립니다. 이것을 엄마에게도 이야기해서 아침에 보육시설에 데리고 올 때 조금 빨리 집을 나와 아이를 좀 더 걷게 하도록 합니다. 이때 땀을 너무 많이 흘리지 않도록 옷은 기온에 따라 조절합니다. 보육시설에서 원외 산책을 할 때는 목적지에 도착하면 아이들을 마른 자리에 앉혀서 충분히 쉬게 한 후에 데리고 돌아 옵니다.

옷은 얇게 입히는 편이 좋은데 어느 정도가 적당한지 엄마들이 자주 묻습니다. 이것은 아이에 따라 다르므로 겨울에는 몇 살의 아이에게는 몇 벌이라고 일률적으로 말할 수는 없습니다. 보육시설의 난방과 운동방법에 따라서도 다릅니다. 보육교사가 아이 한 명 한 명을 주의 깊게 살펴보아 땀을 흘리는지 안 흘리는지에 따라 조절해야 합니다. 옷을 얇게 입히는 것이 배설할 때도 편하다고 하여 일률적으로 얇게 입히거나 벌거벗겨서는 안 됩니다.

기온이 그다지 낮지 않을 때는 되도록 밖에서 놀게 하는 것이 좋습니다. 하루 5시간 정도는 바깥 공기를 쐬면서 지내게 합니다. 이때 모래놀이, 물놀이, 그네, 정글짐, 세발 자전거 등을 충분히 이용하도록 합니다.

●

매회 15~18분 동안 주 3회 정도 체조를 시킵니다.

체조를 주 3회 정도 실시하는 것을 정식 교과 과정으로 정해 매회 15~18분 동안 시킵니다. 만 2~3세 아이는 상당한 수준의 단체행동이 가능해졌으므로 10~12명을 그룹으로 만들어 한꺼번에 체조를 시킬 수 있습니다.

◆ 보행과 기어오르기 운동

· 폭 20cm, 길이 2~2.5m의 판자로 한쪽 높이가 30~35cm인 경사를 만들어 올라가게 합니다. 만 3세 가까이 되면 폭을 15cm로 좁힙니다.

· 바닥에 분필로 폭 30cm의 길을 그린 후, 양팔을 수평으로 펴고 걸어가게 합니다. 만 3세 가까이 되면 길을 소용돌이 모양으로 만듭니다.

· 높이 20cm (나중에는 25cm)의 단을 오르내리게 합니다.

· 20~30cm(나중에는 30~35cm) 높이에 막대기를 세우거나 줄을 친 후 두 다리를 벌려 넘어가게 합니다.

· 보육시설 마당에 작은 언덕을 만들어 한쪽으로 올라가서 다른 쪽으로 내려오게 합니다.

· 사다리 또는 늑목을 오르내리게 합니다. 이것이 능숙해지면 정글짐에서 놀게 합니다.

· 만 3 세까지 서서 그네를 타게 합니다.

· 만 2 세 반이 지난 아이에게는 발끝으로 걷거나 발꿈치로 걷게 합니다. 또 자세를 바르게 하기 위해서 양손을 뒤로 잡은 채 가슴을 펴고 걷게 합니다.

◆ 던지기 운동

· 80~120cm 정도 떨어진 곳에 지름 40cm인 바구니를 아이 가슴 높이로 걸어놓고 작은 공을 던져 넣게 합니다.

· 80~120cm 정도 떨어진 곳에 아이 눈 높이의 네트를 치고, 네트를 넘어가도록 공을 던지게 합니다.

· 만 3세 가까이 된 아이에게는 배구공을 바닥에 굴려 2~3m 앞에 있는 40cm 간격의 의자 사이를 통과하게 합니다.

◆ **전신 운동**

· 아이들을 의자에 나란히 앉혀 큰 공을 옆으로 전달하게 합니다. 또는 평균대에 다리를 벌리고 앉게 한 후, 공을 머리 위로 올려 뒤의 아이에게 보내게 합니다.

· 하나의 링을 둘이서 들고 앉았다 일어섰다 하게 합니다.

· 엎드려서 손으로 받치고 가슴만 바닥에서 떼게 합니다.

· 똑바로 누워 발로 자전거 페달을 밟는 동작을 하게 합니다.

· 데굴데굴 굴러서 방 안을 이동하게 합니다.

· 바닥에 길을 그려놓고 네 발로 기어가게 합니다.

411. 신입 유아 받아들이기 😊

● 보육교사가 먼저 아이와 친해져야 한다. 그러기 위해서는 안아주거나 손을 잡아주는 스킨십이 필요하다.

처음 2~3일은 오전 보육만 하고 엄마도 같이 있게 합니다.

보육시설에서 만 2~3세 아이를 새로 맞아들이는 것은 만 1세 반 된 아이를 맞아들이는 것보다 어려운 일입니다. 만 2~3세까지 집에서 자란 아이는 자립하는 부분도 있지만 의존도 아직 심하기 때문입니다. 따라서 만 1세 반 된 아이보다 많은 시간을 들여 천천히 보육시설 생활에 적응하게 합니다.

처음 2~3일은 오전 보육만 하고 엄마도 같이 있게 합니다. 엄마와 보육교사가 아주 가까운 관계라는 것을 아이에게 알려주는 것이 중요합니다. 이전부터 보육시설에 다니는 아이들이 집단행동으로 신속하게 하는 것을 처음 온 아이에게 시켜서는 안 됩니다. 되도록 보육교사가 도와주면서 뒤에 붙어서 가게 합니다.

기존에 다니던 아이들 중 누군가가 스스로 친구가 되어주는 것이 가장 좋습니다. 어느 보육시설에나 이런 아이가 있습니다. 이런 친구가 생기면 급식할 때도 낮잠 잘 때도 그 아이 옆자리로 마련해주는 것이 좋습니다.

2~3일간 보육시설 생활에 익숙해지면 다른 아이들과 함께 식사를 하고 돌아가게 합니다. 이것을 2~3일간 더 지속한 후 5~6일째 되는 날 엄마에게 아이와 헤어져 집에 돌아가게 하고, 점심 식사 후에 데리러 오게 합니다. 이것이 익숙해지면 7~10일째 되는 날에는 다른 아이들과 같이 낮잠을 재웁니다. 그리고 낮잠에서 깰 때쯤 엄마가 데리러 오게 합니다. 이렇게 10~15일 정도 시간을 둔 후에 다른 아이들과 같이 보육시설에서 생활하게 합니다. 보육시설에 익숙해지는 기간은 아이에 따라 많은 차이가 있습니다.

아이가 모르는 사이에 엄마가 가버리면, 겨우 보육시설에 익숙해진 아이가 보육교사에게 속았다고 생각하여 지금까지의 노력이 물거품이 되어버립니다. 마찬가지로 엄마는 반드시 약속한 시간에 데리러 와야 합니다. 그렇지 않으면 아이는 보육교사에게 속았다고 생각합니다.

●

안아주거나 손을 잡아주는 스킨십이 필요합니다.

가능한 한 새로 들어온 아이에게 충격을 주지 않고 천천히 익숙해지도록 하는 것은, 그 아이 본인은 물론 기존의 아이들을 위해서도 좋습니다. 새로 들어온 아이가 울기만 하고 집단 놀이와 급식에도 참여하지 않으면 보육교사는 그 아이에게만 붙어 있어야 합니다. 그러다 보면 다른 아이들을 돌볼 수가 없습니다. 그렇다고 울고 있는 아이를 방치해놓고 다른 아이들과 즐겁게 지내면 새로 들어온 아이는 소외감을 느끼게 됩니다. 새로 들어온 아이를 정말 잘 받아들이려면 기존의 아이들이 적당한 크기의 집단을 이루고 있어야 합니다. 그저 넓기만 한 방에서 20명 이상의 아이를 혼합 보육하는 곳이라면 새로 들어온 아이는 미아가 된 듯한 느낌을 갖게 됩니다. 그러나 7~8명으로 이루어진 그룹이 별로 크지 않은 방에서 보육교사와 인간적인 유대를 맺고 지내는 곳이라면 새로 들어온 아이도 친척 집에 놀러 온 듯한 느낌으로 집단에 융화하게 됩니다.

담당 보육교사뿐만 아니라 다른 보육교사들도 새로 들어온 아이와 친해져야 합니다. 보육시설에는 모두 상냥한 사람들만 있다는 것을 아이가 느끼도록 해주어야 합니다. 하지만 처음에는 한 명의 보육교사와 긴밀한 유대가 형성되도록 하는 편이 좋습니다. 2명의 보육교사가 20명으로 이루어진 그룹을 맡고 있을 때는 둘 중 한 사람이 처음 들어온 아이를 맡도록 합니다. 새로 들어온 아이와의 유대 형성을 위해서는 안아주거나 손을 잡아주는 스킨십이 필요합니다.

19

만 3 ~ 4세

갑자기 상상력이 풍부해지는 시기입니다.
이럴 때일수록 멀리해야 하는 것이
바로 '텔레비전'입니다.
그림책 보기, 이야기 듣기, 음악 듣기, 그림 그리기,
찰흙놀이, 집 짓기 등 창의적인 놀이가 필요합니다.

이 시기 아이는

412. 만 3~4세 아이의 몸

- 갑자기 상상력이 풍부해지는 시기이다.
- 스스로 할 수 있는 것이 많아지면서 아이의 자립이 제멋대로의 형태로 나타난다.

아이의 자립이 제멋대로의 형태로 나타납니다.

이 시기의 아이는 자립이 제멋대로의 형태로 나타나 곤혹스럽습니다. 제멋대로일지라도 자립임에는 틀림없지만 불완전한 자립입니다. 아이는 자기가 주장하면 엄마는 틀림없이 양보할 것이라고 믿어버립니다.

이 불완전한 자립을 완전한 자립으로 만들어주는 것이 예절 교육의 첫걸음입니다. 예절 교육을 통해 자립과 협력 사이에서 균형을 잡아줍니다. 협력 생활을 위한 규칙을 아이 스스로 지키도록 하려면 협력 생활이 아이에게 즐거운 일이어야 합니다. 아이의 원시적인 욕망을 엄마는 좀처럼 이길 수가 없습니다. 만 3~4세 아이를 둔 엄마는 악전고투를 각오해야 합니다. 아이에게 '엄마는 한없이 너그러운 사람'이라는 인상을 주지 않으려면 엄마에게 의존하려는 아이를 어느 선에서 엄격하게 대해야 합니다. 하지만 너무 엄격하면 아이와의 사이가 멀어질 것이라는 염려 때문에 많은 엄마들이 아이에게 완전한 자립을 시키지 못하는 것입니다.

아이는 엄마와의 사이에서는 좀처럼 지키기 어려운 협력 생활을 위한 규칙도 협력 생활이 즐거우면 의외로 잘 지킵니다. 집 밖에 안전한 놀이 장소가 있거나 옆집 뜰이 넓어서 3~4명의 아이가 모여 매일 놀면, 거기서 즐거운 협력 생활을 배우게 됩니다. 자신이 하고 싶은 대로 해버리면 모두가 즐겁게 놀 수 없다는 사실을 배우게 되는 것입니다. 지금까지 다른 사람에게 장난감을 빌려주지 않았던 아이도 거기서는 스스로 빌려 주게 됩니다.

하지만 이렇게 자연스럽게 이루어진 아이들의 협력 생활은 아이의 자립을 완전하게 해주지는 못합니다. 친구에게 좀 심한 이야기를 들으면 집으로 달려와 엄마에게 매달려 웁니다. 그리고 당분간 그 친구와는 놀지도 않습니다.

●

예절 교육을 위해서 유치원에 보낼 때입니다.

많은 엄마들이 만 3세 아이를 유치원에 보내는 이유는 아이가 엄마에게 너무 의존하지 않고, 잠시 떼어놓음으로써 더욱 강인하게 자립하도록 하기 위해서입니다. 유치원에 다니고부터 '착한 아이'가 되는 것은, 엄마에게 의존하지 않게 되고 자립심이 강해지면서 협력하는 생활의 즐거움을 알게 되고 스스로 그 즐거움을 소중히 하려 하기 때문입니다. 유치원에 입학 희망자가 쇄도하는 것은 아이의 예절 교육은 집에서만 이뤄지는 것이 아니라는 사실을 많은 엄마가 깨달았기 때문입니다.

●

갑자기 상상력이 풍부해집니다.

만 3세가 넘은 아이의 또 하나의 특징은 상상력이 갑자기 풍부해진다는 것입니다. 하지만 아이의 상상의 세계는 현실 세계와 뒤섞여 있습니다. 현실 세계에서 매일 새로운 일이 펼쳐지기 때문에 일상생활도 탐험처럼 즐겁습니다. 그림과 이야기는 그 현실의 즐거움에 채색을 더해줍니다.

이런 의미에서 아이의 상상력은 현실의 증폭기와 같은 것입니다. 어른은 인생의 즐거움을 증폭시켜 주기 위해서 아이의 상상력을 자극해 주어야 합니다. 그림책을 보여주는 것, 이야기를 들려주는 것, 음악을 들려주는 것, 그림을 그리게 하는 것, 찰흙으로 만들기를 하게 하는 것, 집 짓기 블록을 가지고 놀게 하는 것, 모래밭을 마련해 주는 것 등이 바로 그것입니다. 가정에서는 이런 것들을 해줄 수 없다면 유치원에 보내 도움을 받도록 합니다.

아이의 상상력을 죽이는 것은 텔레비전입니다. 화면과 음성의 홍수는 아이에게 상상력을 발휘할 여유를 주지 않습니다. 텔레비전에 아이를 맡기는 것은 사고할 줄 모르는 인간으로 키우는 것입니다.

아이의 상상력은 현실을 채색하지만 항상 즐겁게 채색하는 것만은 아닙니다. 만 3세가 넘은 아이가 캄캄한 곳이 무서워 밤에 혼자 화장실에 가지 못하는 것은 뭔가 무서운 것이 어둠 속에 숨어 있는 것처럼 상상하기 때문입니다. 개를 무서워하는 것은 달려들어 무는 것을 상상하기 때문입니다.

무서워하는 아이에게 현실은 무섭지 않다는 것을 증명하려고 억지로 어둠 속으로 데리고 가거나 개에게 손을 핥도록 하는 것은 좋지 않은 방법입니다. 아이로 하여금 아무렇지도 않게 어둠이나 개를 멀리하게 하고, 무섭지 않은 세계에서 모험을 시켜 대담해지도록 해야 합니다.

일요일에는 아빠가 놀이터에 데려가서 그네에 태우고 힘차게 밀어주는 것도 좋습니다. 몸의 균형을 잘 잡을 수 있게 되어 한 발로 5초 정도 서 있을 수 있고, 한 발로 뛸 수 있는 아이도 나옵니다.

만 3~4세 아이 중에는 이제 낮잠을 전혀 자지 않는 아이도 많습니다. 1주에 한 번 정도 자는 아이도 있습니다. 하지만 매일 오후에 낮잠을 1시간씩 자는 아이도 있습니다. 어느 아이나 자신에게 맞는 수면법을 취하는 것입니다. 유치원에 다니는 아이는 아직 1시간 정도 낮잠을 자야 기분 좋게 보낼 수 있습니다. 특히 여름에는 낮잠을 재우는 것이 좋습니다.

밤의 수면은 유치원에 다니는 경우는 밤 8시 30분에서 9시쯤에 잠들어 아침 7시쯤에 일어나는 아이가 많습니다. 하지만 유치원에 다니더라도 밤 10시가 넘도록 자지 않다가 아침에는 8시가 넘어서까지 자는 아이도 있습니다. 좀 더 일찍 일어나야 아침 식사를 하고 갈 수 있다면 9시에 재우는 것이 좋습니다. 유치원에 다니지 않는 아이는 아침에 늦잠을 자도 되지만 매일 일정한 시간에 일어나게 해야 합니다. 규칙적인 생활을 하게 하는 것은 도덕적인 이유 때문이 아니라 그렇게 해야 아이에게 이상이 생겼을 때 빨리 알 수 있기 때문입니다.

●

식사에서 아이의 개성이 나타나는 것은 여전합니다.

잘 먹는 아이는 세 끼 밥을 각각 1공기 반에서 2공기나 먹지만 소식하는 아이는 1/2공기를 먹는 것이 고작입니다. 만 3~4세에도 1년 동안 1.5~2kg밖에 체중이 늘지 않기 때문에 밥을 별로 먹지 않는 것이 정상입니다. 반찬도 좋아하고 싫어하는 것이 더욱 확실해져 편식이 뚜렷해집니다. 생선, 달걀, 고기를 모두 싫어하는 아이에게는 생우유를 먹여 단백질을 보충해 주어야 합니다.

밤 8시 30분쯤 자는 아이는 간식이 두 번으로 끝납니다. 하지만 아침 8시에 일어나고 밤 10시까지 자지 않는 활동적인 아이는 두 번의 간식만으로는 부족합니다.

배설은 대변도 소변도 알려주는 것이 보통이지만, 놀이에 열중해서 소변을 싸도 모르는 아이가 있습니다. 그리고 추운 계절에 옷을 많이 입고 있을 때는 혼자서 소변을 보지 못합니다. 대변은 만 4세가 가까워지면 혼자서 뒤처리를 할 수 있지만 아직은 처리 후 점검이 필요합니다.

밤에 자기 전에 소변을 보게 한 후 부모가 잘 때 한 번 더 보게 하면 아침에 일어날 때까지 요에 싸지 않는 아이가 많습니다. 하지만 남자 아이는 밤중에 한 번 더 엄마가 깨워서 소변을 보게 해도 아침이면 이미 젖어 있는 경우가 상당히 많습니다. 이 나이 때 야뇨에 대해서 혼내는 것은 오히려 야뇨를 권장하는 결과가 됩니다.

●

혼자 할 수 있는 것이 많아집니다.

생활 습관 면에서는 만 4세가 되면 아침에 일어나 겨우겨우 혼자서 옷을 입을 수 있게 되는 아이가 많습니다. 단추는 보면서 끼우기 때문에 가장 윗단추는 혼자서 끼우지 못합니다. 끈을 매는 것도 아직은 어렵습니다.

아침에 세수는 물론 혼자서 합니다. 칫솔질도 할 수 있습니다. 여자 아이는 그럭저럭 혼자서 빗질도 합니다.^{418 자립심 기르기} 식사할 때는 젓가락을 사용하지만 아직 반찬을 잘 집지는 못합니다. 식사 전에 손 씻는 것은 혼자서 하게 합니다.

주스나 요구르트를 마신 후 입 속의 당분을 헹구어내기 위해서 보리차나 끓여서 식힌 물을 마시게 합니다. 간식을 먹은 후에는 스스로 이를 닦는 습관을 들이도록 합니다. 목욕할 때도 자신이 직접 씻도록 점차 유도해 나갑니다. 아직 코를 풀지는 못합니다.

●

단련이 중요합니다.

이 시기에는 단련이 매우 중요합니다. 유아식 식단을 보고 어린이 요리 등을 만들 여유가 있다면 오히려 그 시간에 아이를 집 밖으로 데리고 나가 단련시키는 것이 더 좋습니다. 커다란 놀이 기구가 필요해짐에 따라 집에서는 단련하기가 힘들어집니다. 이것도 유치원에 다니면 해결할 수 있습니다. 유치원에 다니지 않는 아이는 놀이터 같은 곳에서 친구와 같이 그네를 타거나 달리기를 하게 합니다.

하루에 적어도 1시간은 걸어야 밤에 빨리 잡니다. 휴일에 아빠와 함께 소풍을 가는 것도 필요합니다. 요즘 부모들은 어디를 가도 자동차를 많이 이용하기 때문에 잘 걷지 않습니다. 이런 것이 아이로 하여금 걷기를 귀찮아하게 만듭니다.

●

이 시기에 가장 많은 병은 전염병입니다.

만 3~4세 아이가 걸리는 병으로 가장 많은 것은 전염병입니다. 친구에게서 옮기 때문에 유치원에 다니는 아이는 언젠가 수두, 풍진, 볼거리 중 어느 것인가에는 전염된다고 생각하고 있어야 합니다. 아직 홍역 예방접종을 하지 않은 아이는 유치원에 가기 전에 마치도록 합니다. 갑자기 고열이 난다면 바이러스로 인한 병이 대부분입니다. ^{435 갑자기 고열이 난다} 또 경련을 일으켜 놀라는 일이 있는데 감기가 원인인 경우가 가장 많습니다. ^{348 경련을 일으킨다_열성 경련}

밤에 잘 때 코피가 난 것을 아침에 알게 되는 일도 자주 있습니다. 유아의 코피는 원인을 알 수 없을 때가 많은데 원인 불명인 코피는 오히려 걱정할 필요가 없습니다. ^{400 밤에 코피가 난다}

이 나이에는 개에 물리는 일도 자주 있습니다. 화상도 자주 발생하는 사고입니다. ^{266 화상을 입었다} 자가중독^{444 자가중독증이다}이나 천식성 기관지염[445 천식이다]도 발병 빈도가 높은 병입니다. 그러나 엄마를 가장 애먹이는 일은 복통입니다. 아침 식사를 하다가 아이가 "배 아파요"라고 말합니다. 배를 문질러주거나 화장실에 가게 하면 20~30분 이내에 낫습니다. 그러면 다시 태연하게 잘 놉니다. 유치원에 다니는 아이는 꼭 유치원에 갈 때만 되면 "배 아파요"라고 말합니다. 그래서 쉬게 하면 1시간 후에는 밖에 나가 뛰어놉니다. 마치 꾀병 같지만 정말로 아픈 것입니다. 기분이 좋지 않거나 하기 싫은 일을 할 때 자주 복통이 일어나는 것을 보면 정신적인 것이 원인으로 생각됩니다.[437 복통을 호소한다]

유치원에 다니는 아이 중에는 건강검진 결과 결핵이라는 말을 듣는 경우가 있을지도 모릅니다. 그러나 투베르쿨린 반응 검사에서 양성으로 나온 것을 자연 감염으로 오해한 경우가 많습니다. 피부에 생기는 병으로는 습진[524 습진이 생겼다]과 사마귀[446 (물) 사마귀가 생겼다]가 많습니다. 또 유치원에서 옮아 오는 것으로 요충이 있습니다. 회충은 줄었지만 드물게 대변 검사에서 발견되기도 합니다.

이 시기 육아법

413. 먹이기

● 밥을 30분 만에 먹지 못할 경우 밥을 줄이고 반찬을 많이 먹게 하는 것이 좋다.

체중에 비해 키가 많이 자랍니다.

이 나이에는 1년 동안 체중이 1.5~2kg 정도밖에 늘지 않습니다. 이에 비해 키는 6cm나 자랍니다. 엄마 눈으로 보면 아이가 전혀 살이 찌지 않는 것 같습니다. 그래서 대부분의 엄마들은 아이가 밥을 먹지 않는 것을 걱정합니다. 그러나 부모의 기대만큼 밥을 먹으면 지나치게 많이 먹는 것입니다. 다음은 이 나이 아이의 하루 식단의 예입니다.

07시 30분 기상

08시 지나서 식빵 1조각, 생우유 200ml,

그 후 버터 20g 정도(빨아 먹음)

10시 비스킷, 과일

12시 밥 1공기, 생선(어른과 거의 같은 양)

14시 30분 빵 1개, 생우유 200ml

18시 밥 1공기, 달걀 1개 또는 고기, 야채(어른의 2/3 분량), 과일

이것은 가을에서 겨울까지의 식단이고, 여름에는 점심밥이 1/2 공기로 줄어듭니다. 대신 목이 마를 때 차가운 생우유를 200ml 더 먹습니다.

●

식사 시간은 30분을 넘지 않도록 합니다.

이 나이 때 버터를 먹는 아이가 매우 많습니다. 에너지원으로는 밥이나 버터 어느 것이나 마찬가지지만 활동적인 아이는 밥을 먹어 위에 부담을 주는 것을 싫어하는 것 같습니다. 그래서 칼로리는 높지만 양이 적은 버터를 좋아합니다. 설사를 하지 않으면 괜찮습니다. 이 즈음의 유아(幼兒)는 대부분 생우유를 400ml 먹습니다. 식사를 이 정도 하고도 생우유를 800ml나 먹으면 비만이 됩니다. 생우유 양은 다른 식사의 양을 감안하여 계절에 따라 증감하도록 합니다.

만 3세가 넘으면 젓가락을 사용하는 아이가 많습니다. 성급한 엄마는 아이가 천천히 식사하는 것을 참지 못하고 먹여줍니다. 아이는 젓가락질이 아직 서툽니다. 그래서 식사 시간이 너무 오래 걸려 밖에 나가 놀 시간이 줄어듭니다. 이것은 밥 한 공기를 전부 먹이려고 하기 때문입니다. 30분 만에 먹지 못할 경우에는 밥을 줄이고 반찬을 많이 먹게 하는 것이 좋습니다. 야채를 전혀 먹지 않는 아

이에게는 과일을 먹이면 비타민이 결핍되지 않습니다.

식사 전에 손 씻는 습관을 들일 때는 엄마와 함께 씻는 것이 좋습니다. 추운 계절에는 차가운 물로는 씻으려 하지 않습니다. 만 4세 가까이 되면 칫솔질을 할 수 있게 됩니다. 식사 후에 칫솔질을 시키는 것은 좋은 습관을 들이는 것으로 이것도 부모가 먼저 모범을 보여야 합니다.

414. 도시락 싸기

● 도시락이 즐겁게 느껴질 수 있도록 해야 한다. 편식 교정에 너무 신경 쓰는 것은 좋지 않다.

편식 교정에 너무 신경 쓰지 말도록 합니다.

유치원에 다니면 1주에 몇 번 도시락을 가지고 가야 할 때도 있습니다. 도시락을 먹는 것은 유치원 교사의 지도에 따르면 됩니다. 깨끗이 전부 먹었다는 것을 교사에게 보여야 할 경우, 아이는 싫어하는 야채를 가지고 가려 하지 않고 밥도 덜어달라고 조릅니다. 편식하지는 않지만 빨리 먹지 못하는 아이는 항상 꼴찌가 되는 것이 싫어서 조금만 싸달라고 합니다.

교사와 엄마가 사전에 의논하여 천천히 먹어도 되고 남겨도 괜찮다고 하지 않으면, 아이는 도시락에 음식을 조금만 싸 가려고 합니다. 그리고 집에 돌아와서는 배가 고파 밥이나 빵을 먹는 경우가 있습니다. 이런 아이는 잘 지도하면 지금까지 싫어하던 야채를 먹게 됩니다. 그러나 그렇다고 해서 싫어하던 것을 좋아하게 되는 것은 아닙니다. 그저 참고 먹을 수 있게 되는 것뿐입니다. 이렇게 해서 인내심은 길러질지 모르지만 너무 지나치게 강요하면 도시락 때문에 유치원에 가는 것마저 싫어하는 아이도 나옵니다. 즐거운 마음으로 유치원에 가는 것이 좋습니다. 도시락도 즐거운 것으로 여기게 해주어야 합니다. 편식 교정에 너무 신경을 쓰는 것은 좋지 않습니다. 젓가락질이 서툰 아이를 위해서 밥도 작은 주먹밥으로 만들어주고 반찬도 작게 썰어주면 먹기 쉽습니다. 도무지 야채를 먹지 않는 아이에게는 귤이나 사과를 깎아서 넣어줍니다.

식사 전에 "잘 먹겠습니다"라고 말하는 것처럼 식사 후에도 "잘 먹었습니다"라고 말하게 하고 싶지만, 먹는 시간이 아이마다 다르기 때문에 식사가 끝나는 시간을 맞추기에는 무리가 있습니다.

415. 간식 주기 😊

- 과자를 봉지째 주지 않는다.
- 충치 예방을 위해 사탕, 캐러멜, 엿을 되도록 멀리한다.
- 간식 주기와 더불어 칫솔질하는 습관도 들인다.

간식이 아이의 '즐거움'이 되도록 합니다.

어떤 엄마는 아이가 밥은 안 먹는데 간식은 많이 먹는다고 말합니다. 이 아이는 밥을 먹지 않기 때문에 부족한 칼로리를 간식의 당분으로 보충하는 것입니다. '그래도 밥을 좀 더 많이 먹으면 좋을 텐데'라는 것은 어른의 생각일 뿐입니다. 이 나이의 아이는 밥을 그렇게 많이 먹을 수 없습니다.

오후에 밖에 나가서 걸어 다닌 아이를 아파트 3층까지 데리고 올라갈 때 쉽게 올라가지 못하는 일이 있습니다. 점심 식사 때 섭취한 에너지를 다 써버린 것입니다. 이럴 때 아이가 단것을 먹고 싶어 하는 것은 설탕 성분이 가장 빨리 에너지로 바뀌기 때문입니다. 간식으로 주스나 사탕을 찾는 것은 당연합니다. 간식이 아이의 '즐거움'이 되도록 해줍니다. 항상 간식을 먹기 전에 밥을 더 많이 먹어두라고 설교한다면 아이는 견디기 힘들 것입니다.

매끼마다 밥 1공기로 모자라는 아이는 대식가입니다. 이런 아이는 간식으로 빵, 핫케이크, 라면을 좋아하는데 원하는 대로 주면 비만이 됩니다. 따라서 밥을 잘 먹는 아이에게는 간식을 제한해야 합니다. 과일에도 당분이 들어 있으므로 조금만 주도록 합니다.

엄마와 같이 슈퍼에 갈 때마다 텔레비전 광고에서 본 적이 있는 과자봉지를 들고 오는 아이가 많습니다. 이때 아이에게 과자를 봉지째 주면 한없이 먹습니다. 이런 습관은 들이지 말아야 합니다. 충치를 예방하려면 사탕, 캐러멜, 엿은 되도록 멀리하는 것이 좋습니다. 줄 때는 먹고 나서 이를 닦는다는 약속을 하고 줍니다.

땅콩이나 땅콩이 들어 있는 식품을 먹으면 1~2분 만에 혀가 마비되고 마침내 복통을 일으키는 아이가 있습니다. 땅콩 알레르기입니다. 한꺼번에 땅콩을 많이 먹으면 쇼크를 일으키는 일도 있습니다. 이런 아이에게는 땅콩을 먹이지 않는 수밖에 없습니다. 처음으로 먹는 쿠키나 외식할 때 음식에 곁들여 나오는 땅콩 소스도 주의해야 합니다.

416. 재우기

● 엄마가 옆에서 노래를 불러주거나 이야기를 들려주는 것이 좋다.

아이는 엄마를 느끼면서 잠들고 싶어 합니다.

"졸려요"라고 아이가 말할 때 이불을 깔아주면 혼자서 자는 아이가 전혀 없는 것은 아닙니다. 하지만 대부분의 아이는 이렇게 쉽게 잠들지 않습니다. 현실 세계가 너무 즐거워서 꿈나라로 가기 싫어

저항하는 것 같습니다.

어떤 아이는 손가락을 빠는 쾌감을 즐기기도 합니다. 또 어떤 아이는 오랫동안 가지고 놀던 털 빠진 모포를 꽉 끌어안고는 그 감촉에 만족스러워하기도 합니다. 또 젖병을 빠는 아이도 있습니다. 예전 아이들은 동생이 없을 경우 오랫동안 엄마 젖을 빨았습니다. 하루가 무사히 지나간 것에 대해 하느님께 감사 기도를 드리며 부모와 떨어져 다른 방에서 꿈나라로 가는 서양 아이들에 비하면, 현세에 애착을 가지고 잠이 드는 우리 아이들은 아직도 현실 세계에 미련이 남아 있는 것처럼 보입니다. 하지만 깊은 밤에 잠이 깨더라도 항상 엄마가 곁에 있어 정신적으로 안정이 된다면 현실 세계에 미련을 갖고 자는 것을 걱정할 필요는 없습니다. 손가락을 빠는 것도, 모포도, 젖병도 모두 엄마의 대용품입니다. 아이는 엄마에게 밀착되어 있다는 감촉을 느끼면서 잠드는 것입니다.

엄마로서는 아이가 엄마에게 신체적으로 의존하는 것보다 정신적으로 의존하는 쪽이 좋은 것이 사실입니다. 그렇게 하려면 아이가 자기 전에 엄마가 옆에서 노래를 불러주거나 이야기를 들려주는 것이 좋습니다. 엄마의 목소리를 들으면서 상상의 세계로 들어가 그대로 꿈나라로 가는 것은 인생에서 가장 행복한 순간입니다. 이것은 엄마에게도 마찬가지입니다.

최근에는 텔레비전을 보면서 자는 아이가 늘어나고 있습니다. 이것은 끝까지 현실에 매달리다가 잠이 드는 모습입니다. 텔레비전을 켜놓는 일로 엄마와 아이의 관계는 멀어져버립니다.

417. 배설 훈련 😊

- 아이가 스스로 대소변을 가려도 뒤처리는 엄마가 점검해주는 것이 좋다.
- 자기 전 또는 자다 깼을 때 소변을 보게 한다.

아이가 대소변을 가려도 당분간은 점검이 필요합니다.

만 3세가 넘은 아이는 낮에는 소변과 대변을 보고 싶다고 엄마에게 알려줄 수 있습니다. 혼자서 소변을 보러 가는 것은 계절에 따라 다릅니다. 춥지 않은 계절에 옷을 많이 입고 있지 않으면 스스로 옷을 벗고 화장실에 갈 수 있습니다. 남자 아이는 팬티 옆으로 성기를 끄집어내어 서서 소변을 봅니다. 하지만 추워지면 옷을 많이 입고 있기 때문에 스스로 벗지 못합니다. 되도록 아이 스스로 벗을 수 있도록 멜빵바지보다는 고무줄바지를 입혀주는 것이 좋습니다.

대변 후 뒤처리는 제대로 하지 못하는 아이가 많습니다. 엄마가 옷 벗는 것을 도와주고 아이가 화장실에 가서 대변을 볼 때까지 밖에서 기다렸다가 뒤처리를 해주어야 합니다. 아이 스스로 할 수 있도록 격려해 주고, 만 4세 가까이 되면 혼자서 뒤처리를 하게 합니다. 여자 아이는 배변 후 반드시 앞에서 뒤로 닦도록 가르쳐주어야 합니다. 당분간은 배변이 끝난 후 점검이 필요합니다.

유치원 화장실이 깨끗하지 않으면 이것을 꺼림칙하게 여기는 아이는 유치원에서는 화장실에 가지 않으려 합니다. 유치원에서 집으로 돌아오는 길에 견디다 못해 옷을 적시는 경우도 있습니다. 밖에서 놀이에 빠져 있다가 소변을 보러 집으로 돌아오는 길에 옷을 적시는 일도 적지 않습니다. 그렇다고 해도 집에 와서 소변을 보려 했던 의지는 존중해주어야 합니다. 옷을 적신 것에 대해 혼내면 서둘러 집으로 오려는 의지마저 상실하게 됩니다. 어차피 혼나기 때문에 서둘러도 소용이 없다고 생각해 버리는 것입니다.

밤에는 아직 요에 오줌을 싸도 어쩔 수 없습니다. 오줌을 싸는 것은 아이의 의지로 조절할 수 있는 것이 아니라 엄마에게서 물려받은 신체 구조에 의한 것입니다. 소변보는 간격이 긴 아이는 오줌을 싸지 않지만 간격이 짧은 아이는 싸버립니다. 겨울에는 소변 보는 간격이 짧아지는 아이가 많습니다. 그리고 일단 잠이 들면 숙면하여 배설에 대한 느낌이 전혀 없는 아이도 오줌을 자주 쌉니다.

●

많은 경우 자기 전에 소변을 보면 아침까지 안전합니다.

소변 보는 간격이 긴 아이는 밤 8시 30분쯤 자기 전에 소변을 보면 아침 7시에 일어날 때까지 오줌을 싸지 않습니다. 하지만 이런 아이는 오히려 예외입니다. 대부분은 밤에 자기 전에 소변을 보게 하고, 엄마가 잘 때쯤 한 번 더 소변을 보게 해야 합니다. 이렇게 하면 대부분 아침까지 오줌을 싸지 않고 잡니다. 여자 아이 중에 이런 아이가 많습니다.

남자 아이는 소변 보는 간격이 짧습니다. 밤중에 울면서 한 번 일어나거나 부모가 한 번 깨워서 소변을 보게 하면 아침까지 괜찮습니다.

●

오줌을 싸는 실수는 생리적인 현상일 뿐입니다.

소변 보는 간격이 매우 짧은 아이는 방광이 그다지 팽팽하지 않은데도 소변이 나와버리기 때문에 소변이 마렵다는 것을 느끼지 못합니다. 밤 8시 30분쯤 잠들면 9시쯤 이미 젖어 있기도 합니다. 이런 아이는 밤중에도 2~3번 옷을 적십니다. 꼼꼼한 엄마는 밤중에 3~4번 일어나서 옷을 적시기 전에 소변을 보게 합니다. 그래도 한번 정도는 옷이 젖어 있습니다.

소변 보는 간격이 짧은 아이가 밤에 옷을 적시지 않도록 하려면 엄마는 소변과 경쟁하듯이 지내야 합니다. 밤중에 세 번 일어나서 아이에게 소변을 보게 하는 엄마는, 옆집 아이 엄마가 "댁의 아이는 오줌을 싸지 않나요?"라고 물으면 "우리 아이는 요에 오줌 싸지 않아요"라고 대답합니다. 그러면 옆집 아이 엄마는 어쩌다 취침 전의 배설을 잊어버렸을 때만 실수를 하는 자신의 아이를 야뇨증이라고 생각해 버립니다.

이 나이에 소변 보는 간격이 짧은 아이가 요에 오줌을 싸는 실수를 하는 것은 생리적인 현상입니다. 병이라고 생각해서는 안 됩니다. 엄마는 자신의 건강이 허락하는 범위 안에서 방어하면 됩니다.

이불을 말려야 하는 고생은 참을 수 있어도 냄새가 남는 것을 싫어하는 엄마는 아이가 잠든 다음에 기저귀를 채웁니다. 아이의 자존심을 건드리지 않기 위해서는 팬티형 기저귀를 사용하는 것도 좋습니다. 심야에 분투하는 것보다는 저녁 6시 이후에는 되도록 수분 섭취를 못하게 하고, 저녁 식사 때도 수분이 많은 음식을 줄이는 것이 좋습니다. 하지만 신경안정제를 먹여서는 안 됩니다. 이것은 아이에게 야뇨를 병으로 인식시키기 때문에 오히려 좋지 않습니다.

418. 자립심 기르기 😊

● 아이에 대한 애정으로 아이가 해야 할 일을 엄마가 해주는 것은 좋지 않다. 가능한 한 아이가 할 수 있는 것은 모두 스스로 하게 한다.

아이는 언젠가는 엄마로부터 자립시켜야 합니다.

아이의 자립을 방해하는 것은 어리광보다도 엄마와 아이의 일체감에 있습니다. 엄마와 아이는 '별도의 인격체'라는 생각을 가져야 하는 것은 오히려 엄마 쪽입니다. 어린 시절부터 인형에게 옷을 입히거나 벗기는 것이 즐거움이었던 엄마에게는 엄마로서 아이가 옷을 입고 벗는 것을 도와주는 일이 즐거움임에 틀림없습니다. 많은 엄마는 아이에게 옷을 입히고 벗기는 것을 노동으로 생각하지 않습니다. 이것은 애정입니다. 하지만 자신이 해주는 것이 시간도 덜 걸리고 편하다고 생각하면 아이가 스스로 자신의 일을 하게 되는 것이 늦어집니다.

엄마는 아이가 자신과는 다른 인격체라는 것을 느끼게 하기 위해서 만 3세가 넘으면 자기가 할 수 있는 일은 스스로 하게 하는 것이 좋습니다. 이 나이의 아이에게는 아침에 일어나 잠옷을 혼자서 벗도록 합니다. 윗단추만 풀어주면 상의는 아이 혼자서 벗을 수 있습니다. 옷도 여름이면 혼자서 입을 수 있습니다. 하지만 등에 단추가 달려 있는 옷은 자신이 끼울 수 없기 때문에 단추는 남이 끼워주는 것이라고 생각해버립니다. 그러므로 되도록 앞에 단추가 달려 있는 옷을 입힙니다.

세수도 혼자 하게 합니다. 칫솔질은 잘하지 못하지만 습관을 들이기 위해서 스스로 하게 합니다. 그리고 충치 예방을 위해서 3~4개월에 한 번 치과에 데려갑니다. ^{388 충치 대처 및 예방하기}

이 시기에는 식사 때 젓가락질을 겨우 합니다. 식사 전에 손 씻는 것과 식사 후에 칫솔질하는 것은 엄마가 실행하는 집이라면 아이도 따라 합니다. 화장실에 가는 것도 겨울에는 무리지만 여름에는 혼자서 옷을 벗고 갑니다.

목욕할 때 몸에 비누를 묻혀 손이 닿는 곳은 혼자서 겨우 씻습니다. 손이 닿지 않아 씻지 못한 부분은 나중에 엄마나 아빠가 씻어주면 됩니다. 머리는 아직 감지 못합니다.

밖에 나갈 때 신발은 혼자서 신게 합니다. 샌들은 위험하므로 신겨서는 안 됩니다. 장난감과 책은 정해진 곳에 놓아두는 습관을 들입니다. 연년생 동생이 있는 집에서는 동생이 옷을 입고 벗을 때 도와주게 합니다.

419. 아이 몸 단련시키기

● 밖에서 뛰어다니고, 뛰어오르고, 환호성을 지르며 놀게 해야 한다.

아이의 몸을 단련시키기에는 집이 너무나 좁아졌습니다.

만 3세가 넘은 아이를 단련시키기 힘든 환경이 되어가고 있습니다. 건포마찰과 심호흡만으로는 아이를 단련시킬 수 없습니다. 아이가 몸을 단련하려면 밖에서 뛰어다니고, 뛰어오르고, 환호성을 지르며 돌진해야 합니다. 그러기 위해서는 자동차나 덤프트럭이 다니지 않는 안전한 놀이터가 있어야 합니다. 그리고 엄마하고만 달리기를 할 수는 없습니다. 즐겁게 놀 수 있는 친구가 없으면 1시간이고 2시간이고 밖에서 달리거나 뛰어놀 수 없습니다.

집 주위에 안전한 공터가 없어져버렸기 때문에 요즘 아이들은 집 안에만 틀어박혀 있습니다. 집에만 있는 아이는 넘치는 에너지를 발산하지 못해 식탁 위에서 뛰어내리거나 의자를 넘어뜨려 자동차 대용으로 가지고 놉니다. 이것은 스스로 단련하고 싶은 자연스러운 욕구의 표현인데 엄마에게는 말 안 듣는 아이로밖에는 보이지 않습니다.

아이에게 텔레비전만 보게 하면 식욕이 좋은 아이는 광고에 유혹되어 주스, 요구르트, 초콜릿, 포테이토 칩, 라면 등을 사달라고 조릅니다. 엄마가 이 요구를 들어주면 비만아로 만드는 것입니다. 아이를 밖에서 놀게 하는 것은 엄마의 의무라고 생각하기 바랍니다.

밖으로 데리고 나갈 때는 피부를 노출시키는 것이 좋습니다. 바람이 조금 차더라도 한겨울이 아니면 긴 바지나 타이츠는 입히지 않도록 합니다. 아이는 옷을 얇게 입는 것을 더 좋아합니다. 많이 껴입으면 땀이 나서 불쾌해지기 때문입니다.

요즘은 집에 넓은 뜰이 있는 집이 드뭅니다. 아이의 몸을 단련시키기에는 집이 너무나 좁아졌습니다. 그러므로 만 3세가 넘은 아이는 되도록 유치원에 보내도록 합니다. 엄마에게서 일정 시간 떨어져 집단 속에서 자립과 협력을 배울 수 있을 뿐만 아니라, 몸을 단련시키기 위해서도 유치원에 보내는 것이 좋습니다.

유치원에는 안전하게 놀 수 있는 마당과 놀이 기구와 즐거운 친구들이 있습니다. 유치원에서 어떻게 아이들을 단련시키고 있는지 457 강한 아이로 단련시키기를 읽어 보기 바랍니다.

아빠도 아이의 운동 부족을 늘 염두에 두기 바랍니다. 수영을 할 줄 아는 아빠는 여름휴가 때 아이를 바다에 데리고 가서 수영을 하고, 스키를 탈 줄 아는 아빠는 겨울에 스키장에 데리고 갑니다.

420. 집에서 가르쳐야 할 것

● 집에서 해야 할 것은 국어나 수학의 재능 발굴이 아니다. 아이가 자신의 능력을 스스로 개발하고 창조하는 기쁨을 알게 해주는 것이다.

무엇 때문에 가르치느냐를 먼저 생각해 보기 바랍니다.

교육에 열심인 엄마가 많아졌습니다. 만 3~4세 아이에게 글자를 가르치기 위해서, 그리고 숫자를 셀 수 있도록 하기 위해서 유아 학습 책을 사곤 합니다. 또 피아노 학원이나 미술 학원에 보내는 엄마도 있습니다.

무엇을 가르치느냐보다 무엇 때문에 가르치느냐를 먼저 생각하기 바랍니다. 만 3~4세 때부터 글자나 숫자 세는 법을 가르치면 학교에 들어가서 잘할 수 있을 거라는 생각은 오산입니다.

아이의 재능은 이미 정해져 있습니다. 조기 교육을 시켰다고 해서 아이에게 없는 재능이 생기는 것은 아닙니다. 국어나 수학의 재능 발굴은 해당 전문가에게 맡기는 것이 좋습니다. 아이에게 잠재되어 있는 재능을 발굴하는 것은 무한한 평생 사업으로, 성년기까지 다양한 기회를 주어 여러 교사와 스승을 만나게 해주어야 합니다. 그다음으로는 스스로의 힘으로 재능을 발굴하도록 해야 합니다.

하지만 지금의 교육은 입시 제일주의이며 교사와 학생 간의 인간적인 유대도 약하기 때문에 교사가 혼신을 다해 재능을 발굴해 내지 못합니다. 학생은 학생대로 학교를 졸업하면 자신의 재능을 스스로 발굴할 만한 자발성이 부족합니다. 많은 사람이 자신의 재능을 스스로 개발해 나가는 기쁨을 모른 채 살아가고 있습니다.

교육은 많은 지식을 주입해 주는 것이라고 생각하여 교사에게만 너무 의존합니다. 엄마가 아이에게 가르칠 수 있는 것이 있다면, 자신의 능력을 스스로 개발하고 창조하는 기쁨을 느끼게 해주는 일입니다.

초등학교 1학년을 목표로 하여 글자나 숫자 세는 법을 가르치면 어느 정도는 1학년의 학력을 빨리 익힐 수 있습니다. 하지만 이것이 아이가 일생 동안 배워야 하는 것들을 얼마나 덜어주게 될까요. 1학년 때만 우등생인 것이 아이 인생에서 무슨 의미가 있겠습니까.

●

아이에게 진정으로 가르쳐야 할 것은 즐거운 가정을 만드는 방법입니다.

엄마가 아이에게 진정으로 가르쳐야 할 것은 즐거운 가정을 만드는 방법입니다. 가족 구성원 한 사람 한 사람이 생기가 넘치고 서로 이해하고 돕는다면 즐거운 가정이 이루어질 것입니다.

사람에게 활기가 넘치는 것은 창조의 기쁨이 넘칠 때입니다. 아이에게 창조의 기쁨을 안겨주기 위해서는 아이의 재능에 맞는 창조 활동을 시키는 것입니다. 밖에서 뛰어다니는 것을 좋아하는 아이에게는 뛰어놀 수 있는 장소를 제공해 줍니다. 그림을 좋아하는 아이에게는 그림을 그리도록 해줍니다.

이 나이의 아이는 흥미를 가지고 그리기 시작하면 6개월 동안 그림 그리는 실력이 크게 성장합니다. 처음에 얼굴과 몸통밖에 그리지 못하던 아이가 마침내 손을 그리게 되고, 치마나 다리가 더해지고, 그다음에는 주인공 옆에 꽃이나 태양을 그려 넣습니다. 이때는 색깔도 단색이 아닙니다. 이처럼 실력을 늘리게 하려면 아이가 집중할 수 있도록 한 장 그리면 그만 그리게 하지 말고 여러 장의 도화지를 줍니다.

책을 좋아하는 아이에게는 책을 읽어줍니다. 공작을 좋아하는 아이에게는 플라스틱 조립 완구나 블록으로 집 짓기를 하게 해줍니다. 노래를 좋아하는 아이에게는 즐거운 노래를 들려줍니다.

창조하는 즐거움 속에서 아이의 능력이 나이의 한계를 넘어서는 일이 생기기도 합니다. 능력이 닿는 한 지구력과 집중력을 길러주어야 합니다.

●

글자를 읽고 싶어 하면 묻는 글자를 가르쳐줍니다.

만 3세 반 된 아이가 글자를 읽고 싶어 하면 묻는 글자는 가르쳐주어야 합니다. 하지만 아이가 창조하는 즐거움을 느끼지 못하는데 외부에서 강요한다면 오히려 해가 될 뿐 유익할 게 없습니다.

이해심이 많다는 것은 학력과는 관계가 없습니다. 하지만 이해심이 없으면 집단생활이 즐겁지 않습니다. 이해심은 마음과 마음의 의사소통입니다. 사람과의 교제에 익숙하지 않으면 이것을 잘 알 수 없습니다. 그러므로 독립된 인간으로서 타인과 사귀어야 합니다.

아이에게는 친구가 필요합니다. 아이가 친구들과 어울려 놀 수 있게 해야 합니다. 그리고 사소한 일로 싸우지 않도록 부모가 서로 이해하고 돕는 모범을 항상 보여주어야 합니다.

이해심은 심리적인 여유와 관련 있기 때문에 아이의 기분이 늘 초조하지 않도록 해야 합니다. 아이는 집 안에 갇혀 에너지를 발산하지 못하면 침착하지 못합니다. 엄마와 아이만 집 안에 있는 시간이 길면 엄마도 같은 상태가 되어 아이에게 잔소리만 하고 엄마와 아이 둘 다 짜증이 납니다.

아이를 하루 중 몇 시간 동안 엄마로부터 독립시키기 위해서라도 보육시설이나 유치원에 보내는 것이 좋습니다. 텔레비전에 아이를 맡기는 것은 아이를 수동적으로 만들고 창의성도 없어지게 합니다.

421. 체벌

● 아이가 하는 나쁜 행동의 원인이 부모가 그에 대한 대비를 소홀히 했기 때문은 아닌지 먼저 살핀다.

● 생리적 현상으로 저지른 행동에 대해 벌을 주어서는 안 된다.

벌은 악을 행한 자에게 그 책임을 묻는 것입니다.

만 3세 아이가 악을 행할 수 있는지에 대해 자문해 볼 때 아이에게 책임을 묻는 것은 무리라고 하지 않을 수 없습니다. 금지한 짓을 두 번 다시 하지 않도록 아프게 해서 기억을 시키는 것이 체벌을 하는 이유입니다.

하지만 만 3세 아이가 위험한 일을 저지를 수 있는 환경을 만들어놓은 것은 부모 책임입니다. 책임을 져야 하는 부모가 아이에게 체벌을 한다면 아이 입장에서 보면 재난입니다.

그러나 현재 우리가 살고 있는 환경을 아이들에게 전혀 위험하지 않도록 정비할 수는 없습니다. 아이가 올라가지 말라는 창문에 올라가거나 아빠가 소중하게 다루는 책을 찢는 일이 끊이지 않습니다. 부모도 평범한 인간이기 때문에 소중한 물건에 흠을 내면 화가 나서 체벌을 할 수 있습니다.

화가 나서 즉시 체벌을 하는 것은 한참 지난 후에 하는 것보다는 낫다고 생각합니다. 아이가 나쁜 행동을 한 그 자리에서, 그런 행동을 하면 부모가 곤란하게 된다는 사실을 알려주기 위한 체벌은 만 3세 아이에게 유효한 경고가 되기 때문입니다. 하지만 부모에게 생각할 여유가 있다면, 아이가 나쁜 행동을 하게 된 원인은 부모 자신의 대비 부족이라는 것을 알게 됩니다. 그것을 오히려 아이에게 체벌로 금지시키려고 하는 것은 무자비한 행위입니다.

화가 나서 때린 부모는 나중에 '그렇게까지 할 필요는 없었는데…'하며 반성하고 아이에게 과잉 서비스를 하기 때문에 아이도 체벌을 할 당시 부모의 무서움을 잊어버립니다. 화가 나서 벌을 준 것이라고 생각합니다. 한편 엄마가 "나중에 아빠한테 혼날 거야"라고 말해 시간이 지난 뒤 아이가 그 일을 잊었을 때쯤 아빠가 심하게 혼내는 것은 백해무익합니다.

화가 나는 것은 어쩔 수 없지만, 아이가 생리적인 이유로 저지른 행동에 대해 벌을 주어서는 절대로 안 됩니다. 야뇨를 하는 아이가 점심때 밖에서 놀다가 소변 볼 시기를 놓쳐 옷을 적셨을 때, 밥을 먹지 않는 아이에게 억지로 먹이다가 아이가 그릇을 엎었을 때, 밤에 오줌을 싸니 물을 마시면 안 된다고 말했는데도 숨어서 물을 마셨을 때 등입니다.

422. 집안일 시키기 😊

● 노동이 아이에게 처벌의 수단이 되어서는 안 된다. 재미있는 일이라는 인식과 긍지를 심어주어야 한다.

노동은 아이에게 재미있는 것이어야 합니다.

엄마가 빨래를 널 때 바구니에서 옷을 가지고 오게 한다든지, 일요일에 아빠가 취미로 하는 목수 일을 돕게 하는 등 아이에게 노동을 시키는 것은 좋습니다. 아이는 노동을 함으로써 자신도 완벽한 가족의 일원이라는 느낌이 들어 인간으로서 자립하는 데 도움이 됩니다.

단, 노동은 아이에게 재미있는 것, 그 목적이 이해되는 것이어야 합니다. 벌로 노동을 시켜서는 안 됩니다. 오줌 싼 벌로 세탁 일을 돕게 하는 것은 좋지 않습니다. 노동은 즐거운 것이라는 인식을 어린 마음에 깊이 새겨주어야 합니다. 그리고 아이에게 일을 시켰을 때, 아이가 도와주어 일이 잘되었다는 기쁨을 충분히 표현해야 합니다.

아이에게 도움을 요청할 때는 엄마도 함께 같은 노동을 하는 것이 좋습니다. 엄마와 공동으로 일한다는 기분을 느끼는 것이 중요하기 때문입니다. 엄마가 아무것도 하지않고 명령만 하는 것은 피하도록 합니다. 아이가 노동에 대해 긍지를 가질 수 있어야 합니다.

동생이 생겼을 때 큰아이가 엄마를 잘 도와주게 된 것은, 자신은 동생과 달리 독립된 인간이라는 자부심을 갖게 되었기 때문입니다. 집에서는 좀처럼 심부름을 하지 않는 아이가 유치원에서는 기쁜 마음으로 당번을 하는 것은, 유치원에서는 자신이 독립된 인간이라는 자부심을 느끼기 때문입니다. 일을 시키는 대가로 돈을 주는 것은 좋지 않습니다. 무엇인가를 주지 않으면 돕지 않게 될 뿐만 아니라, 가정은 자본가와 임금 노동자가 동거하는 곳이 아니기 때문입니다.

423. 친구와 어울리지 못하는 아이

● 부모가 또래 아이의 부모들과 먼저 친해지도록 한다.

아직 옆집의 또래 아이와 어울려서 놀지 못합니다.

집에서만 자란 아이는 만 3세에도 아직 옆집의 또래 아이와 어울려서 놀지 못하기도 합니다. 아이들끼리는 장난감을 서로 빼앗습니다. 밖에 나가서 놀아본 적이 없는 아이는 처음 놀러 온 친구에게 장난감 빌려주는 법을 모릅니다. 그래서 친구가 자신의 장난감을 만지면 바로 빼앗습니다.

모처럼 놀러 온 친구는 재미가 없기 때문에 돌아가겠다고 합니다. 그러면 "가지 마"라며 울음을 터뜨립니다.

밖에 나가 놀아본 적이 없는 만 3세 아이는 상대방이 유치원에 다니는 아이일지라도 함께 잘 놀지 못합니다. 처음에는 엄마가 나서서 중재를 해주어야 합니다. 몇 번 이런 일이 반복되면서 만 4세 가까이 되면 아이들끼리 잘 놀게 됩니다. 엄마는 아이 친구들을 자신의 집으로 놀러 오게만 하지 말고 아이가 친구 집에 놀러 가게도 하는 것이 좋습니다.

양쪽 모두 밖에 나가 놀지 않는 아이들이라면 틀림없이 싸우게 될 것입니다. 싸우면 때리거나 할큅니다. 그리고 어느 쪽인가가 집니다. 불행하게도 진 아이의 엄마는 상대 아이가 거칠다며 같이 못 놀게 합니다. 그래서 아이는 친구와 노는 법을 모른 채 자라게 됩니다. 고독한 나날을 보내면서 에너지가 남아돌기 때문에 엄마에게 대들게 됩니다.

초기에 아이들끼리 싸울 때 아직 노는 법을 몰라서 그러는 것이라고 엄마가 이해한다면 옆집 아이 엄마와 의논하게 됩니다. 서로 너그럽게 이해하면서 아이들이 싸우는 시기를 극복할 수 있게 해주어야 합니다. 만 3세 아이들의 싸움 때문에 부모끼리도 사이가 나빠지는 것은 성숙한 어른으로서 실격입니다.

근처 초등학교에 다니는 여자 아이들 사이에 만 3세 아이를 함께 놀게 하는 것은 생각해 볼 일입니다. 아이는 소꿉장난의 소품처럼 취급되어 대등한 입장에서 교제하는 법을 배우지 못하게 됩니다. 이런 상황에서는 자립하지 못합니다.

이웃에 사는 또래 아이들끼리 잘 놀지 못할 때는 부모들이 먼저 친해져야 합니다. 일요일에 두 가족이 함께 야외로 놀러 갔다 온다면 아이들끼리 잘 어울려 놀게 될 것입니다.

424. 유치원에 보내는 기간

● 형제도 없고 이웃에 친구도 없는 아이는 즐겁게 놀게 하기 위해, 또 자립된 인간을 만들기 위해 유치원 3년 과정을 보내는 것이 좋다.

유치원 3년 과정에 보내는 것이 좋습니다.

아이를 3년 동안 유치원에 보내느냐 하는 것이 요즘 부모들에게 하나의 고민거리입니다. 예전에 도로에서도 안전하게 놀 수 있었던 때는 만 3~4세 아이도 꽤 먼 거리까지 놀러 가서 거기에 모인 아이들 속에서 적당한 친구를 선택했습니다. 하지만 지금은 도로가 위험해졌기 때문에 멀리 놀러 갈 수가 없습니다. 이웃 아이들과 놀 수밖에 없습니다. 그것도 나이 차가 너무 많이 나면 어울려 놀지 못합니다.

형제도 없고 친구도 없는 아이는 엄마와 놀 수밖에 없습니다. 하지만 엄마와 친구처럼 놀 수는 없습니다. 똑같은 힘을 가지고 대등한 입장에서 사이좋게 또는 싸우면서 사람과의 교제를 익히는 것이 바로 친구입니다.

아이에게는 친구가 필요합니다. 유치원에는 많은 친구가 있습니다. 그리고 도로처럼 차를 걱정하지 않고 놀 수도 있습니다. 집 밖으로 나오기 때문에 자립도 빨라집니다. 형제도 없고 이웃에 친구도 없는 아이는 즐겁게 놀게 하기 위해서, 또 자립된 인간을 만들기 위해서 유치원 3년 과정을 보내는 것이 좋습니다.

●

유치원에 3년이나 보내는 것에 반대하는 사람도 있습니다.

학교에 갈 때까지 3년이나 유치원에 보내면 싫증을 낸다는 것입니다. 이렇게 반대하는 사람들 중에는 지금의 유치원에 대해 잘 모르는 사람이 많습니다. 유치원을 종이접기나 하고 손잡고 노래하는 곳으로만 생각한다면 3년이 지루해 보이는 것도 무리가 아닙니다.

하지만 지금의 유치원 3년 과정은 만 3~4세 아이에게 가장 잘 맞는 보육을 하고 있습니다. 해가 바뀌면 다음 단계의 보육을 합니다. 3년 동안 같은 것을 반복하여 가르치는 것이 아닙니다. 집단 보육이 가정에서의 육아와 얼마나 다른 교육을 하는지에 대해서는 집단 보육의 실제를 보기 바랍니다.

그렇다고 해서 반드시 유치원 3년 과정에 보내야 한다는 말은 아닙니다. 집 근처에 안전한 놀이 장소가 있고 즐겁게 놀 친구가 있는 아이는 위험한 도로를 건너 부모가 데려오고 데려가면서까지 유치원에 다니게 할 필요는 없습니다.

연년생인 동생이 있어 항상 사이좋게 노는 경우 한 아이만 유치원에 보내면 동생이 외로워집니다. 이럴 때는 1년 기다렸다가 동생과 함께 보내는 것이 좋습니다.

425. 그림책 선택하기 😊

● 신뢰할 수 있는 출판사에서 나와 아무 거리낌 없이 읽어줄 수 있는 그림책을 선택한다.

● 도덕적인 내용이 섞여 있는 책은 좋아하지 않는다.

이야기를 들려주어 상상의 세계를 풍부하게 해줍니다.

처음으로 본 책이 그 사람의 삶을 얼마나 좌우하는가에 대한 통계적인 조사는 없습니다. 만 3~4세 때 그다지 좋은 책을 본 적이 없는 아이나 전혀 책을 보지 않은 아이도 나중에 훌륭한 사람이 되는 경우가 있는 것도 사실입니다. 훌륭한 사람이 되기 위해서 유아기에 적용해야 하는 책에 대한 '처방'은 없습니다. 아마도 모든 아이에게 맞는 처방이란 없을 것입니다. 어떤 사람이 훌륭한가 하는 것도 판단하는 사람에 따라 다릅니다. 부모로서는 자신의 기준으로 정해야 할 문제입니다.

만 3세가 넘은 아이에게 벌써 그림책을 보여주어야 하는지에 대해서는 찬성합니다. 그림책을 보거나 읽어주면 즐거워하는 아이가 있기 때문입니다. 어떤 책을 주느냐는 부모의 느낌으로 선택해야 합니다. 그림만 그려져 있고 글이 없는 책도 있습니다. 하지만 아이는 이야기 듣는 것을 좋아하기 때문에, 이야기를 들으면서 그림을 보는 것이 상상의 세계를 더 풍부하게 해줄 것입니다.

●

글을 읽어주는 것은 부모의 몫입니다.

읽는 입장에서는 느낌이 좋은 그림과 글이 담겨 있는 그림책이 즐겁습니다. 부모가 자신의 어린 시절의 꿈을 쫓으려는 마음으로 읽는다면 읽는 목소리도, 읽는 태도도 아이의 세계에 가까워질 것입니다. 이렇게 읽어주는 것이 아이의 흥미를 유발시키는 방법입니다.

아이에게 그림책을 읽어줄 때마다 이 책을 출간한 출판사는 나쁘다거나 야릇한 주간지를 만들어 돈을 벌고 있다는 등의 생각을 한다면, 내용이 아이에게 맞게 쓰여 있어도 뭔가 꺼름직한 느낌으로 읽게 됩니다. 그러면 아이에게 순수해질 수 없을 것입니다. 이야기의 분위기에서도 거짓의 냄새가 날 것입니다.

부모가 아무 거리낌 없이 읽어주기 위해서는 거리낌 없는 그림책을 선택해야 합니다. 돈을 목적으로 만든 책이 아니라 정말로 아이를 생각하는 사람들이 만든 그림책이어야 합니다. 이런 책은 깔끔하게 만들어져 있습니다.

아이들 중에는 그림책에 특별한 관심을 나타내는 아이도 있고, 그렇지 않은 아이도 있습니다. 이야기를 정말로 좋아하는 아이는 만 3세가 넘으면 자신이 글자를 골라 읽기 시작합니다. 이런 아이가 글자를 물을 때는 물론 가르쳐주어야 합니다.

●

아이가 즐거워하는 책이어야 합니다.

억지로 글자를 가르치면서까지 책을 좋아하도록 만들려는 것은 좋지 않습니다. 글자를 익히는 것과 이야기를 좋아하는 것은 별개의 문제입니다. 빨리 글자를 배운다고 하여 평생 그 차이가 유지되는 것은 아닙니다.

그림책과 같은 픽션을 싫어하는 아이도 있습니다. 자동차 사진이나 동물도감만 보는 아이가 있습니다. 이런 아이는 커서 과학자가 될 것이라고 지레짐작해서는 안 됩니다. 도감밖에 보지 않던 아이가 청년이 되어 문학에 뛰어난 소질을 보이는 예도 있습니다. 아이의 재능은 발굴해 보아야 알 수 있습니다. 처음 준 그림책에 흥미를 보이지 않아도 여러 가지 책을 보여주도록 합니다.

그림책 중에 어른들이 선호하는 내용(예절, 도덕)이 담겨 있는 책이 있는데, 아무리 나이가 어린 아이도 예술 속에 도덕적인 내용이 섞여 있는 책은 좋아하지 않습니다. 이런 책만 주면 아이는 책을 싫어하게 됩니다. 책은 아이에게 즐거운 것이어야 합니다.

426. 아이 질문에 답하기

- 백과사전처럼 기계적으로 대답하지 말고 아이 스스로 생각할 수 있도록 대답해 준다.
- 모른다는 식으로 대답해서는 안 된다.

아이에게 현실 세계는 모두 신선하고 경이롭게 비쳐집니다.

이 나이의 아이는 아침부터 밤까지 끊임없이 "왜요?"라는 질문을 던집니다. "왜 비가 와요?", "왜 설탕은 달아요?" 등등입니다. 아이에게 현실 세계는 모두 신선하고 경이롭게 비쳐집니다. 아이들은 그 발견을 말로 표현하려 하지만 어떻게 말해야 할지 모릅니다. 그래서 엄마에게 도움을 청하는 것입니다.

이때 엄마는 아이의 탐구심을 격려해 주어야 합니다. 그리고 절대로 거짓말을 해서는 안 됩니다. 엄마는 거짓말을 하지 않는 사람이라는 신뢰감을 아이 마음에 새겨두어야 합니다.

아이는 모든 질문을 반드시 '지식욕'만으로 하는 것은 아닙니다. 자신이 어느 선까지 생각하다가 막히면 엄마에게 되풀이하여 물어봅니다. 그러다가 엄마가 무엇이든 대답해 주면 자기 스스로 생각하는 대신 엄마에게 물어보면 된다는 안이한 생각으로 질문하게 됩니다. 따라서 엄마는 아이의 모든 질문에 살아 있는 백과사전처럼 기계적으로 대답해 주지 말고, 아이 자신이 스스로 생각할 수 있도록 대답해 주는 것이 좋습니다.

●

아무렇게나 대답해서는 안 됩니다.

엄마도 잘 모르는 것에 대해 물을 때 어떻게 대답해 줄 것인가? 아이는 반드시 과학적인 해답만을 요구하는 것이 아닙니다. 엄마는 시인처럼 대답해 주면 됩니다. 질문을 받고 대답이 막혔을 때 "몰라"나 "잊어버렸어"라는 식으로 아무렇게나 대답해서는 안 됩니다. 그렇게 하면 역으로 엄마가 아이에게 무언가를 물을 때 아이도 생각해 보지도 않고 "몰라요"나 "잊어버렸어요"라고 대답하게 됩니다. 이렇게 대답하면 더 이상 묻지 않는다는 것을 알게 되어 늘 그렇게 대답하게 됩니다.

아이의 질문에 대답이 막힐 경우 사전을 찾아보자고 하여 아이와 함께 백과사전을 보며 탐구 방법을 알려주는 것이 좋습니다. 아이가 당연히 스스로 생각해야 하는 것을 질문할 경우에는 오히려 "하림이는 어떻게 생각하는데?"라고 되물어보는 것이 좋습니다. 어떤 경우에도 "지금 바쁘니까 그런 거 물어보지 마"라는 식으로 질문 자체를 금해서는 안 됩니다.

아이가 기억을 잘한다고 해서 아이를 박식한 사람으로 만들려고 해서도 안 됩니다. 지식은 생활해 가기 위해서 필요한 소모품일 뿐입니다. 이 나이의 아이에게 중요한 것은 지식 축적이 아니라 활기찬 생활을 하는 것입니다.

아이에게 가르쳐야 하는 것은 생활을 해나가는 것입니다. 텔레비전만 보는 아이는 "왜 그런 거예요?"라는 질문을 그다지 하지 않습니다. 질문이 떠올라도 텔레비전에 곧 해답이 나오기 때문입니다. 텔레비전 프로그램 제작자는 아이에게 질문의 여지를 남기지 않습니다. 아이는 여기에 익숙해져서 해답은 언제나 주어지는 것이라고 생각해 버립니다. 아이가 "왜 그런 거예요?"라는 질문을 할 만큼 활기 넘치는 하루하루를 보낼 수 있도록 해야 합니다.

●

충치와 그 예방. 388 충치 대처 및 예방하기 참고

427. 장난감 선택하기

● 장난감은 단순하고 저렴한 것이 좋다. 또한 언제든지 친구와 함께 놀 수 있는 것이어야 한다.

아무리 재미있는 장난감도 친구 대용은 되지 못합니다.

이 나이의 아이는 장난감이 그다지 많지 않습니다. 남자 아이라면 자동차·로봇·블록, 여자 아이라면 인형·소꿉 등을 가지고 있습니다. 신기한 장난감을 사 주어도 금방 망가뜨립니다. 장난감을 망가뜨리는 것이 아이의 호기심 때문이라고만 생각할 수는 없습니다.

원래 장난감이라는 것은 친구와 같이 놀기 위한 도구입니다. 글러브가 있어도 캐치볼을 할 상대가 없으면 별 소용이 없는 것과 마찬가지입니다. 친구와 함께 놀면 오랫동안 가지고 놀 수 있는 장난감도 혼자서 놀면 금방 싫증을 냅니다. 태엽을 여러 번 감아도 마찬가지입니다. 다른 놀이를 하려면 장난감을 '분해'하는 수밖에는 없습니다.

아이가 장난감을 망가뜨리는 것은 장난감을 가지고 같이 놀 친구가 없기 때문입니다. 장난감을 망가뜨리면 아깝다고 사주지도 않고 친구마저 없는 아이는 어떻게 놀라는 말입니까? 그림을 그리게 하거나 찰흙놀이를 하게 해도 혼자서는 오랫동안 할 수 없습니다. 아이의 창의력은 친구의 자극이 없으면 개발되지 않습니다.

집 안에 '연금'되어 있는 아이가 얼마나 불쌍한지는 유치원이나 보육시설에서 친구들과 즐겁게 놀고 있는 다른 아이들을 보면 알 수 있습니다. 가정은 아이를 즐겁게 놀게 해주기에는 부적합한 장소가 되어버렸습니다. 아무리 재미있는 장난감을 사주어도 재미있게 놀 수 있는 친구의 대용은 되지 못합니다.

●

비싸고 멋있는 장난감은 좋지 않습니다.

아이를 기쁘게 해주려고 비싸고 멋있는 장난감을 사주는 것은 오히려 좋지 않습니다. 모처럼 친구가 놀러 와도 그것을 빌려줄 마음이 생기지 않기 때문입니다. 또는 아이는 빌려주고 싶어도 망가질까 봐 엄마가 "그것은 가지고 놀지 마"라고 말합니다. 모처럼 놀러 온 친구는 놀지도 못하고 돌아갑니다, 친구와 놀기 위한 장난감이 친구를 멀어지게 하는 장난감이 되어버리는 것입니다.

혼자서 놀면 아무리 신기한 장난감이라도 금방 싫증을 냅니다. 장난감 회사는 이점을 노리고 차례차례 새롭고 신기한 장난감을 계속 만들어 팝니다. 자유롭게 놀 수 있는 넓은 장소에서 좋아하는 친구들과 같이 놀 때는 나무토막이나 돌멩이도 좋은 장난감이 됩니다. 장난감이 단순할수록 놀이를 통한 우정은 더욱 돈독해집니다.

428. 텔레비전 시청하기 😊

● 가능하면 텔레비전을 집 안에서 추방하는 것이 좋다.

텔레비전을 집에서 추방해야 합니다.

요즘 아이들에게 텔레비전은 생활의 일부분이 되어버렸습니다. 예전처럼 언제든지 문을 열고 밖으로 나갈 수 있었던 시절에는 아이가 자신의 눈과 귀로 직접 현실에 부딪치며 견문을 넓힐 수 있었지만, 지금은 도로가 위험하기 때문에 자유롭게 밖으로 나가지 못합니다. 이런 아이에게 텔레비전은 세상을 향한 창문입니다. 이 창문을 닫아버리고 여기에 대응하려면 부모에게 상당한 결심이 필요합니다. 우선 부모 자신부터 텔레비전을 보지 말아야 합니다. 텔레비전을 집에서 '추방'해야 하는 것입니다.

하루에 4시간씩이나 텔레비전을 보게 하는 것은 가정교육을 포기하는 것입니다. 텔레비전은 아이가 안이하게 받아들일 수 있는 것만을 내보냅니다. 그러다 보면 아이는 스스로 생각하려 하지 않습니다. 창의력이나 적극성이 없는 인간이 되어버리는 것입니다. 의도적으로 상품을 사도록 만드는 교묘함, 아첨, 억지로 웃기는 것만을 보고 있으면 인간으로서 갖추어야 할 진지함도 없고 수치도 모르는 사람이 되어버립니다. 오직 텔레비전 보는 것만이 즐거움인 부모를 보고 자란 아이는 가정의 즐거움은 가족 스스로 만들어내야 한다는 것을 모르는 사람이 됩니다. 초등학교에 들어갈 때까지 텔레비전을 보여주지 않으면 그 후로는 그다지 텔레비전에 의존하지 않게 됩니다. 대부분의 아빠와 엄마는 텔레비전으로부터 즐거움을 얻습니다. 이렇게 되면 아이에게도 텔레비전을 보여주지 않을 수 없습니다. 일단 텔레비전을 보여주기 시작하면 아이는 채널을 장악해 버립니다. 텔레비전을 보여준 이상 아이에게 채널권을 주지 않을 수 없습니다. 아이가 채널을 돌리는 것은 재미없는 현재를 바꾸어보려는 적극성의 표현이기 때문입니다. 하지만 스위치 하나로 눈앞의 세상이 바뀐다면 아이는 인내를 모르는 사람이 되어버립니다.

●

텔레비전은 지혜를 가르쳐주지 못합니다.

텔레비전이 얼마나 문화를 바꾸는지에 대해 좀 더 진지하게 생각해 볼 필요가 있습니다. 학교 교육이 마음과 마음을 잇는 것보다는 정보 제공에만 치우쳐 있는 지금, 텔레비전에서 얻는 정보는 학교에서 얻는 것보다 훨씬 강력합니다. 오늘날의 사회는 남녀노소를 불문하고 모두 텔레비전에 의해 교육되고 있습니다. 그런 교육을 텔레비전 방송 프로그램의 스폰서인 회사에 함부로 맡겨도 될까요?

부모가 텔레비전을 추방하지 못한다면 어쩔 수 없습니다. 텔레비전은 아이의 견문을 넓혀주기는 합니다. 친구들과의 사이에 공통된 화제를 가질 수 있다는 것으로 위안을 삼을 수밖에 없습니다. 그리고 아이가 수동적으로 되어가는 것을 그냥 지켜볼 수밖에 없습니다. 이것은 자유 세계에서 지불하는 가장 비싼 대가일 것입니다.

상품을 만들어 팔아야 유지되는 사회에서 아이들을 위해 방영 시간을 제한할 수는 없습니다. 어린이 프로그램을 개선하기보다 부모가 자기 아이를 지키기 위해서 텔레비전을 보지 못하게 하는 것이 더 효과적입니다. 텔레비전이라는 허상은 지식은 전달해주지만 지혜는 가르쳐주지 않습니다. 지혜는 아이가 생활 속에서 배우는 것입니다.

429. 이 시기 주의해야 할 돌발 사고

● 가장 무서운 것은 교통사고와 화상으로 각별히 주의해야 한다.

요즘 아이들에게는 안전한 놀이 장소가 없습니다.

이 나이의 아이에게 가장 무서운 사고는 교통사고입니다. 아이가 도로에서 공을 따라가다가 차에 치이는 사고가 많으므로 절대로 차가 다니는 도로 옆에서 공놀이를 하게 해서는 안 됩니다.

세발자전거에 싫증이 나서 두발자전거를 갖고 싶어 하는 아이도 있는데, 두발자전거도 차가 다니는 도로에서는 위험합니다. 아이들끼리만 세발자전거를 타고 먼 곳까지 가는 것도 금지해야 합니다. 자전거는 차가 다니지 않는 공터나 놀이터에서만 타게 해야 합니다.

농촌에서는 아이들끼리 물고기를 잡으러 갔다가 강이나 저수지에 빠지는 일이 많습니다. 보호자 없이 어린아이들끼리만 물고기를 잡으러 가거나 물놀이를 가게 해서는 안 됩니다. 갓난아기를 목욕시키는 아기용 욕조(수심 20cm)에 만 3세짜리 큰아이가 빠져 익사한 사례도 있습니다. 엄마가 옆방에서 아기에게 젖을 먹이고 있던 불과 몇 분 사이에 일어난 일이었습니다. 아가용 욕조는 아기에게도 불필요할 뿐만 아니라 큰아이가 있는 집에서는 특히 위험합니다.

이렇게 말하면 만 3~4세 아이는 목에 고리라도 달아서 집에 가두어놓아야만 하는 것처럼 들릴지도 모릅니다. 그만큼 요즘 아이들은 안전한 놀이 장소를 어른들에게 빼앗겨 버린 것입니다.

●

집 안에서의 사고도 적지 않습니다.

가장 끔찍한 것은 화상입니다. 화상의 원인은 대부분 뜨거운 물입니다. 주전자와 포트는 특별히 주의해야 합니다. 뜨거운 물 다음으로 전기밥솥, 다리미, 토스터, 스토브 순입니다. 아이가 욕실에 자유롭게 출입할 수 있게 되면 욕조에서 화상을 입는 일도 많아집니다. 아이가 온수를 틀어서 화상을 입을 수도 있으므로 주의해야합니다.

좁은 집 안에서 뛰어다니다가 계단에서 떨어지거나 어딘가에 부딪혀 다치는 일도 많습니다. 아빠가 사 온 핫도그를 먹다가 목에 걸려 질식한 아이도 있습니다.

엄마가 아이 손을 잡고 길을 걷다가 자주 일어나는 사고는 어깨가 빠지는 것입니다. 갑자기 차가 나타나서 놀란 엄마가 아이 손을 세게 잡아 끌면 그 힘으로 어깨가 빠지는 것입니다. [403 어깨가 빠졌다_주내장] 이런 일은 한 번 생기면 반복하여 일어납니다. 따라서 아이 손을 잡고 걸어갈 때는 갑자기 팔을 당기지 않도록 주의해야 합니다.

콧구멍 안에 이물질을 넣거나 [450 코에 이물질이 들어갔다], 무언가를 입에 물고 있던 아이가 울다가 그것이 목에 걸리는 사고도 아직 이 나이의 아이에게는 자주 일어납니다.

농촌에서는 벌집을 건드려 벌에 쏘이는 사고도 일어납니다. 도시에서 일어나는 동물에 의한 사고는 다른 집 개에게 물리는 일입니다. 이때는 개를 그냥 보내서는 안 되고 어느 집 개인지 알아두어야 합니다. 손해배상 때문이 아니라 그 개가 광견병 예방주사를 맞았는지 확인하기 위해서입니다.

이 나이의 아이는 스스로 할 수 있는 일이 많아지기 때문에 생각지 못했던 사고들이 발생합니다. 혼자서 요구르트를 따서 마실 수 있게 된 아이가 요구르트 병 입구에 덮여 있던 비닐 캡을 삼켜서 기도가 막혀 질식한 사례도 있습니다. 비닐과 풍선은 주의하지 않으면 위험합니다.

430. 추가 예방접종

● 예방접종 기간을 잘 지켜 모두 접종했다면 이 시기에 추가 접종은 없다. 하지만 소홀히 했다면 지금이라도 예방접종을 해야 한다.

만 3~4세에는 어떤 추가 접종도 없습니다.

아기가 태어나자마자 결핵 예방 백신인 BCG를 1회 접종하고, 태어난 후 6개월에 걸쳐 B형 간염 백신을 3회 접종했을 것입니다. 또 디프테리아, 백일해, 파상풍 혼합 백신인 DTaP와 소아마비를 예방하는 폴리오 백신을 생후 2, 4, 6개월에 걸쳐 3회 접종했을 것입니다. DTaP는 생후 18개월에 1차 추가 접종도 실시했을 것입니다. 홍역, 풍진, 볼거리를 예방하는 MMR 백신과 수두 백신은 생후 12~15개월에 한 번 접종했을 것이고, 일본뇌염 백신은 생후 12~24개월까지 두 번, 그다음 해에 한 번 접종했을 것입니다. ^{150 예방접종}

지금까지 예방접종 기간에 맞춰 접종을 잘해 왔다면 만 3~4세에는 어떤 추가 접종도 없습니다. 그러나 예방접종을 소홀히 했다면 지금이라도 소아과에 가서 상담을 받고 예방접종을 해야 합니다. 만약 예방접종 후 열이 나면 주사 맞은 부위를 잘 살펴봐야 합니다. 빨갛게 부었으면 부작용으로, 이럴 때는 머리를 식혀주고 수분을 충분히 섭취시키면 다음날 부기도 가라앉고 열도 내립니다. 이 시기 이후의 예방접종으로는 만 4~6세 사이에 DTaP 2차, 폴리오, MMR 백신 추가 접종, 만 6~12세 사이에 일본 뇌염 추가 접종이 있습니다.

431. 쌍둥이 유치원 보내기

● 서로 다른 옷을 입히고 다른 반에 넣어 별개의 인격체로 받아들이게 한다.

둘이 사이가 좋더라도 유치원에 보내야 합니다.

일란성 쌍둥이는 사이가 좋습니다. 항상 둘이서 즐겁게 놉니다. 쌍둥이 엄마는 다른 엄마보다 배로 고생하기 때문에 이런 것으로 보답받는다고 할 수도 있겠습니다. 그러나 무조건 안심할 수만은 없습니다. 쌍둥이는 마음이 잘 통하기 때문에 서로 말이 필요가 없습니다. 그리고 둘만이 통하는 약어가 만들어집니다. 이것이 일반적인 언어 발달을 방해합니다. 다른 아이와 놀면 말이 통하지 않기 때문에 싸우게 됩니다. 그러다 보면 쌍둥이 둘만의 폐쇄된 세계가 만들어집니다. 그 정도가 심하면 쌍둥이 위에 형제가 있어도 받아들이지 않고 싸우게 됩니다. 한창 말을 배울 이 시기에 둘만의 폐쇄된 세계에서만 생활하는 것은 바람직하지 않습니다. 서로 사이 좋게 놀기 때문에 유치원에 보내지 않는 엄마가 많은데 이런 이유로 더욱 보내야 합니다.

●

서로 다른 반에 넣는 것이 좋습니다.

만 3세 반이 2개 반 이상 있는 유치원이라면 서로 다른 반에 넣는 것이 좋습니다. 일란성 쌍둥이는 무책임한 제삼자에게는 흥미로운 볼거리가 되기 때문에 특별 대우를 받거나 보통 아이 이상으로 주목을 받게 됩니다. 이것은 쌍둥이들에게는 곤혹스러운 일입니다.

같은 반에 넣을 수밖에 없을 때는 똑같은 옷을 입혀서는 안 됩니다. 각자가 별개의 인격체라는 인식을, 주위 사람은 물론 쌍둥이 자신들도 갖게 해야 합니다. 쌍둥이는 자신이 다른 쌍둥이 형제와 혼동되면 자기 자신으로 인정받고 있지 않다는 느낌을 갖게 됩니다. 담당 교사는 항상 둘을 분리하여 각각의 성장을 지켜봐주어야 합니다. 교사까지 쌍둥이를 구별해 주지 않는다면 본인들도 노력할 마음이 생기지 않습니다. 또한 교사는 한 아이에게 주의를 줄 때 다른 형제를 연관시켜서는 안 됩니다. 아이의 나쁜 행동은 그 본인만의 책임인 것입니다. 쌍둥이 입장에서도 '같은 반의 다른 아이들은 형제를 연관시키지 않는데 왜 우리한테만 그렇게 하는 걸까?' 하고 생각하게 됩니다. 쌍둥이인 것에 대해 이상한 느낌을 갖도록 해서는 안 됩니다.

432. 맞벌이 가정에서의 육아

● 짧은 시간이라도 가족이 모여 즐겁게 보내는 시간을 마련하여 부모와 유대감
을 잃지 않도록 한다.

맞벌이가 아이에게 꼭 유해한 것은 아닙니다.

아빠와 엄마가 맞벌이를 하는 집에서는 엄마가 전업주부인 집과
는 다른 문제가 생깁니다. 엄마가 아이를 충분히 돌보지 못해서 생
기는 문제보다는 엄마가 아이를 충분히 돌보지 못한다는 콤플렉스
를 가지고 있기 때문에 일어나는 문제가 더 많습니다. 엄마가 집에
있든 없든 똑같이 일어나는 아이의 색다른 행동을 맞벌이 가정의
엄마는 자신이 아이 옆에 있지 않았기 때문에 일어난 것이라고 생
각하여 고민합니다.

예를 들면 만 3~4세 아이는 잠잘 때 천장을 향해서 똑바로 누워
조용히 잠들지 않습니다. 반드시 무엇인가를 하지 않으면 자지 못
합니다. ^{416 재우기} 손가락을 빠는 아이가 매우 많은데 이것은 이 나이
아이에게는 생리적인 현상이라고 할 수 있습니다. 생리적이라고
하는 이유는, 이것은 어느 아이나 하는 행동이고 내버려두면 성장
과 함께 어느새 고쳐지기 때문입니다. 엄마와 종일 함께 지내는 아
이도 손가락을 빠는 경우는 많습니다. 그런데도 밖에서 일하는 엄
마는 아이가 손가락 빠는 것을 자신이 집에서 돌보아주지 못한 탓
이라고 생각합니다.

더구나 아이가 자위 등을 하기 시작하면 엄마는 일을 그만둘 생각까지 하게 됩니다. 엄마를 놀라게 하는 아이의 행동을 너그럽게 보고 그런 것은 신경 쓸 필요가 없다고 이야기해 주는 사람만 있는 것은 아닙니다. "이것은 병입니다. 치료해야 합니다"라든가, "이것은 엄마의 애정에 굶주린 아이의 욕구 불만의 표현"이라고 의사나 심리학자가 말하면 엄마는 안절부절못하게 됩니다. 이렇게 말하는 것은 엄마에게 못할 짓을 하는 것입니다.

그렇다고 밖에서 일하는 모든 엄마가 죄책감에 시달리면서 밖에서 번 돈을 치료비로 쓰고 있는 것은 아닙니다. 자부심을 가지고 일하는 엄마는 아이가 손가락을 빨아도, 자위를 멈추지 않아도, 야뇨를 계속해도, 그다지 신경 쓰지 않습니다. 그들은 이런 문제는 엄마가 옆에 있어도 일어날 수 있다는 설명을 해주면 바로 이해합니다.

사회인으로서 독립한 엄마는 집에만 있는 엄마가 아이에게 줄 수 없는 것을 자신은 주고 있다고 믿고 있습니다. 지금은 아이가 어려서 이해하지 못하더라도 결국은 이해해 줄 날이 올 거라고 믿어야 합니다. 맞벌이가 아이에게 꼭 유해한 것은 아닙니다. 오히려 일에 대한 자신감이 없는 엄마가 회의적인 태도로 아이를 키우는 것이 더 좋지 않습니다.

●

온가족이 단란하게 즐길 수 있는 시간을 가지면 됩니다.

맞벌이 가정에서도 아빠와 엄마가 힘을 합하고 보육교사와 협력해 나간다면 아이는 훌륭하게 자랍니다. 맞벌이 가정에서 가장 신경 써야 할 것은 부모와 아이가 하나가 되어 가정의 단란함을 즐길 수 있는 시간을 갖는 것입니다.

가정에서의 단란한 시간은 그 순간에 즐거울 뿐만 아니라, 아이에게 가정이란 어떤 모습이어야 하는지에 대해서 알게 해줍니다. 장래 아이가 이성(異性)과 공동생활을 할 때 어떻게 행동해야 하는지에 대해서 가르쳐주는 곳도 가정입니다. 인생을 살아가는데 서로를 위하는 일이나 관용이 얼마나 필요한지를 가르쳐주는 곳도 가정입니다.

부모가 집에까지 일을 가져와서 아이를 빨리 재우려고만 해서는 안 됩니다. 비록 짧은 시간이라도 가족이 모여 즐겁게 보낸다면 아이는 부모와의 유대감을 잃지 않습니다. 부모로부터 진심으로 사랑받고 있다는 자신감이 아이를 보육시설에서도 외롭지 않게 하고 자립하는 데 격려가 됩니다.

아이를 떼어놓아야만 강해지는 것은 아닙니다. 두 아이를 보육시설에 보낼 때, 동생이 엄마와 함께 자는 것을 보고 만 3세짜리 큰 아이가 아빠 옆에서 자고 싶다고 한다면 그렇게 하도록 하는 것이 좋습니다. 그러면 아이는 안심하고 자게 되고, 아빠에 대한 신뢰 또한 더욱 깊어집니다. 형식적으로만 자립심을 지키려고 아이의 '구애'를 거절해서는 안 됩니다. 자기 방에서 자던 아이가 부모 옆에서 자고 싶은 마음에 감기가 나은 후에도 억지로 기침을 하는 일도 있습니다. 이때는 기침약을 먹여도 낫지 않습니다. 아이를 따로 재우는 것에 대해서 다시 생각해 볼 일입니다.

433. 형제자매 🙂

● 아이는 하나보다 둘 이상 있는 것이 좋다.

아이는 적어도 둘은 낳는 것이 좋습니다.

소아과 의사로서 형제가 있는 편이 좋다고 말하는 것은 외동아이를 둔 엄마와 둘 이상의 아이를 둔 엄마의 차이점을 매일 보기 때문입니다. 아이가 하나인 엄마는 이렇게 키워도 괜찮을까 하는 불안감에 항상 시달립니다. 젖 떼는 것도 겁나고, 아이를 유치원에 보낼 때도 조마조마합니다. 항상 처음 겪는 일을 하고 있다는 기분이 듭니다. 그러나 둘째 아이를 가지게 되면 육아에 자신감을 갖게 됩니다. 육아에는 여러 가지 방법이 있다는 것을 알게 되고 좀 더 대담해집니다. 엄마의 마음이 안정되어 있으면 아이에게도 그것이 전달되어 아이도 초조해하지 않습니다.

부모 입장에서만 좋은 것이 아니라 아이 입장에서도 외동보다는 형제가 있는 편이 좋습니다. 인간에게 혈육과 함께 사는 즐거움은 사는 보람 중 하나입니다. 무한한 부모의 애정을 한 아이가 독차지하는 것은 너무 아깝습니다. 부모의 사랑을 나누고 이야기를 주고받는 분신이 있는 것이 좋습니다. 성장하는 동안이나 성장한 후에도 스스럼없이 묻고, 가르치고, 비판하고, 돕고, 싸울 수 있는 상대가 있는 것은 외동으로서는 불가능한 일입니다.

최근에는 외동이 많아졌습니다. 여성의 결혼 연령이 높아져서 하나밖에 낳지 못하기도 하고, 둘을 키울 만한 체력적인 자신이 없어서이기도 할 것입니다. 또 경제적으로 여유롭지 않아 아이를 더 낳지 않으려는 부모도 많습니다. 하지만 나중 일을 생각하면 외동은 불편한 상황이 생길 수도 있습니다. 외동인 경우 부모가 아이와 지나치게 밀착하게 됩니다. 외동아들이 커서 결혼을 하면 엄마와 며느리 사이가 원만하지 못할 수도 있습니다. 또 외동딸의 경우는 아빠가 사위를 못마땅해할 수도 있습니다. 아이는 적어도 둘은 낳는 것이 좋습니다. 하나밖에 키우지 않는 가정은 겉으로는 여유 있게 보여도 실제로는 그렇지 않습니다.

●

터울이 너무 많이 나지 않는 것이 좋습니다.

어느 정도 터울이 좋은지는 아이들의 성격에 따라 다르지만 가능하면 너무 많이 나지 않는 것이 좋습니다. 나이차가 적어야 놀이 상대, 대화 상대로 좋습니다. 또 성은 남녀가 모두 있는 쪽이 좋습니다. 자신과 성이 다른 사람의 사고방식과 삶에 대한 태도를 알면 나중에 배우자를 선택할 때 터무니없는 환상을 갖지 않기 때문입니다.

아이는 둘 이상 있는 것이 좋다고 생각해도 신체적인 이유로 하나밖에 낳지 못하는 가정도 있습니다. 이런 집의 부모는 외동 콤플

렉스에 빠집니다. 또 큰아이가 동생을 괴롭히지 않을까 걱정하는 부모도 있을지 모릅니다. 그러나 부모 입장에서만 생각해서는 안 됩니다. 큰아이 입장에서 보면 동생은 엄마의 애정을 사이에 둔 라이벌입니다. 그래서 사소한 일로 울거나 짜증을 내기도 합니다. 하지만 큰아이를 지금까지 했던 것처럼 안아주고 쓰다듬어주면 1년 안에 동생에게 관대해집니다.

434. 계절에 따른 육아 포인트

- 날씨가 따뜻해지면 자신의 일은 스스로 하게 한다.
- 여름에는 물놀이를 시킨다.

따뜻한 날에는 자신의 일은 스스로 하게 합니다.

날씨가 따뜻해지면 자신의 일은 스스로 하도록 여러 가지를 교육시킵니다. 지금까지 아침에 부모가 세수나 칫솔질을 시켜주었던 아이는 3월부터 스스로 하게 합니다. 유치원에 가는 것에 대해 아이 자신도 긴장하고 있다면 교육시키기 편할 것입니다. 겨울에는 옷을 많이 겹쳐 입기 때문에 스스로 벗기 어려워 "엄마, 쉬" 하고 엄마와 함께 화장실에 갔던 아이를 이제부터는 혼자 가게 합니다. 식사 전에 손을 씻는 것도 여름이 되기 전에 혼자서 할 수 있게 합니다.

여름에는 가능하면 옷을 벗긴 채 물놀이를 시키는 것이 좋습니다. 되도록 부모가 수영장이나 해수욕장에 데리고 가도록 합니다. 이 나이에는 해수욕도 충분히 할 수 있습니다. 단, 물에 들어가기 전에 준비 운동을 소홀히 하지 않도록 합니다. 그리고 식후 1시간 이상 지난 후에 물에 들어가게 합니다. 수온이 25℃ 전후라면 처음에는 한 번에 5분 이상 물속에 있지 않도록 합니다. 몸에 익숙해지면 10분간 들어가도 좋습니다. [407 창의성 기르기]

습진이 있는 아이는 늦은 여름에는 수영장을 피해야 합니다. 농가진이 옮아 곪을 우려가 있기 때문입니다. [524 습진이 생겼다]

가을은 몸을 단련하기에 가장 좋은 계절입니다. 유치원에 다니는 아이는 소풍이나 운동회로 몸을 단련시킵니다. 유치원에 다니지 않는 아이도 되도록 교외로 데리고 나가는 것이 좋습니다. 아이가 천식으로 기침을 하더라도 건강하다면 방 안에만 가두어 놓지 않도록 합니다.

●

겨울에는 야뇨를 하는 아이가 있습니다.

겨울이 되면 이제까지 안 하던 야뇨를 하는 남자아이가 있습니다. 하지만 이것은 병이 아니므로 약을 먹거나 주사를 맞힐 필요가 없습니다. 소변 보러 혼자서 갈 수 있지만 추운 계절에는 방에서 유아용 변기를 사용하는 일이 많습니다. 이럴 때 엄마가 아침에 변기 내용물을 버리러 가다가 소변이 하얗게 흐려져 있는 것을 보게 되면 혹시 신장이 나빠진 것은 아닌가 하여 놀랍니다. 하지만 이것은 겨울에 차가운 곳에서 요산이 침전되어 하얗게 흐려져 있는 것으로 병은 아닙니다. 체온 정도의 온도로 따뜻하게 하면 다시 녹아 투명한 소변이 됩니다.

어른이 먹는 것과 같은 크기의 떡을 이 나이의 아이에게 먹이는 것은 아직 위험합니다. 1.5cm 크기로 잘라주도록 합니다.

엄마를 놀라게 하는 일

435. 갑자기 고열이 난다

● 감기 바이러스가 원인으로 약을 먹이기보다는 바깥 공기를 자주 쐬어주며 피부를 단련시키는 것이 좋다.

갑자기 고열이 나는 일이 있습니다.

이 나이에 갑자기 고열이 나는 일이 있습니다. 대부분 처음에는 아이가 "배 아파요"라고 합니다. 개중에는 몸을 떨거나 이마와 코에 땀을 흘리고, 손에도 땀이 나는 아이가 있습니다. 때로는 이러다가 경련을 일으키기도 합니다. 공교롭게도 이런 고열은 밤에 많이 납니다.

의사에게 진찰받으면 차게 자서 생기는 배탈, 감기, 편도선염 등이라고 합니다. 주사를 맞히면 다음 날 열이 내리고 낫습니다. 그러면 엄마는 주사를 맞아 열이 내렸다고 생각하지만 사실은 병의 자연적인 경과에 의해서 그렇게 되는 경우가 많습니다. 주사를 맞아야만 열이 내리는 것은 아닙니다.

이 나이에 1년에 3~4번 정도 고열이 나는 것은 당연하다고 할 수 있습니다. 어떤 계절에는 매달 열이 나기도 합니다. 그때마다 놀라는 부모는 아이에게 어디 나쁜 곳이 있는 것은 아닌지 걱정합니다. 하지만 이런 아이를 어른이 될 때까지 지켜보면 성장함에 따라 열이 나는 일이 적어지고, 초등학교 2~3학년 이후에는 열 때문에 결석하는 일도 없어지며, 어른이 되면 아주 건강해집니다.

●

감기 바이러스가 원인입니다.

지금까지 집에서만 놀다가 친구가 생기면서 교제 범위가 넓어져 감기 바이러스에 감염될 기회가 많아진 것이 열이 나는 주원인입니다. 유치원에 다니면서 자주 열이 나는 아이가 많습니다.

감기의 원인인 바이러스는 수십 종류나 됩니다. 한 가지 바이러스로 인해 열이 난 후 면역이 생긴다고 해도 몇 종류의 바이러스를 차례로 거치게 됩니다. 게다가 전부 면역이 생기는 것도 아니기 때문에 몇 번이나 감기에 걸린다 해도 이상한 일이 아닙니다. 단, 감기에 잘 걸리는 아이와 그렇지 않은 아이가 있습니다. 편도를 수술로 떼어낸다고 해서 감기에 걸리지 않는 것은 아닙니다.

감기는 어떤 상비약을 먹어서 예방할 수 있는 것도 아닙니다. 평소 바깥 공기를 자주 쐬어주고, 옷을 얇게 입히고, 피부를 단련시키는 것이 좋습니다. 피부를 단련시켜도 감기에 걸리기는 하지만 저항력이 강해집니다. 바이러스는 눈이나 코로도 들어오기 때문에 칫솔질만으로 예방할 수는 없습니다.

경련을 잘 일으키는 아이는 머리를 충분히 차갑게 해주는 것이 좋습니다(감기로 인한 경련으로 사망하는 일은 없음). 뇌파 검사를 하여 간질의 특징이 드러난 아이는 되도록 경련을 일으키지 않게 해야 합니다. 병원에서 해열제를 처방받아 두었다가 열이 날 기미가 보이면 먹이도록 합니다.

바이러스로 인한 감기 증상은 비슷비슷합니다. 엄마는 감기 증상을 잘 기억해 두도록 합니다. 고열에 놀라 우왕좌왕하지 말고 전의 감기 증상과 같은지 다른지를 파악해야 합니다. 감기는 여러 번 걸리기 때문에 엄마가 그 증상을 가장 많이 보았을 것입니다. 늘 걸리던 감기와 다르다고 생각되면 의사에게 그 사실을 이야기해야 합니다.

436. 감기에 걸렸다

● 열이 날 때 경련을 일으키는 아이에게는 해열제가 필요하다.

● 열만 있고 다른 증상이 없는 감기는 약을 주지 말고 자연히 낫는 경과를 잘 기억해 두는 것이 좋다.

감기는 거의 바이러스에 의해 발병합니다.

예전에는 자주 감기가 악화되어 폐렴이 되었는데, 이것은 영양 (비타민 A)이 부족해서 기도 점막이 약해진 데다 세균을 죽이는 약이 없었기 때문입니다. 감기 바이러스로 인해 사망하는 일은 없었지만, 폐렴구균 등의 혼합균 감염으로 폐렴을 일으켜 영양 상태가 나쁜 아이를 사망하게 했던 것입니다. 폐렴에 걸리면 호흡이 빨라지고 숨을 들이쉴 때마다 가슴이 움푹 안으로 들어가기 때문에 엄마도 심상치 않다는 것을 알 수 있습니다.

요즘은 아이들의 영양 상태가 좋아지고 세균에 잘 듣는 약도 나왔기 때문에 바이러스에 의한 감기로 인해 폐렴에 걸려 사망하는 일은 없습니다. 특별히 감기에 잘 듣는 약은 없기 때문에 평소 잘 노는 아이는 열이 39℃가 되어도 얼음베개를 베어주고, 겨울이면 다리를 따뜻하게 해주는 것만으로 충분합니다.

38℃ 정도의 열로는 누워 있지 않는 아이도 있습니다. 누워 있지 않는다는 것은 열이 순전히 감기 때문이라는 것을 의미합니다. 이럴 때 야단치면서까지 누워 있게 할 필요는 없습니다. 활동적인 아이에게 가만히 있도록 강요하는 것은 큰 고통입니다.

일어나고 싶은데 억지로 자게 하여 화가 나서 우는 것보다 앉아서 노는 것이 에너지 소비가 적을 것 같으면 아이가 원하는 대로 해주는 것이 좋습니다. 아이가 마당이나 길거리를 내다보고 싶어서 엉엉 울면, 따뜻한 계절은 물론 추울 때도 충분히 따뜻하게 감싸서 아이 마음을 달래주는 정도로 바깥 공기를 쐬어주어도 됩니다. 단, 동네 아이에게 가까이 가서 감기를 옮기지 않도록 해야 합니다.

●

식사는 아이 입맛에 맞는 것으로 줍니다.

겨울에 구토나 설사를 동반하는 바이러스 병이라면 하루는 유동식을 주어야 하지만, 보통의 감기로 콧물이나 기침이 나올 때는 어떤 것을 먹여도 괜찮습니다. 열이 있다고 해서 죽만 먹일 필요는 없습니다. 열이 있어도 설사를 하지 않는 한 아이 입맛에 맞는 것을 주면 됩니다.

열이 있으면 식욕이 없기 때문에 밥을 그다지 많이 먹지 않습니다. 기름기 있는 음식도 먹으려 하지 않습니다. 따라서 반찬은 싱거운 것이 좋습니다. 평소 생선을 좋아하는 아이에게는 생선을 줍니다. 핫케이크를 좋아하는 아이에게는 핫케이크를 만들어 줍니다. 추울 때 감기에 걸렸을 경우에는 되도록 따뜻한 음식이 좋습니다. 국수나 영양죽 같은 것이 적당합니다. 따뜻한 계절에는 아이스크림을 좋아합니다. 열이 있을 때는 땀으로 수분이 발산되기 때문에 보리차, 주스, 과일 등을 충분히 줍니다.

●

감기에 걸렸을 때는 목욕은 시키지 않습니다.

목욕을 시키면 혈액 순환이 좋아져 오히려 안정이 되지 않습니다. 가래가 잘 끓는 아이를 목욕시키면 오히려 가래 분비량이 증가합니다. 하지만 감기에 걸려서 1주 이상 지나고 아직까지 콧물이 조금 나오거나 아침에만 조금 기침을 하는 정도라면, 식욕이 좋고 잘 놀고 열도 없을 때는 취침 전에 한번 목욕을 시켜봅니다. 그러고 나서 밤에 잘 잔다면 그 후에는 격일로 시켜도 됩니다.

아이가 열이 나기 2~3일 전 가족 중 누군가가 감기에 걸렸다든가, 감기가 유행할 때 백화점에 데리고 갔는데 이틀 후 열이 났다면 감기가 거의 확실합니다. 이런 경우 처음 열이 났을 때가 추운 겨울 날씨였다면 병원에 데리고 가야 할지 말지 망설이게 됩니다. 감기는 바이러스가 원인이기 때문에 의사에게 약을 처방받는다고 해서 빨리 낫는 것은 아닙니다. 2시간이나 병원 대기실에서 기다려야 한다면 차라리 집에서 따뜻하게 재우는 편이 감기에는 더 좋습니다. 게다가 병원 대기실에는 전염성 질환 환자가 많습니다.

열이 날 때 경련을 일으키는 아이에게는 해열제가 필요하지만, 열만 있고 다른 증상이 없는 감기는 해열제를 사용하면 병이 낫는 상태를 오히려 알 수 없게 됩니다. 엄마는 약을 주지 말고 자연히 낫는 경과를 잘 기억해 두어야 합니다. 그러면 다음에 열이 날 때, 그 모습이 전의 감기와 같다고 생각되면 차분하게 대처할 수 있을 것입니다. 열이 날 때마다 병원에 가면 자연히 낫는 경과를 알 수 없기 때문에 항상 당황하게 됩니다.

437. 복통을 호소한다

● 아이의 복통은 대부분 큰 병은 아니지만 이렇게 심하게 아파한 적이 없다면 병원에 데리고 가는 것이 좋다. 소아과보다 외과로 간다.

유아기에 복통을 호소하는 아이들이 1/3 이상이나 됩니다.

유치원부터 초등학교 저학년에 걸쳐서 엄마를 걱정시키는 아이의 상습적인 복통은 만 4세쯤부터 시작되는 경우가 많습니다. 아침 식사 중이나 식사가 끝날 때쯤 아이가 "배 아파요"라고 말합니다. 어디가 아프냐고 물으면 배꼽 주위를 가리킵니다. 열도 없고 설사도 하지 않습니다. 아프다고 하지만 그렇게 심한 것 같지는 않습니다. 그러다가 10~20분 만에 나아져서 아무 일도 없었던 것처럼 다시 잘 놉니다.

다음 날 아침 같은 시간쯤 엄마가 복통을 잊고 있을 때 다시 아이가 "배 아파요"라고 말합니다. 병원에 가서 진찰을 받아도 아무 데도 이상한 점은 발견할 수가 없습니다. 혹시나 해서 변을 검사해 보지만 충란도 없습니다. 의사는 신경성일 것이라고 합니다. 이 나이에는 충수염에는 거의 걸리지 않습니다.

유아(幼兒)의 이런 복통은 정말 많습니다. 갓난아기부터 초등학교 졸업 때까지의 아이들을 살펴보면 유아기에 복통을 호소하는 아이가 1/3 이상이나 됩니다. 그러나 이런 아이들이 모두 어른이 되어서는 아무런 이상이 없습니다.

●

변비가 되지 않도록 과일이나 요구르트를 많이 줍니다.

복통은 아침에 많이 생기지만 저녁 식사 때 아프다고 하는 아이도 있습니다. 유아기에는 그렇게 심하지 않지만 초등학교 1학년쯤 되면 눈물을 흘릴 정도로 아파하는 아이도 있습니다. 평소 소식하는 아이는 조금 많이 먹고 난 후에 배가 아프다며 누워버리기도 합니다.

원인은 잘 모릅니다. 내장 감각이 예민하여 장이 움직이는 것을 아프다고 느끼는 것인지도 모릅니다. 대변을 보면 괜찮아지는 아이도 많으므로 배가 아프다고 하면 일단 화장실에 가게 합니다. 평소에도 3일에 한 번 정도 변을 보는 아이는 대변을 보기 전에 잠시 배꼽 주위가 아프다고 하는 일이 자주 있습니다.

최근에 생우유를 먹인 다음부터 복통이 시작되었을 때는 생우유를 먹이지 않으면 복통도 멈춥니다. 이렇게 정확한 원인을 알고 있는 경우를 제외하고는 특별한 치료법이 없습니다. 되도록 변비가 되지 않도록 과일이나 떠먹는 요구르트를 많이 줍니다.

●

환자 취급해서는 안 됩니다.

유치원에 다니기 시작한 아이는 마침 유치원에 갈 시간쯤 아파하기 때문에 꾀병처럼 보입니다. 그러나 꾀병이라고 해서 야단치면 안 됩니다. 나으면 보내도록 합니다. "잠깐만 누워 있어. 금방 나을 테니까"라고 말하며 별로 심각하지 않은 것처럼 대해야 합니다. 기응환, 메디락베베 등 상비약을 먹이면서 "이제 곧 나을 거야"라고 말해 줍니다.

아이를 환자 취급해서는 안 됩니다. 매일 병원에 가서 약을 처방받아 오는데도 복통이 낫지 않으면 의사는 자신의 명예 때문에 마약 성분이 들어 있는 약을 처방하기도 합니다. 이것이 변비를 일으켜 점점 더 나빠집니다. 보통의 건강한 아이처럼 운동도 시키고 식사도 평소와 같이 주면 됩니다. 지금까지 말한 것은 상습적으로 반복되는 복통이지만 그렇지 않은 복통도 있습니다. 지금까지 잘 놀던 아이가 갑자기 힘없이 누우면서 복통을 호소할 때는 아이 몸을 잘 만져보고 열이 있는 것 같으면 열을 재봅니다. 열이 38℃나 되면 복통은 열의 증상이라고 생각하면 됩니다. 유아는 몸이 뜨겁다고 말하는 대신 "배 아파요"라고 말하는 것입니다. [435 갑자기 고열이 난다]

자주 복통이 일어나는 아이의 경우 엄마는 '또 그러는구나' 라며 대수롭지 않게 생각해 버리는데, 복통 후 여러 번 설사를 한다면 세균성 장 질환(이질, 대장염)일 수도 있으므로 바로 병원에 데리고 가야 합니다.

아이의 복통은 대부분 큰 병은 아니지만 엄마가 보았을 때 이렇게 심하게 아파한 적이 없다면 병원에 데리고 가는 것이 좋습니다. 소아과보다 외과로 갑니다. 장중첩증이 이 나이에 전혀 없다고는 할 수 없습니다.

🌱 감수자 주 ···

> 장중첩증은 신속한 진단과 처치가 필요한 응급 상황이므로 장중첩증이 의심된다면 곧바로 응급실로 가야 한다.

438. 잘 때 땀을 흘린다 😊

● 전기담요나 전기장판을 빼주거나 이불을 조금 얇게 덮어준다. 또 저녁 식사 후 수분을 너무 많이 섭취하지 않게 한다.

이것은 생리적인 현상입니다.

밤에 아이가 잠든 후 얼마 있다가 머리, 이마, 등, 가슴 등에 땀을 많이 흘려 베개나 잠옷이 젖는 일이 있습니다. 원래 아이는 잠든 후 조금 지나면 체온이 많이 올라갑니다. 이때 평소에 땀이 많은 체질이라면 자면서 많은 땀을 흘립니다. 이것은 생리적인 현상입니다.

평소에도 땀을 많이 흘리는 아이가 3~4월이나 11월쯤에 자면서 땀을 많이 흘린다며 엄마가 걱정하여 병원에 데리고 옵니다. 이야기를 잘 들어보면, 겨울부터 깔아주던 전기담요나 전기장판을 3월이 되었는데도 아직까지 깔아주고 있다든가, 11월에 벌써부터 전기담요나 전기장판을 깔아주었다든가 하는 경우가 많습니다.

자면서 아이가 땀 흘리는 것을 엄마가 걱정하는 이유는 잘 때 땀을 흘리는 것은 결핵의 초기 증상이라고 들은 일이 있기 때문입니다. 그러나 아이의 결핵이 잘 때 땀 흘리는 것으로 시작되는 경우는 없습니다. 아이가 BCG를 제대로 접종했다면 결핵은 걱정하지 않아도 됩니다. 실제로 자면서 땀을 흘리는 것 때문에 병원에 온 아이 중에서 결핵에 걸린 아이는 본 적이 없습니다. 그러나 결핵이라고 오진할 위험은 항상 존재합니다. BCG를 접종한 아이가 투베르쿨린 반응이 양성으로 나오는 것은 당연하기 때문입니다.

너무 더워서 잘 때 땀을 흘린다면 전기담요나 전기장판을 빼주거나 이불을 조금 얇게 덮어주면 됩니다. 그리고 저녁 식사 후에 수분을 너무 많이 섭취하지 않게 합니다. 잠옷이 젖었을 때는 갈아입힙니다. 대부분의 엄마들은 아이가 자기 전에 등과 가슴에 타월을 넣어주고 땀으로 젖었을 때쯤 마른 타월로 갈아줍니다.

439. 소변 보는 간격이 짧아졌다

● 무언가 아이의 신경을 건드릴 만한 일이 생긴 신경성 빈뇨이다. 소변에 대한 긴장감에서 벗어나게 해준다.

신경성 빈뇨입니다.

특별히 짐작되는 이유도 없는데 갑자기 소변 보는 간격이 짧아질 때가 있습니다. 조금 전에 화장실에 갔다 왔는데 10분도 지나지 않아 또 가고 싶어 합니다. 하지만 소변은 조금밖에 나오지 않습니다. 때로는 타이밍이 맞지 않아 옷을 적시기도 합니다. 아이는 열도 없고 소변 볼 때 아파하지도 않습니다. 잘 놀고 식욕도 있는데 단지 소변만 자주 봅니다. 병원에서 소변 검사를 해본 결과 아무 이상이 없습니다. 밤에 잘 때 야뇨를 하지 않는 것으로 보아 신경성일 것이라고 합니다. 병원에서 약을 처방받아 먹여보지만 2~3일이 지나도 낫지 않습니다. 그래서 다른 병원을 찾아가게 됩니다.

이것은 '신경성 빈뇨'라고 하는데, 뭔가 아이의 신경을 건드릴 만한 사건이 일어났을 때 생길 가능성이 높습니다. 동생이 태어났을 때나 유치원에 다니기 시작했을 때 이런 증상이 잘 일어납니다. 일단 이런 일이 생기면 이번에는 소변 보는 간격이 짧아진 것에 신경을 쓰는 엄마의 태도가 아이를 더 긴장시킵니다. 옷을 적시면 안된다고 생각하는 엄마가 "아직 화장실에 가고 싶지 않아?", "빨리 말해", "좀 더 참아봐"라고말하면 아이는 온 신경을 배설에만 집중하게 됩니다. 이것이 소변 보는 간격을 더욱 짧아지게 합니다. 밤에 자느라고 배설을 의식하지 않으면 소변은 나오지 않습니다. 신경성 빈뇨는 낮에만 소변보는 간격이 짧다는 것이 특징입니다.

스스로 화장실에 갈 수 있다는 것이 아이에게는 커다란 자부심이었습니다. 그러다가 오줌을 싸고, 부모에게 야단맞고, 팬티도 벗겨지고, 때로는 엉덩이까지 맞는 것은 아이에게 엄청난 모욕입니다. 아이는 절대로 오줌을 싸지 않겠다고 다짐합니다. 이렇게 되면 조금만 소변이 모여도 화장실에 가고 싶어집니다. 아이의 신경은 온통 소변에만 집중됩니다. 심해지면 10분마다 화장실에 갑니다. 이런 아이를 치료하려면 주의를 다른 데로 돌려야 합니다. 인생에는 소변에 관한 일보다 더 중요하고 즐거운 일이 있다는 것을 가르쳐야 합니다.

●

소변에 대한 긴장감에서 벗어나게 해줍니다.

새로운 장난감을 주어 열중하게 하는 것도 좋습니다. 동화를 좋아하는 아이라면 동화책을 사주어 엄마가 읽어주는 것도 좋습니다. 친구들을 불러 모래밭에서 즐겁게 놀게 하는 것도 좋습니다. 아이가 놀이나 동화에 열중하여 소변을 조금 싸더라도 혼내지 말아야 합니다. 그러는 동안 소변에 대한 긴장감에서 차츰 벗어나게 됩니다. 잘하면 1주 이내에 낫습니다. 그러나 대부분의 엄마는 이와 반대로 행동합니다. 아이를 매일 병원에 데리고 다니면서 신경안정제 주사를 맞힙니다. 이것은 오히려 아이로 하여금 소변에 주의를 집중하도록 부추길 뿐입니다. 아이에게 기저귀를 채우는 엄마도 있습니다. 이것은 아이에게 모욕감만 느끼게 할 뿐입니다. 젖은 기저귀가 주는 불쾌감을 아이는 충분히 알고 있습니다. 그러다 보니 화장실에 더 자주 가게 되는 것입니다. 수분을 제한하는 것도 의미가 없습니다. 아이가 수분을 너무 많이 섭취하여 소변을 자주 보게 된 것이 아니기 때문입니다.

신경성 빈뇨는 주위에서 수선 떨지 않으면 15일 이내에 낫습니다. 어설프게 치료해도 1개월이면 자연히 낫습니다. 아이의 신경이 긴장에 익숙해져 버리기 때문입니다. 아이가 유치원에 다닐 때는 선생님에게 사정을 이야기하여 오줌 쌌을 때 모른 척해 달라고 합니다. 그리고 팬티를 갈아입힐 때는 친구들이 보지 않는 곳에서 해주도록 하고 여분의 옷을 맡겨둡니다. 이 병은 남자 아이나 여자 아이나 똑같이 생기는데, 다 나으면 나중에 아무런 지장이 없습니다.

신경성 빈뇨와 비슷하게 소변 보는 간격이 짧아지는 병으로 특발성 방광 출혈이 있습니다. 이것은 소변에 피가 섞여 나오고 배뇨가 끝날 때 특히 아파합니다. 남자 아이에게 많습니다.

440. 소변 볼 때 아파한다

● 여러 원인이 있지만 대부분 2~3일 정도 지나면 낫는다.

우선 페니스를 살펴보아야 합니다.

남자 아이가 소변을 볼 때 "아파, 아파요"라고 말하면 우선 페니스를 살펴보아야 합니다. 페니스 끝이 빨갛고 초롱불처럼 부어 있으면 '귀두염'입니다. 더러운 손으로 만져 염증을 일으킨 경우가 많습니다. 팬티에 노랗게 얼룩이 지기도 합니다. 병원에 가면 약을 발라줄 것입니다. 2~3일 만에 나으므로 걱정하지 않아도 됩니다.

페니스 끝에는 전혀 이상이 없는데도 소변 볼 때 아파하는 병도 있습니다. 소변 보는 횟수도 많아져 조금 전 소변을 봤는데 금세 또 보고 싶어 합니다. 그리고 소변에 피가 섞여 있어 빨갛습니다. 소변 후 페니스 끝에서 피가 뚝뚝 떨어지고, 이때 매우 아파합니다. 팬티에도 피가 묻어 있습니다. 이런 증상은 2일째쯤 최고에 달하며 3일째부터 차츰 편해져 5일 정도 만에 낫습니다. 후부요도에

238

상처가 난 것 같은데 원인은 잘 모릅니다.

이것을 특발성 방광 출혈이라고도 합니다. 세발자전거를 타기 시작할 때 많이 생기기 때문에 외상에 의한 것이라고도 했지만, 아데노바이러스에 의한 병이라는 것을 알게 되었습니다. 한 번밖에 발병하지 않는 것은 면역이 생기기 때문일 것입니다. 이 병은 나중에 몸에 이상을 남기지 않습니다.

증상이 심할 때는 되도록 안정을 시킵니다. 아이를 눕혀놓고 그림책을 읽어주는 것이 좋습니다. 소변 보는 횟수가 많아지지 않도록 수분은 많이 주지 않는 것이 좋습니다. 짠 음식도 목이 마르게 하기 때문에 되도록 주지 말아야 합니다. 고기와 생선은 주어도 괜찮습니다.

이 병이 만 3세에 가장 많은 것은 아닙니다. 만 3세쯤부터 시작하여 초등학교에 가기 전까지 많이 생깁니다. 신장염일 때는 혈뇨가 나오지만 아프지는 않습니다. 반면 신경성 빈뇨[439 소변 보는 간격이 짧아졌다]일 때는 피가 나오지 않습니다.

441. 손가락을 빨거나 물어뜯는다

● 아이 혼자 있게 하지 말고 창의성을 발휘할 수 있는 장을 제공해준다.

아이가 할 일이 없을 때 하는 행동입니다.

밤에 잠들기 전에 손가락을 빠는 아이들 중에는 낮에도 손가락을 빠는 아이가 있습니다. 텔레비전을 보면서 손가락을 빨 때가 많습니다. 손가락을 빠는 것은 욕구불만이라는 설이 있기 때문에, 엄마는 자신의 아이가 욕구불만인 것이 못마땅해서 기를 쓰고 빨지 못하게 합니다. 대부분 엄지손가락을 빠는데 집게손가락과 가운뎃손가락을 함께 빠는 아이도 있습니다. 이가 닿는 곳에는 굳은 살이 박힙니다.

손가락을 빠는 것은 아이가 할 일이 없을 때 하는 행동입니다. 친구와 놀고 있을 때나 세발자전거를 타고 있을 때는 손가락을 빨 여유가 없습니다. 손가락을 빨지 않게 하려면 아이를 혼자 있게 하지 말고 창의성을 발휘할 수 있는 장을 제공해 주는 것이 좋습니다.

4층 이상의 아파트에 사는 아이 가운데 손가락을 빠는 아이가 많은 것은 밀실에 갇혀서 마음껏 놀지 못하기 때문입니다. 집에서만 자라는 아이들보다 보육시설에 다니는 아이들이 손가락을 적게 빠는 것을 볼 수 있습니다. 그러나 보육시설에서 유능한 보육교사가 활기 있는 반을 만들어도 손가락을 빠는 아이는 있습니다.

이러한 것을 보면 손가락을 빠는 것은 어떤 아이에게는 취미라고 생각하지 않을 수 없습니다. 정말 즐겁게 빱니다. 어른들이 파이프를 물거나 껌을 씹는 것과 마찬가지입니다.

어른에게 금연이 어려운 것처럼 아이에게는 손가락 빠는 것을 그만두기가 어렵습니다. 손가락에 쓰디쓴 것을 바르거나 반창고를 붙이는 정도로는 그만두지 않습니다. 그렇다고 체벌을 가하는 것은 가장 나쁜 방법입니다.

●

어차피 고쳐지므로 잔소리는 하지 않는 것이 좋습니다.

집에서만 지내던 아이가 유치원에 다니기 시작하면 나아지는 경우가 많습니다. 또 유치원에서 "나는 대학에 갈 때까지 손가락을 빨 거예요"라고 교사에게 선언했던 아이가 초등학교에 들어가자마자 그만두는 예도 있습니다. 어차피 고쳐지므로 잔소리는 하지 않는 것이 좋습니다.

손가락을 빨았던 아이의 영구치 치열이 나빠졌다는 이야기는 들어본 적이 없습니다. 유치의 치열이 흐트러지는 일도 없습니다.

손가락을 빠는 것은 이로 문지르는 것이 아니라 혀로 손가락을 애무하는 것입니다. 성격이 조용하고 내성적인 아이에게서 많이 볼 수 있습니다. 아이가 활달하고 매일 즐겁게 지낸다면 손가락 빠는 것에 대해 너무 신경 쓰지 않는 것이 좋습니다. 엄마가 손가락 빠는 것에 대해 이러쿵저러쿵 이야기하면 나을 것도 낫지 않습니다. 알코올 솜을 가지고 아이 뒤를 따라다니며 손가락을 소독하는 등의 수선은 떨지 않는 것이 좋습니다.

손톱을 물어뜯는 것도 마찬가지입니다. 아이에게 적당한 놀이가 주어지지 않기 때문에 하는 행동이므로 손톱 물어뜯는 것만을 문제 삼아 혼내도 낫지 않습니다.

손가락을 빨거나 손톱을 물어뜯는 버릇이 있는 아이는 요충 검사를 해보는 것이 좋습니다. 자신의 엉덩이에서 옮는 일도 있지만,

요충이 있는 친구와 손을 잡고 놀다가 옮는 일도 많기 때문입니다.

442. 자위를 한다 😊

● 손가락을 빠는 것처럼 아이에게 적당한 에너지 발산의 장이 주어지지 않아서
일어나는 것이다. 친구와 놀거나 집 밖에서 신나게 놀면 어느새 저절로 낫는다.

....

손가락을 빠는 것과 같습니다.

이 나이의 아이에게 자위는 손가락을 빠는 것과 같다고 생각하면
됩니다. 엄마에게 손가락 빠는 것에 대해서는 너무 신경 쓰지 말라
고 하면 납득합니다. 그러나 자위에 대해서는 아무리 신경 쓰지 말
라고 해도 쉽게 납득하지 못합니다. 성에 관련된 것이라고 생각해
서 어른들은 마음이 평정하지 못한 것 같습니다. 하지만 이 나이의
자위는 어른이 말하는 성과는 무관합니다. 이것을 쉽게 이해하지
못하는 것은, 아이가 하는 행동이 자위라는 것을 알았을 때의 충격
이 컸기 때문일 것입니다.

자위는 여자 아이쪽이 훨씬 많이 합니다. 처음에 이불 속에서 양
다리를 꼬고 힘을 주며 얼굴이 빨개졌을 때 엄마는 무슨 일인지 알
아차리지 못하다가 허리를 움직이거나 하면 눈치를 챕니다. 또 사
람이 없는 방에서 의자 모퉁이 부분에 몸을 댄 채 숨을 멈추고 얼굴
이 빨개지면 자위한다는 것을 알게 됩니다. 엄마는 이 사실을 알았

을 때 상당한 쇼크를 받습니다. 아이의 몸에 해롭지는 않은지, 머리가 나빠지는 것은 아닌지, 변태가 되는 것은 아닌지, 여러 가지 걱정이 되어 아이를 심하게 꾸짖습니다.

●

아이의 환경을 개선해 나가는 것이 우선입니다.

그러나 아이에게 자위는 손가락을 빠는 행위와 다름이 없습니다. 이것이 성적인 행위라면 손가락을 빠는 것도 성적인 행위입니다(프로이트식의 생각이라면 입술은 성감대). 두 행위 모두 아이에게 적당한 에너지 발산의 장이 주어지지 않아서 일어나는 것입니다. 이런 행위는 아이가 친구와 놀거나 집 밖에서 신나게 놀면 어느새 저절로 낫습니다. 어느 쪽도 장래에 아무런 해를 남기지 않습니다.

아이는 자신이 손가락을 빠는 것은 물론 자위에 대해서도 다소 부끄럽다는 생각을 합니다. 그래서 사람들 눈에 띄는 곳에서는 그런 행동을 하지 않습니다. 아이의 자위를 목격했을 때 자위 자체를 금지시키려고 해서는 안 됩니다. 그렇게 된 아이의 환경을 개선해 나가는 것이 우선입니다.

아파트 4층에서 살고 있고 아이를 친구와 놀게 하지 않았다면 아이를 지상으로 내려보내 친구와 놀게 해주는 것이 필요합니다. 근처에 유치원이 있다면 유치원에 다니게 합니다. 개를 기르는 것도 좋고 집 안에 그네를 만들어주는 것도 좋습니다. 뭔가 열중해서 놀 수 있는 것을 새롭게 제공하면서 환경을 개선해야 합니다. 항상 같은 의자를 이용해서 자위를 한다면 그 의자를 잠시 감추어두는 것이 좋습니다.

손에 뜸을 뜨거나 엉덩이를 때리는 것은 효과가 없습니다. 성기를 만지면 그곳이 썩어버리거나 바보가 된다고 말하면서 위협하는 것도 좋지 않습니다. 손은 항상 깨끗하게 씻도록 해야 성기 감염을 막을 수 있습니다. 또 요충이 있고 항문이나 성기가 근질근질한 것이 자위의 동기가 되기도 하므로 요충을 구제하는 것이 좋습니다.

만 4세쯤부터 시작된 자위가 학교에 들어갈 때까지 지속되는 아이도 있지만, 대부분 학교에 가면 완전히 잊어버리고 그 후에는 하지 않게 됩니다.

443. 말을 더듬는다

● 부모의 태도가 중요하다. 아이의 이야기를 참을성 있게 들은 후 대답해 준다.

말을 하는 동안의 망설임이 말더듬으로 나타납니다.

말을 더듬는 것에 대해서는 만 2~3세 항목에서 언급한 402 말을 더듬는다를 다시 한 번 읽어보기 바랍니다. 만 3~4세는 대화 능력이 현저하게 성장하는 시기입니다. '이 이야기는 꼭 하고 싶다'는 의욕을 뭔가가 방해하면 말하는 데 망설임을 느낍니다. 그 망설임이 말더듬으로 나타납니다. 졸릴 때나 피곤할 때는 특히 심하게 말을 더듬게 됩니다.

예를 들어 초등학교 1학년생 누나가 뛰어난 웅변가라면 동생이 하고자 하는 이야기를 먼저 해버립니다. 이런 상황이 여러 번 반복되면 동생은 또 누나가 먼저 이야기해 버릴까 봐 말하기 전부터 초조해지고 망설이게 됩니다. 그래서 말을 더듬게 됩니다.

또 여러 가지를 알고 싶어서 "왜요?"라고 끈질기게 묻는데 "조용히 해"라든가 "남자는 그렇게 말이 많으면 안 돼"라고 말해 말하려는 아이의 의욕을 꺾어버리는 엄마도 있습니다. 할아버지, 할머니와 함께 살면 아이가 말을 더듬는 것에 대해 관심이 없는 척하기가 어렵습니다.

만 3세가 넘은 아이는 꽤 긴 이야기를 할 수 있습니다. 그러나 말을 더듬으면 도중에 여러 번 이야기가 끊어지기 때문에 끝까지 이야기하는 데 상당한 노력이 필요합니다. 부모가 초조한 얼굴로 아이를 지켜보면 끝까지 말할 자신을 잃어 도중에 포기해 버립니다. 교정을 해주면 더욱 싫어하여 말하려 하지 않습니다.

●

부모의 태도가 중요합니다.

아이가 말을 더듬고 말을 잘하지 못할 때 부모의 태도가 무엇보다 중요합니다. 느긋한 마음으로 서두르지 말고 아이가 긴장하지 않도록 해주어야 합니다. 아이의 얼굴을 너무 주시해서도 안 되고, 그렇다고 건성으로 듣는 것처럼 보여서도 안 됩니다. 아이의 이야기를 참을성 있게 들은 후 대답을 해주어야 합니다. 아이가 말이 막혀 이야기를 하지 못할 때는 아무렇지 않은 척 응원해 줍니다. 그러면 이야기를 계속하게 됩니다.

부모가 이야기할 차례가 되면 부자연스럽지 않을 정도로 천천히 이야기해 줍니다. 이렇게 함으로써 아이가 말을 할 수 있게 된다는 마음을 갖게 됩니다. 아이가 말을 더듬는 것에 신경이 쓰여 잠시 아무 말도 하지 않는다면, 아이가 좋아하는 노래를 함께 부르는 것도 좋습니다. 음악을 좋아하는 아이에게는 이 방법이 성공합니다.

아이가 긴장하는 것은 거의 모두 부모가 초조해하기 때문입니다. 일단 엄마가 의사와의 상담과 설득을 통해 안심하게 된 후에 아이가 말을 더듬는 증상이 나은 사례가 실제로 많습니다. 아이가 말을 더듬는 것에는 무관심한 척하는 것이 치료이므로, 큰 아이들이나 어른들이 다니는 말더듬이 교정학교 등에 어린아이를 데리고 가는 일은 없어야 합니다. 말을 더듬는 것을 오히려 더 인식시키기 때문입니다.

444. 자가중독증이다 😊

● 어른들의 지나친 호들갑이 아이의 병을 더 크게 만들 수 있다. 휴식하면 곧 나아질 것이라고 격려해 준다.

탈수만 일으키지 않는다면 무섭지 않습니다.

이 병에 대해서는 369 자가중독증이다를 다시 한 번 읽어보기 바랍니다. 이 나이가 되면 아이는 주위 어른들이 "자가중독", "자가중독"이라고 떠들기 때문에 자신이 피로 때문에 생기는 어떤 상황이 자가중독임을 의식하기 시작합니다. 아이가 토할 때 부모가 항상 의사에게 링거 주사를 놓아달라고 하면, 아이는 자신이 나으려면 그 방법밖에 없다고 생각하여 토하기만 하면 아이가 먼저 "링거 주사 놓아주세요"라고 주문하게 됩니다.

아이가 자신에게 자가중독증이라는 병이 있다는 의식을 갖게 되면 생활 태도가 소극적으로 됩니다. 이 정도는 괜찮다며 조금만 자고 나면 낫는다고 아이를 격려해 주기만 해도 좋아질 것을, 항상 하루 동안 단식하게 하고 링거 주사만으로 수분을 보충해 주기 때문에 아이가 더 쇠약해지는 것입니다. 그렇게 쇠약해져서 회복되는 데 3~4일 걸립니다. 매우 비경제적인 치료 방법이 상습적이 되어 버립니다. 이것을 막으려면 아이가 구토했을 때, 열도 설사도 없고 단지 전날 뭔가 흥분한 일이 있었다면 어른이 과장되게 떠들어서는 안 됩니다. 대가족인 집에서는 할아버지, 할머니가 총출동하여 간호를 하는 것을 삼가야 합니다. 자가중독과 천식이 가끔 함께 일어나는 것은 주위에서 과잉 대우를 함으로써 아이가 의타심을 갖게 되고, 그러다 보면 스스로 일어날 수 있는기력을 잃어버리게 되기 때문입니다.

자가중독은 탈수만 일으키지 않는다면 무섭지 않습니다. 탈수를 예방하려면 수분이 모자라지 않도록 해주면 됩니다. 아이가 목이 마르다고 하면 보리차나 주스, 요구르트를 조금씩 먹입니다. 수분 보충은 링거보다 입으로 마시는 것이 훨씬 좋습니다.

445. 천식이다 😊

- ● 평소 온수 수영장 같은 곳에서 체력을 단련시킨다.
- ● 아이 앞에서 놀라 당황하면 증상이 더 심해진다.

어른들이 당황하면 증세가 더욱 심해집니다.

천식이 일어나는 것은 370 천식이다에서 이야기한 대로입니다. 만 3~4세에 특히 주의해야 하는 이유는 아이가 천식이라는 병을 만드는 팀에 가담되는 것을 막아야 하기 때문입니다.

밤에 천식으로 발작을 일으키는 것은 만 4세 정도부터입니다. 이때 집안 식구들이 모두 일어나 천식을 일으킨 아이를 둘러싸고 있는 모습이야말로 '발작'입니다. 어른들은 어린 수난자의 주위에서 걱정하며 당황해합니다. 아이는 땀을 많이 흘리고, 어깨를 들먹이며 숨을 들이켜고 신음하다가 겨우 숨을 내뱉습니다. 목으로 올라온 가래와 침을 기침으로 끊임없이 내뱉어야 합니다. 아이는 이 수난에 화를 내고 웁니다. 아이에게 이 수난을 유전시킨 책임자들은 죗값을 치르듯 아이의 등을 어루만져주거나 가래를 닦아줍니다.

하지만 냉혹한 제삼자 입장에서 보면 이때 아이는 어른들에게 군림하는 왕 같습니다. 가래를 제대로 닦아내라고 할머니에게 화를 내고, 좀 제대로 주무르라고 부모에게 짜증을 냅니다. 자신은 힘이 없어 당신들에게 의지하고 있는데 당신들은 왜 자기를 구해주지 못하느냐며, 무능한 신하를 비난만 하고 자기 스스로 일어나려고 하지 않는 패자(敗者) 왕입니다. 이것은 모두 아이를 응석받이로 길러 왕으로 만들어버린 결과입니다. 가래는 자신이 뱉어내는 수밖에 없다고 아이 스스로 생각할 수 있도록 해야 합니다.

●

천식인 아이는 대부분 영악합니다.

이해력이 빠른 아이는 주위 사람들이 자기를 이렇게 조심스럽게 대하는 것은 자신에게 큰 병이 있기 때문이라고 생각해 버립니다. 그래서 자기는 이제 아무것도 못한다고 포기하게 됩니다. 이런 영악한 아이에게 어른들은 밤에 조금 그르렁거려도 별일 없다며 가래를 힘껏 뱉어버리라는 태도로 대해야 합니다. ^{370 천식이다}

만 3~4세짜리 아이에게 독립심을 길러주지 않으면 만 5~6세로 성장했을 때 천식은 점점 더 심해집니다. 아이를 천식으로 만드느냐, 만들지 않느냐는 만 3~4세 때 아이를 어떻게 다루느냐에 달려 있습니다. 가래가 끓는 정도는 심각한 일이 아니라고 생각하도록 해야 합니다. 기침이 심할 때는 주치의에게 처방받은 약을 먹이고, 조금 가라앉으면 달래면서 재웁니다. 의사가 부신피질호르몬 약을 줄 것이므로 엄마는 '발작의 전조'라고 판단되면 바로 약을 먹여 한 번의 복용으로 예방에 성공하도록 숙달해야 합니다.

🌱 감수자 주 ···

천식에 처방받는 약의 종류는 매우 다양하다. 부신피질호르몬제가 들어 있을 수도 있고 그렇지 않을 수도 있다. 발작의 전조가 있을 경우 약을 먹여 야 할지, 흡입 치료기를 사용해야 할지 등 간호법을 미리 숙지해 두는 것이 좋다.

지금까지 없었던 증상을 보였을 때는 구급차를 부릅니다.

겨울에는 방을 따뜻하게 해서 아이가 편안해하면 따뜻하게 해주 어도 됩니다. 분무용 기관지 확장제를 처방해 주는 의사도 있는데, 이것은 발작을 일으킬 때 사용하면 가라앉히는 효과가 있습니다. 이 나이가 되면 아이도 그 효과를 알고 분무용 기관지 확장제를 요 구하게 됩니다. 그러나 이 약은 다음 날 아침 의사에게 가기 전까 지만 사용해야 합니다. 천식 발작은 여러 번 일으켜도 사망하지는 않지만 예외적으로 사망하는 경우도 있습니다. 지금까지 없었던 증상(얼굴이 흙빛이 되고 말을 하지 못하는 경우)이 보이고 약해지는 상태가 심각하면 구급차를 불러야 합니다.

천식이 가라앉아 아이가 편안해하면 되도록 밖으로 내보내 몸을 단련시키도록 합니다. 온수 수영장에서 단련시키는 것이 가장 좋습니다. 친구와 놀게 하고, 아이에게도 자신은 정상인이라는 의식을 키워주어야 합니다.

446. (물)사마귀가 생겼다

● 면역이 생기면 자연스럽게 나으니 내버려두는 것이 가장 좋다.

자연히 낫습니다.

유아의 겨드랑이 아래 부근, 가슴, 옆구리 등에 쌀알에서 팥알 정도 크기로 부드러우면서 복숭아색이나 진주색을 띤 사마귀가 생기는 일도 있습니다. 가운데가 배꼽처럼 우묵하게 파이는 경우도 있습니다. '물사마귀'라고 하는데, 큰 아이에게 생기는 딱딱한 사마귀와 달리 전염성 연속종입니다. 폭스바이러스로 인해 생기며 때때로 타인에게 옮기기도 합니다. 면역이 생기면 자연히 낫습니다.

아파서 우는 아이를 꼭 잡고 핀셋으로 사마귀 하나하나를 터뜨리는 의사도 있습니다. 하지만 2~3주가 지나지 않아 새로운 사마귀가 또 생깁니다. 터뜨린 곳이 일부 곪을 때도 있습니다. 그렇다면 내버려두는 것이 어떨까요? 틀림없이 자연히 낫습니다. 낫는데 2

년이 걸리더라도 자연히 나온 사마귀는 흉터가 남지 않습니다. 하지만 터뜨려서 곪은 것은 흉터가 남습니다. 따라서 유아의 사마귀는 내버려두는 것이 가장 좋습니다. 손톱을 항상 짧게 깎아주어 세균이 들어가지 않도록 해주기만 하면 됩니다.

447. 대변 속에 작은 벌레가 있다

● 손톱을 자주 깎아주고 식사 전에 손을 잘 씻도록 한다.

요충으로 장의 움직임이 빨라져 나온 것입니다.

아이가 설사를 했을 때, 우연히 대변 안에 길이 1cm 정도의 하얀 실밥 같은 벌레가 움직이는 것을 보는 경우가 있습니다. 이것은 요충으로, 회충의 유충은 아닙니다. 요충은 보통 맹장 부근에 살고 있어 변으로는 나오지 않습니다. 그런데 우연히 설사로 장의 움직임이 빨라져 밀려 나온 것입니다.

요충은 장의 출구로 나와 산란하기 때문에 항문이 가렵기도 합니다. 그러나 가려운 것 외에는 전혀 해를 일으키지 않습니다. 아이가 엉덩이 부분이 가려워 손으로 긁으면 손끝이나 손톱 사이에 알이 묻고, 이것이 음식과 함께 입으로 들어가면 자신에게는 물론 타인에게도 옮깁니다. 손톱을 자주 깎아주고 식사 전에 손을 잘 씻도록 하면 됩니다.

구충이 간단하기 때문에 하는 것이 좋습니다. 보통 현미경으로 변을 살펴보아도 충란은 눈에 띄지 않습니다.

448. 밤에 항문이 가렵다고 한다_요충

● 집 안 대청소를 하고 온 가족이 구충제를 복용한다.

요충이 산란하기 때문입니다.

밤에 이불 속으로 들어가 따뜻해졌을 때 아이가 꾸물꾸물 움직이며 항문 부분을 가려워하는 경우가 있습니다. 이것은 낮에 맹장에 살고 있던 요충이 밤에 항문으로 나와 산란하기 때문입니다.

항문에 스카치테이프를 붙여 알을 부착시켜서 현미경으로 살펴보면 요충을 확인할 수 있습니다. 항문을 긁었던 아이의 손톱 사이에서도 요충 알이 보이는 경우가 있습니다. 아침에 그 손을 깨끗이 씻지 않고 빵을 먹으면 충란이 또다시 체내로 들어가 요충이 됩니다.

아이의 손가락에 묻어 있는 요충 알은 다른 아이와 손을 잡을 때 전염되고, 옷에 묻은 요충 알이 말라서 먼지가 되어 기구나 마루에 묻습니다. 요충 알은 바깥 공기 속에서 2~3주간 살아 있습니다. 이것이 입으로 들어가면 2~4주 만에 성충이 되고, 성충의 생명은 3~6주 만에 끝납니다. 유아는 친구들과 손을 잡다가 전염되기도 하고,

보육시설의 교구나 먼지로부터 알을 묻혀 오기도 합니다. 요충은 구충제가 잘 듣기 때문에 쉽게 퇴치할 수 있습니다.

신경질적인 엄마가 아이의 항문에 붙였던 스카치테이프를 의사에게 가지고 가면, 2개월 후에는 양성이라며 가족 전원에게 충란 검사를 받으라고 합니다. 가족에게서 충란이 발견되면 모두 구충제를 먹고 대청소를 해야 합니다. 이것을 1년에 여러 번 되풀이하면 가족 전체가 요충 노이로제에 걸리고 맙니다.

요충이 있다고 해도 몸에는 큰 해가 없습니다. 많은 사람에게 요충 외에도 무해한 기생충이 있지만 충란 검사가 귀찮아서 하지 않습니다. 계속해서 충란을 입에 대지 않으면 벌레는 수명을 다하여 없어집니다. 아이가 밤에 엉덩이가 가려워 잠을 깨는 일이 없다면, 변에 충란이 있다고 해도 요충과 평화를 공존하는 쪽이 오히려 현명할 것입니다.

449. 밤에 자다가 울부짖는다_악몽

● 아이를 안심시킨다.

● 피곤해서 꾸는 꿈으로 다음 날부터는 적당히 운동을 시키거나 낮에 한 차례 잠을 재운다.

무서운 꿈을 꾼 것입니다.

만 3~4세 아이가 잠이 들어 1시간쯤 지나서 갑자기 큰 소리로 웁니다. 가까이 가보면 몹시 겁먹은 얼굴을 하고 있고 때로는 "엄마, 살려줘요!"라고 외칩니다. 무서운 꿈을 꾼 것입니다. 말을 할 수 있는 아이라면 무서웠던 꿈 이야기를 들려줍니다.

이것은 좀 더 커서 만 5~10세에 일어나는 야경증과는 다릅니다. 야경증은 잠이 깊이 든 상태에서 일어나는 것으로, 자다가 갑자기 큰 소리를 지르는 것은 비슷하지만 나중에 전혀 기억하지 못합니다.

떠는 것도 심하고, 깜짝 놀랄 정도로 큰 소리를 지르며, 호흡도 급하고, 심장 박동도 빠르며, 한곳을 응시하면서 식은땀을 흘립니다. 일어나서 걸어 다니기도 합니다. ^{525 밤에 일어나 걸어 다닌다}

무서운 꿈 때문에 잠에서 깨는 것은 2~3개월 만에 낫습니다. 아이가 무서운 꿈을 꾸다가 깼을 때는 꼭 끌어안고 "엄마 여기 있으니까 괜찮아"라고 말하면서 안심시켜 주도록 합니다.

낮잠을 자지 않은 날 밤에는 반드시 이런 일이 일어나는 아이가 있는 것으로 보아 피로와 관계가 있는 것 같습니다. 일반적으로 아이는 너무 피곤하면 꿈을 꿉니다. 그렇기 때문에 엄마가 꿈꾸지 않도록 조절해 주어야 합니다.

무서운 꿈을 꾼 날 낮에 아이가 했던 운동량과 낮잠 자던 모습을 잘 생각해 내어, 낮잠을 제대로 자지 않았을 경우라면 충분히 낮잠을 자게 하거나 운동을 적당히 시키도록 합니다. 그리고 악몽을 꾸게 만드는 무서운 텔레비전 프로그램은 보게 해서는 안 됩니다.

이때 병원에 데리고 가면 간질약을 처방해 주는데 이것은 간질이 아닙니다. 자연히 낫는 증상에 약을 쓰는 것은 좋지 않습니다.

450. 코에 이물질이 들어갔다

● 집에서 잘못 만지면 빼내기가 더욱 힘들어지므로 이비인후과에 가서 빼낸다.

집에서는 절대 손을 대서는 안 됩니다.

이 나이의 아이는 콩, 도토리, 초콜릿 볼 등을 가지고 놀다가 코 안에 넣는 일이 있습니다. 그러다 콧구멍이 막혔을 때 아이가 자신의 손가락으로 빼내려다가 오히려 안쪽으로 더 밀어 넣고 맙니다.

아이가 "콧구멍에 뭐가 들어갔어요"라고 말하면서 엄마에게 왔을 때는 입구에서 보이기는 하지만 밖에서 쉽게 꺼낼 수 없는 상태입니다. 잘하면 핀셋으로 빼낼 수 있을 것 같아도 집에서는 절대로 손을 대서는 안 됩니다. 콩이나 도토리나 초콜릿 볼처럼 매끄러운 것은 일반 핀셋으로는 집을 수 없습니다. 이런 것을 집을 수 있는 특별 핀셋을 가지고 있는 사람은 이비인후과 의사뿐입니다. 부어오른 주위 점막에 약을 발라 콧구멍을 통과하기 쉽게 하지 않으면 빼낼 수 없습니다. 집에서 잘못 만지면 이물질이 점점 안으로 들어가 빼내기가 더욱 힘들어집니다. 또 여러 번 하다 실패하면 아이가 아파하고 불안해하며 나중에는 울면서 어쩔 줄 몰라 합니다. 이렇게 되면 이비인후과에 가도 전신 마취를 해야 빼낼 수 있습니다.

아이가 옆에 오기만 하면 아주 고약한 냄새가 날 때는 콧구멍을 잘 살펴보아야 합니다. 한쪽 콧구멍에서만 냄새가 난다면 비강에 천이나 종이, 비닐이 들어 있는 경우가 많습니다. 만 3세 때는 이물질이 들어가도 부모에게 말하지 않습니다.

451. 두드러기가 났다

● 반드시 낫는 증상이므로 마음을 편히 갖게 한다.

유아에게도 두드러기가 납니다.

두드러기가 나는 형태는 어른과 같습니다. 아이가 가려워해서 옷을 벗겨보면 가슴, 등, 배 등에 빨간 지도 모양의 약간 부푼 발진이 나 있습니다. 눈꺼풀에 생기면 심하게 부어 눈이 감깁니다. 입술에 생기면 입이 비뚤어진 것처럼 보입니다. 가렵기만 하고 열은 나지 않습니다.

게, 고등어, 새우, 소시지, 조개류, 메밀국수, 땅콩 등을 먹고 몇 시간 뒤에 두드러기가 나면 이것이 원인일 거라고 추측할 수 있지만, 원인을 알 수 없는 경우도 많습니다. 물건을 만져서 두드러기가 나기도 합니다. 풀숲에서 놀다가 어떤 풀을 만지거나, 산에 가서 옻나무 잎을 만지거나, 초벌 칠한 칠기를 만져서 두드러기가 나기도 하고, 또 벌레에게 물려 두드러기가 나는 경우도 있습니다.

겨울에 찬 바람을 쐬어서 생기는 한랭 두드러기라는 것도 있습니다. 감기약을 먹고 잠시 후 두드러기가 날 때는 일단 감기약 복용을 중단해야 합니다. 음식이 원인이라고 생각될 때는 관장을 하여 장 안에 남아 있는 것을 빼내야 합니다. 원인을 알 수 없을 때도 일단 관장을 해야 합니다. 피부가 가려운 곳에는 가려움을 멈추게 하는 약을 발라줍니다. 박하가 들어 있는 연고(예를 들면 멘소래담)나 항히스타민제가 들어 있는 연고를 발라주면 어느 정도는 가려움을 잊을 수 있습니다. 한랭 두드러기 이외에는 얼음베개로 차게 해주면 기분이 좋아집니다. 하지만 목욕을 시켜 몸을 따뜻하게 하면 오히려 더 심해집니다.

●

아이 손톱을 짧게 깎아줍니다.

아이가 긁어서 부스럼을 내지 않도록 손톱을 짧게 깎아줍니다. 두드러기는 몇 시간 만에 없어질 때도 있고, 나왔다 들어갔다 하면서 부위가 바뀌기도 하며 1~2주 정도 계속될 때도 있습니다. 어른처럼 오랫동안 계속되는 아이는 드뭅니다.

아이가 어떤 물질에 대해서 과민한지를 관찰하고, 과민하게 반응하는 물질인 알레르겐을 조금씩 장기간에 걸쳐 주사함으로써 과민하지 않도록 하는 탈감작요법이 있습니다. 두드러기, 천식에도 자주 이 요법을 이용합니다. 탈감작요법은 원인이 되는 물질의 진액을 미량으로 여러 번 주사하여 과민 반응을 치료하는 방법입니다.

그러나 원인을 찾기 위해서는 달걀, 생선, 야채, 곤충 등 지구상의 모든 것을 진액으로 만들어 피부에 주사하여 반응을 조사해야 합니다. 1~2번 두드러기가 났다고 해서 아이에게 이런 검사를 할 것인지는 의사가 아니라 엄마에게 결정권이 있다는 사실을 잊어서는 안 됩니다. 결국 영국에서는 이 불확실한 요법(알레르겐의 분량과 치료기간을 정할 수 없음)을 외래 환자에게는 금지시켰습니다. 드문 일이기는 하지만 쇼크사의 우려가 있어 집중치료실이 갖추어져 있는 병원 이외에서는 위험하다고 판정했기 때문입니다.

달걀 두드러기가 있는 아이는 달걀을 이용해서 만든 백신(인플루엔자, 홍역)을 맞을 때 이 사실을 의사에게 말해야 합니다. 달걀로 인해 두드러기가 나는 아이라도 영원히 달걀을 먹을 수 없는 것은 아닙니다. 6개월 정도 지나 아주 적은 양부터 조금씩 먹이기 시작하면 먹을 수 있게 됩니다.

보통 두드러기는 1~2주 만에 없어지지만 경우에 따라서는 만성화되기도 합니다. 이렇게 되면 1년 6개월 정도 반복되기도 합니다.

●

만성 두드러기는 가려울 때는 힘들지만 무해한 병입니다.

이 사실을 모르면 엄마는 노이로제가 되고 맙니다. 두드러기는 평생 계속되지는 않습니다. 반드시 낫는 것이기 때문에 마음을 편하게 먹어야 합니다. 엄마가 기를 쓰고 이 의사, 저 의사에게로 아이를 데리고 다닌다면 괜한 고생을 하는 것입니다.

한랭 두드러기는 추운 계절이 지나면 낫습니다. 화학섬유가 원인이었다면 다른 섬유로 바꾸어주면 좋아집니다. 기생충을 발견하여 구충을 하고 나니 나았다는 경우도 있습니다. 그러나 도무지 원인을 알 수 없을 때가 더 많습니다. 부신피질호르몬은 사용하지 않는 것이 좋습니다. 확실한 근거가 없는 한 마음대로 특정한 식품을 원인이라고 속단해서는 안 됩니다. 탈감작요법은 아이가 주사를 싫어하므로 하지 않는 것이 좋습니다.

●

화상. ^{266 화상을 입었다 참고}

이물질을 삼켰다. ^{284 이물질을 삼켰다 참고}

열이 나고 경련을 일으켰다. ^{348 경련을 일으킨다·열성 경련 참고}

높은 곳에서 떨어졌다. ^{366 이 시기 주의해야 할 돌발 사고 참고}

구토. ^{398 구토를 한다 참고}

설사. ^{399 설사를 한다 참고}

코피. ^{400 밤에 코피가 난다 참고}

보육시설에서의 육아

452. 늘 기분 좋은 아이 만들기

● 넓은 장소에서 자유롭게 놀게한다.

● 오후에 1시간에서 1시간 30분 정도 낮잠을 재운다.

넓은 장소에서 놀게 하는 것이 가장 좋습니다.

만 3~4세 아이는 무엇이든 자기 스스로 하려는 마음이 강합니다. 그다지 좋지 않은 조건에서 아이들을 보육하고 있다면 아이의 자립성을 어른 돕는 일에만 이용하기 쉽습니다.

만 3~4세 아이에게 에너지를 자유롭게 발산시키며 즐기도록 하면서 동시에 안전하게 보육하려면 넓은 장소에서 놀게 하는 것이 가장 좋습니다. 이 나이에는 아직 학교식 수업을 오랜 시간 동안 받을 수 없기 때문에 되도록 바깥 공기를 마시며 대지 위에서 자유롭게 놀게 하는 것이 좋습니다.

보육이라 하면 좁은 공간에 30명의 아이들을 모아놓고 뭔가를 가르치는 것이라는 생각은 이제 바꾸어야 합니다. 이것은 유치원이나 보육시설의 좁은 대지와 건물에서 소수의 교사가 많은 아이들을 돌보아야 하는 여건에서 어쩔 수 없이 발생한 여건에 지나지 않습니다.

만 3~4세 아이를 항상 기분 좋고 살아가는 기쁨이 넘치도록 해주기 위해서는 되도록 밖에서 놀게 해야 합니다. 여름에는 수영장에 데리고 가면 좋습니다. 하지만 사고에 대한 우려로 원외 보육이 점점 줄어들었습니다. 일정 시간 보육시설 주위를 자동차 통행금지 구역으로 지정해서라도 원외 보육을 했으면 합니다.

보육시설의 마당이 좁다고 하여 아이들을 콩나물 보육실에 몰아넣고는 복도를 뛰어다녀서도 안 되고, 창문에 올라가서도 안 되고, 의자에서 뛰어내려서도 안 되는 금기투성이의 생활을 하게 하면 아이들은 강제수용소에 감금되어 있는 듯한 기분이 들 것입니다.

아이들을 불편한 곳에 몰아넣고 어른이 정한 금기 사항을 지키도록 하려고 자유롭게 놀고 싶은 욕구를 참는 자제력을 기르도록 하는 것은 어른들의 이기주의입니다. 아이가 즐겁게 놀기 위해서 자신의 이기심을 참다 보면 자제력은 자연히 길러집니다. 그리고 이 자제력은 이후에도 마음속에 응어리를 남기지 않습니다.

아이는 피곤해지면 적극성을 잃고 기분이 나빠집니다. 아이를 활기차게 하려면 오후에 1시간이나 1시간 30분 정도 낮잠 재우는 방을 따로 마련해 재우는 것이 좋습니다.

453. 자립심 키우기 😊

- 급식은 편식을 교정하기보다 즐겁게 먹을 수 있도록 한다.

- 아이가 스스로 벗기 힘든 옷은 입히지 않도록 부모에게 조언한다.

- 자기 일을 스스로 한 아이에게는 격려를 아끼지 않는다.

일상적인 생활에 즐거운 목표를 가질 수 있도록 해줍니다.

교사는 강요되지 않는 범위 내에서 아이의 일상적인 생활에 뭔가 '즐거운 목표'를 가질 수 있도록 환경을 조성해 주어야 합니다. 식사 전에는 순서대로 손을 씻고, 말을 하지 않아도 자기 자리에 앉고, 숟가락과 젓가락으로 급식을 먹을 수 있도록 해야 합니다. 이때 급식이 맛있다는 것이 '즐거운 목표'가 됩니다.

급식을 나누어주는 교사는 음식에 따라 각각 아이가 먹을 수 있는 양을 기억하고 있다가, 모든 아이가 거의 같은 시간에 식사를 끝낼 수 있도록 양을 조절해주어야 합니다. 똑같이 주면 소식하는 아이는 언제나 늦기 때문에 식사를 싫어하게 됩니다. 급식은 편식을 교정한다기보다 즐겁게 먹을 수 있도록 하는 편이 교육상 더 좋습니다. 그리고 식후에는 칫솔질하는 습관을 길러주도록 합니다.

옷은 각각 아이의 능력을 고려하여 너무 작은 단추가 달려 있거나 끈을 묶기 어려운 옷은 부모에게 이야기하여 바꾸어 입히도록 합니다. 다른 아이들과 함께 입거나 벗지 못하면 아이는 괜한 열등감을 갖게 됩니다. 아래 단추는 풀 수 있지만 가장 위에 있는 단추는 풀지 못하는 아이가 많습니다. 아이가 못하는 것은 도와주어야 합니다. 만 4세 가까이 되면 자신이 끼울 수 없는 단추를 친구들끼리 서로 도와가며 끼워주도록 하는 것이 좋습니다.

자기 소지품을 자신의 사물함에 넣는 일도 만 4세가 되면 잘합니다. 장난감이나 교재 놓아두는 장소도 기억하게 하여 사용한 후에는 제자리에 정돈하게 합니다. 여름에는 물놀이를 한 후 자신의 몸을 직접 닦도록 격려해 줍니다. 낮잠 시간에 도무지 자지 않는 아이는 다른 아이들에게 방해가 되지 않게 얌전히 있도록 해야 합니다. 별실이 있으면 거기서 이야기를 들려주는 것이 좋습니다.

배설에 대해서는 어느 아이든 교사에게 말하도록 시킵니다. 따뜻한 계절이라면 아이 스스로 옷을 벗고 화장실에 갈 수 있습니다. 시간을 정해(오전 9시 30분, 11시, 오후 1시, 3시) 배설을 시키는 보육시설이 많습니다.

아이가 혼자서 안심하고 배설할 수 있도록 변기 구조, 화장실 문, 화장실로 가는 통로에 신경을 써야 합니다. 집의 좌변기에 익숙하여 쭈그리고 앉아 용변을 보는 공중 화장실에 경험이 없는 아이라면, 보육교사가 곁에 있어주면서 익숙해지도록 가르쳐야 합니다. 대변을 본 후에는 아직 혼자서 처리하지 못하더라도 어쩔 수 없습니다. 어른의 점검이 필요합니다.

454. 창의성 기르기

- 교사는 아이의 개성을 확실하게 파악하고 있어야 한다.
- 밖에서 충분히 활동할 수 있도록 해준다.
- 틀에 박힌 보육 계획에 얽매이지 않는다.

아이는 내부에서 솟아나는 에너지를 밖으로 발산합니다.

에너지를 발산하는 방법은 아이에 따라 다릅니다. 각자의 개성에 맞는 에너지 발산은 만 3세 아이의 놀이에도, 60세 거장의 제작에도 공통된 창조의 기쁨입니다. 만 3세 아이에게서 완벽한 작품을 기대할 수는 없습니다. 산만해지지 않고 오래 계속할 수 있도록 에너지를 발산시킬 수 있는 장을 마련해 주는 것이 교사가 해야 할 일입니다. 교사는 무엇보다도 아이의 개성을 확실하게 파악하고 있어야 합니다.

만 3세 아이는 역할놀이밖에 못한다는 생각은 편견입니다. 이 나이 아이의 여러 가지 창조적인 활동 중에서 엄마의 생활을 흉내 내는 것이나 텔레비전 광고를 흉내 내는 것 등은 어른도 이해할 수 있습니다. 그러나 어른이 모르는 아이만의 세계가 있습니다. 생활에 지쳐 관습에 젖어 있는 어른보다 만 3세 아이가 훨씬 신선한 감각으로 세계를 파악하고 있습니다. 어른은 유아의 세계에 대해 전혀 몰라도 유아의 상상의 세계가 오래 지속되도록 해줄 수는 있습니다.

동화는 어른이 만들었지만, 그것은 아이의 상상의 세계에 어른이 내민 겸손한 손길의 하나입니다. 아이가 그 손을 잡아줄 때도 있고, 그렇지 않을 때도 있을 것입니다. 동화는 좋아하지 않지만 노래를 좋아하는 아이는 그 상상의 세계에서 넘치는 힘을 리듬에 실을 수 있습니다. 콧노래를 부르면서 크레용이나 매직으로 그림을 그리는 아이는 그 상상의 세계에서 에너지를 색채와 선에 실어 발산하는 것입니다. 에너지를 몸의 움직임에 실어 발산하는 아이는 춤을 좋아합니다.

만 3세 아이들에게는 서로 뺏고 싸우지 않도록 적당한 수의 장난감을 주어야 합니다. 자동차, 기차, 제트기, 스쿠터, 인형, 소꿉 등 어느 집에나 흔히 있는 장난감은 없어서는 안 됩니다. 그림책도 충분히 있어야 합니다. 그림책이 적을 경우 아이는 다 보고 나서 싫증이 나면 찢기라도 하면서 놀아야 합니다.

●

아이는 밖에서 활동할 때 창의력을 충분히 발휘합니다.

만 3세 아이의 창의력을 발휘시키려면 실내 놀이보다 더 중요한 것이 있습니다. 이 나이의 아이는 안에서보다 밖에서 활동할 때 창의력을 더욱 발휘합니다. 바깥에서의 활동이야말로 에너지를 개성에 맞게 집중적으로 오랫동안 발산시킬 수 있게 해줍니다. 하지만 아이들을 밖에서 활동하게 하기에는 유치원이나 보육시설의 마당이 너무 좁습니다.

역할놀이도 밖에서 하는 쪽이 내용이 더욱 풍부해집니다. "이 그릇에 밥이 들어 있어"라고 하면서 빈 그릇으로 노는 것보다 모래가 들어 있는 편이 진짜 밥처럼 보입니다. 또 실내에 있는 골판지 상자 자동차보다 밖에서 2~3명이 탈 수 있는 목제 자동차가 더 재미있습니다.

겨울을 제외하면 모래놀이는 만 3세 아이도 30분 정도 집중하여 놀 수 있습니다. 여름에는 물놀이를 하게 합니다. 만 3~4세 아이라면 무릎까지 물이 차는 미니 수영장을 마련해 주는 것이 좋습니다.

보육시설 마당에는 미끄럼틀과 정글짐만으로는 모자랍니다. 작은 언덕, 늑목, 통나무, 유모차, 공, 수평 사다리, 평균대, 그네 등이 필요합니다. 밖에서 활동하면 무대도 넓고 놀이 기구도 커지기 때문에 아이가 즐겁게 놀려면 친구들끼리 협력해야 합니다.

만 3세 아이와 만 4세 아이를 혼합하여 실내에서 동화를 읽어주거나 노래를 부르게 하거나 그림을 그리게 하는 대그룹 활동을 하다 보면, 만 3세 아이는 뒤로 처질 때도 있습니다. 하지만 밖에서 활동을 하면 모두 함께 모래놀이도 하고 물놀이도 할 수 있습니다. 아이들이 창의해 낸 분업도 나타납니다.

혼합 보육을 피할 수 없다면 되도록 밖에서 활동하게 하는 것이 좋습니다. 그러기 위해서는 시설을 제대로 갖추어야 합니다.

●

틀에 박힌 보육 계획에 얽매이지 않습니다.

시설이 제대로 갖추어져 있지 않은 보육시설에서 아이 한 명 한 명의 개성을 파악하지 못하는 교사에게 교과 과정만 제시해서는 아이의 창의성을 제대로 발휘시킬 수 없습니다.

물론 보육에는 계획이 있어야 합니다. 만 3~4세 아이에게 어느 정도의 것을 할 수 있도록 할 것인지에 대한 계획이 세워져 있어야 합니다.

이러한 계획을 세우려면 교사들이 모여 지난해의 성과를 토대로 각 보육시설의 시설을 새롭게 점검해야 합니다. 다른 보육시설에서 만든 교과과정을 보고 우리 보육시설에서는 어느 것을 채용할 것인지에 대해서도 논의해야 합니다. 어떠한 자재와 시설이 있어야 교과과정에 따른 목표를 실현할 수 있는지도 생각해 보아야 합니다. 보육 잡지에 나와 있는 '이달의 교과 과정' 같은 것을 베껴서 벽에 붙여두는 것은 의미가 없습니다.

'기성품'의 보육 계획은 매일 놀고 있지만은 않다는 것을 상사에게 보이기 위한 전시용으로 만든 것이 많기 때문에 연간·월간·주간·하루 일과 프로그램이 빽빽하게 짜여 있습니다. 이것은 관공서에 보고하기에는 좋을지 모르지만 아이에게는 오히려 재난인 경우가 많습니다. 기후, 그 지역의 산업이나 풍습, 나아가서 학급을 구성하고 있는 아이들의 나이 분포, 아이의 피로도 등에 따라 상당 부분 자유롭게 교체할 수 있는 계획이 더 좋습니다.

보육시설 마당에 한 번도 본 적이 없는 새가 날아와서 아이들의 주의가 새에 집중될 때는 보육교사는 아이들을 혼낼 것이 아니라 학습 내용을 즉흥적으로 희귀한 새에 대한 것으로 바꾸는 것입니다. 이러한 순발력이 있어야 아이들의 창의성을 길러줄 수 있습니다.

또한 교사의 특기를 살리는 것도 좋습니다. 교사도 창의성을 발휘할 수 있을 때 가장 활기 넘치고 매력적이게 됩니다.

현실의 보육 조건을 무시한 채 보육 계획을 계통화하는 것은 아이와 교사의 창의성을 억누르는 셈이 됩니다. 아이를 교육하는 것은 교사가 자신을 변혁해 가는 것입니다. 이런 의식이 없기 때문에 교사의 인간으로서의 삶의 방식과는 관계없는 교수법이 난무하고 있습니다.

455. 유대감 형성하기

● 아이가 교사를 100% 신뢰할 수 있도록 만들어 아이와 교사의 유대감이 다시 아이와 다른 아이들과의 유대감으로 이어질 수 있도록 한다.

아이가 교사를 100% 신뢰하게 만들어야 합니다.

만 3~4세가 되면 자신의 일을 스스로 할 수 있는 범위가 넓어집니다. 그만큼 독립된 인격으로서의 행동 기반이 생기는 것입니다. 완전한 독립이 이루어지려면 자신의 생각을 다른 사람에게 제대로 전달할 수 있어야 합니다. 이것은 말을 많이 외워서 되는 것이 아닙니다. 자신의 의견을 발표하는 데 망설임이 없어야 하는 것입니다.

'저거 하면 안 된다, 이거 하면 안 된다'는 식의 금기로 얽매이면 아이는 자진해서 의견을 발표하지 않습니다. 학급 안에 우두머리가 있어 교사 이상으로 아이들을 제압하는 경우에도 아이는 발표를 잘 하지 않습니다.

아이가 자유롭게 자신의 생각을 발표하려면 교사를 100% 신뢰해야 합니다. 좋아하는 선생님에게 들려주고 싶어서 이야기하는 것이 발표입니다. 아이는 체벌을 하는 선생님을 무서워하기는 하지만 신뢰하지는 않습니다.

아이가 교사와 함께하는 것이 즐거워서 보육시설에 가고 싶어 하도록 만드는 것이 좋습니다. 아이와 교사가 서로 신뢰하는 관계가 되려면 아이 한 명 한 명이 말하는 것을 교사가 잘 들어주어야 합니다. 그렇게 하려면 교사는 20명이 넘는 집단에서 그때마다 6~7명의 소그룹을 만들어 이야기를 들려주거나, 아이에게 이야기를 할 기회를 만들어주어야 합니다.

책을 읽고 물어보거나 그림 연극에 대해 아이에게 이야기하도록 하려면 소그룹으로 모일 수 있는 작은 방이 있어야 합니다. 제한된 공간에서의 소그룹이 신뢰와 친밀한 분위기를 만들기에 더욱 좋습니다. 이러한 수업을 하는 동안 나머지 아이들은 자유 놀이를 하게 합니다. 그러려면 교사가 한 명 더 있어야 합니다.

교사와 아이의 유대와 더불어 만 3세 아이들끼리의 유대도 강해집니다. 생활 속에서 협동심이 생겨나기 때문입니다. 아이들끼리 이야기하는 가운데 유아어가 나옵니다. 유아어가 나올 때마다 교사가 정정해 주는 것은 좋지 않습니다. 아이가 이야기할 자유를 상실해 버리기 때문입니다. 교사가 그 대화에 참여하여 유아어가 아닌 말로 이야기하면, 아이들은 교사를 흉내 내므로 자연스럽게 유아어를 쓰지 않게 됩니다.

●

다른 사람의 이야기를 듣는 연습을 시킵니다.

만 3세가 넘으면 아이들끼리 서로 생각하는 것을 전달할 수 있게 됩니다. 그런데 아이들은 격해지면 상대방의 이야기를 듣지 않습니다. 이때 교사가 중간에서 "하림이 말을 잘 들어봅시다", "하림아, 더 이야기해 줄래?"라고 말하면서 다른 사람의 이야기를 듣는 연습도 시킵니다. 아이들끼리만 모여 이야기하면 항상 강한 아이에게 눌려서 다른 아이의 이야기를 끝까지 듣는 연습을 할 수 없게 됩니다.

처음에는 아무리 해도 교사와 얼굴을 마주하려 하지 않고 이야기하지 못하는 아이도 있습니다. 이런 아이는 밖에서 놀 때, 그림을 그릴 때 등 아이의 활동을 유심히 살펴보다가 아이의 창조적인 에너지가 한꺼번에 표출되는 순간을 잘 포착하여 그때 이야기를 시키면 됩니다. 아이가 무언가를 만드는 것은 작품의 예술적인 완성도보다도 그 아이가 가진 에너지의 표현으로서 의미가 있습니다. 교사와 아이 사이의 의사소통은 말로만 하는 것이 아닙니다.

456. 좋은 친구 만들기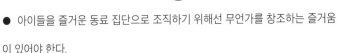

● 아이들을 즐거운 동료 집단으로 조직하기 위해선 무언가를 창조하는 즐거움
이 있어야 한다.

....

만 3~4세 아이는 협력을 배웁니다.

자유 놀이를 하면서 자연적으로 2~3명의 그룹이 만들어집니다.
이 범위를 더 넓힐 수 있느냐 하는 것은 아이의 활기, 자신의 일을
스스로 할 수 있는 능력, 자신을 표현할 수 있는 능력과 큰 관계가
있습니다.

아이들을 즐거운 동료 집단으로 조직하기 위해서는 아이들 사이
에 무언가를 창조하는 즐거움이 있어야 합니다. 모두가 함께 하는
모래놀이에서, 물놀이에서 아이들을 하나로 만듭니다. 그것의 일
부가 언어 발달로 나타납니다. 찰흙놀이나 그림 등을 통해서 아이
들을 하나로 만들 수도 있지만 표현 능력이 서툴기 때문에 작품을
통한 상호 이해는 불완전합니다. 아이들을 인간적으로 연결시키지
않은 채 언어만 가르치는 것은 대사 암기에 지나지 않습니다. 서로
친구로서 맺어지는 정도에 따라 '친구를 위해서'라는 공동 목표도
가질 수 있게 됩니다.

집단을 위해서 당번 일을 시작하지만 아직은 선생님께 칭찬받는
다는 기쁨이 더 큽니다. 그래도 좋습니다. 교사에 대한 아이의 신
뢰가 아이에 대한 교사의 신뢰로 보답받는다는 것은 훌륭한 인간

관계입니다.

아이는 놀이 규칙이나 약속도 차차 지킬 수 있게 되며, 순서나 교체 등도 이해하기 시작합니다. 이것을 두고 집단의식이 성장한 것이라는 둥, 아이에게는 선천적으로 민주주의적인 경향이 있다는 둥 말하는 것은 좀 지나친 칭찬입니다. 이런 것들은 위압에 의해서도 어느 정도 가능하기 때문입니다.

아이들이 즐겁게 자진해서 하는 경우라도 이 시기에는 아직 교사가 해야 할 역할이 매우 큽니다. 아이들의 민주주의를 믿는 소박한 교사는 가끔 자신의 인간적인 매력을 망각한 '헌신적'인 인물일 때가 많습니다. 그러나 모든 것을 교사의 인간적인 매력에만 의존할 수 없을 때도 있습니다. 교사 혼자서 만 3~4세 아이들을 20명 이상 맡다 보면 아이 한 명 한 명에게 교사의 매력을 충분히 발휘할 수 없습니다. 가능하다면 20명이 있는 반에는 교사 2명을 두는 것이 좋습니다.

처음부터 아이들을 단숨에 하나의 집단으로 조직하기는 어렵습니다. 소그룹 안에서 그림 그리기, 찰흙놀이, 이야기 듣기, 노래 연습, 리듬놀이 등의 수업을 거듭하면서 자연스럽게 반을 통합할 수 있습니다. 이 나이의 수업은 길어야 하루에 겨우 15분 정도입니다. 나머지는 자유 놀이를 하게 합니다. 자유 놀이를 할 때 아이들은 가장 창조적이 됩니다.

457. 강한 아이로 단련시키기

● 가장 기본이 되는 산책부터 운동 기능을 높일 수 있는 운동을 매일 하게 한다.

가장 기본이 되는 것은 산책입니다.

예전의 보육시설은 엄마가 일하는 동안 아이를 다치지 않게만 일시적으로 맡아주는 곳으로 출발했기 때문에 아이의 몸을 단련시키는 데까지는 생각이 미치지 못했습니다. 이 전통이 아직도 남아 있어 '건강'을 병에 걸리지 않는 것, 다치지 않는 것 등 소극적으로 생각하기 쉽습니다. 앞으로는 집에서는 할 수 없는 단련을 보육시설에서 시키고, 더욱 건강한 아이로 키우는 데 적극적으로 힘을 기울여주었으면 좋겠습니다.

유치원에서도 아이들이 실내에서 사이좋게 놀도록 하는 데 힘을 기울이고 있을 뿐, 밖에서 단련시키는 것은 그다지 노력하지 않습니다. 만 3~4세 아이의 단련에서 가장 기본이 되는 것은 산책입니다. 매일 3~4시간씩 산책을 일과에 포함시키고 싶지만 농촌에서마저 도로가 자동차 전용이 되어버려 유아의 집단 산책은 거의 할 수 없는 실정입니다. 게다가 유치원 셔틀버스를 이용하기 때문에 아이는 걸을 기회가 거의 없어졌습니다.

사정이 이런 만큼 유치원 마당에서의 운동에 더 역점을 두어야 합니다. 이 나이 아이의 보육은 되도록 밖에서 하기 바랍니다. 초여름과 초가을에는 생활 전체를 밖으로 옮겼으면 합니다.

●

여름에는 위험하지 않은 수영장에서 놀게 합니다.

만 3세 아이는 수심이 30cm를 넘지 않아야 합니다. 수온은 25℃ 이상이 좋습니다. 수영장에 들어갈 때 주의할 점에 대해서는 454 창의성 기르기를 참고하기 바랍니다. 수영장이 없는 보육시설에서는 기온이 20℃ 이상일 때 샤워를 시키도록 합니다. 기온이 높을수록 수온은 낮아야 좋지만 아이에게 소름이 돋을 정도여서는 안 됩니다.

바깥 공기가 차가워지면 자유 놀이는 실내로 이동해야 하는데, 이때 실내 난방을 지나치게 따뜻하게 해서는 안 됩니다. 20℃를 넘지 않도록 합니다.

●

다양한 운동을 하게 합니다.

아이의 운동 기능을 높여주기 위해서 보행, 달리기, 평균대 운동, 멀리뛰기, 공 던지기, 기어오르기 등을 하게 합니다. 훈련을 할 때는 4~5명씩 그룹을 만들어 친구가 하는 것이 잘 보일 수 있게 합니다.

인원이 너무 많으며 순서가 돌아올 때까지 기다리는 것을 지루해하며 친구가 하는 것을 쳐다보지 않습니다. 교사도 같은 운동을 30명의 아이가 하고 있으면 아이 각자의 개성을 파악할 수가 없습니다.

보행에서는 되도록 일직선 위를 걸을 수 있도록 처음에는 바닥에 폭 25cm로 두 줄의 선을 그어놓고 그 위를 똑바로 걷게 합니다. 그 다음에는 거기서 뛰는 연습을 하게 합니다. 잘 뛸 수 있게 되면 폭 25cm의 판을 지상에 놓고 그 위를 걷게 합니다. 이것을 잘하게 되면 높이 10~15cm, 폭 25cm의 평균대 위를 걷게 합니다. 만 4세까지는 대부분 할 수 있게 됩니다. 아이들이 모두 잘 걸을 수 있게 되면 차례로 줄을 지어 걷게 합니다.

만 3세 아이는 아직 뛰어오르지는 못하지만 뛰어내릴 수는 있습니다. 처음에 10cm 높이에서 뛰어내리게 하고, 다음에 15cm 높이에서 뛰어내리게 합니다. 이것을 잘하게 되면 만 4세가 될 때쯤에는 30cm 높이에서 뛰어내릴 수 있습니다.

남자 아이와 여자 아이 모두 25m를 달리게 하면 9초 정도 걸립니다. 제자리 멀리뛰기는 50~70cm 정도 뜁니다. 소프트볼은 2~3m 정도 던집니다.

기어오르기 연습에는 미끄럼틀을 이용합니다. 계단을 올라가 미끄러지는 연습이 끝나면, 반대로 미끄럼틀 밑에서 위로 올라가는 연습을 시킵니다. 위까지 올라가면 다시 미끄러져 내려오게 합니다. 아이 한 명 한 명에게 시킵니다. 늑목이 있는 곳에서는 늑목에 오르게 합니다.

이러한 운동 기능 훈련은 가능하면 매일 하는 것이 좋습니다. 1주에 한 번으로는 훈련이 되지 않습니다. 훈련은 아이에게 다소 인내를 요구합니다. 하지만 교사는 힘든 일을 시키는 태도로 아이를 대해서는 안됩니다. 항상 명랑하게 대하면서 아이가 활기 넘치도록 격려해 줍니다.

458. 이 시기 주의해야 할 돌발 사고

- 한 번 미아가 된 경험이 있는 아이는 항시 주의하여 지켜야 한다.
- 그네를 탈 때 다른 아이들에게 공놀이를 하게 해서는 안 된다.

상습적으로 도주하는 아이가 있습니다.

만 3세가 넘은 아이는 보육시설이나 유치원에서 '도주'하는 사고를 일으킵니다. 한 명의 보육교사가 20~30명에 가까운 만 3~4세 아이들을 맡고 있으면 아이가 없어져도 금방 발견하지 못합니다. 보육시설 밖으로 나간 아이가 도로에서 차에라도 치이면 큰일이므로 도주 사고가 벌어지면 보육을 일시 중지하고 보육시설 전체가 총동원하여 찾으러 가야 합니다.

도주는 누구나 하는 것이 아닙니다. 상습적으로 도주하는 아이가 있습니다. 이런 아이는 집에서도 미아가 된 전과가 있습니다. 그러므로 만 3세가 넘은 아이가 보육시설에 처음 들어올 때는 미아가 된 적이 있었는지 잘 파악해 두어야 합니다. 한 번 그런 전력이 있는 아이는 항상 주의하여 지켜야 합니다. 그리고 그런 아이는 적극적이기 때문에 뭔가 역할을 주어 보육시설 생활에 즐겁게 어울리도록 하는 것이 좋습니다.

만 3세가 넘으면 높은 곳에 올라가 떨어지거나 그네를 너무 흔들다 떨어지는 사고가 많이 발생합니다. 그네를 탈 때는 다른 아이들에게 공놀이를 하게 해서는 안 됩니다. 굴러간 공을 주우러 가다가 그네에 부딪히는 사고가 많이 발생하기 때문입니다. 한 명의 교사가 많은 아이들을 맡아야 하는 환경에서는 이런 사고 예방에 교사의 주의가 집중됩니다. 한 명의 교사가 20명 이상의 유아를 맡는 현재의 상황에서는 교육보다도 파수꾼 역할이 주가 될 수밖에 없습니다.

●

사고는 집에 돌아가는 시간 즈음에 많이 일어납니다.

아이들이 뿔뿔이 흩어져 집으로 돌아가는 시간에는 더욱 사고를 주의해야 합니다. 4시 이후부터 아르바이트로 도와주는 임시 교사는 우선 아이의 이름과 얼굴을 익혀두어야 합니다. 집에 갈 때가 되면 아이들을 한방에 모아놓고 책을 읽어주거나 이야기를 들려줍니다. 보육시설 마당에서 자유롭게 놀게 하면 사고를 일으키기 쉽습니다. 집에 돌아갈 준비로 가방을 목에 걸어두었는데, 미끄럼틀에서 놀다가 가방 끈이 걸려 목이 졸려서 질식한 아이도 있습니다. 보육시설 마당에서 빠져나와 수영장에 빠진 아이도 있습니다.

만 4세 정도가 되면 당번을 맡을 수 있게 되는데, 급식 시간에 뜨거운 음식이 담겨있는 커다란 그릇을 아이에게 나르게 해서는 안 됩니다. 급식을 만드는 사람은 정기적으로 대변 검사를 하여 장관 전염병을 예방해야 합니다.

459. 유치원과 보육시설의 일원화

● 어린이집이나 유치원의 미흡한 부분을 같은 수준으로 높이려는 운동일 때 가
치가 있다.

유치원과 보육시설(어린이집)을 건물이나 시설로 구별할 수는 없습니다.

유아 교육의 장으로 유치원이 좋은가, 어린이집이 좋은가 하는
질문에는 대답할 수 없습니다. 하루 8시간 일해야 하는 엄마는 4~5
시간밖에 맡길 수 없는 유치원에는 아이를 맡길 수 없습니다. 통계
적으로 유치원은 유복한 집 아이가 다니는 시설로, 어린이집은 가
난한 집 아이들의 탁아소로 출발했지만, 지금은 유치원과 어린이
집을 건물이나 시설로 구별할 수는 없습니다. 일하는 엄마들의 요
구가 지방자치단체나 경영자로 하여금 어린이집을 아이의 보육에
적합한 환경으로 바꾸도록 만든 것입니다.

하지만 아직 충분히 개선되었다고는 할 수 없습니다. 어린이집
은 유아를 장시간 맡아 돌보기 때문에 유치원처럼 교육에 필요한
환경만으로는 부족합니다. 가정으로부터 떨어져 있는 아이에게 가
정 환경이 주는 안식과 단란함을 느끼게 해주어야 합니다.

이런 이유로 어린이집은 강제수용소처럼 횅한 방에서 교육 활동

과 식사와 수면을 겸하는 곳이어서는 안 됩니다. 노는 방과 식당이 따로 있어야 비로소 식사를 즐길 수 있습니다. 또 식당과 잠자는 방이 따로 있어야 비로소 편히 쉴 수가 있습니다. 그렇지 않으면 식사 때나 낮잠 잘 때마다 각각의 용도로 방을 꾸며야 하므로 아이들이 마음 편히 식사를 하거나 수면을 취할 수 없습니다. 한 반의 인원이 너무 많으면 교사는 명령만 해야 하기 때문에 아이와 친밀한 유대 관계를 맺지 못하고 단란한 분위기를 이룰 수가 없습니다.

어린이집도 유치원도 예전의 유아들이 안전한 도로나 공터에서 체험했던 것이 도시화로 인해 상실되었음을 상기해야 합니다. 그러므로 자유롭게 뛰어놀 수 있는 공간을 놀이터로 제공해 주어야 합니다. 모험심을 가르치던 골목대장을 대신하는 활동적인 지도를 해야 합니다.

최근에 유아 교육을 전공한 남자 교사가 유치원이나 어린이집에서 근무할 수 있게 된 것은 기쁜 일입니다. 남자 교사들은 지금까지 여자 교사가 할 수 없었던 활동적인 보육을 할 수 있을 뿐만 아니라, 육아는 여자 전용이라는 편견을 깨뜨리는 데 일조하고 있습니다. 또한 장애아 보육이 여자 교사들에게는 힘에 부치는 육체적인 부담이었는데 남자 교사들이 그 힘을 덜어주게 되었습니다.

●

어린이집과 유치원의 일원화가 필요하다는 논의가 있습니다.

최근 일본에서는 어린이집과 유치원, 두 그룹의 일원화를 주장하고 있습니다. 같은 보육 일을 하면서 유치원 교사와 어린이집 교사의 대우가 다른 것에 불만이 있기 때문입니다. 이 불만은 타당하다고 생각합니다.

어린이집 교사는 오전 8시부터 오후 6시까지 거의 쉬지 않고 보육을 해야 하는데, 유치원 교육은 대부분 점심 시간 후면 끝납니다. 그리고 오후 4시까지는 다음 날의 수업 준비를 하거나 연구를 할 여유가 있습니다. 게다가 여름과 겨울에는 방학도 있습니다. 유치원보다 어린이집이 노동 강도도 심하고 정신적으로 긴장하는 시간도 깁니다. 그 부담을 고려할 때 급료는 적당하지 않습니다.

어린이집 교사의 급료를 올려주는 것만으로는 부족합니다. 어린이집 교사에게도 교육자로서 공부할 수 있는 시간을 더 부여해야 합니다. 학회나 연구회에 참여하여 연구 발표도 할 수 있도록 해야 합니다. 보육은 아이를 돌보는 것만이 아니라 교육도 담당해야 합니다. 교육에 종사하는 사람은 항상 공부해야 합니다. 이것은 어린이집을 관리하는 공무원이 좀 더 생각해야 할 문제입니다.

한국에서 유치원은 교육청에서 관리하지만 어린이집은 여성부에서 관리합니다. 게다가 그 부서의 장이 이전까지 타 부서에서 일하던 사람이라면 교육에 대한 전문적인 견식도 경험도 전혀 없어 어린이집 교사가 교육자임을 이해하지 못합니다. 적어도 교육청에서 유치원을 생각하는 만큼이라도 어린이집에 대해서도 교육상의 배려를 해주기 바라는 희망이 보육의 일원화 이론이라는 형태로 나타난 것입니다.

어린이집이나 유치원의 미흡한 부분을 적어도 같은 수준으로 높이고자 하는 일원화 이론에서 어린이집의 특성인 복지시설의 역할을 잊어서는 안 됩니다. 일본의 경우 부모 모두가 직업을 가진 가정이나 편모 또는 편부 가정에서 아이를 다른 곳에 맡겨야 할 경우, 복지사무소가 아이를 조치아(措置兒)로서 어린이집에 위탁하며 보육료는 관공서에서 지불합니다. 이러한 문제들이 해결되지 않는 한 어린이집과 유치원의 아이연령, 보육 시간, 시설(낮잠 자는 방, 욕실)이 쉽게 일원화 되지 못합니다.

🌱 감수자 주 ....

> 이 항목에서 한국과 다소 거리가 있는 일본의 상황은 한국에서도 이런 문제점들이 대두되고 있어 논의의 필요성이 있는 사안이라고 생각된다.

20

만 4 ~ 5세

활발한 운동 능력과 적당한 지혜를 갖추게 되면서
아이는 스스로 매일 새로운 세계를 창조합니다.
이럴 때 아이에게 적절한 공간과
놀이를 제공해주면
창의력이 더욱 발전할 수 있습니다.

이 시기 아이는

460. 만 4~5세 아이의 몸

● 운동 능력과 지혜를 갖추게 되면서 매일 매일 새로운 세계를 창조한다. 이를 발전시키기 위해 적절한 공간과 놀이가 필요하다.

아이는 매일 새로운 세계를 창조합니다.

만 4세가 된 아이는 매일 매일 새로운 세계를 창조합니다. 창조자가 될 수 있을 정도로 운동 능력과 지혜를 갖추게 되었기 때문입니다. 이제 아이에게 세발자전거 타기는 시시한 놀이입니다. 어떤 아이는 두발자전거를 탈 수 있게 됩니다. 공도 멀리까지 던질 수 있습니다. 미끄럼틀도 타기만 하는 것이 아니라 1m 정도 높이라면 뛰어내리기도 합니다. ^{491 강한 아이로 단련시키기} 한쪽 다리로만 뛸 수도 있고, 마루 위에서 구르기도 할 수 있습니다. 잘만 가르치면 수영도 할 수 있게 됩니다.

자동차를 좋아하는 아이는 차종을 외우기도 합니다. 책을 좋아하는 아이 중에는 글자를 읽을 줄 아는 아이도 있습니다. 신문 광고에 나온 마크를 보고 백화점 이름을 말하기도 합니다. 어제, 내일이라는 시간 개념도 생깁니다. 빨강, 하양, 파랑, 노랑 등 색깔 이름도 말할 수 있게 됩니다. 텔레비전을 없애지 않은 집에서는 아이가 이미 '텔레비전에 빠진 아이'가 되어버렸을 것입니다.

●

창의성을 발휘할 수 있도록 해줘야 합니다.

자유롭게 움직일 수 있는 팔다리가 있으니 각자의 지혜를 발휘하여 꿈의 세계를 펼칠 수 있도록 해주어야 합니다. 부모와 교사는 아이가 창의성을 발휘할 수 있도록 도와주어야 합니다. 좋은 보육시설이나 유치원에서는 아이의 창의성을 중시하여 ^{488 창의성 기르기} 마음껏 발휘시킵니다.

아이가 꿈의 세계를 펼치는 것은 보육시설이나 유치원에서 자유놀이 시간에 자연적으로 완성되는 경우가 많습니다. 하지만 아이들의 생활을 잘 알고 있는 교사가 의식적으로 유도할 수도 있습니다. 찰흙을 나누어주고 무엇인가를 만들게 하는 대그룹 활동을 하게 합니다. 이때 아이들이 만든 귤, 물고기, 제트기를 재료로 하여 아이들을 꿈의 세계로 인도합니다.

이것은 집에서 혼자 하는 소꿉놀이에 비해 얼마나 웅대한 세계입니까! 이 세계에서 하나의 시장, 하나의 도시가 창조되는 것입니다. 많은 어른들은 아이들만의 이 꿈의 세계를 본 적이 없습니다. 그렇기 때문에 어른들은 아이들의 창의력을 소중히 할 줄 모릅니다. 방송국에서 어른들 세계의 적당한 모조품을 아이들에게 배급하여 창의력을 마비시키는데도 어른들은 저항하려고 하지 않습니다.

아이를 2년이나 유치원에 보내면 학교에 갈 때쯤에는 질려버린다고 말하는 엄마는 가정에서 어떻게 '육아'를 하고 있을까요? 아이는 제트기를 만들기 위해서 기체가 되는 의자가 필요합니다. 그래서 의자를 쓰러뜨려 기체를 만들었다고 생각하는 순간, 엄마가 꾸짖습니다. "또 의자 갖고 놀아? 그러면 의자가 고장 난단 말이야. 의자는 앉는 거지 쓰러뜨리는 게 아니야."

●

집과 유치원이 좁게 느껴질 때입니다.

아이에게 충분히 창의력을 발휘하도록 해주지 못하는 것은 집에 있는 엄마만이 아닙니다. 유치원도 초만원이면 창의력을 발휘할 수 없습니다. 유치원 마당은 평소에 늘 차조심을 해야 하는 아이에게 아무리 달려도, 아무리 흙장난에 열중해도 차에 치일 염려가 없는 안전한 장소입니다. 아침 일찍 유치원에 오는 아이에게는 유치원 마당이 대평원처럼 보일 것입니다. 하지만 아침 9시가 넘어 유치원 아이들이 모두 모이면 마당은 번화가처럼 혼잡해집니다. 다른 아이들과 부딪히지 않고는 뛰어다닐 수 없습니다.

보육실도 좁습니다. 한 반에 40명이나 되면 놀이 기구도 모자랍니다. 교사가 다 지켜보지 못하기 때문에 자유 놀이를 하면 놀이 기구를 서로 빼앗습니다. 그러다 보면 착한 아이는 '실업자'가 됩니다. 자유 놀이가 시작되면 정신이 없고 떠들기 때문에 옆 반의 '이야기 시간'에 방해가 되기도 합니다. 그래서 교사는 되도록 대그룹 활동을 하게 됩니다. 교사가 오르간을 연주하면 모두가 거기에 맞추어 노래를 부릅니다. 또 교사가 그림연극을 하면 모두가 조용하게 무릎에 손을 얹고 그것을 듣습니다. 도화지를 나누어주고 그림을 그리게 합니다. 이때 항상 그림 제목이 주어집니다. 이렇게 하면 교사는 아이들을 서로 비교하기 쉽기 때문입니다.

아이가 집단의 규칙을 지키고 제멋대로 행동하지 않으면 교사는 '착한 아이'가 된다고 생각합니다. 하지만 집단 안에서 '착한 아이'라고 꼭 좋은 사람이 된다고 말할 수는 없습니다. 좋은 사람은 도덕적이어야 합니다. 도덕은 규칙을 지킬 뿐 아니라 개인의 자유로운 의지로 행위를 선택하는 것입니다.

한 반에 아이들 수가 너무 많아 마치 콩나물 시루 속의 콩나물처럼 생활하는 보육시설의 아이는 자유인이 될 수 없습니다. 행실이 바른 아이를 만드는 공장의 규격 제품과 같습니다.

이런 유치원일수록 부모와 교사가 이야기할 기회를 만들지 않습니다. 유치원에서 아이 편에 집으로 보내는 가정 통신문은 보육료나 후원회비 등의 고지서같이 되어버렸습니다. 이런 유치원이라면 아이는 오전 9시부터 12시까지 불과 3시간 만에 지쳐서 돌아옵니다. 그러나 피로를 풀려고 해도 집 근처에 뛰어놀 공간이 없습니다.

요즘의 어린아이들은 정말 불쌍합니다. 아이들이 창의력을 발휘할 수 있도록 하려면 어떻게 해서라도 좋은 집단 교육의 장을 만들어주어야 합니다. 유치원이나 보육시설에 보내기만 한다고 되는 것이 아닙니다. 진실하게 집단 보육을 할 수 있는 유치원이나 보육시설을 만들어야 합니다.

●

생활 방식에 따라 수면이 달라집니다.

이 나이에 수면은 생활 방식에 따라 매우 달라집니다. 유치원이나 보육시설에 다니는 아이는 아침에 정해진 시간에 집을 나서야 하기 때문에 자연히 저녁에 빨리 자게 됩니다. 그러나 최근에는 유치원에 다녀도 밤 9시에 자고 아침 8시쯤 일어나는 아이가 많습니다. 유치원교사가 권장하는 것처럼 밤 8시에 자는 아이는 오히려 드뭅니다. 매일 밤 10시에 자서 아침 7시쯤 일어나더라도 활달하게 지내는 아이도 많습니다. 수면을 통한 피로 해소도 개인차가 있습니다.

낮잠을 자는 경우 확실히 밤늦게까지 자지 않습니다. 하지만 아이가 낮잠을 자면 또랑또랑하고 밤에 잠들 때까지 즐겁게 보낸다면, 유치원에서 밤 8시에 재우라고 해도 그것을 꼭 지킬 필요는 없습니다.

아이를 교육하는 것은 유치원만이 아닙니다. 밤 10시까지 자지 않아도 생활에 별무리가 없다면 낮잠을 재워도 좋습니다. 특히 여름에는 낮잠을 재워야 합니다. 밤 8시에 잔다면 아빠와 함께 지낼 시간이 없습니다.

유치원에 다니지 않는 아이는 수면 시간이 불규칙해지기 쉽습니다. 겨울이라면 밤 11시경 자서 아침 9시 넘어 일어나게 됩니다. 하지만 그 나름대로 규율이 있고, 단련 시간도 있고, 식사도 충분히 하고 있다면 반드시 일찍 자고 일찍 일어나야 할 필요는 없습니다.

●

소식하는 아이와 그렇지 않은 아이가 뚜렷해집니다.

이 시기에는 소식하는 아이와 그렇지 않은 아이의 차이가 뚜렷해집니다. 소식하는 아이는 특히 밥을 잘 먹지 않습니다. 하루에 어린이 밥그릇으로 1공기를 겨우 먹는 아이가 많습니다. 그래도 생우유를 2컵 마시거나 애써서 생선, 달걀, 소시지, 고기 등을 먹는다면 영양면에서 문제는 없습니다. 야채를 먹지 않는 아이가 많은데 이때는 과일을 먹이면 됩니다.

집에서는 밥도 잘 먹지 않고 야채는 입에도 대지 않던 아이가 유치원에 다니게 되어 도시락을 싸서 보내면, 밥도 깨끗이 먹고 토마토나 시금치도 먹는 일이 자주 있습니다.

밥을 먹지 않거나 야채를 싫어하는 데는 심리적인 원인도 작용합니다. 아이가 종일 집에서 엄마와 얼굴을 맞대고 있으면 엄마에게 의존하고 싶은 마음과 엄마로부터 독립하고 싶은 마음이 뒤섞여 엄마가 권하는 것은 일단 거부하려는 심리 상태가 됩니다. 이런 심리가 식사할 때 나타나 밥도 싫어하고 야채도 먹지 않게 됩니다. 그리고 밥을 적게 먹기 때문에 다음 식사 때를 기다리지 못하고 과자를 달라고 투정을 부립니다.

많은 가정에서 간식으로 주는 것은 비스킷, 쌀과자, 포테이토칩 등 밥과 같은 당질입니다. 밥을 1/3공기밖에 먹지 않고 나중에 비스킷 3개를 먹는다고 해도 칼로리는 밥 1공기와 같습니다. 식사는 대충 하고 나중에 간식을 여러 번 먹는 것은 영양학적으로는 문제가 없지만 교육상 바람직하지 않습니다. 유치원에 다니지 않는 아이도 식사 시간은 일정하게 하고, 간식도 많아야 두 번 정도로 정해 두는 것이 좋습니다. 간식의 양은 아이의 식욕에 따라 많이 다른데, 세 끼 식사를 잘 먹는 아이에게는 되도록 제철 과일을 주도록 합니다. 생선이나 고기를 그다지 좋아하지 않는 아이에게는 생우유나 떠먹는 요구르트를 주도록 합니다. 단것은 이에 좋지 않습니다. _{462 간식 주기}

●

혼자서 대소변을 가릴 수 있게 됩니다.

이 나이가 되면 옷차림이 가벼운 여름에는 혼자서 소변과 대변을 가릴 수 있게 됩니다. 그런데도 깔끔한 엄마는 옷이나 화장실이 더러워질까 봐 아이 혼자 보내지 않습니다. 하지만 그것은 아이 스스로 하는 일을 방해하는 셈입니다. 이 시기에는 대소변을 유아용 변기가 아닌 화장실에 가서 보도록 가르쳐야 합니다.

밤에 부모가 자기 전에 자는 아이를 깨워 소변을 보게 하면 아침까지 소변을 보지 않는 아이가 많습니다. 하지만 친척 아이가 와서 하루 종일 신나게 놀았거나 유원지에 가서 놀다 온 날 밤에는 소변을 싸는 아이가 있습니다. 남자 아이라면 엄마가 밤중에 두 번씩 깨워 소변을 보게 해도 옷을 적시는 일이 흔합니다. 이것은 생리적인 것입니다. 이 나이에 야뇨증이라는 병은 없다고 생각하는 편이 좋습니다.

생활 습관 면에서는 만3~4세에 비해 자립성이 높아진 만큼 아이 스스로 할 수 있는 일도 많아집니다. 옷을 벗거나 입는 것은 꽤 잘 하게 됩니다. 하지만 시간을 아까워 하는 생활 합리주의자인 엄마 는 자신이 해주는 편이 빠르기 때문에 아이가 스스로 옷을 입고 벗 게 내버려두지 않습니다. 이렇게 해서는 만 5세가 넘어도 아이 혼 자 옷을 입을 수 없게 됩니다.

●

일상적인 행동을 대부분 스스로 할 수 있습니다.

식사 전이나 간식 먹기 전에 자진해서 손을 씻는 아이도 있습니 다. 엄마에게 식사나 간식을 먹기 전에 손을 씻는 습관이 있으면 아이도 자연히 따라 합니다.

이 나이의 아이에게 아침에 세수와 칫솔질을 하게 하는 집이 많 습니다. 칫솔질을 하면 충치를 예방할 수 있다고 치과 의사들의 의 견이 일치된 만큼 아이에게 되도록 이를 닦게 하는 것이 좋습니다.

아이 스스로 칫솔질을 하도록 하려면 아침에 식구가 모두 함께 칫솔질을 하는 것이 좋습니다. 아침 식사 후에 제대로 닦고, 기상 후에는 형식적으로 닦아도 괜찮습니다. 이는 자기 전에 닦는 것이 합리적입니다. 스스로 칫솔질하는 습관이 들면 자기 전에 닦게 하 기도 쉬워집니다.

콧물을 많이 흘리는 아이는 옷으로 닦게 내버려두지 말고 코를 푸는 습관을 들이도록 합니다. 이 나이에는 아직 혼자서 손톱을 깎 지는 못합니다. 목욕할 때는 혼자서 씻을 수 있는 부분은 스스로 씻게 합니다. 목욕탕은 아이에게 즐거운 놀이 장소이기도 합니다. 아직은 몸을 씻고 나서 곧바로 나가도록 가르치지 않아도 됩니다. 특히 직장 때문에 함께하는 시간이 적은 아빠와 같이 목욕할 때는 놀면서 많은 대화를 나누는 것이 오히려 필요합니다. 아침에 일어났을 때나 자기 전에 "안녕히 주무셨어요?", "안녕히 주무세요"라고 인사하도록 교육합니다. 아빠가 출근할 때는 "안녕히 다녀오세요", 퇴근할 때는 "다녀 오셨어요?"라고 인사하도록 합니다. 이것은 겉치레가 아니라 사람 사이에는 섬세한 배려가 필요하다는 것을 인식시키기 위해서입니다.

교통사고의 위험이 날로 커지고 있기 때문에 엄마는 아이가 하루 종일 어디에 있는지 알고 있어야 합니다. 아이가 밖에 나갈 때는 반드시 어디에 가는지를 말하게 합니다. 그리고 돌아오면 꼭 "다녀왔습니다"라고 인사하게 합니다. 집 밖의 안전한 곳에서 친구들과 뛰어놀기도 하고, 놀이 기구를 이용하기도 하고, 음악에 맞추어 춤을 추기도 하는 등 신체 단련이 필요합니다. 집에서는 이런 것을 할 수 없습니다. 이런 의미에서도 유치원에서 몸을 단련시키는 것이 필요합니다. 이 나이에 유치원이나 보육시설에 다니는 아이는 몸을 단련시키기 때문에 여러가지를 할 수 있습니다. 491 강한 아이로 단련시키 집에서 할 수 있는 단련은 아이를 걷게 하는 것입니다. 날씨가 좋은 날에는 반드시 밖으로 데리고 나가고 놀이터에서도 놀게 합니다.

아이가 집에서만 지내는 경우에는 신체 단련과 병행하여 아이의 지혜 발달도 도와야 합니다. 그림을 좋아하는 아이에게는 그림을 그리게 합니다. 아이는 사람을 어떻게든 그립니다. 공작을 좋아하는 아이에게는 플라스틱 조립 완구나 블록 또는 찰흙을 줍니다. 음악을 좋아하는 아이에게는 CD 플레이어로 음악을 들려줍니다. 이야기를 좋아하는 아이에게는 그림책을 주고 엄마가 읽어줍니다.⁴⁷¹

^{책을 좋아하는 아이} 혼자서 몰입을 잘하는 아이에게는 되도록 간섭하지 말고 자신만의 시간을 갖게 해줍니다.

●

유치원에서 여러 가지 병을 옮아 옵니다.

유치원에 다니면 여러 가지 병을 옮아 옵니다. 유치원에 들어간 첫해에는 홍역, 풍진, 수두, 볼거리 중 어느 하나에는 걸릴 것을 각오해야 합니다. 백일해, 디프테리아, 폴리오(유행성 소아마비)는 백신 접종을 하기 때문에 최근에는 거의 볼 수 없습니다. 백일해·디프테리아·파상풍 백신의 1차 추가 접종이 끝난 아이는 이 시기에 2차 접종을 해야 합니다. 또 소아마비 2차 추가 접종, MMR 추가 접종도 반드시 해야 합니다.^{150 예방접종} 잊고 있었다면 1차 접종과 2차 접종의 간격이 벌어져도 괜찮으니 꼭 접종시키도록 합니다.

이 시기에는 심한 운동으로 피곤해지는 경우가 많으므로 자가중독^{444 자가중독증이다}을 일으키는 아이도 적지 않습니다. 피곤해하면 식사를 하고 나서 재웁니다. 소아천식이라 하여 가슴 속에서 그르렁거리는 소리가 나며 가래가 끓는 아이^{481 천식이다}가 많습니다. 유치원에 다니게 되면 좋은 기회라 생각하고 아이를 더욱 단련시키도록 합니다. 유행성 결막염도 유치원에서 옮아오는 경우가 많은 병입니다. 유치원에서 수영을 하면 '수영장 결막염'이라는 것에 걸리는 일도 있습니다. 갓난아기 때부터 수술을 미루고 있었던 헤르니아는 유치원에 들어가기 전에 수술하여 치료하는 것이 좋습니다.

이 나이에는 코피를 자주 흘리는데[482 코피를 흘린다] 어느 아이에게나 있는 일이므로 크게 걱정할 필요는 없습니다. 기생충으로는 요충이 많습니다. 그러나 간단하게 구충할 수 있습니다. 어느 아이에게나 자주 일어나는 가장 많은 이상은 아침의 복통입니다.[437 복통을 호소한다]

461. 먹이기

● 식사 전 손을 깨끗이 씻게 하고 텔레비전은 켜지 않는다. 즐겁게 밥을 먹을 수 있는 분위기를 만들어준다.

체중의 증가 속도가 늦습니다.

만 4~5세에도 체중 증가 속도는 갓난아기 때에 비해 늦습니다. 보통 1년 동안 1.5~2kg 정도밖에 늘지 않습니다. 1개월 동안 체중이 전혀 변하지 않는 아이도 흔합니다. 게다가 여름에는 아이도 여름을 탑니다. 체중이 늘지 않으면 엄마는 아이의 식사량이 부족한 것은 아닌가 해서 불안해합니다.

또 한 가지 아이의 식사에 관해 엄마에게 신경 쓰이는 일은, 가족이 식탁에 둘러앉아 식사를 할 때 식욕부진을 보이는 것입니다. 엄마로서는 정성껏 만든 반찬을 아이가 맛있게 먹어주기를 바랍니다. 밥도 2공기씩 먹었으면 합니다. 그러나 아이는 반찬도 많이 안 먹고 밥은 1공기도 먹기 버거워합니다.

식욕부진의 원인을 육아 잡지에서 찾아보면 "이유가 늦었기 때문에"라든가 "조리법에 문제가 있어서"라고 쓰여 있습니다. 그걸

보고 엄마는 자신의 미흡한 점에 대한 자책에 사로잡힙니다. 하지만 이것은 지나친 생각입니다. 1년 동안 체중이 2kg 정도 증가하는 아이는 그렇게 많이 먹을 필요가 없는 것입니다. 이 나이의 아이에게 흔한 식단의 예를 살펴봅시다.

07시 기상

07시 30분 생우유 200ml, 식빵 1조각, 치즈 또는 소시지 조금

점심 밥 1공기를 주먹밥 5개로 만든 것, 달걀 1개 반과 시금치 또는
　　　소시지와 야채 샐러드

15시 30분 사과, 생우유 200ml

18시 30분 밥 1공기, 생선(어른과 같은 양), 과일

20시 사과 1개 또는 떠먹는 요구르트 100ml

이 식단을 따르는 아이는 유치원에 다니기 때문에 점심을 유치원에서 먹습니다. 야채는 유치원에서는 먹지만 저녁 식사 때는 먹지 않습니다. 그래서 과일로 보충해 줍니다. 여름에는 밥 양이 반으로 줄어 목이 마를 때 생우유를 200ml씩 두 번 먹게 합니다. 따라서 여름에는 생우유를 하루에 4회 먹는 셈이며, 밥은 하루 한 번 먹을 때도 있습니다. 소식하는 아이는 생우유도 차게 하거나 아이스크림으로 만들어주지 않으면 먹으려 하지 않습니다. 간식과 디저트로 먹는 과일은 제철 과일을 줍니다.

이 정도의 식사로 이 아이는 만 4~5세에 1년간 2kg이 증가했습

니다. 물론 이 아이의 엄마도 "우리 아이는 밥을 먹지 않아 걱정이에요. 무슨 병이 있는 것은 아닐까요?"라며 몇 번이나 병원에 찾아왔습니다(체중이 1년에 1.5kg밖에 늘지 않는 아이는 위 식단에 쓰여 있는 밥 양의 절반밖에 먹지 않음).

이 나이의 아이가 스스로 손을 씻고 식탁에 앉기를 기대하기는 어렵습니다. 그렇다고 혼을 내면서 한바탕 소동을 일으키는 것은 현명하지 못합니다. 식사는 즐겁게 해야 합니다. 식사 전에 항상 꾸중을 들으면 식욕이 사라져버립니다. 손은 유치원에서 돌아왔을 때 씻는 것으로 습관을 들여놓습니다. 저녁 식사 때 텔레비전이 켜져 있으면 아이는 텔레비전 프로그램에 정신이 팔려 엄마가 만들어준 음식에 관심을 갖지 않습니다. 엄마의 애정이 아이에게 전달되는 것을 텔레비전이 방해하는 것입니다.

462. 간식 주기

- 간식 시간을 정해 놓는다.
- 가능하면 친구와 함께 먹게 한다.
- 간식을 먹은 후에는 칫솔질하는 습관을 들인다.

대부분의 아이가 밥보다 간식을 더 좋아합니다.

이 나이의 아이 중에서 밥을 많이 먹고 다음 식사 때까지 간식을 전혀 먹지 않는 아이는 별로 없습니다. 대부분의 아이는 간식을 먹습니다. 그리고 밥보다도 간식을 좋아합니다.

아이의 간식 욕구는 생활양식과 관련이 있습니다. 예전에는 동네 아이들과 함께 도로에서 놀 때가 많았기 때문에 아이들이 모두 함께 구멍가게에 가서 군것질을 했습니다. 친구들이 모두 과자 값을 받아 왔기 때문에 자기만 돈이 없으면 부끄러워서 놀 수가 없었습니다. 그래서 울면서 집으로 돌아와 돈을 달라고 졸랐습니다. 돈을 주지 않으면 아이들과 어울려 놀지 못하기 때문에 엄마는 불량식품의 위생 문제를 우려하면서도 과자 값을 주었습니다.

하지만 지금은 아이들이 집단으로 도로에서 놀 수가 없습니다. 아이는 혼자 집 안에 갇혀 있습니다. 그리고 친구와 놀아본 경험이 없기 때문에 무엇이든지 자신의 주장대로 하려는 버릇이 있습니다.

엄마 말도 잘 듣지 않습니다. 텔레비전 광고에 초콜릿이나 사탕이 나올 때마다 간식을 달라고 보챕니다. 간식은 오전 10시와 오후 3시에 준다고 정해 놓아도 좀처럼 길들이기가 쉽지 않습니다. 아이를 오전에 유치원에 보내는 엄마는 아이가 없을 때 간식거리를 사다 놓는 것이 좋습니다. 그러면 오후 3시에 엄마가 정해놓은 간식을 줄 수 있습니다.

●

간식은 되도록 친구와 함께 먹도록 합니다.

아이가 집에 있으면 엄마가 슈퍼에 갈 때 데려가야 합니다. 슈퍼에서는 아이 손이 닿는 곳에 과자를 놓아둡니다. 아이는 광고에서 본 적이 있는 과자봉지를 들고 놓지 않습니다. 그러면 그것을 사주지 않을 수 없습니다. 아이는 일단 자신이 고른 과자는 자기의 '사유물'로 생각하기 때문에 엄마에게 주려고 하지 않습니다. 과자를 사 가지고 집에 돌아와서는 배불리 먹습니다.

이렇게 혼자서 먹을 때는 무제한으로 먹고 싶어 하는 간식도 친구와 함께 먹으면 주어진 양만으로도 참게 됩니다. 또한 친구와 노는 즐거움을 더 크게 한다는 의미에서 간식은 친구와 함께 먹이는 것이 좋습니다.

아이의 친한 친구 엄마와 의논하여 같이 놀게 된 집에서 어떤 간식을 줄 것인지 미리 정해 놓는 것이 좋습니다. 간식을 먹은 후의 칫솔질에 대해서도 엄마들끼리 의논을 하여 서로 칫솔을 맡겨두고 함께 닦게 합니다. 그럴 수 없으면 간식을 먹은 후에 보리차나 끓여서 식힌 물을 먹게 합니다.

밤늦게까지 자지 않는 아이가 늘었기 때문에 저녁 식사 후에 무언가를 먹는 경우가 많아졌습니다. 이때는 되도록 떠먹는 요구르트나 과일 정도를 주는 것이 좋습니다. 과자를 먹으면서 자게 해서는 안 됩니다. 저녁 식사 후에 이 닦는 습관을 들여놓으면, 그 후에 간식을 달라고 졸라도 "이미 칫솔질했잖아"라고 말하면서 거절할 수 있습니다.

463. 재우기

● 쉽게 잠들지 않는 아이에게는 엄마가 옆에서 이야기책을 읽어준다.

쉽게 잠드는 아이가 있는 반면 그렇지 않은 아이도 있습니다.

밤에 잠이 드는 유형은 엄마의 훈련이라기보다 아이의 생리에 의한 것입니다. 이불 속에 들어가면 곧바로 잠이 드는 아이는 "안녕히 주무세요"라고 말하고 이불 속으로 들어간 지 5분 이내에 잠이 듭니다. 엄마가 바로 옆방에 있다고 안심할 때는 전등을 어둡게 켜놓아도 무서워하지 않습니다. 이전까지는 엄마가 곁에 있어주어야 했지만, 만 5세 가까이 되면 엄마와 좀 떨어져서 이야기를 주고받다가 잠이 드는 아이도 생깁니다.

하지만 잠들 때까지 시간이 걸리는 아이는 그렇지 않습니다. 특히 잠이 오면 징징거리는 아이는 매일 밤 잠이 들 때까지 한 번은 웁니다. 하지만 이런 아이를 어딘가 덜 떨어진 것으로 생각해서는 안 됩니다. 잠드는 데 시간이 좀 걸리는 것뿐 다른 문제는 없습니다.

이런 아이는 잘 때까지 여러 가지 행위를 하며 시간을 보냅니다. 손가락 빨기, 동물 인형 애무하기, 담요 빨기 등이 많습니다. 젖병을 빠는 아이도 드물지 않습니다. 엄마에게 옆에 있으라 하고 손을 잡고 자려는 아이도 있습니다. 엄마가 옆에 있으면 안심이 되는 것입니다.

"이제 다섯 살 되었으니까 혼자서 자"라고 하며 아이에게 손가락을 빨면서 자게 하는 것보다 이야기책을 읽어주는 편이 좋습니다. 엄마 목소리를 들으며 동화의 세계를 상상하면서 잠들면 즐거운 꿈을 꾸게 됩니다.

매일 밤 잘 때 정해진 책을 읽어달라고 하는 아이도 적지 않습니다. 조건반사인지 모르지만 듣다가 잠이 들게 됩니다. 엄마가 깜빡 틀리게 읽으면, 아이는 그 책을 전부 외우고 있기 때문에 바로잡아 주기도 합니다. 이것이 여러 번 되풀이되다 보면, 이번에는 틀리게 읽어주지 않으면 만족스럽지 않아 일부러 틀리게 읽으라고 주문하는 아이도 있습니다.

잠드는 데 1시간 이상 걸리는 아이는 낮에 운동이 부족했거나 너무 일찍 잠자리에 들었기 때문입니다.

464. 배설 훈련 😊

● 아이가 대소변을 가리지 못했다 하여 잔소리를 해서는 안 된다.

아이가 실수를 했다고 잔소리하면 안 됩니다.

만 4~5세 된 대부분의 아이들은 소변과 대변을 혼자 화장실에 가서 처리할 수 있습니다. 그러나 추운 계절에 옷을 너무 많이 입었을 때는 도와주지 않으면 옷을 벗지 못합니다. 남자 아이는 밖에서 노는 데 열중하다 바지에 오줌을 싸고 나서 집으로 뛰어오는 일도 흔합니다. 그중에는 집으로 돌아오지 않고 그대로 증발시키는 아이도 있습니다. 평소 집에서 혼자 변을 보러 가는 아이라면 이런 일이 있어도 걱정할 필요는 없습니다. 좀 더 크면 자연히 없어지게 됩니다. 추워서 유아용 변기를 사용했던 아이는 날씨가 따뜻해지면 화장실에서 소변을 보게 합니다. 귀엽게 생긴 유아용 슬리퍼를 화장실에 준비해 놓으면 좋아서 화장실에 자주 가는 아이가 많습니다.

남자 아이 중에는 밤에 옷을 적시는 아이가 많습니다. 몸은 커졌지만 야뇨에 관해서는 아직 만 3~4세 아이와 같습니다. [417 배설 훈련] 야뇨가 끝나는 시기는 아이에 따라 다릅니다. 만 6세가 되어 멈추는 아이도 있고, 초등학교 4학년 때까지 계속되는 아이도 있습니다. 잔소리를 하면 야뇨는 오히려 길어집니다. 야뇨증이라는 것은 아이가 자신은 야뇨를 하는 못난 아이라는 열등감 때문에 긴장해서 생기는 병입니다. [511 야뇨증이다] 늘 변비인 아이는 모르는 사이 팬티에 변을 싸버리는 일도 있습니다.

465.편식 습관 고치기 😊

● 음식을 먹는 데도 각자의 취향이 있기 마련이다. 자연스럽게 고칠 수 있다면 다행이지만, 그렇지 않다 하더라도 강요할 필요는 없다.

편식한다고 하여 버릇없는 아이라고 속단해서는 안 됩니다.

아이가 편식하는 것을 가지고 제멋대로 구는 버릇없는 아이라고 속단해서는 안 됩니다. 또한 엄마로서 아이를 잘못 교육시켰다고 자신을 탓할 필요도 없습니다. 사람들 중에는 음식을 가리는 사람이 더 많습니다. 어떤 특정한 음식이 싫은 것은 어른에게는 그다지 문제가 되지 않습니다. 또 양파를 싫어하는 남편은 부인이 양파로 요리를 해도 먹지 않고 남깁니다. 양파를 싫어하는 부인은 양파로 요리를 하지 않을 것입니다. 다른 사람에게 폐를 끼치지 않는 한 자신이 좋아하는 것을 먹고 살면 됩니다.

그런데 아이에게만은 음식 가리는 것을 편식이라고 비난하는 이유는 무엇일까요? 그것은 엄마의 '영양학'과 '도덕적 신념' 때문일 것입니다. 옆집 아이가 먹는 음식을 자기 아이가 먹지 못하면 영양 부족이 될 거라고 생각하는 엄마가 있습니다. 이런 엄마가 집집마다 다니며 아이들의 기호 음식을 조사했느냐 하면 그렇지는 않습니다. "우리 아이는 무엇이든 다 먹어요"라는 이웃집 엄마의 말만 믿을 뿐입니다. 물론 그런 아이도 있습니다. 정말로 감자건 당근이건 생선이건 접시에 담겨 있는 것은 무엇이든 잘 먹습니다. 엄마는 이것이 좋은 일이라고 생각하기 때문에(정말로 요리사 입장에서는 좋은 일이지만) 다른 엄마에게 말하는 것입니다. 그리고 이 자랑을 들은 엄마도 편식은 나쁜 일이라고 생각하기 때문에 자기 아이의 편식에 대해서 걱정하게 됩니다.

그렇다면 아무거나 먹는다는 것이 과연 좋은 일일까요? 이것은 아이의 생리적인 문제일 뿐입니다. 양파나 당근이나 감자를 싫어하는 것은 그 아이의 천성입니다. 음악이나 문학이나 그림에 대해서는 각자의 기호를 인정하면서 왜 음식에 대해서는 기호를 인정하지 않는 것일까요? 당근을 싫어하는 아이에게 당근을 꽃 모양으로 잘라 억지로 먹이려는 것은, 창을 싫어하는 사람에게 양복 입은 소리꾼의 창을 듣게 함으로써 좋아하게 하려는 것과 같습니다.

물론 가리는 음식은 나이와 함께 변하기도 합니다. 만 3세까지 생우유를 싫어하던 아이가 만 5세가 되어 좋아하게 되는 경우도 있습니다. 하지만 아무리 해도 변하지 않는 아이도 있습니다. 평생 당근을 싫어하는 사람도 있습니다. 아이의 성격에 따라서도 다릅니다. 싫어하지만 먹으라고 강요하면 참고 먹는 아이가 있는가 하면 맛에 대해서는 도저히 참지 못하는 아이도 있습니다.

●

식사는 즐겁고 맛있게 먹어야 소화도 잘됩니다.

편식 교정에 성공했다는 이야기를 가끔 듣는데, 이것은 싫어하는 정도가 심하지 않았다거나, 성장하면서 음식에 대한 기호가 바뀌었거나, 또는 아이가 억지로 참고 먹은 경우입니다. 어릴 적에 편식 교정이 되었던 사람이라도 20년이나 30년이 지나서 자유롭게 선택해서 먹을 수 있게 되면 원래의 편식 상태로 되돌아갈 수도 있습니다.

사람은 인내를 배워야 합니다. 그러나 식사와 같은 기초적인 생리로 인내력을 훈련시키는 것은 현명하다고 생각하지 않습니다. 식사는 살아가는 낙으로 즐겁고 맛있게 하는 것이 좋습니다. 그래야 소화도 잘됩니다. 만 14~15세가 되어 몸이 부쩍부쩍 크는 청소년 시기에는 왕성한 식욕 때문에 단지 배를 채우려고 좋아하지 않는 음식도 먹는 경우가 있습니다. 이때는 포만감이 최우선입니다. 하지만 만 4~5세 무렵은 성장 속도가 느리고 식욕도 왕성하지 않은 시기입니다. 그다지 많이 먹지 않기 때문에 질적으로 식욕을 채워주는 것이 좋습니다. 영양학적으로 문제가 없다면 아이의 기호에 대해서 간섭하지 않는 것이 좋습니다.

●

색다른 조리법으로 조리하여 먹여봅니다.

야채를 싫어하는 아이에게는 모양이나 맛을 눈치 채지 못하도록 야채를 잘게 썰어서 볶음밥에 섞거나, 스튜 등으로 요리 방법을 달리하여 먹여봅니다. 그래도 안 먹는다면 야채 대신 과일을 주면 영양상 문제가 없습니다. 생선도 조리거나 구운 것은 먹지 않는다면 튀겨서 줘봅니다. 그래도 먹지 않으면 다른 동물성 단백질로 보충해 주면 됩니다. 생선도 고기도 달걀도 싫어하는 아이에게는 생우유를 많이 먹이면 됩니다.

유치원에 가게 되어 도시락을 싸주었더니 싫어하는 야채를 먹는 일도 많습니다. 선생님에게 칭찬을 받으면 좋아하지 않는 생선도 먹게 됩니다. 하지만 그것은 참고 먹는 것일 뿐 생선을 좋아하게 된 것은 아닙니다. 만약 편식 교정이 식탁에 앉아 있는 아이의 기분을 우울하게 하고 식욕을 떨어뜨린다면 어느 선에서 타협하는 것이 좋습니다. 유치원에 싸 가는 도시락을 편식 교정에 이용하려다 아이가 유치원에 가는 것 자체를 싫어하게 된다면 곤란합니다. 편식 교정을 자랑으로 삼는 교사를 만나 아이가 힘들어할 때는, 엄마가 학부모 회의 때 모든 사람 앞에서 편식에 대해 자신의 의견을 말해야 합니다.

●

식탁을 싸움의 장소로 만들어서는 안 됩니다.

엄마가 편식을 고치려고 식사 때마다 잔소리를 심하게 하면 아이는 엄마의 최대 관심사가 식탁에 있다고 느낍니다. 이렇게 되면 엄마에게 반항하려면 식탁에서 하는 것이 좋다고 생각하게 됩니다. 아이는 어떤 음식이 싫어서 편식하는 것이 아니라 엄마에게 반항하기 위해서 단식 투쟁을 하게 됩니다. 편식에 대해서는 정색을 하고 화를 낼 필요가 없습니다. 식탁을 엄마와 아이가 싸우는 장소로 만들어서는 안 됩니다.

아이에게 좋아하는 음식을 주고 항상 즐거운 이야기를 하면서 가족이 식탁에 모인다면, 부모와 자녀 사이에 의견이 맞지 않는 다른 일이 있어도 식사하는 즐거움 속에서 잊어버리게 됩니다. 가정은 가족이 가식 없이 만나는 곳이므로 마음의 응어리를 풀어줄 완충 장치를 여러 개 준비해야 합니다.

편식 교정의 목적이 체중을 늘리는 것이라는 생각은 잘못된 것입니다. 식품의 질과 양이 늘어났기 때문에 문명 사회에서 당뇨병이나 심장병이나 결석이 증가한 것입니다. 지금의 평균 체중은 비만 쪽으로 기울어져 있습니다.

466. 자립심 기르기

● 아이에게는 빨리 하는 것보다 독립 의식을 심어주는 것이 더 중요하다. 일상의 행동 정도는 부모의 도움 없이 스스로 할 수 있도록 기다려준다.

아이가 자기 일을 스스로 할 수 있게 되면 엄마는 편해집니다.

그러나 엄마 입장에서만 생각해서는 안 됩니다. 자기 일을 스스로 할 수 있다는 자신감은 아이에게 인간으로서 독립했다는 느낌을 안겨줍니다. 아이에게는 빨리 하는 것보다 독립 의식을 심어주는 것이 더 중요합니다. 그러므로 아이가 윗옷 단추를 끼우는 데 시간이 걸리고 꾸물대도 엄마가 답답하게 생각해서 도와주는 것은 좋지 않습니다. 무엇이든 빨리 해버리는 엄마는 답답해서 자신이 해주게 되고, 그 결과 아이는 언제까지나 자신의 일을 스스로 할 수 없게 됩니다. 주위에서 도와주지 않고 혼자 하게 하면 만 4~5세가 되었을 때 여러 가지 일을 스스로 할 수 있게 됩니다.

배설도 엄마 손을 빌리지 않고 혼자서 하게 됩니다. 하지만 처음에는 얼마 동안 엄마가 점검을 해야 합니다. 아침에 이를 닦거나 세수를 하는 것도 잘은 못하지만 어떻게든 하게 됩니다. 목욕할 때 남자 아이 중에는 혼자서 머리를 감을 수 있는 아이도 있습니다. 손이 닿는 신체 부분은 대충이나마 스스로 씻을 수 있습니다. 물론 함께 목욕하는 어른이 부분적으로 도와주어야 합니다.

옷을 입는 것도 여름에는 간단하지만 겨울에는 작은 단추를 끼우기가 어렵습니다. 조금 도와주면 그런대로 할 수 있습니다. 벗는 것은 쉽습니다. 양말은 대충 신을 수 있습니다. 끈 매는 것은 할 수 있는 아이도 있고, 아직 못하는 아이도 있습니다. 부모가 식사 전에 손을 씻는 집에서는 아이도 따라서 손을 씻습니다. 식사도 혼자서 완전히 할 수 있습니다. 식사 예절을 가르치기 시작해야 합니다. 코를 풀거나 칫솔질을 하는 것도 만 4~5세에 할 수 있게 됩니다.

유치원에서는 스스로 점퍼를 벗기도 하고, 도시락 커버를 풀거나 싸기도 해야 합니다. 이런 것은 아이 스스로 할 수 있도록 부모가 신경을 써야 합니다. 점퍼는 지퍼를 간단하게 올리고 내릴 수 있는 것으로 입히며, 등에 지퍼가 있는 옷은 입히지 않도록 합니다. 도시락 커버도 지퍼로 된 것이 좋습니다.

장난감을 가지고 놀거나 책을 읽은 후에는 반드시 제자리에 갖다 놓도록 합니다. 그렇게 하려면 장난감 놓는 장소와 책장을 일정하게 정해 두어야 합니다. 뒷정리를 하고 못하고는 아이의 성격에 따라 다릅니다. 너무 자주 이야기하면 반발하여 오히려 치우지 않게 됩니다.

일반적으로 아이가 자신의 일을 얼마만큼 할 수 있느냐는, 부모가 아이를 얼마나 내버려둘 수 있느냐 하는 부모의 인내심에 달려 있습니다. 유치원에 가게 되어 싫어도 부모와 떨어져서 지내게 되면 아이는 갑자기 성장합니다.

467. 아이 몸 단련시키기 😊

● 유치원이나 보육시설에 보내 안전한 장소에서 뛰어놀 수 있도록 한다.

요즘에는 아이들을 위한 넓은 장소가 적습니다.

유치원이나 보육시설에 보내지 않고 집에서 아이의 몸을 단련시키는 것은 쉽지 않습니다. 만 4~5세 아이를 단련시키려면 어느 정도 넓은 장소와 큰 놀이 기구를 갖추어 놓아야 합니다. 주택이 밀집되어 있는 동네에는 아이들을 위한 넓은 장소가 없습니다. 놀이 기구를 사도 놓아둘 장소가 없습니다.

놀이 기구를 이용하지 않고 걷게만 해도 단련은 됩니다. 하지만 매일 2~3km를 엄마가 함께 걸어야 합니다. 그런데 그 정도로 시간과 체력에 여유가 있는 엄마는 많지 않습니다. 게다가 걷기만 하는 단련은 아이에게 지루하게 느껴져 매일의 일과로 삼기에는 문제가 있습니다.

엄마와 할 수 있는 단련이라면 쇼핑하러 갈 때 옷을 많이 입히지 않고 데리고 가는 정도입니다. 이 나이의 아이를 단련시키는 데는 아빠의 도움이 필요합니다. 규칙적인 것을 좋아하는 아빠(경우에 따라 이것은 엄마와 아이에게 정신적인 부담이 되기도 하지만)라면 매일 아침 체조를 하거나 냉수마찰을 하는데, 이때 아이가 따라 하게 합니다. 보통 아빠가 아이에게 해줄 수 있는 것이라면, 휴일에 공놀이를 같이 하거나 가까운 산에 데리고 가는 것입니다. 그러나 이것도 휴일마다 할 수는 없습니다.

예전에는 아이들의 신체 단련에 부모의 도움이 필요 없었습니다. 근처 공터에서 친구들과 하루 종일 어울리며 개를 쫓아가거나 나비와 매미를 잡거나 연을 날리다가 식사 때가 되어야 집에 돌아왔습니다. 친구들과 즐겁게 노는 것이 곧 신체 단련이 되었습니다. 엄마에게 심하게 꾸중을 들어도 밖으로 나가면 친구가 있었기 때문에 2~3시간 놀다가 집에 돌아올 때쯤이면 엄마도 아이도 이미 그 일은 잊어버린 상태가 되었습니다. 안전한 길거리는 신체 단련의 장소였을 뿐만 아니라 부모와 자녀 사이에 중재 역할을 해주기도 했습니다. 하지만 요즘은 도로가 위험해져 아이들끼리만 놀 수가 없습니다. 그리고 나비나 매미도 많이 없어졌습니다. 길거리의 자유 공간(어른에게 간섭 받지 않는 세계)도 없어졌기 때문에 부모에게 심하게 혼이 나면 밀실에서의 냉전이 언제까지나 계속됩니다. 그러므로 하루 중 몇 시간 정도 부모와 떨어져 지낼 수 있는 유치원이나 보육시설은 정신 건강 면에서도 필요합니다.

468. 예민한 아이 😊

● 열등하다거나 마음이 약하다고 단정해서는 안 된다. 이것을 개성으로 여기고 오히려 발전시킬 수 있다.

무엇에나 예민한 아이가 있습니다.

예민한 아이는 사소한 일에도 울어버리기 때문에 엄마는 마음이 약하다고 생각합니다. 동화를 듣다가도 불쌍한 아이가 나오는 장면에서는 눈에 눈물이 고입니다. 밖에 나가 친구와 놀다가도 조금 섭섭한 이야기를 들으면 울상이 되어 집으로 돌아옵니다.

이런 아이가 유치원에 가면 선생님은 심약한 아이로 생각합니다. 찰흙으로 인형을 만들 때 다른 아이들은 거의 완성해 가는데 이 아이만 아직 멀었을 때, 빨리 끝내지 않으면 셔틀버스에 제 시간에 태우지 못하기 때문에 교사는 서두릅니다. 그리고 "왜 이렇게 늦었어?"라며 주의를 줍니다. 이때 보통 아이라면 조금 창피해하거나 그저 머리를 긁적거릴 정도로 끝날 텐데, 예민한 아이는 눈물을 뚝뚝 흘리며 고개를 숙입니다.

이런 아이는 감정적으로 예민할 뿐 아니라 감각적으로도 과민합니다. 물건에서 나는 냄새에도 매우 민감합니다. 석유스토브를 켜면 싫어합니다. 파나 양파처럼 냄새가 강한 식품도 좋아하지 않습니다. 전철이나 버스 안의 냄새도 싫어합니다. 버스를 좀 오래 타면 토하려고 합니다. 소풍을 갈 때 버스 안에서 누군가가 멀미를 하면 곧 따라 하기도 합니다. 소리에도 민감한 아이는 보육시설에서 낮잠을 잘 자지 못합니다. 밤에도 좀처럼 자지 않으며, 너무 늦어지면 "잠이 안 와. 내일 늦으면 어떻게 해요?"라며 울기도 합니다.

●

감수성이 예민한 아이를 대할 때는 주의해야 합니다.

엄마도 아이처럼 감수성이 예민한 사람이라면 자신도 어렸을 때 그랬다는 것을 기억하여 아이를 잘 이해할 수 있습니다. 그러나 아이의 예민한 성격은 아빠를 닮은 것이고 엄마는 신경이 둔한 편이라면 아이의 마음을 잘 이해하지 못합니다. 예민한 아이를 열등한 아이로 생각해서는 안 됩니다. 마음이 약하다든지 소심한 것으로 단정해서도 안 됩니다.

가장 나쁜 것은 선천적으로 성격이 예민한 아이를 "당신이 잘못 키워서 그래"라며 아빠가 엄마를 비난하는 것입니다. 이런 아빠는 스파르타식 교육을 믿는 사람으로, 아이는 단련시키면 강해진다고 생각하고 체벌을 하는 경우가 있습니다. 하지만 이렇게 하면 아이는 더욱 주눅이 들어 나아지지 않습니다.

사람들 중에는 이렇게 섬세한 사람도 있습니다. 세계를 아름답게 하는 것은 바로 이런 사람들입니다. 그 아이가 지닌 섬세한 마음을 존중하여 어른이 되어서도 계속 그런 마음을 지닐 수 있도록 키우는 것이 좋습니다.

●

물론 단련은 시켜야 합니다.

버스를 타면 멀미하는 아이는 버스 타는 거리를 점차 늘려가면서 익숙해지게 하면 됩니다. 보육시설에서의 낮잠 시간에는 교사 바로 곁에서 자게 하여 안심시키도록 합니다. 밤에 자기 전에 동화를 읽어주어도 잠이 오지 않는다고 하면 혼내지 말고 들려준 동화의 다음 이야기를 상상하게 합니다. 다른 데서 울고 돌아왔을 때는 "너도 가서 때려주고 와"라고 말하지 말고 즐거운 이야기를 들려주도록 합니다. 인생에는 슬픈 일뿐만 아니라 기쁜 일도 많이 있다는 것을 느끼게 해 줍니다.

유치원이나 보육시설이 정원 초과 상태라면 이렇게 감수성이 예민한 아이의 장점을 충분히 살려서 보육하기가 힘듭니다. 이런 아이는 콩나물 교실에서 대장 노릇을 하는 아이에게 시달리고 들볶여 괴로워합니다. 이런 상태에서 집에 돌아와 엄마에게 또다시 잔소리를 듣는다면 아이는 괴로운 상황에서 헤어나오지 못합니다.

이런 아이를 너무 감싸주는 것도 좋지 않지만 예민하다고 해서 비난해서도 안 됩니다. 사람은 평생 단체 여행을 하는 것이 아닙니다. 자신의 특성을 인정해 주는 사람과 가정을 만들어 즐겁게 살아가면 됩니다. 감수성이 예민한 사람이나 둔감한 사람이나 가지고 태어난 특성을 살려 모두가 즐겁게 살 수 있는 사회를 만들면 되는 것입니다.

469. 거짓말하는 아이

● 아이의 거짓말에 엄마가 속아 넘어가지 않는다는 것을 단호하게 알려준다.

가정에 거짓말이 없도록 해야 합니다.

아이의 거짓말을 '거짓말은 나쁜 것'이라는 도덕 관념만으로 비난해서는 안 됩니다. 아이는 재미있었던 일을 부모에게 이야기할 때 자주 거짓말을 보탭니다. 아이의 즐거운 기억 속에는 현실과 공상이 함께 존재하는 것입니다. 하지만 어른은 상상력이 부족하기 때문에 현실은 현실로밖에 받아들이지 못합니다. 아이의 그림을 보면 알 수 있습니다. 어른 입장에서 보면 아주 이상한 색을 사용한 것 같지만 아이의 마음속에는 그것이 진실입니다. 아이의 기억 속에 있는 아름다운 세계를 그 나름대로 그림으로 표현하는 것입니다. "거짓말을 해서는 안 돼"라고 혼내면 아이는 기가 죽어 점점 상상력을 잃게 됩니다. 그러나 책임을 회피하기 위해 거짓말을 하기도 합니다. 그것은 대부분 "누가 이렇게 했어?"라고 엄마가 날카롭게 물을 때입니다. 만약 이전에 이와 같은 상황에서 부모가 체벌을 한 적이 있다면 아이는 체벌을 피하려고 자신이 한 일도 하지 않았다고 말합니다. 아이의 공포심이 정직함을 넘어서도 그것은 어쩔 수 없습니다.

아이가 책임을 회피하기 위해 거짓말을 할 때, 애초에 엄마는 속아 넘어가지 않는다는 것을 단호하게 알려야 합니다. 이렇게 하지 않으면 아이는 계속 거짓말을 하게 됩니다. 그리고 어른이 거짓말을 하면 아이도 거짓말을 배우게 됩니다. 가정에 거짓말이 없도록 해야 합니다.

470. 글자 학습 😊

● 아이가 그림책을 즐기게 되면 스스로 글자를 깨우치게 된다. 일부러 가르치기 위해 노력할 필요가 없다.

학교에 가기 전에 이미 글자와 숫자를 읽을 줄 아는 아이가 많습니다.

요즘은 학교 가기 전에 이미 글자와 숫자를 읽을 줄 아는 아이가 많습니다. 이것이 엄마의 교육열 때문만은 아닙니다. 아이의 생활도 글자를 필요로 하게 된 것입니다. 요즘 아이들은 집 안에 있는 시간이 많기 때문에 텔레비전이나 그림책을 많이 봅니다. 그것이 재미있으면 부모가 가르치지 않아도 자진해서 숫자와 글자를 엄마나 형제에게 물어보고 외우기도 합니다. 하지만 텔레비전을 보려고 글자를 빨리 읽게 되는 것은 장기적으로 보면 도움이 되지 않습니다. 아이는 만화만 보고 책은 읽지 않는 사람이 됩니다.

●

만 4세가 되었으니 글자를 가르쳐야 한다는 것은 잘못된 생각입니다.

만 4세 아이에게 맞는 즐거운 그림책을 주면 그것을 좋아하는 아이는 숫자와 글자를 스스로 배우려고 합니다. 아이에게 그림책을 보여주지 않고 '글자 쓰는 법'이라는 책으로 글자를 가르치는 것은 어리석은 방법입니다. 아이도 잘 배우려 하지 않습니다.

초등학교에 들어갈 때까지 대부분의 아이가 글자를 알게 되는데, 예전에는 초등학교 교사가 유치원에서 글자를 가르치지 말라고 했기 때문에 유치원 교사는 아이에게 이름 외에는 가르치지 않았습니다. 하지만 아이가 글자를 물어보는데도 가르쳐주지 않는 것은 오히려 부자연스럽습니다. 유치원이나 보육시설에서 글자만 가르쳐서는 안 됩니다. 하지만 그림책을 즐기는 아이는 스스로 묻고 글자를 깨우치게 됩니다. 아이의 즐거운 생활에 필요한 것은 제공해주어야 합니다.

글자를 쓰게 하려고 애쓸 필요는 없습니다. 읽을 수만 있으면 됩니다. 읽을 수 있는 글자는 쓸 수 있어야 한다는 생각에 아이에게 편지를 쓰게 하거나 문장을 쓰게 하는 것은 좋지 않습니다. 아이는 자신이 생각하는 것을 아직 문장으로는 표현하지 못합니다. 동심의 세계는 아이가 사용하는 문장보다 훨씬 넓고 다채롭습니다. 문장으로 표현하도록 강요하면 글자를 싫어하게 됩니다. 그러므로 아이가 생각하는 것을 충분히 이야기할 수 있게만 하면 됩니다.

471. 책을 좋아하는 아이

● 마음껏 책을 보게 한다. 그리고 시간을 내서 책을 읽어주기도 한다.

책을 좋아하는 아이에게는 마음껏 책을 보게 합니다.

책을 좋아하는 아이와 그렇지 않은 아이는 만 4세가 되면 분명해집니다. 책을 좋아하는 아이에게는 마음껏 책을 보게 하고 엄마는 시간을 내서 책을 읽어주어야 합니다. 이런 아이는 상상력이 풍부한 아이입니다. 자신이 이야기를 만들어 엄마에게 들려주기도 합니다. 그러다가 마침내 엄마에게 글자 읽는 법을 물어봅니다. 형이나 누나가 있으면 그들에게서 글자를 배웁니다. 이렇게 해서 글자를 배우면 소리 내지 않고 책을 읽기 시작합니다. 하지만 책을 싫어하는 아이에게는 책을 줄 필요가 없습니다.

어린이 도서관을 더 많이 지어 유아를 위한 장서를 갖추는 것이 필요합니다. 하지만 유치원에 도서실을 만들어 모든 아이에게 이곳에서 책을 읽도록 강요하는 것은 책을 좋아하지 않는 아이에게는 해로운 일입니다. 아이에게 글자를 가르쳐 도서실의 책을 읽게 하려는 경쟁심이 엄마들에게 생기기 때문입니다. 책을 좋아하는 아이에게 보여줄 책에 대해서는 425 그림책 선택하기를 읽어보기 바랍니다. 아이가 책을 읽을 때는 조명을 충분히 밝게 해주고, 바른 자세로 앉게 하며, 책을 너무 눈 가까이에 두고 읽지 않도록 합니다.

●

책을 좋아해 친구들과 어울리지 못한다면 책보다 놀이 기구를 사주어야 합니다.

책을 좋아하는 아이 중에는 상상의 세계가 너무 재미있어 현실의 친구들과 잘 어울리지 못하는 아이도 있습니다. 특히 천식이라고 밖에 나가지 않고 병원에만 다니는 아이들 중에 이런 아이가 많습니다. 이것은 이상이 있는 아이입니다. 책을 읽을 때는 열심히 읽는 것이 좋지만, 친구들과 놀 기회도 항상 마련해 주어야 합니다.

책을 좋아하는 아이는 어떤 환경에서도 책을 읽습니다. 이런 아이에게는 일부러 책을 주지 않고 친구와 놀게 하는 데 신경을 쓰는 것도 한 방법입니다. 친구들과 노는 즐거움을 모르고 사는 것은 글자를 모르고 사는 것보다 불행하기 때문입니다. 특히 책을 주고 나서부터 친구들과 잘 어울리지 못하게 되었다면 책을 사주기보다 놀이 기구를 사주어서 친구들과 같이 놀게 하는 것이 좋습니다.

●

책을 제대로 골라주지 못해 흥미를 갖지 못하는 아이도 있습니다.

옆집 아이는 만 4세인데도 글자를 읽는데 자신의 아이는 만 5세 가까이 되어도 책을 읽으려 하지 않는 경우도 있습니다. 이럴 때 서둘러서 아이에게 글자를 가르칠 필요가 없습니다. 책을 읽지 않고 매일 즐겁게 친구들과 놀기만 해도 그냥 내버려두는 것이 좋습니다. 책을 싫어하는 아이를 붙잡고 억지로 글자를 가르친다고 해서 도움이 되지는 않습니다. 이 아이는 글자를 배우는 능력이 없는 것이 아니라, 책을 통한 상상의 세계보다 친구들과 탐구하는 현실의 세계가 더 흥미진진한 것입니다.

부모가 책을 제대로 골라주지 못해서 책에 흥미를 갖지 못하게 되는 경우도 있습니다. 동화의 세계에는 흥미가 없지만 자동차나 동물, 어류, 곤충 등 무언가에 특별한 흥미를 갖는 아이도 있습니다. 이런 아이에게는 좋아하는 내용에 관한 책을 주면 그 내용에 빠져 정신없이 보고, 마침내는 글자를 가르쳐달라고 하기 시작합니다. 대담하게 어른이 보는 도감을 주어도 좋습니다. 동물을 좋아하는 아이는 동물도감의 파충류를 전부 외워버리기도 합니다. 하지만 그렇다고 해서 앞으로의 진로를 생물학과 연관지어 생각해서는 안 됩니다. 아이는 어른이 되면 이것을 잊어버립니다.

472. 지능 테스트

● 유달리 지능이 떨어지는 아이를 찾아내고자 고안한 것으로, 보통의 아이라면 오히려 신경 쓰지 않는 것이 좋다.

지능 테스트는 믿을 만한 것 같지만 실은 그렇지도 않습니다.

원래 지능 테스트는 프랑스의 초등학교에서 유달리 지능이 떨어지는 아이를 찾아내고자 고안한 것으로, 사람의 두뇌 능력을 판단하는 것은 아닙니다. 사람의 지능이 어떤 것인지도 확실하지 않고,

이것이 테스트할 수 있는 것이라는 증거도 없습니다. 선천적으로 인간이 가지고 태어나는 가능성은 무한한데, 아이 때는 이것이 개발되지 않고 잠재되어 있습니다. 이것을 서너 가지 질문으로 판단할 수는 없습니다. 지능 테스트 결과는 숫자로 나오지만, 사람 두뇌의 가치는 숫자로 판가름할 수 있는 것이 아닙니다.

유아 지능 테스트의 부정확성은 엄마가 가장 잘 알고 있을 것입니다. 아이는 보통 때라면 대답할 수 있는 문제도 모르는 사람에게 질문을 받으면 대답하지 않습니다. 시험관은 아이가 모른다고 생각하고 채점하지만 엄마는 아이가 대답하지 않았을 뿐이라는 것을 알고 있습니다.

아이가 자신이 알고 있는 것을 모두 표현하고 전달할 수 있어야 테스트의 의미가 있습니다. 하지만 아이는 알고 있으면서도 모르는 사람에게는 대답하지 않습니다. 또한 유아의 지능 테스트는 비슷비슷하기 때문에 테스트 문제집을 사서 연습하면 대답을 잘할 수밖에 없습니다. 거듭하면 테스트의 달인을 만들 수도 있습니다. 하지만 달인이 되었다고 하여 사람의 가치가 올라가는 것은 아닙니다.

●

지능 테스트 문제를 풀지 못해도 전혀 낙담할 필요는 없습니다.

지능 테스트 문제는 멋대로 만든 것이 아닙니다. 어느 지역에서 몇백 명의 아이들에게 같은 질문을 하여 그 답을 모아서 기준을 만든 것입니다. 그것을 만들기까지는 2~3년이 걸리기 때문에 그 테스트는 현재 아이들의 실정과는 조금 빗나가 있습니다. 그러므로 지금 새롭고 창조적인 생활을 하는 가정의 아이가 과거 어느 지역의 아이가 알고 있던 진부한 지식을 모른다고 해도 낙담할 필요는 없는 것입니다. 지금 사용하지 않는 것의 명칭을 몰라도 만 4세 아이는 지능이 낮은 것이 아닙니다.

●

충치와 그 예방. ^{388 충치 대처 및 예방하기 참고}

환경에 따른 육아 포인트

473. 잘 어울리지 못하는 아이

● 협력하는 훈련을 시켜야 한다.

● 친구와 놀 때는 장난감은 싸움의 원인이 되므로 되도록 가지고 가지 않는다.

가지고 간다면 2개를 가져가 함께 놀 수 있도록 해준다.

친구들과 함께 놀려면 협력하는 훈련이 되어 있어야 합니다.

만 4세가 되면 저절로 모든 아이가 친구들과 어울려 놀게 되는 것은 아닙니다. 친구들과 함께 놀려면 협력하는 훈련이 되어 있어야 합니다. 본래 성격이 관대한 아이는 상대가 다소 무리한 요구를 해도 용서해 주고 함께 놉니다. 그러나 이런 아이는 많지 않습니다. 대개의 경우는 처음에는 여러 차례 싸움을 하고 울면서 헤어진 끝에 즐겁게 놀려면 협력해야 한다는 것을 배워서 친구들과 잘 놀게 됩니다. 그러므로 처음에 싸움을 해서 울리거나 운다고 해서 부모가 나서면 아이는 언제까지나 친구와 잘 놀지 못합니다.

어느 아이나 처음에는 친구 집에 놀러 가지 못합니다. 친구가 자기 집에 놀러 오고 나서야 처음으로 놀게 됩니다. 놀러 온 아이가 다른 아이들과 놀아본 경험이 있다면 그 집의 장난감을 가지고 친하게 놀려고 합니다. 그러나 장난감은 그저 자신의 것이라고만 생각하는 아이는 자기 장난감이 다른 사람 손에 있는 것을 참지 못합니다. 그래서 놀러 온 아이가 자기 장난감을 만지면 달려가서 빼앗습니다. 놀러 온 아이는 장난감이 없으면 놀 수 없기 때문에 주려고 하지 않습니다. 그래서 서로 싸우게 됩니다. 그러나 두 아이 모두 유치원에 다니고 있다면 친구 사이를 연결해 주는 도구인 장난감은 누구의 것이든 상관없으며, 노는 동안에는 공유해야 한다는 것을 알고 있습니다. 그렇기 때문에 놀러 온 친구가 자신의 장난감을 가지고 놀아도 화를 내지 않습니다.

마침 놀러 온 이웃 아이가 너그러운 성격이라면 잠시 방관자가 되어줄 것입니다. 다른 친구와 어울리는 것이 낯선 아이는 친구가 옆에 있어주는 것만으로도 즐겁기 때문에 차츰 기분이 좋아져 자신의 장난감으로 함께 놀기 시작합니다. 하지만 이렇게 너그러운 아이만 있는 것은 아닙니다. 둘 다 너그럽지 못한 아이가 서로 옆집에 살고 있을 때는 만 4세가 넘어도 여전히 사이좋게 놀지 못합니다.

예전에는 아이들이 집 근처 공터에 모여서 놀았기 때문에 자신과 성격이 맞는 친구를 선택할 수 있었습니다. 그러나 요즘 아이들은 도로가 위험하기 때문에 멀리 나가지 못합니다. 그러다 보니 이웃에 적당한 친구가 없으면 혼자 지내야 합니다.

●

아이는 친구와 노는 것이 가장 즐겁습니다.

친구와 노는 즐거움을 맛볼 수 있게 해주려면 협력을 가르쳐야 합니다. 그러나 협력은 어른이 가르칠 수 있는 것이 아닙니다. 아이들이 자연스럽게 모일 수 있는 공터가 없어진 지금은 집단 보육을 하는 곳에 아이를 보내어 협력을 가르쳐야 합니다.

이웃에 적당한 유치원도 없고, 비슷한 또래의 아이가 옆집에 살지만 서로 잘 놀지 못할 때는 양쪽 엄마가 노력해야 합니다. 항상 장난감이 싸움의 원인이 된다면, 엄마도 함께 참여하여 장난감 없이 노는 것부터 시작해야 합니다. 또 놀러 갈 때는 장난감을 2개 가지고 가게 하여 친구에게도 하나 빌려주라고 합니다. 함께 노는 것이 즐겁다는 것을 여러 번 경험하면 친하게 놀 수 있게 됩니다. 함께 간식을 먹는 것도 친구와 노는 즐거움을 더해 줍니다. 때로는 함께 식사를 하는 것도 좋습니다.

이웃 아이 중에 버릇없는 아이라고 놀지 못하게 하는 것은 어른의 마음속 어딘가에 숨어 있는 적의를 드러내는 것입니다. 부모끼리 서로 알고 지낼 때는 가족 단위로 함께 피크닉을 가는 것도 좋습니다. 아이 마음에 동료라는 의식이 생기게 합니다.

474. 유치원에 가기 싫어하는 아이

● 아프거나 전혀 적응하지 못해서인 경우를 제외하고는 아이의 기분을 모른 체한다.

아이가 "오늘은 유치원 가지 않을래요"라고 말하는 경우가 있습니다.

유치원에 다니기 시작하여 15일 정도는 유치원에서도 신경을 써서 수업을 일찍 끝냅니다. 특히 엄마에게 의존심이 강한 아이에게는 일시적으로 엄마를 아이 옆에 있게 하는 유치원도 있습니다. 이렇게 해서 차차 적응하여 유치원에 잘 다니기 시작한 아이도 1~2개월이 지난 후(또는 1년이 지난 후) "오늘은 유치원 가지 않을래요"라고 말하는 경우가 있습니다. 이때 아이가 병이 난 것이라면 어쩔 수 없습니다. 병이 났는지 아닌지는 엄마가 가장 잘 알고 있을 것입니다. 아침에 일어나는 모습, 식사하는 태도 등을 보고 아무래도 평소와 다르다고 생각되면 체온을 재봅니다.

열이 있으면 이 나이 때 잘 일어날 수 있는 열의 원인을 생각해 보아야 합니다. ^{435 갑자기 고열이 난다, 479 자주 열이 난다} 열이 없는 병도 있지만 아무래도 병인 것 같지는 않아 아이에게 물어보면 여러 가지 이유를 댑니다. 그 이유는 유치원에 적응하지 못하는 막연한 핑계이기는 하지만, 그 속에는 어느 정도 진실이 내포되어 있습니다. "승훈이가 괴롭혀요"라고 아이가 말합니다. 여자 아이가 신기해서 머리를 만지거나 리본을 당기는 승훈이의 행동이 친밀감이 아니라 괴롭히는 것으로 느껴지는 것입니다. 또 "도시락 먹을 때 선생님이 야단쳐요"라고 말하기도 합니다. 선생님은 밥을 남기지 말고 먹도록 가르치고, 모두에게 깨끗이 먹은 후 도시락을 보여달라고 말한 것입니다. 이런 이유 때문에 유치원에 가기 싫어하는 아이가 많습니다.

"승훈이가 괴롭혀요"라든가 "선생님이 야단쳐요"라고 아이가 말하면 엄마는 동요합니다. '우리 아이는 아직 어리니까 무리해서 유치원에 보낼 필요가 없지 않을까? 올해는 그만두고 내년에 다니게 할까?' 특히 할아버지, 할머니와 함께 살고 있어 이전부터 일찍 유치원에 다니는 것을 반대한 경우 엄마는 '역시 너무 빨리 유치원에 보냈나?'라고 생각하게 됩니다. 하지만 이럴 때 아이를 직접 유치원에 데리고 갔는데 아무일 없었다는 듯 다시 즐겁게 어울려 놀면 앞으로도 계속 보내기로 결심합니다.

●

아이의 기분을 전혀 모르는 듯한 얼굴로 보내는 것이 좋습니다.

다음에 다시 "오늘 유치원 가기 싫어요"라고 말할 때 의연하게 "자, 엄마와 같이 가자!"라며 유치원까지 데리고 가든지, 같이 가자고 온 친구에게 "함께 가라"라고 말하고는 아이의 기분을 전혀 모르는 듯한 얼굴로 보내는 것이 좋습니다. 애원하거나 교환 조건을 붙여서는 안 됩니다. 할아버지와 할머니에게도 "가엾어라"라고 말하지 않도록 부탁해 놓아야 합니다. 아이는 이제야 엄마에 대한 의존으로부터 첫걸음을 내딛으려고 하는 것입니다. 이를 위해 집단 보육에 의뢰하는 것입니다. 집단 보육은 집에서 가르치지 못하는 것을 가르칩니다. 유치원에 가기 싫어하는 아이에게는 특히 필요합니다. 가장 좋은 것은 친한 친구가 아침에 같이 가자고 오는 것입니다. 이것은 친구에게도 어려움에 처한 동료에게 손을 내미는 법을 가르치는 셈이 됩니다.

●

매일 울음보를 터뜨리면 그만두게 해도 좋습니다.

아이가 유치원에 가서 단체 생활에 전혀 적응하지 못하는 경우도 없지는 않습니다. 유치원의 욕심으로 아이들을 너무 많이 받아 한 반에 40명이나 되면 교사의 손길이 제대로 미치지 못합니다. 내성적인 아이는 다른 친구를 제치고 교사 앞으로 나가지 않습니다. 그러다 보니 교사의 시야에서 벗어나게 됩니다.

이런 아이는 한 학기를 다녀도 친구를 만들 수 없습니다. 항상 풀이 죽은 채로 혼자서 기둥 근처에 있습니다. 이런 아이는 매일 아침 유치원에 가기 전에 한바탕 울음보를 터뜨립니다. 이것은 아이의 내성적인 성격이 영리 위주의 유치원에 적응하지 못하는 경우입니다. 틀림없이 비슷한 피해자가 또 있을 것입니다. 이런 엄마들이 모여 유치원 운영 방식을 바꾸도록 의견을 제시해야 합니다. 그래도 받아들여지지 않을 때는 아직 아이의 성장 수준이 그런 환경에 견딜 정도가 아님을 인정하고 유치원을 그만두게 해도 좋습니다.

만 4세 때 유치원을 도저히 견디지 못하던 아이가 다음 해에는 잘 적응한 사례는 얼마든지 있습니다. 아이를 키우는 길은 여러 가지가 있습니다. 반드시 한 가지 길로만 가야 하는 것은 아닙니다.

475. 유치원에 친구가 없는 아이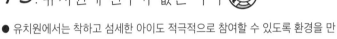

● 유치원에서는 착하고 섬세한 아이도 적극적으로 참여할 수 있도록 환경을 만들어주어야 한다.

유치원에 2~3개월 다녀도 아직 친구가 없는 아이가 있습니다.

대부분 얌전하고 부끄럼을 많이 타는 아이입니다. 이런 아이는 참관일에 가보면 모두 시끄럽게 떠들고 있는데 혼자만 외따로 떨어져 있습니다. 그중에는 유치원에 가기 싫어하는 아이가 있는가 하면, 외톨이면서도 유치원에는 가려고 하는 아이도 많습니다. 유치원 교사가 20~30년 정도의 경력이 있는 사람이라면 이런 상황에 동요하지 않지만, 별로 익숙하지 않은 교사라면 "아이가 사회성이 부족합니다"라고 알림장에 써보내서 엄마를 당황하게 합니다. 이런 아이라고 해도 신이 나서 유치원에 가고, 집에서는 부모에게 무엇이든 이야기하며, 지금까지와 다름없는 생활을 한다면 걱정할 필요 없습니다.

●

이것은 가정보다도 유치원의 문제입니다.

사람에게는 여러 성격이 있습니다. 많은 사람들 앞에서 말하기를 좋아하는 사람, 그렇지 않은 사람, 자신의 존재를 타인에게 인식시키고 싶어 하는 사람, 되도록 숨으려고 하는 사람 등 여러 가지 유형이 있습니다. 세속적인 욕심을 좇지 않는 아이는 그 성품이 그대로 나타납니다. 항상 학교식으로 한 반에 40명 정도씩 대그룹 활동을 하면, 아이는 무엇인가를 말할 때 40명이 들을 수 있게 큰 소리로 말해야 합니다. 하지만 사람들 앞에서 말하는 것을 부끄러워하는 아이는 말하지 않습니다. 말을 하지 않으면 교사는 아이의 존재를 알지 못합니다. 이런 아이도 자유 놀이를 많이 시키고 비슷한 성격의 아이와 소그룹을 만들어주면, 집에 있을 때처럼 수줍어하지 않고 자신의 생각을 발표합니다. 친구와의 연대도 생깁니다.

●

사회성이 없는 아이란 정상적인 아이 가운데는 없습니다.

아이의 성격에 맞는 사회를 만들어주는 것이 유치원의 의무입니다. 그러기 위해서는 '콩나물' 보육 환경을 없애야 합니다. 하지만 유치원 교사 중에는 '현실적'으로 생각하는 사람도 있습니다. "그런 아이를 감싸고 있다가는 유치원을 운영할 수 없습니다. 사회라는 곳은 냉혹한 곳이기 때문에 여기에 적응하는 법을 배워야 합니다. 유치원이라는 작은 사회에 적응할 수 있도록 가정에서 노력해주었으면 좋겠습니다"라고 말합니다. 하지만 필자는 그렇게 생각하지 않습니다. 요즘과 같은 냉엄하고 무신경한 사회를 개선시켜 착하고 섬세한 아이도 참여할 수 있는 사회로 만들어야 합니다. 착하고 감수성이 예민한 아이가 만나는 사회의 첫걸음이 유치원이라면, 유치원은 그 아이가 안심하고 사회생활을 시작할 수 있는 환경을 만들어주어야 합니다.

476. 여름방학

- 방학 중 이웃 친구들과 함께 놀 수 있도록 해준다.
- 늦게 자고 늦게 일어나더라도 나름대로 규칙이 있으면 된다.

아이가 처음 맞는 여름방학입니다.

올해부터 유치원에 다니기 시작한 아이에게는 처음 맞는 여름방학일 것입니다. 1개월이라는 방학 기간 동안 집단 보육에서 익힌 기초 생활 습관을 잊지 않도록 해야 합니다. 유치원에 다니면서부터 자신의 일은 스스로 하는 습관이 생긴 아이에게는 집에서도 그렇게 하게 합니다. 유치원에 갈 때는 시간이 모자라서 아침에 옷 입는 것을 일부 도와주었더라도 방학 동안에는 혼자서 입게 합니다. 유치원에서 식사하기 전에 손을 씻는 습관이 생겼다면 집에서도 그렇게 하게 합니다.

유치원에서 익힌 습관 중 가장 중요한 것은 친구와 노는 것입니다. 여태까지 장난감을 서로 빼앗느라 친해지지 못했던 이웃 친구와도 이제 친하게 놀 수 있게 되었을 것입니다. 이웃 친구를 놀러 오게 하거나 아이를 놀러 가게 하여 아이들끼리 놀게 해주는 것이 좋습니다. 이웃의 가족과 함께 수영장에 가는 것도 좋은 방법입니다.

●

규칙적인 생활을 하게 합니다.

예전 아이들은 일찍 잤기 때문에 아침 일찍 일어나는 것이 아무렇지도 않았지만, 늦게 자는 요즘 아이들은 아침 일찍 잘 일어나지 못합니다. 대도시에서는 더워서 밤 10시가 넘어야 잡니다. 그때까지 자지 않는 아이도 많습니다. 이런 아이가 낮에 만나지 못하는 아빠와 밤에 단란한 시간을 보낸다면 굳이 밤 8시에 재우고 아침 일찍 깨울 필요는 없습니다. 요즘에는 부모도, 자녀도 모두 늦게까지 잡니다. 아이만 일찍 일어나게 하기는 어렵습니다. 늦게 자고 늦게 일어나더라도 그 나름대로 규칙적인 생활을 하면 됩니다. 오후에 1시간이나 1시간 30분 낮잠을 자게 하고, 밤 10시경에 재워 아침 7시 넘어서 일어나게 하면 됩니다.

여름방학에는 가족끼리 여행을 가거나 해수욕장에 가서 가족의 즐거운 생활을 아이의 가슴에 추억으로 남겼으면 합니다. 여가를 어떻게 보낼 것인가에 대해서도 앞으로의 세대는 알고 있어야 합니다. 즐거움은 돈으로 사는 것이 아니라 가족이 함께 만들어내는 것임을 아이도 체험해야 합니다.

477. 이 시기 주의해야 할 돌발 사고

● 집 안 사고도 많지만 교통사고, 추락사고 등 집 밖에서 일어나는 사고가 특히 많다.

가장 무서운 것은 교통사고입니다.

만 4세가 넘은 아이에게 가장 무서운 사고는 교통사고입니다. 혼자 놀러 나가서 친구와 도로에서 놀다가 차에 치이는 사고가 가장 많습니다. 그러므로 아이들끼리 도로에서 노는 것은 엄격하게 금지해야 합니다.

특히 공을 가지고 노는 것은 매우 위험합니다. 굴러가는 공을 따라가다가 도로 한가운데로 뛰어들어 차에 부딪히게 됩니다. 놀이터에서 친구와 놀다가 집에 돌아가려고 할 때 마침 장 보러 나온 엄마를 발견하고는 뛰어오다가 차에 치이는 사고도 자주 있습니다. 엄마가 먼저 보고 아이에게로 가야 합니다.

세발자전거도 위험합니다. 세발자전거는 언덕길에서는 페달을 밟지 않아도 구르는데, 브레이크가 없어서 앞에 있는 것을 피하지 못하고 충돌해 버립니다. 도로에 빈 골판지 상자가 있으면 빨리 치워버려야 합니다. 아이가 빈 상자 속에 들어가 있다가 차에 치인 사고도 있습니다.

낡은 냉장고를 방치해 둔 공터에 아이를 접근시켜서는 안 됩니다. 냉장고 문을 열고 안에 들어갔다가 질식하는 사고도 일어납니다. 건축 현장의 모래 더미에서 놀다가 생매장되는 사고도 있습니다.

집 근처 저수지, 아이 허리보다 깊은 강이나 연못, 철책이 없는 벼랑, 건널목이 있는 곳에서는 아이를 혼자 밖에 나가지 못하게 해야 합니다. 그러나 실제로 농촌 등에서는 아이를 밖에 나가지 못하게 하기란 불가능합니다. 모든 것에 울타리를 만들어놓을 수도 없습니다. 친구들끼리 고기 잡으러 가는 것을 금지시키기도 쉽지 않습니다.

이 나이의 아이는 집 밖에서 일어나는 사고에 대해 전혀 무방비 상태입니다. 대부분의 경우 사고가 무서워 아이를 집에 가두어놓는 것이 최근 우리 가정의 현실입니다. 아이가 위험하지 않으면서 자유롭게 놀 수 있는 장소(놀이터, 유치원, 보육시설)가 더 많이 필요합니다.

유치원에 다니는 것도 100% 안전하다고는 할 수 없습니다. 아이들을 태우기 위해서 좁은 골목길을 뱅뱅 도는 셔틀버스는 차체도 잘 정비되어 있고, 운전기사도 숙련된 사람이어야 합니다. 아이가 버스정류장에서 기다리고 있는데 덤프트럭이 뛰어드는 일도 있습니다. 먼 거리에 있는 유치원에 다니는 것은 안전하다고 할 수 없습니다. 가까운 유치원에 다닌다고 해도 도로 교통은 복잡합니다. 유치원에 다니는 아이들을 위해서 몇 개의 통행길을 정해 시간대별로 자동차 통행을 제한했으면 좋겠습니다.

집 안에서의 사고는 화상이 많습니다. 아이가 뜨거운 주전자를 건드려 화상을 입는 사고도 있고, 엄마가 토스터나 다리미를 아이 옆에 놓고 주의하지 않아서 일어나는 화상도 많습니다. 방 안에만 갇혀 있던 아이가 빈 상자를 딛고 창문으로 기어 올라가 추락하는 사고도 있습니다.

만 4세가 넘으면 친구끼리 놀다가 다치는 일도 많습니다. 로봇놀이를 하며 높은 곳에서 뛰어내리다가 다리를 삐기도 합니다. 또 전쟁놀이를 하다가 장난감 수류탄에 눈을 맞기도 합니다. 장난감을 만드는 사람들이 스스로 위험한 장난감은 만들지 않는다는 방침을 세운다면 좋겠습니다. 집에서는 사고를 일으킨 적이 없는 엄마가 아이에게 익숙하지 않은 곳에 가면 방심하여 아이가 다치는 일도 있습니다.

478. 계절에 따른 육아 포인트

- 3월 말부터 4월 초까지 잠잘 때 땀을 자주 흘리면 이불을 얇게 해준다.

- 여름에는 모기에 물리지 않도록 주의한다.

- 가을철 천식, 야뇨 증상에 대해 호들갑스럽게 반응하지 않는다.

- 겨울에 춥다고 집 안에만 있게 해서는 안 된다.

땀을 자주 흘리면 이불을 얇게 해줍니다.

3월 말부터 4월 초 사이에 아이가 잘 때 자주 땀을 흘리는데 이때는 이불을 얇게 해주면 괜찮아집니다.

집에 넓은 마당이 있어 형제가 함께 즐겁게 논다든지, 이웃 아이가 놀러 와 하루 종일 위험하지 않게 공놀이를 하거나 세발자전거를 타며 논다면 괜찮습니다. 하지만 도로가 위험하기 때문에 아이를 집 안에만 가두어놓고 친구도 놀러 오지 않는다면 만 4세부터 유치원에 보내는 것이 좋습니다.

유치원에 다니기 시작하면 처음 얼마 동안은 긴장합니다. 그래서 지금까지 안 그러던 아이가 야뇨를 하는 일도 드물지 않습니다. 또 '신경성 빈뇨'라 하여 소변 보는 간격이 매우 짧아집니다.[439 소변 보는 간격이 짧아졌다] 그러나 둘 다 반드시 자연적으로 낫습니다.

유치원에 따라서는 매월 체중을 측정하는 곳도 있습니다. 6~7월은 여름을 타기 때문에 체중이 멈추거나 감소합니다. 밥을 아주 많이 먹는 아이가 아니라면 이때는 여름을 타는 것이 생리적입니다. 먹고 싶지 않기 때문에 먹지 않고, 먹지 않기 때문에 살이 찌지 않습니다. 이것은 당연합니다. 먹기 싫어하는 음식을 억지로 먹이려고 해서는 안 됩니다. 되도록 생우유를 먹여 영양분을 보충해 주도록 합니다. 아이스크림도 좋습니다.

●

신학기에 유치원에 가기 싫다는 아이가 있습니다.

여름에는 유치원도 방학을 합니다. 여가를 잘 활용하느냐 그렇지 못하느냐는 생활 방식의 문제입니다. 부모는 아이에게 여가를 어떻게 하면 잘 보낼 수 있는지 모범을 보여주어야 합니다. 아이의 단련을 겸해서 가족이 함께 갈 수 있는 안전한 해수욕장이 더 많아 졌으면 좋겠습니다.

집 근처에 강이나 바다가 있다면 아이가 친구들끼리만 수영하러 가지 못하게 엄중히 주의를 주어야 합니다. 수영하러 가는 것보다 곤충을 잡으러 나간 아이가 연못이나 강에 빠져 익사하는 사고가 더 많이 일어납니다. 따라서 아이들끼리 곤충이나 가재를 잡으러 가게 해서도 안됩니다.

아직 이질이 있으므로 여름에는 식사하기 전에 꼭 손을 씻게 해야 합니다(물론 엄마 자신이 요리하기 전에 손을 씻는 것이 더 중요하지만). 여름철 일본뇌염은 일부 지역을 제외하고는 없어졌다고 해도 과언이 아니지만, 그래도 여름에는 아이가 모기에 물리지 않도록 주의하기 바랍니다.

1학기 때는 유치원에 즐겁게 다니던 아이가 가을 신학기가 되면서 다니기 싫다고 할 때가 있습니다. 이것은 집에서 편하게 지내던 생활이 몸에 배었기 때문으로 그다지 심각하게 생각할 필요는 없습니다. 차츰 익숙해지면 괜찮아집니다.

가을은 단련의 계절입니다. 여름이 끝나갈 무렵부터 아침에 일어나서 건포마찰이나 냉수마찰(물을 뿌리는 것은 아직 무리임)을 시키는 것도 좋습니다. 휴일에는 가족끼리 소풍을 가는 것이 좋습니다.

●

천식에 너무 호들갑스럽게 대하면 안 됩니다.

가을에는 가래가 잘 끓는 아이는 천식처럼 되는 일이 많습니다. 이것은 일종의 체질이라고 생각해야지 너무 호들갑스럽게 대해서는 안 됩니다. [481 천식이다] 늦가을에 소변 보는 간격이 짧은 아이는 야뇨를 하게 되는데, 아이가 이것에 대해 신경 쓰지 않도록 해야 합니다.

겨울에는 어른의 감각으로 춥다고 느껴 아이에게 바깥 공기를 쐬지 못하게 하는 엄마가 많은데, 추워도 되도록 바깥 공기를 쐬어주어야 합니다. 아이와 함께 걸을 때 아이는 점퍼를 입기 싫어합니다. 무거워서 걷기 힘들기도 하지만 땀이 나서 기분이 나빠지기 때문입니다. 걷는 거리를 감안하여 땀을 흘릴 것 같으면 무리하게 점퍼를 입히지 않도록 합니다.

겨울에는 스키를 타게 하는 것도 좋지만 사람이 너무 많은 스키장은 피해야 합니다. 스케이트 링크에서 연습할 때도 혼잡한 곳은 위험합니다. 어른보다도 초등학생과 충돌하는 일이 많습니다. 가벼운 동상에 잘 걸리는 아이에게는 조기 예방법으로 손 마사지를 연습시킵니다. 그리고 밖에서 돌아오면 따뜻한 물에 손을 담그도록 합니다. 젖은 손은 잘 닦게 합니다.

479. 자주 열이 난다

● 유치원에서 전염성 병에 감염된 것으로 대부분 다음 날이면 낫는다.

유치원에서 전염성 병에 감염된 것입니다.

할머니의 반대를 무릅쓰고 만 4세에 유치원에 보냈는데, 아이가 1개월에 한 번씩 고열이 나 유치원에 가지 못하는 일이 자주 생깁니다. 엄마 입장에서는 면목이 없지만, 아이가 유치원에서 즐겁게 놀고 새로운 친구도 생겼다면 낙담할 필요가 없습니다.

지금까지는 집에서만 자랐기 때문에 괜찮았는데, 많은 아이들이 모이는 유치원에 다니면서 친구와 놀다가 전염성 병에 감염된 것입니다. 어떤 병은 면역이 생기기 때문에 열이 나면서도 강해집니다. 열이 나는 것이 두려워 유치원을 그만두게 해도 만 5세에 유치원에 다시 갔을 때 똑같이 열이 날 것입니다. 아이가 성장하면서 지불해야 할 '세금'이라고 생각해야 합니다. 열이 난다고 해도 수두나 볼거리라면 어차피 한 번은 겪어야 하기 때문에 특별한 병(백혈병, 신장염, 심장판막증 등)이 없다면 만 4세에 걸리나 만 5세에 걸리나 별 차이는 없습니다.

아이의 열은 편도선염이나 감기 또는 차게 자서 생기는 배탈 같은 바이러스성 병으로 인한 것이 가장 많습니다. 이것은 종류가 매우 많으며 예방 백신도 없습니다. 이런 병은 하룻밤의 고열로 놀라지만 다음 날에는 대부분 낫습니다. 나중에 몸에 이상이 남지도 않습니다. 여러 차례 열이 나더라도 나중에 이상이 있지 않을까 하고 걱정할 필요가 없습니다. ^{436 감기에 걸렸다}

●

고열이 난다고 몸이 약한 것은 아닙니다.

아이에 따라 열이 자주 나는 아이도 있고 그렇지 않은 아이도 있습니다. 그런데 열이 자주 나는 아이가 어른이 되어서도 몸이 약한가 하면 그렇지는 않습니다. 이런 아이는 면역을 만드는 구조의 성장이 늦는 것뿐이지 바로 따라잡을 수 있습니다. 유치원에 다니는 것은 몸을 단련시키는 데도 좋습니다. 열이 난다고 집에만 가두어 놓으면 오히려 몸을 단련시킬 수 없습니다.

감기에 걸릴 때마다 40℃ 가까운 고열이 나는 아이가 있습니다. 바이러스에 대한 반응이 강한 체질입니다. 하지만 고열이 난다고 해서 몸이 약한 것은 아닙니다. 그리고 고열로 몸이 나빠지는 것도 아닙니다.

감기에 잘 걸리는 것은 편도선이 크기 때문이라며 수술을 권하는 사람이 있는데, 편도는 불필요한 기관이 아니므로 함부로 잘라서는 안 됩니다. ^{518 편도선 비대와 아데노이드} 봄, 여름, 가을에 건포마찰이라도 하는 편이 낫습니다. 여러 차례 열이 나는 아이는 항상 같은 증상을 보이므로, 엄마가 열이 날 때와 회복될 때의 상태를 잘 기억해 두면 한밤중에 응급실에 가지 않아도 될 것입니다.

480. 설사를 한다 👶

● 수분을 충분히 섭취하게 하고 따뜻한 생우유나 죽을 먹인다.

우선 원인으로 세균을 생각해 볼 수 있습니다.

일반적으로 너무 많이 먹으면 설사를 한다고 생각하는데, 유아는 설사를 하기 전에 토해 버리는 일이 더 많습니다. 또한 소화가 되지 않는 음식을 먹어도 설사를 한다고 생각하는데, 그런 음식은 변에 그대로 나오는 경우가 많습니다. 따라서 설사를 할 때 너무 많이 먹었다든지 딱딱한 것을 먹었기 때문이라고 쉽게 단정하지 않는 편이 안전합니다.

유아 설사의 원인으로, 6~9월이라면 우선 세균을 생각해 볼 수 있습니다. 이질균이나 병원성 대장균 등이 음식 속에 들어 있었던 경우입니다. 설사를 한 아이에게 다소 열이 있다든지, 배설 전에 배가 아프다고 했다든지, 왠지 보통 때와는 달리 기운이 없다든지, 변 속에 고름 같은 것이 보이면 세균성 설사를 의심하여 빨리 병원에 데리고 가야 합니다. 특히 주변에 이질이 돌고 있다든지 엄마가 2~3일 전부터 설사를 했을때는 세균성 설사일 가능성이 높습니다.

여름철 설사는 멋대로 가정요법으로 치료해서는 안 됩니다. 병원에 가면 항생제로 간단하게 치료해 줍니다.

●

겨울에는 바이러스로 인한 설사가 많아졌습니다.

처음에 다소 속이 메슥거리거나 구토를 하는 경우가 많습니다. 변을 보고 병을 분간하는 것은 의사가 아니면 할 수 없습니다. 변에 고름이나 피가 섞여 있으면 이질을 의심하지만, 이런 것이 섞여 있지 않은 변을 보고 원인을 알아내기란 의사라고 해도 쉽지 않습니다. 세균 검사로 알아볼 수밖에 없습니다.

설사할 때는 아이가 변을 속옷에 묻힐 때도 있는데 이것에 의해서도 전염될 수 있으므로 더럽혀진 옷은 10%의 크레졸 비누액에 담그고, 손은 1%의 크레졸 비누액으로 소독해야 합니다. 세균성 설사일 때는 의사의 지시에 따라야 합니다(이질이거나 그런 의심이 들 때는 병원에 입원해야 함).

●

수분을 충분히 섭취하게 합니다.

아이의 설사 치료로 가장 중요한 처치는 수분을 충분히 섭취하게 하는 것입니다. 계속 구토를 할 때는 어쩔 수 없지만 아이가 물을 마실 수만 있다면 주사보다도 입으로 먹는 것이 오히려 좋습니다. 구토를 하지 않고 물을 잘 마시는데도 링거 주사로 수분을 보충해 주는 것은 의학적으로도 비상식적인 일입니다.

바이러스로 인한 설사의 경우 처음 하루는 수분마저 토할 때가 있습니다. 그러나 만 4세가 넘으면 구토가 그다지 오래 지속되지는 않습니다. 처음에는 소주잔으로 한 잔 정도 수분 공급을 해주고, 좀 가라앉는 것 같으면 차츰 늘려갑니다. 보리차, 홍차, 얼음 조각, 스포츠 음료, 어느 것이라도 상관없습니다. 수분을 섭취하면 1~2일은 따로 영양 섭취를 하지 않아도 별문제는 없습니다. 수분을 충분히 섭취하면 식욕이 생깁니다. 처음에는 따뜻한 생우유나 죽이 좋습니다. 다음 날부터는 국수, 빵 등을 줍니다. 죽에는 반숙란이나 달걀찜을 곁들여 줍니다.

이질이 아니더라도 여름에는 변을 본 뒤 소독을 게을리해서는 안 됩니다. 화장실에 다녀오면 아이도 엄마도 손을 철저히 닦아야 합니다. 특히 엄마가 부엌에서 요리하기 전에는 다시 한 번 비누로 손을 깨끗이 씻어야 합니다.

설사를 한 첫날이라도 사탕과 캐러멜은 괜찮습니다. 둘째 날에는 비스킷이나 카스텔라 등도 먹어도 된다는 의사의 허락을 받게 될 것입니다. 너무 오랫동안 단식을 시키지 않는 것이 빨리 낫는 길입니다. 손난로를 속옷 위 하복부에 고정시키거나 하여 배를 따뜻하게 해주는 것도 좋습니다.

아이에 따라서는 무른 변을 보는 아이도 있습니다. 평소에도 단단한 막대기 같은 변을 보지 않는다면 이 아이는 무른 변이 생리적인 것입니다. 열도 없고, 잘 놀고, 식욕도 좋다면 무른 변을 2~3번 보더라도 주사를 맞히거나 재우거나 단식을 시킬 필요가 없습니다. 식사를 약간 제한하고 기름기 많은 음식만 주지 않으면 됩니다.

481. 천식이다 😊

● 과잉 보호가 천식을 더 심하게 할 수 있으니 주의한다.

천식 치료는 빠를수록 좋습니다.

이 나이에 처음으로 천식 증세가 나타나는 아이는 많지 않을 것입니다. 대부분 이전부터 천식의 전조로 가슴 속에서 그르렁거리며 가래가 끓은 적이 있었던 아이가 만 4세가 되면서부터 밤에 심하게 괴로워하여 병원에 갔을 때 응급실 의사로부터 천식이라는 말을 듣게 될 것입니다. 아이가 천식 발작을 2~3번 일으키면 370 천식이다를 다시 한 번 잘 읽어보기 바랍니다.

천식 치료는 빠를수록 좋습니다. 의사도 자주 천식을 일으키는 만 4세 이상의 아이에게는 밤에 발작을 일으키면 바로 처치할 수 있도록 기관지 확장제 흡입약을 처방해 주는 일이 많아졌습니다.

죽을 것 같은 심한 발작을 막아주므로 부작용이 있는 줄 알면서도 처방하지 않을 수 없는 것입니다. 기관지 확장제가 간단한 흡입기 속에 들어 있어 누구라도 쉽게 사용할 수 있지만 발작이 가벼워지면 다음 날 바로 의사에게 가야 합니다. 하루에 3회 이상 사용해서는 안 됩니다.

●

천식은 정신적인 것도 원인이 됩니다.

할아버지, 할머니와 함께 사는 아이 가운데 천식이 많은 것을 보면 과잉 보호가 좋지 않다는 사실을 증명하는 것입니다. 할아버지, 할머니는 손자의 천식에는 관여하지 않는다는 규칙이 필요합니다.

아이가 아직 유치원에 다니지 않는다면 만 4세부터 반드시 보내는 것이 좋습니다. 유치원에 다니면 자립심이 길러집니다. 아이의 자립심을 키워줄 생각은 하지 않고, 남의 이야기만 듣고 이 의사 저 의사를 전전하는 것은 좋지 않습니다.

의사를 바꾸어도 천식이 좋아지지 않기 때문에 아이는 자신을 중병 환자처럼 생각하고 친구와도 적극적으로 놀지 않게 됩니다. 집에 틀어박혀 책이나 텔레비전만 보다보면 점점 애어른이 되어 부모에 대한 의존이 더 심해지면서 그 방법도 뒤틀리게 됩니다. 그러다 보면 부모와 자녀의 관계가 비뚤어지고 아이는 부모를 무시하게 됩니다. 천식 때문에 가정교육 전체가 엉망이 되어버리는 것입니다. 부모는 아이를 길러야지 '천식'을 길러서는 안 됩니다.

482. 코피를 흘린다 😊

● 처음에는 의사에게 검진을 받아 몸에 문제가 없는지 확인하고, 별문제가 아니라면 당시의 모습을 잘 기억해 두었다가 다음에 당황하지 말고 대처한다.

아무런 이상 없이도 코피를 흘릴 때가 있습니다.

아침에 아이가 일어났을 때 시트에 피가 묻어 있어 놀라는 경우가 있습니다. 잘 보면 아이의 한쪽 코에 피가 말라붙어 있습니다. 코피가 났던 것입니다. 밤중에 아이가 엄마를 깨우지 않은 것을 보면 그렇게 고통스러웠던 것 같지는 않습니다. 드물게는 밤중에 아이가 일어나 "엄마, 나 코피 났어요"라고 말할 때도 있지만 아프다고는 하지 않습니다. 아이에게 이런 코피는 자주 있는 일입니다. 이것이 출혈성 병(백혈병, 자반증, 혈우병)이나 코 디프테리아의 증상인 경우는 극히 드뭅니다. 아이에게 아무런 고통도 없고 다른 이상도 없는데 반복하여 이렇게 코피를 흘리는 원인은 확실치 않습니다.

코청 앞부분에는 점막 바로 밑에 섬세한 혈관망이 있어 약간의 상처가 나거나 금이 가면 출혈을 일으킵니다. 아이가 자다가 자신도 모르게 코를 후벼 피가 난다는 설은 믿기 힘든 이야기입니다. 대기가 건조하여 점막에 금이 가서 출혈하는 경우가 많을 것입니다. 아주 작은 상처이기 때문에 이비인후과에 갈 때쯤이면 이미 상처는 아물어 있습니다. 땅콩이나 초콜릿을 먹은 후에 코피를 흘리는 일도 자주 있습니다.

코피는 만 4~5세에 가장 많이 납니다. 초등학교 저학년까지 계속되는 경우도 가끔 있습니다. 처음 코피가 날 때는 뭔가 무서운 병이 아닌가 하고 걱정하지만 여러 번 반복되면 '또 그러는구나' 하고 엄마도 그다지 놀라지 않습니다.

●

처음에는 소아과 의사에게 진찰을 받으면 좋습니다.

의사는 아이의 옷을 벗겨 피부 어딘가에 피하 출혈이 있는지 검진할 것입니다. 자반증이나 백혈병일 때는 몸 전체에서 출혈을 일으키기 쉽기 때문입니다. 이물질이 들어 있어 출혈하는 일도 있으므로 코 안도 자세히 살펴볼 것입니다. 홍역이 유행하고 있고 아이가 열이 나거나 기침을 할 때는 코피가 홍역의 전조 증상이라는 말을 듣기도 할 것입니다. 그러나 다른 증상이 전혀 없을 때는 아무것도 아니라고 말할 것입니다. 하지만 이와 같은 증상은 또 나타날수 있으므로 당시의 모습을 잘 기억해 두는 것이 좋습니다. 그러면 다음에 다시 코피를 흘릴 때 그렇게 당황하지 않게 됩니다.

다시 코피가 났을 때 우연히 엄마가 깨어 있다면, 아이를 앉혀놓고 콧방울을 잡은 다음 안심시킵니다. 그러면 2~3분 만에 코피가 멈춥니다. 그래도 멈추지 않으면 솜으로 코 입구를 막아줍니다. 이때 솜을 콧구멍 2배 정도 크기로 뭉쳐 꼭 끼워 넣어야 합니다. 그리고 아침에 일어났을 때 옷을 벗겨 피하 출혈이 없는지 살펴보도록 합니다.

이상건조주의보가 발효된 날 밤에는 가습기를 틀거나, 세숫대야에 물을 받아 타월을 담가놓거나, 바셀린(핸드크림)을 코청에 발라주어 코 점막이 마르지 않도록 해줍니다. 땅콩이나 초콜릿을 먹으면 코피가 나는 아이라면 이런 식품을 제한합니다. 야채를 싫어하는 아이에게는 되도록 과일을 먹입니다.

코피가 나기 시작하면 1개월 정도 매일 나거나 띄엄띄엄 1~2년 지속되기도 하는데 걱정할 필요는 없습니다. 단지 빈혈 예방으로 간, 김, 멸치 등을 먹이도록 합니다.

483. 경련을 일으킨다_열성 경련

● 열이 나면 경련을 일으키는 것은 흔한 일이다. 하지만 열도 없는데 경련을 일으킨다면 곧바로 의사의 진찰을 받아야 한다.

이 시기에는 드문 일이 아닙니다.

아이가 감기로 갑자기 열이 날 때 경련을 일으키는 것은 드문 일이 아닙니다. 만 1세가 넘으면서 시작하여 만 5세 정도까지 계속되는 경우가 많습니다. 처음에는 경련 때문에 깜짝 놀라지만 여러 번 반복되면 엄마도 그다지 놀라지 않게 됩니다.

동물 실험에서는 경련을 일으키는 시간이 너무 길면 뇌에 손상을 일으키기도 하지만, 아이는 5~10분간 경련을 일으켜도 뇌에 손상이 생겨 간질이 되는 일은 없다고 생각해도 됩니다. 열을 동반하는 경련은 초등학교에 갈 때쯤이면 저절로 나으므로 걱정하지 않아도 됩니다.

시판되는 해열제를 먹일 때는 사용설명서에 쓰여 있는 양을 초과하지 않도록 주의해야 합니다. 1년에 2~3번 열에 의한 경련을 일으킨다면 걱정하지 않아도 되지만, 한달에 2~3번 경련을 일으킨다면 뇌파 검사를 해보는 것이 좋습니다. 이 나이에 처음으로 열성 경련을 일으키는 것은 드문 일입니다. 고열로 인한 경련은 대부분 더 어렸을 때부터 일으킵니다. 열이 나고 경련을 일으키면 뇌파 사진을 찍어보는 의사도 있을 것입니다. 특히 신경과 의사에게 이런 경향이 있습니다. 경련을 일으키고 나서 10일 이내에는 이상파가 있어도 별문제가 없습니다. 간질의 파장이 나타났을 때도 바로 치료를 시작해야 하는지에 대해서는 의사마다 의견이 다릅니다.

●

열이 없는데 경련을 하면 반드시 진찰을 받아야 합니다.

열이 없는데 경련을 일으킬 때는 간질일지도 모릅니다. 그러나 아이들 중에는 한번 경련을 일으키고 나서 그 후에는 괜찮은 경우가 50% 정도 되기 때문에 한번의 경련으로는 치료를 시작하지 않습니다. 간질약은 2년 이상 계속 복용해야 하므로 부작용도 생각해야 하기 때문입니다.

2~3일 전 높은 곳에서 떨어져 머리를 땅에 부딪혔는데 그때는 이상이 없었던 아이가 갑자기 경련을 일으킬 때는 교통사고 환자를

취급하는 응급실로 즉시 데리고 가야 합니다. 뇌 안에 종양이 생겨 경련을 일으키는 경우가 없는 것은 아니지만, 이때는 경련만 나타나는 증상은 드뭅니다. 머리가 아프다고 하거나 토하려고 하거나 걷기 힘든 증상이 동시에 나타나는 일이 많습니다. 아무튼 열이 없이 경련을 일으키면 반드시 의사에게 진찰을 받아보아야 합니다.

484. 구토를 한다

- 열이 있고 몸이 뜨거우면 감기나 편도선염 등이 원인이다.
- 열이 없을 경우 구토한 후 꾸벅꾸벅 졸며 하품을 하면 자가중독일 수 있다.
- 복통이 심하면 장중첩증일 수도 있다.

열이 있고 몸이 뜨거우면 병이 원인입니다.

아이가 갑자기 토할 때는 우선 이마를 만져보아 열이 있는지 살펴봅니다. 열이 있고 몸이 뜨거울 때는 열을 일으키는 병 때문에 토한 것입니다. 가장 많은 것은 감기나 편도선염이라고 하는 바이러스로 인한 병입니다(맹장염은 이 나이에는 걸리지 않음). 열에 대한 처치는 436 감기에 걸렸다를 읽어보기 바랍니다. 한밤중에 고열이 나고 토할 때 구급차를 부를 것인지가 문제인데, 토한 후 이전에 고열이 났을 때와 상태가 같다면 그냥 경과를 지켜봅니다. 목이 마른 것 같으면 얼음을 입에 넣어줍니다 머리는 얼음베개로 식혀

줍니다. 그러나 계속 구토를 하고 토한 후 꾸벅꾸벅 졸거나 경련을 일으키는 등 평소 고열이 날 때의 모습과 다르다면 구급차를 부르는 것이 좋습니다.

●

열이 없을 경우 구토한 후 아이의 모습을 잘 살펴봅니다.

갑자기 구토한 아이의 이마를 만져보았을 때 전혀 열이 없는 경우, 구토한 후 아이의 모습을 잘 살펴보아야 합니다.

토한 후 시원한 듯한 표정을 짓고 잘 논다면 너무 많이 먹어서 가슴이 답답했던 것이라고 생각하면 됩니다. 저녁에 고기를 질릴 정도로 실컷 먹은 다음에 이런 일이 일어납니다.

하지만 토한 후 기운이 없고 꾸벅꾸벅 졸며 하품을 한다면 자가중독일지도 모릅니다. 자가중독은 아이가 피로했을 때 나타나는 증상이기 때문에 만 4세가 되면서 일으키는 아이는 오히려 드뭅니다. 만 2~3세부터 가끔 심하게 놀고 난 다음 날 일으켰던 '전과'가 있습니다. 444 자가중독증이다

열은 없는데 구토를 하고, 그전에 아이가 머리를 세게 부딪혔다면 그것과 연관 지어 생각해 봐야 합니다. 구토를 계속하거나 머리가 아프다고 하면 신경외과가 있는 병원 응급실로 데려가야 합니다.

열은 없는데 구토를 하고 어딘가 매우 아파할 때는 장이 막혀 있을 수도 있습니다. 헤르니아가 있는 아이라면 감돈되어 있지 않은지 허벅지 부분을 살펴보아야 합니다. 139 탈장되었다_서혜 헤르니아

485. 엎드려 잔다 😊

● 그냥 내버려둔다. 초등학교 3~4학년이 되면 누워 자게 된다.

복통이 심할 때는 장중첩증을 생각해 보아야 합니다.

장중첩증은 2세 미만의 영아에게 흔한 병이지만, 복통이 심할 때는 빨리 의사에게 진찰받는 것이 좋습니다. 이때는 반드시 의사에게 "혹시 장중첩증이 아닐까요?"라고 말하고 진찰을 받게 해야 합니다. [181 장중첩증이다]

기침 때문에 먹은 것을 토할 때도 있습니다. 이런 증상은 평소 가슴 속에 가래가 끓는 아이에게 많습니다. 열도 없고 토한 후에 잘 논다면 걱정하지 않아도 됩니다.

●

유아 때는 똑바로 위를 보고 자는 아이는 거의 없습니다.

대부분 옆으로 자거나 엎드려 잡니다. 엄마는 아이가 옆으로 자면 그다지 걱정이 되지 않지만 엎드려 자면 걱정이 됩니다. 여름에 식은땀을 흘려 시트를 적시면서 엎드려 자는 아이를 보면 어디가 아픈 것은 아닌지 걱정이 됩니다.

육아 잡지에는 편도선이 비대하기 때문이라든가 기생충이 있기 때문이라고 쓰여 있지만, 편도선도 크지 않고 기생충이 없어도 아이는 엎드려 잡니다. 그렇게 하는 것이 편하기 때문입니다. 엄마가 밤중에 일어나 바로 눕혀놓아도 2~3분 있으면 몸을 뒤척여 다시 엎드려서 잡니다. 엎드려 자는 아이가 몸이 약한 것은 아닙니다. 그대로 내버려두어도 괜찮습니다. 초등학교 3~4학년이 되면 그때까지 엎드려 자던 아이도 바로 누워 자게 됩니다.

●

갑자기 고열이 난다. 435 갑자기 고열이 난다 참고

배가 아프다. 437 복통을 호소한다 참고

잘 때 흘리는 땀. 438 잘 때 땀을 흘린다 참고

소변 보는 간격이 짧아졌다. 439 소변 보는 간격이 짧아졌다 참고

소변 볼 때 아파한다. 440 소변 볼 때 아파한다 참고

자위. 442 자위를 한다 참고

말더듬. 443 말을 더듬는다 참고

자가중독증. 444 자가중독증이다 참고

밤에 항문이 가렵다고 한다. 448 밤에 항문이 가렵다고 한다_요충 참고

두드러기. 451 두드러기가 났다 참고

미열. 513 미열이 있다 참고

유행성 결막염.

보육시설에서의 육아

486. 활기찬 아이로 키우기

● 교사는 아이의 적극성을 억누르면 안 된다.

아이는 한층 더 자립하게 됩니다.

만 4~5세 아이는 인간으로서 한층 더 자립하게 됩니다. 따라서 자신의 생각에 따라 행동하는 경우가 많아집니다. 인간은 자유로워질수록 타인으로부터 강요당하기를 싫어합니다.

유치원이나 보육시설에서 만 4~5세가 되면 대장 노릇을 하는 아이가 등장합니다. 아이들 가운데서 친구들을 무언가로 사로잡는 행동력 있는 아이가 대장이 됩니다. 이 대장에게 괴롭힘을 당하는 얌전한 '피해자'와 교사보다는 대장을 추종하는 '신도'가 그 주위에 생깁니다. 이런 대장의 등장은 집단 보육에서는 교육상 방해가 됩니다. 아이들은 교사의 말을 형식적으로 따르기는 하지만 실질적으로는 대장에 의해 생활을 지배받기 때문입니다.

한 반의 인원이 40명이 넘는 곳에서는 교사가 반을 확실하게 장악하지 않으면 자주 대장이 나타납니다. 대장은 학급 안에서뿐만 아니라 유치원 문을 나가서도 길거리나 피해자의 집까지 쳐들어가 그 위력을 발휘하기도 합니다. 대장에게 주로 정신적인 피해를 입는 일이 많은데, 때로는 물질적인 것을 뜯기기도 합니다. 피해자는 여러 가지 공물을 바쳐야 합니다. 먼 곳에서 오는 아이가 많은 보육시설이나 보육 시간이 긴 곳에서는 그 정도는 아니지만, 동네 유치원에서는 대장이 방과 후에도 지배자가 됩니다.

●

교사는 한 명 한 명을 확실하게 장악해야 합니다.

한 반의 인원이 30~40명이나 되는 반에서 교사는 아이 한 명 한 명을 확실하게 장악해야 합니다. 자유 놀이 시간에 아이들을 몇 개의 그룹으로 나누었을 때, 다른 아이의 자유를 침해하는 대장이 생기지 않도록 조정해야 합니다. 대장이 교사보다 즐거운 놀이를 만들어내면 곤란합니다. 아이들의 창의성을 살리는 데 교사가 대장에게 뒤처져서는 안 됩니다.

유치원에서 아이의 적극성을 억누르는 일 중 하나는 '식사 예절'입니다. 식사가 끝나도 다른 아이들이 다 먹을 때까지 자리를 떠서는 안 된다는 예절을 강요하면, 늦게 먹는 아이는 모두로부터 주목받기 때문에 점점 더 음식을 먹지 못하게 됩니다. 이런 아이는 식사 시간에 우울해집니다. 보육시설의 급식에 대해서는 453 자립심 키우기를 읽어보기 바랍니다.

아이는 너무 피로해도, 혹은 에너지 발산이 충분하지 않아도 기분이 나빠집니다. 그러므로 보육시설에서는 낮잠을 재워야 합니다. 그리고 유치원도 보육시설도 비가 올 때를 대비하여 실내 운동

장을 마련하기 바랍니다. 좁은 실내 공간에서 복도를 뛰어 다녀서도 안 되고, 화단 가까이 가서도 안 된다는 금지 사항만 많고, 무릎에 손을 얹은 채 교사의 이야기를 조용히 듣는 훈련만 시키면 아이는 생기를 잃어버립니다.

487. 자립심 키우기 😊

● 아이가 즐거운 마음으로 할 수 있는 분위기를 만들어준다.

인간으로서의 자립이 더욱 확고해집니다.

이 나이의 아이는 인간으로서의 자립이 더욱 확고해집니다. 따라서 자신의 의지로 행동하는 일이 많아집니다. 이 자발성을 격려하여 단체 생활에 협력하도록 유도해야 합니다. 자발성을 격려하기 위해서는 아이가 즐거운 마음으로 할 수 있는 분위기를 만들어주어야 합니다. 다른 아이들과 똑같이 하지 않으면 선생님께 야단맞으니까, 또는 선생님이 무섭기 때문에 함께 똑같이 하는 것은 강제입니다.

호령을 하여 오른쪽으로 서라는 식은 좋지 않습니다. 아이가 혼자서 단추를 끼울 수 있게 된 것, 흘리지 않고 식사를 할 수 있게 된 것, 주위를 더럽히지 않고 배설할 수 있게 된 것, 스스로 코를 풀 수 있게 된 것 등이 교사에게는 기쁨이라는 것을 아이에게 알려주어야 합니다. 자신이 가장 좋아하는 선생님의 기쁨은 아이에게도 크나큰 기쁨입니다. 스스로 단추를 끼울 수 있고, 혼자 옷을 입을 수 있다는 것이 아이에게 자신감을 갖게 합니다. 그리고 이 자신감이 단추를 끼우지 못하는 친구의 단추를 끼워주려는 의욕을 생기게 합니다. 아이의 자립은 단체 생활을 더욱 즐겁게 해줍니다. 그리고 이 즐거움은 아이의 자발성을 더욱 북돋아 협력하게 합니다.

협력을 가르치기 위해서 만 4세가 넘은 아이들에게 식사 당번을 정해 손을 씻게 한 다음 접시나 숟가락을 나누어주게 하거나, 학습 당번을 정해 교재를 나누어주게 합니다. 하지만 식사 준비를 돕게 할 때 아무리 침착한 아이라도 뜨거운 주전자나 국물이 들어 있는 그릇을 나르게 해서는 안 됩니다.

이 시기에는 자신을 위해서가 아니라 친구를 위해서 하는 일이 즐겁다는 것을 아이에게 가르쳐주어야 합니다. 그리고 자신이 협력한 일에 대해 교사가 얼마나 기뻐하는지를 아이가 알게 해야 합니다. 그리고 칭찬해 주어야 합니다.

488. 창의성 기르기 😊

● 아이의 창의성은 자유 놀이 안에서 발휘된다. 이때 교사는 아이에게 규정된 형태를 가르쳐서는 안 된다.

자유 놀이 안에서 창의성이 발휘됩니다.

만 4~5세 아이가 창의성을 충분하게 발휘할 수 있는 것은 자유 놀이 안에서입니다. 자유 놀이는 여러 형태로 이루어집니다. 보육 시설 마당에서 놀이 기구를 이용한 놀이, 기성품이 아닌 즉흥적인 놀이 기구(낡은 타이어, 빈 골판지 상자, 통나무, 그 밖의 폐물)를 이용한 놀이, 역할놀이, 조립놀이, 공동 제작(그림 그리기, 찰흙놀이, 모래놀이), 물놀이, 원외에서의 놀이 등등입니다.

이 자유 놀이의 내용을 풍부하게 하고 표현을 다양화하기 위해 교육이 필요합니다. 하지만 유아 교육을 자연과 사회에 대한 '인식', 그림과 조립과 찰흙 등에 의한 '조형', 음악과 춤에 의한 '정서' 교육과 같이 단순하게 단정 짓는 것은 위험합니다. 인식시킨다는 의도로 아이에게 사물의 이름만 외우게 해서는 안 됩니다. 인식도, 조형도, 정서도 각각의 아이가 지닌 개성을 표현하는 데 도움이 되는 것이어야 합니다. 교육을 통해 아이는 저마다 독창성을 길러야 합니다. '규격품'을 만드는 것은 교육이 아니라 관리입니다.

유아기에 읽기와 쓰기, 그리고 계산을 가르치는 것은 그다지 의미가 없습니다. 유아기에 필요한 것은 창조의 기쁨을 아는 사람으로 키우는 것입니다. 인식이라는 말을 흔히 하는데, 어른의 인식을 본보기로 해서 가르치는 것이 아니라 아이의 감도(感度)에서 받아들일 수 있는 형태로 이 세계를 인식시켜야 합니다.

자연과 사회는 초등학교에서 가르치는 식으로만 가르치는 것이 아니라 그림이나 동화나 노래를 통해서도 가르쳐야 합니다. 이런 것들은 아이의 감도를 키우면서 내면에 영향을 미쳐 놀이 내용을 더욱 풍부하게 합니다. 감도가 좋은 아이는 놀이 안에서 고정관념을 뛰어넘어 신선한 표현을 하기도 합니다.

교육 성과를 테스트를 통해 파악하려고 하는 것은 그저 암기 정도를 체크하는 의미밖에 없습니다. 교육이 아이의 놀이를 얼마나 창조적으로 만들었는가가 교육의 성공과 실패를 결정합니다. 교육 내용과 방향을 결정하는 것은 유치원이나 보육시설에서의 생활입니다. 그런데 발달 단계가 다른 아이들을 한 반에서 가르치는 혼합 보육을 할 경우에는 아이들의 생활이 일치되기 어렵기 때문에 교육 내용의 방향을 정하기 힘듭니다. 유치원이나 보육시설에서 아이의 생활 중심이 자유 놀이라면, 수업은 아침 체조를 포함하여 하루에 길어야 20~30분 정도 하면 됩니다.

●

아이의 역할놀이에서 배경이 되는 것은 주위의 사물과 자연입니다.

이러한 것에 아이가 직접 접촉하게 하는 수업이 필요합니다. 아이의 지식은 동화에 의해 더욱 축적됩니다. 아이는 놀이를 하면서 말을 정확하게 하게 되고, 서로의 의사가 통하면서 놀이가 더욱 즐거워집니다. 아이에게 정확한 말을 알려주는 것은 동화입니다. 동화는 훌륭한 언어로 쓰여 있는 작품으로 감정을 넣어서 아이에게 들려주어야 합니다. 그림 연극은 원래 동화와 다른 스토리로 아이들에게 들려줄 수 있어서 좋습니다. 놀이를 하면서 사물의 숫자를 셀 필요가 생깁니다. 물건을 서로 나누거나 놀이 기구의 사용 횟수를 헤아리기 위해서 만 4~5세 아이에게도 5 이내의 숫자가 필요해지는 것입니다. 오른쪽과 왼쪽도 구별할 수 있어야 합니다.

이 나이에는 그림을 그릴 때 아직 아무렇게나 색칠하는 아이가 많습니다. 이렇게 마구 색칠을 함으로써 아이는 에너지 발산을 즐기는 것입니다. 이것을 방해하면 안 됩니다. 오히려 아무렇게나 색칠하기 쉽게 잘 칠해지고 부러지지 않는 크레용이나 매직, 그리고 큰 도화지를 준비해 줍니다.

어떤 색을 사용하라고 지시해서는 안 됩니다. 아무렇게나 그리기 시작할 때부터 아이는 뭔가 이야기를 하면서 마음속에 있는 것을 표현하는 시기로 접어듭니다. 이제 그림은 단순한 에너지 발산이 아니라 내면의 표현이 되는 것입니다. 이때 대상이 다르다는 것을 표현하기 위해서 아이는 다른 색깔을 사용하게 됩니다. 교사는 아이에게 형태를 가르쳐서는 안 됩니다. 그림을 그리고 있는 아이에게 말을 걸어 아이가 자신의 내면 세계를 표출할 수 있도록 도와주어야 합니다.

아이가 계속 같은 그림만 그린다면 아이의 내면이 정체되어 있거나 자유로운 표현을 억누르는 억압이 있다는 것입니다. 이럴 때는 그림을 지도하기보다 친구 관계를 살펴보거나, 운동놀이에서 모험을 시켜 아이의 내면 세계를 넓혀주어야 합니다.

찰흙놀이를 할 때도 아이에게 정돈된 형태를 만들도록 강요해서는 안 됩니다. 흙을 반죽하는 즐거움을 충분히 맛보게 해주는 것이 중요합니다. 작품은 항상 교사가 아이의 내면을 읽음으로써 평가해야 합니다. 그리고 아이의 작품 속에서 정체가 엿보일 때는 아이의 생활 전체에 활기를 불어넣어줌으로써 정체를 없애도록 합니다. 그림, 찰흙 등 아이 작품을 기간을 두고 몇 개를 나열해 보면 아이 내면의 성장이 그대로 나타납니다. 작품은 교육의 토대가 되므로 평가 작업이 끝날 때까지 교사는 그대로 놓아두어야 합니다.

노래와 리듬 수업에서도 노래를 잘 부르도록 하는 것이 아니라 노래를 통해 에너지를 발산하도록 해야 합니다. 동시에 좋은 음악을 들려줌으로써 감도를 길러주는 것이 필요합니다. 좋은 음악이란 클래식을 의미하는 것은 아닙니다. 교사의 취향을 충분히 살린 것이어야 합니다. 교육은 교육자의 개성적인 일이기 때문입니다. 하지만 오늘날 개성적인 교육은 텔레비전의 어린이 프로그램의 유형성 때문에 얼마나 비참하게 말살되고 있습니까.

489. 유대감 형성하기 😊

● 교사는 아이 한 명 한 명의 내면을 모두 파악하고 있어야 하고, 자신의 내면을 숨김없이 털어놓게 해야 한다.

이 시기 아이의 내면 세계는 더욱 풍부해집니다.

만 4~5세에 걸쳐 지적인 발달과 함께 아이의 내면 세계는 더욱 풍부해집니다. 어떤 것을 친한 사람에게 전하고 싶다는 욕구가 생깁니다. 아이가 교사나 친구를 친하다고 생각할수록 그것을 말하려는 의욕도 강해집니다. 그러므로 아이에게 이야기하는 연습을 시키기 위해서는 친한 친구를 만들도록 도와주어야 합니다. 연설이 아니라 이야기로써 자신의 내면을 숨김없이 털어놓도록 해야 합니다. 아이는 이야기를 함으로써 자신의 내면을 세밀하게 돌아봅니다. 소수 인원으로 그룹을 만들어 이야기하게 하여 서로에게 들려주는 것이 좋습니다. 이때 교사는 이야기의 실마리를 끌어내는 역할을 맡습니다.

'선생님 이름을 말할 수 있다', '친구 이름을 말할 수 있다', '대답을 확실하게 할 수 있다' 등이 만 4세 아이의 언어 지도의 예로 자주 등장하는데 말은 생활과 분리하여 가르칠 수 있는 것이 아닙니다. 교사와 아이, 아이와 아이가 모두 신뢰할 수 있는 동료로서 조직되어 생활하는 가운데 서로 이름을 부르거나 확실하게 대답하는 일이 필요해진 것입니다.

30명이 넘는 큰 집단에서 아이 한 명 한 명의 내면을 끌어내는 대화 그룹을 만들기란 여간 어려운 일이 아닙니다. 모든 아이에게 이야기를 하도록 하기 위해서는 소수로 구성된 그룹을 만들어야 합니다. ⁴⁵⁵ 유대감 형성하기 30명으로 이루어진 집단에서 손을 든 아이에게만 발표하게 한다면 연설을 잘하는 아이를 양성할 뿐입니다. 많은 사람 앞에서 말하기를 부끄러워하는 아이는 점점 자신 안에 갇히게 됩니다. 말을 가르치는 것은 이야기 시간만이 아닙니다. 놀이 시간에도 운동 시간에도 거리낌 없이 이야기할 수 있는 친구를 만들어 이야기를 하도록 유도해야 합니다.

교사는 아이 한 명 한 명의 내면을 잘 파악하고 있어야 합니다. 그러기 위해서는 아이 한 명 한 명을 집단 안에서 확실하게 식별해야 합니다. 아이가 어떤 그림을 그리고, 찰흙으로 무엇을 만드는지, 그리고 그것이 최근 어떤 경향을 나타내는지를 기억하고 있어야 합니다. 그림 그리기나 찰흙놀이 등은 경우에 따라서 말보다 아이의 내면을 더 잘 나타냅니다.

490. 즐거운 친구 만들기 😊

● 교사의 통제가 가능할 정도로 그룹을 구성하고, 가끔 대그룹으로 즐길 수 있
는 체육대회나 소풍, 축제 같은 것으로 일상에 활력을 준다.

스스로 규칙을 지킬 때 생활이 즐겁다는 것을 알려줍니다.

만 4세가 되면 선악을 구별할 수 있다고 하는 사람도 있습니다. 도덕심이라는 것이 마치 어금니처럼 저절로 생기는 것처럼 이야기 합니다. 그러나 실제로는 그렇게 쉽지만은 않습니다. 만 4세가 되면 기억력이 좋아지기 때문에 교사가 이것을 하면 안 된다는 규칙을 알려주면, 그것을 기억하고 있는 아이는 그 규칙을 지킵니다. 하지만 기억에만 의존할 뿐 도덕심을 유지하지는 못합니다.

규율은 폭력으로도 지키게 할 수 있습니다. 그러나 공포는 도덕의 출발점이 아닙니다. 도덕은 그것을 행하는 사람이 자유 의지로 선택하면서 시작됩니다. 스스로 선택하기 때문에 책임이 따릅니다. 책임 없는 도덕은 없습니다. 만 4~5세 아이에게 도덕심이 싹트게 하려면 우선 아이가 자신은 자유라고 느끼도록 해주어야 합니다. 스스로 자진해서 규칙을 지킬 때 비로소 그 행동이 선이 됩니다. 그리고 아이 스스로 규칙을 지키도록 하려면 규칙을 지키면 생활이 즐겁다는 것을 경험시켜 주어야 합니다.

운동, 만들기, 역할놀이, 노래, 리듬 밴드 등 어느 것이나 혼자서 하기보다는 많은 친구들과 힘을 합해 하는 쪽이 더 즐겁다는 것을

아이에게 매일 경험하게 합니다. 이 과정에서 아이는 여러 사람과 함께 놀거나 무엇을 만들 때는 규칙이 필요하다는 것을 점차 알게 됩니다. 그렇게 되면 즐겁게 놀기 위해서, 그리고 재미있는 것을 만들기 위해서 규칙을 지키려는 마음이 생깁니다. 유치원이나 보육시설에서 즐거운 창조의 장을 마련해 주는 것이 도덕 교육의 첫 걸음입니다.

●

이 나이에는 싸움이 자주 일어납니다.

창조 활동의 종류와 아이의 능력 발달 단계에 따라 그룹의 크기가 달라집니다. 소그룹에서만 교사나 친구와 유대 관계를 갖던 만 4~5세 아이가 대그룹에서도 화합을 이루도록 교사는 끊임없이 노력해야 합니다.

반을 집단으로 통합해 나가기 위해서는 행사를 계기로 삼는 것이 좋습니다. 체육 대회나 축제나 소풍 같은 것은 일상생활에 활력을 줍니다. 이때 아이들은 일상생활에서는 긴장하여 꾹 눌러두었던 에너지를 발산합니다. 이것이 반 전체를 들뜨게 하고, 아이들에게 반에 대한 즐거운 인상을 심어줍니다.

유치원에서도 보육시설에서도 이 나이에는 싸움이 자주 일어납니다. 물론 공격적인 성격의 아이가 있습니다. 이런 아이가 항상 싸움의 중심 인물이 되는 것도 사실입니다.

그러나 대부분의 싸움은, 어른들도 생활이 궁하다 보면 예절을 모르는 것처럼 보육시설의 시설이 부족해서 일어납니다. 장난감이 모자라기 때문에 아이들이 싸우게 되는 것입니다. '콩나물' 혼합 보육 때문에 큰 아이가 작은 아이가 가지고 노는 장난감을 빼앗는 것입니다. 그리고 수도꼭지 수가 적기 때문에 빨리 손을 씻고 싶은 마음에 서로 부딪치는 것입니다. 이런 싸움은 환경만 좋아진다면 일어나지 않을 것입니다. 또 어떤 싸움은 인원이 너무 많아 아이들끼리 서로 상대방을 잘 몰라서 일어나기도 합니다. 이럴 때는 아이들을 번갈아가면서 소그룹으로 나누어 모두가 친구가 되게 하면 싸움이 줄어들 것입니다.

30명인 반을 한 명의 교사가 맡는다면 아이들의 싸움을 막을 수 없습니다, 2명의 교사가 돌보고, 자유 놀이와 수업을 동시에 진행하는 방식을 만 4세 아이들에게도 적용시키는 것이 좋습니다. 이것을 현실적으로 즉시 실현할 수 없을 때는 교사가 각각의 장소에 맞는 중재 기술을 생각해 내는 수밖에 없습니다. 이때도 교사의 인간적인 매력이 결정적인 역할을 합니다. 어떤 유치원에서 성공한 싸움 중재의 기술이 다른 보육시설에서는 성공하지 못하는 것은 교사마다 개성과 성격이 다르기 때문입니다.

규칙 준수에 대한 책임감을 길러주기 위해서 당번을 정하는 것도 좋은 방법입니다. 이때 만 4~5세 아이에게 당번은 어디까지나 즐거운 일로 자진해서 하도록 해야 합니다. 교사의 인간적인 매력이 아이를 사로잡을 때 아이는 교사를 도와주는 것을 즐거움으로 받아들입니다. 벌을 주기 위해 당번을 시켜서는 안 됩니다.

491. 강한 아이로 단련시키기

● 역할놀이나 체조 등으로 아이의 몸을 단련시키기 위해 보육시설에는 바깥 공간이 넓어야 한다.

보육시설에는 마당이 넓어야 합니다.

예전에 도로가 안전한 놀이 장소였을 때 만 4~5세 아이는 하루에 3~4시간은 밖에서 놀았습니다. 그렇다면 지금 유치원이나 보육시설에 다니는 아이들은 하루에 3~4시간 바깥 공기와 접하고 있을까요? 마당이 좁기 때문에 기껏해야 1~2시간밖에는 밖에서 놀지 못하는 경우가 많습니다.

아이들의 운동 기능이 예전에 비해 떨어지는 것은 몸을 단련시킬 만한 장소가 없어졌기 때문입니다. 유치원이나 보육시설의 마당을 좀 더 넓히는 것이 아이들을 튼튼하게 키우기 위한 첫걸음입니다. 바람이 세게 불거나 비가 올 때를 대비하여 실내 운동장도 필요합니다. 좁은 공간에서 모두에게 운동을 시키려면 체조를 시켜야 합니다. 만 4세가 넘은 아이에게 매일 아침 10분 정도는 체조를 시킬 수 있습니다. 자신이 서야 할 자리도 이 나이가 되면 그때그때 말해 주지 않아도 압니다. 마당을 자유롭게 이용할 수 있는 곳이라면 역할놀이와 만들기는 마당에서 하게 합니다.

기온이 18~20℃ 이상일 때는 항상 창문을 열어놓습니다. 여름에는 물놀이를 하게 하고, 겨울에는 눈을 가지고 놀게 합니다. 봄가을에는 모래놀이를 충분히 하게 합니다. 줄넘기, 큰 공 굴리기, 그네, 미끄럼틀, 평균대, 늑목 등의 놀이도 빼놓을 수 없습니다.

이러한 흥미 본위의 놀이 외에 어떤 표준을 목표로 한 기능 훈련도 소그룹으로 나누어 실시할 수 있습니다. 만 4~5세 아이의 표준을 살펴봅시다.

· 25m 달리기는 남자 아이와 여자 아이 모두 7~8초
· 제자리 멀리뛰기는 남자 아이가 70~90cm, 여자 아이가 60~80cm
· 소프트볼 던지기는 남자 아이가 3~5m, 여자 아이가 2~4m

바깥에서 운동을 할 때는 두꺼운 옷은 벗기고 소름이 돋지 않을 정도의 가벼운 차림으로 하여, 되도록 피부를 공기에 노출시키는 것이 좋습니다.

492. 이 시기 주의해야 할 돌발사고

- 그네는 아이들끼리만 타게 하지 않는다.

- 수영장에 들어갈 때는 2인 1조로 구성한다.

- 원외 교육을 하기 전 여러 번 예행 연습을 한다.

만 4세가 넘은 아이는 친구와 협력하는 일이 많아집니다.

교사 역시 협력심을 키우기 위해서 아이들끼리 자유롭게 놀도록 권장해야 합니다. 하지만 한 명의 교사가 30명 이상의 아이를 맡아야 하는 곳에서는 자유 놀이를 하면서 아이들끼리 마음대로 놀다 보면 사고가 날 위험이 있습니다.

그네는 아이들끼리만 타게 하지 않도록 합니다. 그네에서 떨어지는 경우도 있고, 다른 데서 공놀이를 하고 있던 아이가 공을 주우러 뛰어가다가 그네에 부딪혀 다치는 일도 있습니다. 그네 가까이에서 공놀이를 하게 해서는 안 됩니다. 미끄럼틀에서 놀이를 할 때도 계속 지켜보아야 합니다. 미끄럼틀의 양쪽 손잡이가 낮으면 옆으로 떨어지는 일도 있습니다.

운동장에 있는 놀이 기구로 인한 사고는 큰 아이와 작은 아이가 섞여서 놀 때 많이 발생합니다. 작은 아이들끼리만 미끄럼틀을 탈 때는 운동 능력이 거의 비슷하기 때문에 순서를 기다리고 평화롭게 타지만, 큰 아이가 끼어들면 순서를 무시하고 충돌을 일으킵니다. 시소에서 작은 아이들이 사이좋게 놀고 있는데 큰 아이가 와서 심하게 흔들어 작은 아이를 떨어뜨리기도 합니다. 이런 일이 생기지 않도록 보육교사는 주의해야 합니다.

●

운동장에는 반드시 2명 이상의 보육교사가 있어야 합니다.

사고가 났을 때 피고 외에 증인이 없으면 과실 없이 죄를 뒤집어쓰게 됩니다.

집단으로서의 통합을 인식시키기 위해서 원외 보육이 필요하지만, 최근의 도로 사정으로는 30명인 한 반을 하나의 집단으로 통합하여 한 명의 교사가 데리고 가기는 힘듭니다. 도로를 건널 때는 건너간 그룹, 건너고 있는 그룹, 건너기 전의 그룹을 각각 지휘하는 어른 책임자가 필요합니다. 집으로 돌아가는 아이들을 지도할 때도 이와 같은 주의가 필요합니다.

집단으로 원외 보육을 하기 전에는 마당에서 여러 번 예행 연습을 해야 합니다. 가능하면 교통 신호 모형을 준비해 놓고 한 명 한 명의 아이에게 신호에 따라 앞으로 가거나 멈추기를 몸에 익히게 하면 좋습니다.

평소 마당에서 제자리 멀리뛰기를 시키거나 평균대를 건너게 하는 것은 반사적인 몸놀림을 단련시키므로 갑작스러운 사고에도 도움이 됩니다. 보육시설이 끝나는 시간에 많이 일어나는 사고에 대한 예방은 458 이 시기 주의해야 할 돌발 사고를 읽어보기 바랍니다. 유치원이나 보육시설 마당에 연못이 있을 때는 특히 주의해야 하는데, 흙으로 덮어버리든지 높은 울타리를 만들어야 합니다.

●

수영장에 들어갈 때는 2인 1조로 합니다.

물 밖에서나 물 안에서 상대방이 없으면 큰 소리로 "은지가 없어요!"라고 말하도록 해야 합니다. 유치원이나 보육시설의 수영장에는 튼튼한 철망을 만들어놓아야 합니다. 유치원이든 보육시설이든 교사는 항상 기둥에 못이 나와 있지 않은지, 가시 돋친 의자는 없는지, 마당에 물을 뿌리는 수도관 꼭지가 노출되어 있지 않은지 등을 주의 깊게 살펴보아야 합니다.

보육시설도 유치원도 시내에서는 건물이 빽빽이 들어선 주택가에 있는 곳이 많습니다. 그러므로 화재가 났을 때의 대피 훈련도 미리 해놓아야 합니다. 2층에서 보육할 경우에는 마당으로 미끄러져 내려올 수 있는 미끄럼틀을 마련해 두어야 합니다.

493. 원아의 전염병

- 보육시설에 들어오기 전 백일해 백신을 맞고 오도록 규정을 정한다.
- 전염병을 앓는 아이가 생기면 2일 이내에 백신 접종을 권한다.

전염병이 돌 때는 특히 주의가 필요합니다.

유치원이나 보육시설 안에 전염병이 돌 때는 다른 아이에게 전염되지 않도록 주의해야 합니다. 그러기 위해서는 보육시설 내의 소독도 중요하지만 현재까지 건강해 보이는 아이들 중에 보균자가 있는지도 살펴보아야 합니다.

이질 환자가 발생했을 때는 화장실은 물론, 아이가 있던 보육실도 철저하게 소독해야 합니다. 다음으로 원아 전원의 대변 검사를 하여 보균자가 있는지 조사합니다. 전원의 대변 검사를 할 수 없을 때는 그 아이가 속한 반의 아이들과 교사 전원, 급식에 관계된 사람을 모두 검사합니다. 거기서 균이 발견되지 않는다면 전염병에 걸린 아이는 유치원이나 보육시설 밖에서 감염되었을 것입니다.

●

전염병을 앓는 아이가 생기면 2일 이내에 예방 백신을 접종하도록 권합니다.

홍역을 앓는 아이가 생기면, 아직 홍역 예방 백신을 맞지 않은 큰 아이들에게는 2일 이내에 예방 백신을 접종하도록 권합니다. 유치원이나 보육시설에 들어올 때 홍역 예방접종을 필수 조건으로 하는 것이 좋습니다.

수두바이러스는 환자의 발진으로 전염됩니다. 수두가 발생하면 잠복기인 14일 이후 매일 아침 아이들 전원의 머리 속이나 등, 배에 작은 발진이 생기지 않았는지 잘 살펴보아야 합니다. 1~2개라도 만지면 전염되므로 이런 아이는 격리시킵니다. 볼거리는 예방 백신이 유효하므로 유치원이나 보육시설에 들어오기 전에 맞히도록 합니다. 수두는 가슴이나 배 부분에 작은 물집이 2~3개 생기는 것이 최초의 증상인 경우가 많습니다. 옷을 벗겨보지 않으면 알 수 없습니다. 얼굴이나 머리 속에 물집이 생기는 것은 2~3일째입니다. 시진(視診)으로 증상을 발견하는 즉시 보육시설에 오지 못하게 해야 합니다.

풍진은 가벼운 홍역과 같습니다. 발진도 홍역과 비슷합니다. 그러나 2~3일 만에 낫습니다. 유아에게는 전혀 무섭지 않은 병이지만 태아에게는 그렇지 않습니다. 임신 직후부터 18주 정도까지의 태아에게 풍진 바이러스가 침입하면 여러 가지 기형을 초래합니다. 따라서 유치원이나 보육시설에서 풍진이 발생하면 임신 18주 이내의 면역이 없는 엄마는 그곳에 가까이 가서는 안 됩니다.

임신 사실을 몰랐던 엄마가 아이의 풍진이 나은 다음 월경이 멈추고 임신이라는 것을 알았을 때는 혈액의 풍진 항체를 2주 간격으로 두 번 검사해 봅니다. 이때 항체가 4배 이상 상승하면 새로 감염된 것이므로 의사는 중절을 권할 것입니다.

백일해는 최근 많이 줄었습니다. 예방접종 덕분입니다. 그런데 어쩌다가 백신을 맞지 않은 아이가 백일해에 걸리는 경우가 있습니다. 백일해는 기침이 나올 때는 괴롭지만 기침이 나오지 않는 동안은 건강한 아이와 다르지 않습니다. 열도 없고 잘 놉니다. 그런데 한번 백일해에 걸리면 치료를 받아도 15일이나 1개월 정도는 기침을 합니다. 일하는 엄마라면 아이가 백일해에 걸려 기침을 하는 동안 일을 쉴 수가 없습니다. 이런 아이는 완전히 낫지 않은 상태에서 유치원이나 보육시설에 오게 되는데, 유치원이나 보육시설에서 사정을 듣고 거절할 수가 없습니다.

다른 아이 모두가 예방 백신을 맞았다면 만일 옮더라도 가볍게 끝나기 때문에 그다지 문제는 없습니다. 유치원이나 보육시설에 들어오기 전에 반드시 백일해 백신을 맞고 오도록 규칙으로 정해 놓는 것이 가장 좋습니다.

494. 전염병 완치 후 등원 시기

- 이질, 성홍열로 쉬던 아이는 체력만 회복되면 등원해도 된다.
- 홍역은 열이 내리고 기침이 나지 않으면 옮지 않는다.
- 수두, 풍진은 발진 후 1주 지나면 옮지 않는다.
- 볼거리는 부어 오른 것이 가라앉으면 등원해도 된다.

병원에서 퇴원한 아이는 안전합니다.

법률로 격리하도록 되어 있는 전염병에 걸리면 주위 사람들에게 옮길 위험이 없어질 때까지 병원에 수용됩니다. 따라서 병원에서 퇴원한 아이는 다른 아이에게 병을 옮길 위험은 없습니다. 이질, 성홍열 등으로 쉬던 아이는 체력만 충분히 회복된 상태라면 퇴원하자마자 등원해도 됩니다.

홍역은 열이 내리고 기침이 나지 않으면 옮지 않습니다. 보통 발병하고 나서 1주 지나야 이런 상태가 됩니다. 홍역은 발진이 난 자리에 갈색 자국이 15일 정도 남습니다. 홍역이 나아 등원한 아이의 얼굴이나 가슴에서 이러한 갈색 자국을 볼 수 있는데, 이만한 이유로 쉬게 해서는 안 됩니다. 수두도 발진 후에 딱지가 생기고, 그 딱지가 떨어진 곳에 하얀 자국이 남습니다. 이것은 홍역보다 훨씬 오랫동안 남아 있어서 3주 정도는 수두를 앓은 직후라는 표시가 납니다. 발진이 심했던 아이라면 수두가 나아도 얼굴에 딱지가 앉은 채로 등원하게 됩니다. 수두는 발진 후 1주가 지나면 다른 아이에게 옮지는 않습니다. 하지만 발진이 물집 상태일 때는 전염된다고 생각해야 합니다.

볼거리는 귀밑이나 턱밑이 부어올랐던 것이 가라앉으면 등원시켜도 상관없습니다. 풍진은 발진 후 1주가 지나면 옮지 않습니다.

●

가장 곤란한 것은 백일해입니다.

백일해는 기침으로 전염됩니다. 침이나 가래 입자가 튄 것을 다른 아이가 흡입해서 발병합니다. 한번 백일해에 걸리면 1개월 정도 기도에서 백일해균이 발견됩니다. 백일해에 걸린 아이를 1개월 동안 쉬도록 하는 것은 유치원에서는 가능하지만 보육시설에서는 어렵습니다. 낮에 기침을 덜하게 되면 엄마는 잘 부탁한다며 아이를 맡기고 갑니다.

백일해는 어느 정도 치료를 하면 밤과 새벽에만 기침을 하기 때문에 보육시설에서는 그다지 균이 옮지 않습니다. 그러나 장담할 수는 없습니다. 1개월 이내에는 기침을 하면 옮는다고 생각해야 합니다.

젖먹이들을 보육하는 곳에서는 백일해에 걸린 아이는 영아실에 절대로 들어오지 못하게 해야 합니다. 젖먹이 중에는 아직 예방주사를 맞지 못한 아기도 있습니다.

495. 결핵에 걸린 원아 😊

● 누구에게 전염되었는지를 가장 먼저 파악한다.

아이의 결핵은 오진일 때가 많습니다.

유치원이나 보육시설에 "이 아이는 소아결핵이니 심한 운동은 시키지 마시기 바랍니다"라는 진단서를 가지고 오는 엄마가 있습니다. 많은 아이를 맡고 있는 교사로서 다른 아이들에게 결핵이 옮을까 봐 걱정하는 것은 당연합니다. 하지만 다행스럽게도 유아(幼兒)에게 가장 많은 폐문 림프절 결핵은 균이 없거나 균이 나오더라도 타인에게 옮길 정도로 많이 나오지는 않습니다. 그러므로 유아의 결핵은 주위에 전염되는 것이 아니니 그다지 걱정할 필요가 없습니다.

주의해야 할 점은 다른 데 있습니다. 우선 의사에게 실례가 되지만 그 아이가 정말로 결핵인가 하는 것입니다. 아이의 결핵은 오진일 때가 많습니다. 원래 아이의 결핵은 함께 생활하는 어른의 결핵에서 비롯됩니다. 어른의 결핵은 현재 매우 많이 줄었습니다. 버스나 백화점에서 전염되는 가두(街頭) 감염은 없어졌고, 전염된다면 동거하는 어른 때문일 것입니다.

●

도대체 누구에게서 전염되었는지를 파악하는 것이 가장 중요합니다.

아이가 정말로 결핵이라면, 도대체 누구에게서 전염되었는지를 파악하는 것이 가장 중요합니다. 아이의 결핵은 가족이나 보육교사, 아니면 병원 대기실에서 결핵 환자로부터 전염되었을 것입니다.

만약 아이의 가족 중에 결핵 환자가 없다면, 교사나 직원 중에 결핵 환자가 없는지 살펴보아야 합니다. 직원 모두가 2~3개월 이전에 엑스선 검사를 했는데 아무 이상이 없었다면 괜찮습니다. 그러나 6개월 이전에 검사를 했다면 다시 한 번 검사해 보는 것이 좋습니다. 적어도 결핵에 걸린 아이의 담임 교사만은 꼭 검사를 받아보아야 합니다. 이렇게 하여 만일 보육시설의 누군가가 결핵 환자로 밝혀지면 더 이상의 희생자를 막을 수 있습니다.

최근에는 아이에게도 결핵약을 먹입니다. 효과가 좋기 때문에 통원하면서 치료하는 경우가 많아졌습니다. 약을 정확히 먹이는 데 교사도 협력해야 합니다.

작년에 투베르쿨린 반응 검사에서 음성으로 나와 BCG를 접종한 아이가 올해에 결핵에 걸리는 일은 있을 수 없습니다. 따라서 작년에 BCG를 접종하고 올해 투베르쿨린 반응 검사에서 양성으로 나왔을 경우 그 아이를 양전(양성 전화)이라고 해서 운동을 금지시키는 일이 없도록 합니다.

21

만 5 ~ 6세

대부분의 아이가 유치원이나 보육시설에 다니게 됩니다.
따라서 집단에 대한 책임감을 길러줘야 할 시기입니다.
다양한 놀이를 통해 아이가 자신의 행동을
책임질 수 있도록 하고,
또 그러는 과정에서 다른 친구들과 협력하는 방법도
터득할 수 있도록 해줍니다.

이 시기 아이는

496. 만 5~6세 아이의 몸

● 거의 대부분의 생활 습관에서 자립할 수 있다.

대부분의 아이가 유치원이나 보육시설에 다닙니다.

이 나이의 아이는 대부분 유치원이나 보육시설에 다닙니다. 어느 엄마에게나 내년에는 드디어 우리 아이가 초등학교에 입학한다는 긴장감이 있습니다. 유치원이나 보육시설에서의 마지막 해는 학교에 입학할 준비를 하는 시기임에 틀림없습니다. 하지만 글자를 가르치거나 숫자를 셀 수 있도록 하는 것이 학교에 가기 위한 준비는 아닙니다. 보육시설에서는 글자를 가르쳐주지 않으니까 만 5세가 넘으면 글자를 가르치는 유치원으로 옮겨야겠다는 생각은 옳지 않습니다. 학교에 가기 전에 준비해야 할 것으로는 글자나 숫자를 가르치는 것보다 더 근본적인 것이 있습니다.

첫 번째, 몸을 단련시켜 놓아야 합니다. ^{532 강한 아이로 단련시키기}

두 번째, 학교에 다니기 시작하면 공부가 싫증나기도 할 것입니다. 따라서 이 시기에 아이가 어떤 것을 학습할 때 집중할 수 있도록 해야 합니다. 친구들과 함께 만드는 상상의 세계도 아이의 창의력을 발휘하는 데 필요합니다. 하지만 이것만으로는 부족합니다. 어떤 목표를 정해 그 과제를 끝까지 해내는 실제 능력을 길러야 합니다. 그러기 위해서는 꿈의 세계가 아니라 현실의 세계를 확실히 볼 수 있는 안목을 길러야 합니다.

세 번째, 학교에서는 학급 단위로 공부하고 단련하기 때문에 집단행동을 할 수 있게 해야 합니다. 집단행동이라는 것은 많은 사람들을 따라 똑같은 행동을 하는 것이 아닙니다. 친구들과 협력할 수 있고, 많은 친구들 앞에서 자신의 의견을 확실하게 이야기할 수 있도록 해야 합니다.

●

집단에 대한 책임감을 길러주어야 합니다.

만 5세가 넘은 아이에게는 집단행동을 할 때 집단에 대한 책임감을 길러주어야 합니다. 도구를 이용하는 운동에서도 이 시기의 아이는 친구들과 협력해서 할 수 있는 게임을 즐기게 됩니다. 피구나 축구나 릴레이 게임을 시키는 보육시설이나 유치원도 있습니다. 게임을 하면서 아이는 책임감이 무엇인지 느끼기 시작합니다. 집단 안에서 자신의 역할과 집단행동의 목적을 이해함으로써 비로소 책임감을 느끼기 시작하는 것입니다.

집단 안에서 책임감을 느끼게 하는 것은 게임만이 아닙니다. 만 5세가 되면 여러가지 일에서 당번을 맡게 됩니다. 운동장으로 놀이도구를 나르게 하거나, 찰흙놀이를 위해 찰흙을 나누어주게 하거나, 식사 전에 의자를 치우게 합니다. 이렇게 하는 가운데 집단의 목적과 그것을 달성하기 위한 자신의 역할에 대해 배우게 됩니다.

또한 당번을 정하거나 당번이 하는 일을 평가하기 위해서 대화 시간을 갖도록 합니다. 그 시간에 자신의 생각을 말함으로써 자신과 집단의 목적과의 관계를 의식하게 합니다. 자신의 이익을 어디까지 희생할 것인지, 한 번 희생하는 것이 더욱 큰 이익이 되어 돌아오는 것은 아닌지를 생각하게 합니다. 이렇게 함으로써 집단으로 해야 할 일을 친구들과 함께 의논하여 정하는 습관이 생기게 되는 것입니다. 집단 속에서 자신의 의견이 통과되었을 때, 그것을 완수하는 데 책임감을 느끼게 됩니다. 아이들끼리 서로 의논하여 정한 일을 책임감을 갖고 해내는 과정에서 교사의 지시로 하는 협력과는 다른 자발적인 협력이 생겨납니다.

●

집단행동이 점점 많아집니다.

유치원이나 보육시설에서의 마지막 해에는 아이들끼리 정한 집단행동이 점점 많아집니다. 학교와 달리 정해진 어떤 과목을 가르쳐야 하는 것은 없기 때문에 자유로운 입장에서 집단행동을 교육시킬 수 있습니다. 유치원이나 보육시설의 교육이 초등학교나 중학교 교육보다 우수한 것은 인간관계 교육을 우선하기 때문입니다.

하지만 모든 유치원과 보육시설에서 아이들에게 창조적인 활동을 시키면서 즐거운 집단을 만들고 있다고는 할 수 없습니다. 모든 아이들을 책상 앞에 앉혀 놓고 '사회', '자연', '언어', '음악', '그림' 등을 각각 따로따로 가르치는 곳도 있습니다. 명문 학교에 보내기 위해 벌써부터 신경 쓰는 부모에게는 이런 곳이 좋게 생각될 것입니다. 하지만 인생에서 중요한 이 시기에 이런 교육만을 한다면 아이는 친구들과의 협력을 모르는 사람으로 성장해 버립니다. 친구들에게 자신의 의견을 확실히 말하지 못하는 사람이 되어버립니다. 친구들과 공동 목적의 일을 하는 데서도 책임감을 느끼지 못하는 사람이 되어버리는 것입니다.

가정에서는 부모로부터 독립하지 못하고, 보육시설이나 유치원에 가서는 다른 아이들이 하는 대로 따라 하는 아이는 자립성이 없는 아이입니다. 이런 아이는 초등학교에 가서 조금이라도 싫은 일이 생기면(싫어하는 급식, 괴롭히는 친구들, 친해질 수 없는 선생님, 외우기 힘든 과목) 집단에서 자신이 물러나는 방법 외에는 모릅니다. 집단 안에서 자신의 주장을 확실하게 말해야 하는 상황에서도 물러나는 것 이외에는 달리 방법을 모르기 때문입니다.

다른 아이보다 조금 빨리 글자나 숫자를 배우게 하는 것보다 혼자 힘으로 학급 안에서 살아나갈 수 있는 아이로 키우는 일이 훨씬 중요합니다. 그러나 아이가 책 읽기를 좋아하고 스스로 글자를 물어온다면 굳이 거부할 필요는 없습니다. 책을 좋아하는 아이는 만 5세가 넘으면 어느새 글자를 배워 열심히 읽기 시작합니다. 이것은 좋다, 나쁘다고 말하기보다 막을 수 없다고 해야 할 것입니다.[471 책을 좋아하는 아이]

숫자를 좋아하는 아이는 시계 안의 숫자나 텔레비전의 채널 숫자를 외우는 것부터 시작하여 자동차 번호판 숫자나 버스 노선 번호를 따라 씁니다. 그러다가 어른에게 덧셈과 뺄셈 문제를 내달라고 조르게 됩니다. 아이가 그것을 즐긴다면 그렇게 해도 좋습니다. 하지만 천재를 만들려고 욕심을 부려서는 안 됩니다. 과연 조기 교육이 의미가 있는지, 수학자가 되려면 어떤 교육 방법이 좋은지에 대해서는 아직 알려져 있지 않습니다.

초등학교 교과서를 미리 공부하는 것은 좋지 않습니다. 교실에서 새로운 기분으로 수업을 받지 못하게 되기 때문입니다. 분명한 것은 현재의 수학자들이 조기 교육을 받아서 수학자가 된 것은 아니라는 사실입니다. 아이를 학자로 만들기 위해서 글자나 계산법을 빨리 가르치는 것은 부모의 이기심일 뿐 아이의 정상적인 발달을 오히려 방해합니다.

음악 교육도 마찬가지입니다. 음악적인 재능이 있는 아이와 그렇지 않은 아이는 이 나이 때 큰 차이가 있습니다. 피아노 학원이나 성악 학원에 다니는 것은 아이에게 흥미만 있다면 물론 아무런 문제가 없습니다. 하지만 탤런트로 만들어야겠다는 등의 생각은 아이에게 무거운 짐을 지우는 것입니다.

가위질을 하고 싶어 하는 아이에게는 가위를 줍니다. 하지만 너무 잘 드는 것은 위험합니다. 어린이용으로 끝이 둥글고 날이 날카롭지 않은 가위를 골라줍니다. 엄마가 사용하는 가위를 주어서는 안 됩니다.

그림 색칠하기는 창의성을 없애고 정해진 윤곽 안에 기계적으로

색을 칠하는 반복 작업이라고 비난하는데, 이것을 통해 아이가 일정 시간 집중할 수 있고 색의 선택이나 채색 리듬감을 즐긴다면 하게 해도 좋습니다.

●

생활 습관에서도 거의 자립할 수 있습니다.

생활 습관도 이 나이에는 거의 자립하도록 만들어나가야 합니다. 하지만 일상생활에서 부모가 하고 있지 않은 것을 아이에게만 요구해서는 안 됩니다. 아침 세수, 칫솔질, 식사 전에 손 씻기, 유치원에서 돌아와 손 씻기와 칫솔질, 옷 갈아입기, 손톱 깎기, 코풀기, 목욕 등은 혼자서 할 수 있도록 해야 합니다.

일상 행동에서 다른 사람의 인간적인 존엄성을 손상시키지 않도록 배려하는 마음이 몸에 배도록 해야 합니다. 부모에게 하는 아침과 저녁 인사, 어른에게 부탁할 때의 말투, 어른에게 무엇인가를 받았을 때의 예절, 손님에 대한 예의 등도 가르쳐야 합니다. 잘못했을 때 사과하는 습관도 이 나이부터 익히도록 해야 합니다 그러기 위해서는 부모가 잘못하여 아이에게 상처를 주었을 때 사과하는 본보기를 보여주어야 합니다.

유치원에서 돌아오는 시간은 보통 1시부터 1시 30분 사이입니다. 그 후 저녁 식사 때까지 되도록 이웃 친구와 위험하지 않은 곳에서 놀게 하는 것이 좋습니다.

수면 시간은 대부분의 아이가 유치원이나 보육시설에 다니기 때문에 아침 8시가 넘도록 잘 수는 없습니다. 밤 9시에서 10시 사이에 자고 아침 7시에서 7시 30분 사이에 일어나는 아이가 많습니다. 여름을 제외하고 대부분의 아이가 낮잠은 자지 않습니다. 밤에 잠드는 유형은 여러 가지가 있으므로^{499 재우기} 자기 아이가 잠드는 유형을 알아두기 바랍니다.

●

엄마가 기대하는 것만큼 밥을 잘 먹지 않습니다.

이 나이에도 엄마가 기대하는 것만큼 밥을 많이 먹지는 않습니다. 아침에는 정해진 시간에 집을 나서야 하기 때문에 마음이 급해 식사를 천천히 하지 못합니다. 전혀 먹지 않고 가는 아이도 적지 않습니다. 저녁은 그럭저럭 먹습니다. 이럴 경우라도 영양에 지장을 줄 정도로 편식하는 아이는 거의 없다고 할 수 있습니다. 야채를 싫어하는 아이도 과일은 먹고, 고기나 생선을 먹지 않는 아이도 소시지는 먹습니다. ^{465 편식 습관 고치기}

생우유는 하루에 200~400ml 정도 먹는 아이가 많습니다. 생우유를 얼마만큼 먹느냐는 아이의 체중에 따라 다릅니다. 살찐 아이가 하루 600~800ml의 생우유를 먹는 것은 좋지 않습니다. 보리차나 물을 많이 마시는 아이와 별로 마시지 않는 아이의 차이도 확실해집니다. 물을 많이 마시는 아이는 밥을 먹을 때도 옆에 물컵을 놓고 사이사이에 여러 번 마십니다. 이런 아이는 땀을 많이 흘리고 소변도 자주 봅니다. 이 아이에게는 이것이 정상입니다.

간식은 유치원에서 돌아왔을 때 한 번 먹는데, 늦게까지 자지 않는 아이는 저녁 식사 이후 취침 전까지 한 번 더 먹는 것이 보통입니다. 오후에 매일 이웃 친구와 논다면, 친구 엄마와 의논하여 번갈아가면서 간식을 주는 것이 좋습니다.

이때는 간식 비용도 중요하지만 질도 생각해야 합니다. 여름에는 세균 위험이 있는 간식은 멀리해야 합니다(젤리, 생과자, 떡 등). 엄마가 간식을 준비해 줄 여유가 없어 아이에게 돈을 주어 마음대로 사먹게 하면 주위의 다른 아이들도 덩달아 자기 엄마에게 돈을 달라고 하는 사태가 벌어질 수 있으므로 주의해야 합니다.

아이 자신이 직접 물건을 산다는 것은 아이의 자립을 의미하는 것이기 때문에 그것 자체가 나쁘지는 않습니다. 하지만 돈을 주어 물건을 사게 할 때는 먹을 것은 사지 않겠다는 것, 사면 꼭 부모에게 보여준다는 조건을 내세워야 합니다. 하지만 딱지도 사면 안 되고 유리구슬도 사면 안 된다는 식으로 못 사게 하면 아이는 친구들과 즐겁게 놀 수 있는 수단을 잃어버리게 됩니다. 그러면 부모 몰래 사게 됩니다.

요즘은 구멍가게가 많이 없어져 아이가 직접 골라서 살 수 있는 기회가 조금은 줄었습니다. 아이는 과자에 딸린 경품에 솔깃하여 먹고 싶지도 않은 과자를 사기도 합니다. 과자에는 설탕이 많이 들어 있고, 한 봉지 안에 들어 있는 양도 많아 이를 상하게 합니다. 제과 산업의 발전이 좋은 일만은 아닙니다.

이 나이가 되면 배설은 완전히 혼자서 할 수 있게 됩니다. 하지만 남자 아이 중에는 아직 야뇨를 하는 아이가 많은데 병적인 것은 아닙니다. ^{511 야뇨증이다}

아이가 내년에 학교에 간다고 하니까 엄마가 지나치게 긴장하는 경향이 있습니다. 아직도 이렇게 어리광을 부리는 아이가 학교에 잘 다닐 수 있을지, 유치원에서는 친구들과 잘 놀지도 못하는데 학교에서 다른 친구들과 잘 어울려 따라갈 수 있을지 등 여러 가지 걱정을 합니다. 그러나 아이는 학교에 갈 때까지 더욱 성장하고, 학교에 입학하면서 성장 속도가 더욱 빨라지므로 그다지 걱정할 필요는 없습니다.

"그렇게 하면 1학년이 될 수 없어"라는 식으로 말하면서 아이를 야단치는 것은 좋지 않습니다. 아이는 학교에 가는 것을 엄마만큼 심각하게 생각하고 있지 않습니다. 그런데 엄마가 사사건건 학교를 내세워 야단치면 학교라는 곳이 매우 힘든 데라고 생각하게 됩니다. 그래서 예민한 아이는 2월이 되면서 야뇨를 하거나 소변 보는 횟수가 늘어나기도 합니다.

●

감기와 편도선염이 잘 걸립니다.

이 나이에 가장 많은 병은 밤에 갑자기 고열이 나는 감기와 편도선염입니다. 대부분 1~2일 만에 열이 내립니다. 2~3개월에 한 번 고열이 나는 것이 보통입니다. 올해부터 보육시설에 다니는 아이는 수두, 풍진, 볼거리 중 어느 하나는 걸릴 각오를 해야 합니다.

만 5~6세가 되어 처음으로 걸릴 수 있는 병이라면 맹장염일 것입니다. 이것은 초등학교에 들어가면서 걸리는데 이 나이에 쉽게 생기는 병은 아닙니다. 아이가 힘이 없고 속이 메스껍고 토할 것 같으며 다소 열이 있을 때 한번 맹장염을 의심해 보아야 합니다. 아이는 결코 배꼽 오른쪽 아래가 아프다고 말하지 않습니다. 여러 번 물어본 후에야 배가 아프다는 것을 겨우 알 수 있을 정도입니다. 맹장염일 수도 있기 때문에, 유치원에 다니는 아이들의 1/3 정도에게 생기는 아침의 복통을 모두 신경성이라고 단정할 수는 없습니다.

유치원에 다니는 아이 1000명 중 1명 정도가 맹장염입니다. 하지만 일반적으로 아침의 복통은 복통 상습자에게 많고[437 복통을 호소한다] 맹장염은 평소에는 좀처럼 복통을 호소하지 않는 아이들에게 많습니다.

또한 이 나이부터 유치원에 다니기 시작한 아이가 유치원 생활에 적응하느라 너무 긴장하게 되면, 유치원에 들어간 지 1개월 정도 되었을 때 빈뇨를 일으킵니다. 1시간 동안 5~6번 정도 화장실에 가고 싶어 합니다. [439 소변 보는 간격이 짧아졌다]

●

자가중독도 자주 나타납니다.

자가중독[444 자가중독증이다]도 이 나이에 자주 일어납니다. 올해를 고비라고 생각하면 됩니다. 먼 곳에 다녀온 후 피곤하다고 해서 식사를 하지 않은 채 재우면 자주 이런 일이 일어납니다.

아기 때부터 자주 가래가 끓어 가슴 속에서 그르렁거리는 소리가 나는 아이는 이 나이가 되면서 천식 발작을 일으키기도 합니다. 이 때 부모가 발작에 놀라 아이 앞에서 불안한 얼굴을 보이면 발작은 큰 의지처가 됩니다. 이 정도는 틀림없이 나을 것이라는 태도를 잊어서는 안 됩니다. ^{514 천식이다}

남자 아이에게서 눈을 깜빡이거나 입을 이상하게 움직이거나 하는 지금까지 하지 않던 이상한 행동을 하는 것을 볼 수 있습니다. ^{516 나쁜 버릇이 생겼다} 자위도 이 나이의 아이에게는 드물지 않습니다. 특히 여자 아이에게 많이 볼 수 있습니다. ^{442 자위를 한다}

남자 아이 중에는 갑자기 혈뇨를 보고, 몇 번이나 소변을 보러 가며, 배뇨 후에는 페니스가 아프다고 호소하는 일이 있습니다. 1주 정도 지나면 자연히 나아지는 것으로, 다시 걸리지는 않습니다. ^{440 소변 볼 때 아파한다} 똑같이 혈뇨로 시작되는 병으로 신장염도 있는데, 이것도 이 나이쯤부터 발생할 수 있습니다. 얼굴이 붓고 소변량이 줄어드는 신증후군도 가끔 발병합니다. 이 나이의 남자 아이들 중에는 간혹 페니스 끝 부분이 초롱처럼 붓는 일이 있습니다. 더러운 손으로 만져 가벼운 염증을 일으킨 것으로 며칠 후면 낫습니다. ^{440 소변 볼 때 아파한다}

여자 아이들은 냉과 같은 것이 자주 보입니다. 팬티에 크림색 분비물이 묻어 있어 알게 됩니다. 엄마는 곧바로 성병과 연관시켜 놀라지만 이것은 무해한 것입니다. 샤워를 하여 국소를 하루 3~4번 씻어주고 깨끗한 팬티로 갈아입히면 며칠 내에 완쾌되는 경우가 많습니다.

밤중에 자주 다리가 아프다고 말하는 아이가 많습니다. 무릎이나 다리 전체가 아프다고 합니다. 관절 류머티즘이 아닌가 하고 걱정하는 엄마가 많은데, 검사해 보았을 때 류머티즘인 경우는 거의 없습니다. 피로 때문이거나 모르는 사이에 관절을 삔 경우가 많습니다. [515 다리가 무겁다] 아주 드물게 페르테스병이라는 것도 생깁니다.

유치원에서 실시하는 건강검진에서 여러 가지 주의 사항이 있었지만 정밀 검사를 하고 나면 걱정할 일이 아닌 경우가 많습니다. 편도선 비대라고 해도 생리적인 것이거나[518 편도선 비대와 아데노이드] 여포성 결막염이라고 해도 생리적인 결막 여포[519 여포성 결막염이다]입니다.

건강검진에서 자주 "아이의 소변에서 단백질이 나왔습니다. 병원에 가보십시오"라는 주의를 받기도 합니다. 테스트지를 소변에 적셔보면 금방 알 수 있는 간단한 검사는 한 번 양성으로 나와도 어느 정도 지난 후 다시 검사해 보면 음성으로 나오는 일이 있습니다. 또한 아침 기상 직후에 나온 소변에는 기립성 단백뇨가 자주 있습니다. 551 기립성 단백뇨_체위성 단백뇨를 참고하기 바랍니다.

지난해에 BCG를 접종한 아이가 올해 투베르쿨린 반응 검사에서 양성으로 나와 소아결핵이라는 진단이 나왔을 때, BCG 접종을 한 곳에 가서 항의하고 싶겠지만 대부분 오진일 때가 많습니다. [152 BCG 접종]

지금까지 세발자전거를 타다가 두발자전거를 탈 수 있게 된 아이도 있습니다. 세발자전거와 달리 두발자전거는 멀리까지 갈 수 있기 때문에 사고가 많이 일어납니다. 보도에서 벗어나 자동차가 다니는 아스팔트로 다니면 안 된다고 귀가 따갑도록 이야기해야 합니다. 너무 수선 떠는 것 같지만 어린이용 헬멧을 쓰게 해야 합니다. 이렇게 하면 머리를 다치는 것을 막을 수 있습니다.

만 5~6세 아이 가운데 밤중에 갑자기 열이 나고 목이 아프다고 할 때는 몸을 잘 살펴보기 바랍니다. 목부터 가슴이나 배에 작고 빨간 것들이 돋았을 때는 성홍열을 의심해 보아야 합니다.

이 시기의 육아법

497. 먹이기

● 젓가락질이 서툴러 숟가락을 사용하는 일이 없도록 한다.

● 텔레비전을 보면서 식사하는 습관을 들이지 않는다.

엄마가 기대하는 것만큼 식사를 많이 하지 않습니다.

만 5~6세 무렵에는 엄마가 기대하는 것만큼 식사를 많이 하지 않습니다. 아침에는 유치원에 가야 하는데 늦잠을 자기 때문에 천천히 식사할 여유가 없습니다. 점심은 유치원에서 주는 음식을 다 먹는다고 합니다. 하지만 저녁 식사는 밥 1공기만 겨우 먹습니다. 이럴 때 엄마는 조금만 더 먹어주길 바랍니다. 그러나 이 나이의 아이가 엄마가 바라는 만큼 먹으면 비만이 됩니다.

비만이 된 아이의 식사 예를 살펴봅시다.

아침 토스트 2~3조각, 생우유 200ml, 삶은 달걀 1개

점심 달걀, 생선, 시금치, 밥 2공기, 과일

간식 초콜릿, 빵 혹은 떡, 가끔 라면

저녁 밥 2공기, 고기 또는 생선(어른과 같은 양), 야채, 주스

이 아이는 유치원에 다니지만 체중은 초등학교 2학년생 정도입니다. 키는 그다지 크지 않기 때문에 누가 봐도 비만임을 알 수 있습니다.

이 아이와 대조적으로 소식하는 아이의 식사를 살펴봅시다.

아침 카스텔라 1조각 또는 먹지 않음

점심 한입 크기의 주먹밥 5개(밥 140g), 버터샌드위치 20g,

　　　삶은 달걀노른자 1개 또는 비엔나소시지 2개, 귤 또는 딸기

간식 스낵류 45g 또는 슈크림 안의 크림만

저녁 물에 만 밥 1공기(90g), 딸기 또는 귤 70g

이 아이는 태어난 지 5년 5개월 된 아이로 체중은 15kg입니다. 병을 앓은 적은 없습니다. 보통 아이들은 이 두 아이가 먹는 양의 중간 정도를 먹습니다.

아침은 토스트 1조각과 생우유 200ml, 또는 생우유만 먹는 아이가 많습니다. 계속 소식을 해온 아이 중에는 아침을 먹지 않고 유치원에 가는 아이도 제법 있습니다. 점심으로 밥은 1공기나 1공기 반을 먹는 것이 보통입니다. 요즘은 밥에 비해 반찬이 많아지고 있습니다. 생선이나 달걀, 고기는 어른과 거의 같은 양으로 먹습니다. 저녁밥도 1공기를 겨우 먹습니다. 반찬은 그럭저럭 먹습니다.

이 정도의 식사를 해도 1년 동안 1.5~2kg의 체중을 늘리는 데는 충분합니다. 밥은 하루 동안 1공기 반밖에 먹지 않아도 생선이나

고기를 어른만큼 먹으면 충분히 성장합니다.

생선도 싫어하고 고기도 먹지 않는 아이에게는 생우유를 400~600ml 먹이면 됩니다. 생우유는 하루 400ml를 먹는 아이가 많습니다. 이것은 요즘 아이들이 키가 커진 것과 관계가 있다고 생각합니다.

텔레비전 광고를 보고 종합비타민을 상용하는 엄마가 늘어나고 있는데, 보통 식사를 하는 아이에게는 종합비타민을 보충해 주지 않으면 안 될 정도로 비타민이 부족하다고는 생각되지 않습니다. 야채를 싫어하여 먹지 않는 아이에게는 과일을 충분히 먹이면 됩니다.

식사 전에 손을 씻는다든가 식사 후에 칫솔질하는 것은 부모가 실천하는 집에서는 그렇게 힘들이지 않고 아이에게도 습관이 됩니다. 부모의 식사 예절이 잘되어 있어야 합니다.

아이가 젓가락질이 서툴다면 볼 때마다 주의를 주기보다 젓가락이 아니면 잡지 못하는 음식을 주어 스스로 방법을 터득할 수 있도록 하는 것이 좋습니다.

식사는 아이에게 살아가는 즐거움 가운데 하나입니다. 그러므로 어떻게 하면 아이가 즐겁게 먹을 수 있을 것인가를 항상 생각해야 합니다. 식탁에 모였을 때 항상 아빠는 '도덕 교육'을 하고 엄마는 더 먹어야 한다고 강요한다면 아이는 식탁에 앉는 순간부터 식욕을 잃어버립니다.

텔레비전을 보면서 식사하는 습관을 들여서는 안 됩니다. 그러

면 아이는 엄마가 오늘 자기를 위해서 무슨 음식을 만들어주었는
지에 대해서는 관심이 없어집니다. 그리고 엄마도 식사와 관련된
과거의 추억을 이야기할 기회를 잃어버리게 됩니다.

498. 간식 주기

- 염분이 많이 들어 있는 것은 피한다.
- 비만아에게는 과일이나 떠먹는 요구르트를 준다.
- 간식을 먹은 뒤에는 칫솔질하는 습관을 들인다.

간식은 아이에게 큰 즐거움입니다.

유치원에 다니는 아이는 집에 돌아와서 엄마가 내놓은 간식을 먹
으면서 비로소 이제 집에 돌아왔다는 느낌을 갖게 됩니다. 간식은
어느 아이에게나 주고 싶습니다. 그러나 간식을 너무 많이 먹어 비
만아가 되지 않도록 하기 위해 아이의 식사 방법을 따져가면서 주
는 것이 좋습니다.

밥을 잘 먹어 좀 뚱뚱한 아이에게는 되도록 칼로리가 적은 간식
을 줍니다. 과일이나 떠먹는 요구르트 등이 좋습니다. 밥을 별로
먹지 않는 아이에게는 당질을 보충하는 의미에서 비스킷, 쌀과자,
카스텔라, 빵 등을 줍니다. 염분이 많이 들어 있는 음식은 피해야
합니다. 아이 때 기억하는 맛은 평생을 따라다닙니다. 생선과 고기

를 싫어하는 아이에게는 생우유를 줍니다. 치즈나 소시지 등을 샌드위치에 넣어주는 것도 괜찮습니다.

아이를 바깥에 데리고 나가지 않고 이유식 만드는 일에만 열중하는 엄마는 현명하지 않지만, 유치원에서 돌아오는 아이를 위해서 당분과 염분이 적은 간식을 직접 만들어놓고 아이를 기다리는 엄마는 현명하다고 할 수 있습니다. 이렇게 하면 아이는 집에서만 맛볼 수 있는 즐거움이 있다고 생각합니다.

맞벌이 가정에서는 아이가 혼자 있을 때의 외로움을 달래주려고 간식을 잔뜩 준비해 두는 집이 많습니다. 이럴 경우 비만이 될 가능성이 있는 아이가 칼로리를 너무 많이 섭취하지 않도록 주의해야 합니다.

간식을 먹은 후에 입 안을 깨끗이 칫솔질하는 습관을 들이지 않은 아이는 지금부터라도 습관을 들이도록 합니다. 이를 닦지 않는 것이 처음에 불쾌한 경험이라는 인상을 갖게 되면 아이는 반드시 칫솔질을 하게 됩니다. 먼저 엄마가 칫솔질하는 모습을 보여주고, 그 흉내를 내도록 하는 것이 좋습니다. 부모가 아이 입에 직접 칫솔을 밀어 넣어서는 안 됩니다.

499. 재우기 😊

● 가장 좋은 것은 엄마가 책을 읽어주는 것이다.

아이가 잠드는 데는 여러 유형이 있습니다.

이불 속에 들어가면 금방 잠드는 아이가 있는가 하면, 30분이나 1시간 정도의 '준비 기간'이 필요한 아이도 있습니다. 쉽게 잠드는 아이는 문제가 없지만 준비 기간이 필요한 아이에게는 여러 가지 문제가 일어날 수 있습니다. 잠자리에 들 때 항상 그림책을 가지고 들어가 잠들 때까지 책장을 넘기는 아이는 그나마 다루기 쉽습니다.

준비 기간에 기분이 매우 나빠져서 화를 내거나 울다가 결국 마지막에는 울면서 잠이 드는 아이도 많습니다. 이런 아이는 부모 쪽에서 달관하고 있으면 아무 문제가 없습니다. 술이 취해 의식이 약간 몽롱한 사람 대하듯 하면 해결되기 때문입니다. 그런데 보채며 잠드는 유형임을 부모가 이해하지 못해 아이가 제멋대로라고 괘씸하게 여겨, 글자도 읽고 계산도 할 줄 아는 아이가 매일 밤 그런다고 화를 내면 준비 기간은 더없이 화려한 '투쟁 기간'이 되어버립니다. 이것은 생리적인 현상이기 때문에 이성적으로 설득할 수 있는 것이 아닙니다. 그런데도 설득하려고 들면 충돌은 점점 심해져 30분 만에 끝날 것이 1시간이 되어버립니다.

●

가장 좋은 것은 엄마가 책을 읽어주는 것입니다.

이불 속에 들어가 잠들기까지 1시간이나 걸리는 아이 중에는 잠이 오지 않는다고 우는 아이도 있습니다. 처음에는 잠이 오지 않는다고 울다가 시간이 지남에 따라 내일 아침 일찍 일어나지 못해 유치원에 늦는다고 걱정하며 울기 시작합니다.

이럴 때 대부분의 엄마는 아이가 불면증에 걸렸다고 걱정합니다. 하지만 이것은 불면증이 아닙니다. '준비 기간'을 한바탕 거치지 않으면 잠들지 않는 유형에 불과합니다. 이런 아이를 빨리 잠자리에 들게 하면 그만큼 빨리 잘 것이라는 생각은 잘못입니다. 자는 시간이 10시가 넘어도 상관없습니다. 아이가 어느 정도 지칠 때까지 내버려두는 것이 좋습니다. 가장 좋은 것은 엄마가 책을 읽어주는 것입니다.

수면제를 먹이는 것은 좋지 않습니다. 아이에게 자신의 상태를 병으로 생각하게 하기 때문입니다. 정상적인 현상을 병으로 생각하게 하는 것은 좋지 않습니다. 게다가 잘 듣는 수면제에는 부작용이 있습니다. 수면제가 없으면 잠을 잘 수 없게 되거나 지금까지의 양으로는 듣지 않게 됩니다. 또한 수면제를 어느 기간 동안 사용하다 중단했을 때, 조금씩 양을 줄이지 않고 갑자기 끊으면 불안 증상이 생길 수도 있습니다.

밤에 잠드는 것과 마찬가지로 아침에 일어나는 것도 여러 유형이 있습니다. 눈을 뜨고 의식이 맑아질 때까지 20분 정도 투덜대거나 화를 내는 아이가 많습니다. 이것도 매일 아침 있는 일이니, 잠이 완전히 깰 때까지 관대하게 대하는 것이 매일 아침 성가시게 옥신 각신하는 것보다 가정의 평화를 위해서는 더 좋습니다.

500. 자립심 기르기 😊

● 기초 습관을 익힐 수 있는 환경을 만들되, 자립을 위해 너무 엄하게 대하는 것은 좋지 않다.

자신의 일은 대부분 스스로 할 수 있게 됩니다.

유치원에 다니면 자신의 일은 대부분 스스로 할 수 있게 됩니다. 아주 작은 단추가 아니면 혼자서 끼우거나 뺄 수 있습니다. 목욕할 때도 혼자서 그럭저럭 몸을 씻습니다. 식사나 배설 문제로 엄마를 귀찮게 하지도 않습니다. 이러한 기초 습관을 익히는 것이 독립된 인간이라는 마음 자세를 심어주는 데 필요한 조건이지만 이것만으로는 불충분합니다. 사회 속에서 독립된 일원이라는 자각이 없으면 독립된 인간으로서 행동할 수 없습니다.

유치원에서는 스스로 옷을 입고 벗을 수 있으며 장난감 뒷정리도 잘하는 아이가 집에 돌아오면 옷도 엄마가 벗겨주기를 바라고 장난감도 치우지 않습니다. 이럴 때 엄마는 너무 신경 쓰지 않아도 됩니다. 유치원에서 할 수 있는 일을 집에서는 왜 못하느냐고 혼낼 필요까지는 없습니다.

●

아이에게는 가정의 따뜻함이 더 중요합니다.

유치원에서는 아이가 독립된 사회의 일원이지만, 집에 돌아오면 독립된 인간이기보다 가정이라는 공동체의 일원이라는 것을 느끼게 해주는 것이 좋습니다. 인간이 가정에서 느끼는 편안함은 가정이라는 공동체에 속해 있다는 의존의 느낌입니다.

집에 돌아와서도 유치원에서처럼 독립된 인간으로서 주위에 신경을 쓰는 것은 아이에게는 고통입니다. 아이는 집에 돌아오면 공동체 안에서 자기에게 주어진 자리에 앉아 쉬고 싶은 것입니다. 나이가 더 들면 자연히 할 수 있는 기초적인 생활 습관을 유치원에서처럼 집에서도 똑같이 하게 하려고 너무 엄하게 대하는 것은 좋지 않습니다. 아이에게는 가정의 따뜻함이 더 중요합니다.

그렇다고 해서 아이에게 전혀 자립을 가르치지 않는 가정 환경도 곤란합니다. 할아버지, 할머니와 함께 사는 집에서는 아이에게 아무것도 시키지 않는 경우도 있습니다. 이런 가정에서 자란 아이는 유치원에서도 자립된 행동을 하지 못할 때가 있습니다.

공동체 안에서 보호의 정도가 지나치면 아이는 혼자 힘으로 설 수 없는 사람이 되어버립니다. 그러나 가족 공동체에 대한 의존은 어느 정도는 허용해야 합니다. 대부분의 아빠가 사회에서는 훌륭하게 독립된 인간으로 행동하지만, 집에 돌아오면 자기 일도 제대로 못한다는 것을 엄마는 잘 알고 있을 것입니다. 가정에서 편안하게 휴식을 취하기 때문에 사회에서 독립적으로 살아갈 수 있는 것입니다.

인간의 지혜로운 삶의 방식은 사회인으로서, 그리고 한 가정의 가족으로서 균형을 잘 잡는 데 달려 있다고 할 수 있습니다. 아이가 밖에서 어느 정도 독립된 인간으로 행동할 수 있다면, 가정에서는 쉽게 해주는 것이 좋습니다. 각 가정마다 편안히 쉬는 정도가 다르므로 "우리 아이는 이렇게 예의범절을 가르치고 있어요" 라는 등의 기사를 바로 적용하려는 것은 아무런 의미가 없습니다. 일하는 엄마가 전업주부인 엄마의 육아 방식을 적용하려면 그야말로 연중무휴가 되고 맙니다.

501. 산만한 아이

● 산만한 아이가 지능도 보통이고 교실 밖 생활에서 문제가 없다면 환자가 아니다. 능력에 맞는 일을 주어 주의력을 집중할 수 있도록 한다.

남자 아이 중에 이런 아이가 많습니다.

산만한 아이가 있습니다. 남자 아이 중에 이런 아이가 많습니다. 조용히 놀지도 못하고, 변덕이 심해 금방 또 다른 놀이를 시작합니다. 참고 기다리지도 못합니다. 그런데 자기가 좋아하는 것은 언제까지나 계속합니다. 색다른 곳에 가거나 손님이 오면 보통 때는 하지 않던 행동을 하기 시작합니다. 열차를 타면 커다란 소리로 노래를 부르거나 통로에서 뛰어다니곤 합니다.

엄마는 유치원의 참관일에 가보고는 자신의 아이가 다른 아이들과 너무나 다르다는 것을 알게 됩니다(사실 참관일의 교실은 보통 때와는 다르다고 할 수 있음). 다른 아이들은 교사의 이야기를 잘 듣는 데 반해, 자신의 아이는 한눈을 팔거나 자리에서 일어서거나 다리를 흔들거나 눈을 깜빡이거나 귀를 긁는 등 잠시도 가만있지를 못합니다. 나중에 교사와의 면담에서 아이가 주의가 산만하다든지 집단행동을 하지 못한다는 이야기를 들으면 엄마는 충격을 받습니다.

●

과잉행동 장애라는 말을 들을 수도 있습니다.

혹시 병은 아닐까 염려되어 병원에 데리고 가면, 어떤 의사는 미세뇌손상이라고 이야기할지도 모릅니다. 또 아동상담소에서 과잉행동 장애라는 말을 들을 수도 있습니다. 극소저체중아(출생 시 1.5kg 이하)로 뇌출혈로 인해 이상이 생겼을 때는 과잉행동 장애를 보이는 일도 있습니다. 하지만 정상적으로 출산했고 매일 즐겁게 유치원에 가서 친구들과 잘 놀고 평화로운 아이를 침착하지 못하다는 이유만으로 과잉행동 장애라고 판단하는 데는 동의할 수 없습니다.

유치원부터 초등학교 저학년까지는 주의가 산만하다는 말을 자주 듣는 아이가 있는데, 이것은 '활동가'의 별명이라고 생각하면 됩니다. 만약 유치원 자유 놀이 시간에 잠시 들여다보면 틀림없이 다른 느낌을 받을 것입니다. 그 아이는 다른 아이들보다 활발하고, 더 창조적이며, 잠시도 가만있지 않습니다. 친구들도 그 아이와 놀고 싶어 하는데, 그 아이가 속해 있는 그룹이 가장 활기가 넘칩니다.

이러한 활동가를 앉혀놓고 수업을 시작하면 아이는 가만히 있지를 못합니다. 몸속의 넘치는 에너지를 수업 시간에 감당해 내지 못하기 때문에 무릎을 떨거나 곁눈질을 함으로써 발산하지 않을 수 없는 것입니다. 양손을 무릎에 얹고 교사의 이야기를 듣는 것만이 교육이라는 생각은 편견입니다. 집단행동을 할 수 있는지의 여부를 아이의 발달 지표처럼 생각하여 교실에서 통일된 집단행동만 강요하는 교사를 만나면, 활달한 아이는 이상한 아이로 취급받게 됩니다. 더구나 아이가 손재주가 없고 옷도 잘 벗지 못하거나 가위도 사용할 줄 모르면 더욱 미움을 사게 됩니다.

●

아이에게는 자유 놀이가 교육의 중심이 되어야 합니다.

이 나이의 아이에게는 자유 놀이가 교육의 중심이 되어야 합니다. 시설과 인원이 부족하기 때문에 수업을 하고 있을 뿐입니다. 산만한 아이가 지능이 보통이면서 교실 밖 생활에서는 모든 일을 잘한다면 결코 환자가 아닙니다. 그 아이의 능력에 맞는 과제가 주어지면 충분히 주의력을 집중할 수 있습니다. 어른 중에도 이런 사람은 많이 있습니다. 학자들의 모임에서 청취석을 보면 재능 있고 유능한 사람일수록 무릎을 떨거나 담배 파이프를 만지작거립니다.

이것은 에너지가 넘치는 사람의 숙명 같은 것입니다.

산만한 아이를 강제로 가만히 앉아 있게 하는 것은 너무 가엾은 일입니다. 더구나 신경안정제를 먹이는 것은 타고난 재능과 성질을 죽이는 셈입니다.

502. 말을 듣지 않는 아이

● 먼저 나름대로 이유가 있어서인지 확인하고, 그렇지 않다면 무관심하게 대처한다.

아이 나름대로 이유가 있는 것입니다.

엄마가 조급한 마음을 누르고 상냥한 목소리로 조리 있게 설득하는데도 아이가 도무지 말을 듣지 않을 때가 있습니다. 그러나 아이에게는 자기 나름대로 이유가 있는 것입니다. 11월이 되어 추우니 긴 바지를 입고 가라는데도 아이가 반바지가 아니면 싫다면서 울 때, 아이는 이유 없는 반항을 하는 것처럼 보입니다. 그러나 반바지를 입으면 쉽게 소변을 볼 수 있지만 긴 바지는 그렇지 않습니다. 지퍼를 내리기 힘들거나 잠그는 데 시간이 오래 걸리는 옷은 바쁜 유치원 생활에서는 곤란하다는 것이 아이 나름대로의 이유인 것입니다.

또한 아이의 생리적인 현상도 엄마 마음대로 되지 않습니다. 자기 전에 물을 너무 많이 먹어 밤중에 오줌을 싸는 것이라고 생각하여 저녁 식사 때 물을 마시지 말라고 해도 아이는 도무지 듣지 않습니다. 엄마에게는 말을 듣지 않는 아이임에 틀림없지만 이것은 아이의 자유 의지로 되는 것이 아닙니다. 이 아이는 다른 아이보다 많은 물을 필요로 하는 체질인 것입니다. 이것은 아이와 다투게 되어도 어쩔 수 없습니다. 아이가 좀 더 성장하면 소변을 참을 수 있게 되고, 야뇨도 하지 않게 됩니다.

●

근거 없이 떼쓰는 아이는 상대하지 않는 것이 좋습니다.

아이의 주장에는 근거가 있을 때도 있지만 정말로 부모의 말을 듣지 않을 때도 있습니다. 옆집 아이가 가지고 있는 것과 똑같은 로봇을 사달라고 합니다. 2~3일 전에 자동차를 샀으니 세뱃돈 받을 때까지 기다리라고 해도 듣지 않습니다. 아이는 곧 마룻바닥에 드러누워 웁니다. 물론 무엇이든 다 사주는 엄마니까 떼쓰면 꼭 사줄 거라고 믿고 엄마에게 시위하는 경우도 있습니다. 그러나 결코 받아주지 않는 엄마에게도 이렇게 사달라고 떼쓰는 아이가 있습니다.

4~5명의 아이를 기르다 보면 이런 아이가 1명 정도는 있기 마련입니다. 예전 엄마들은 여러 아이를 모두 같은 방법으로 키웠기 때문에 이 아이만의 성격이라고 생각하여 상대하지 않았습니다. 그러나 아이가 하나뿐인 요즘 엄마들은 자신의 교육 방법이 잘못된 것이라 생각하고 고민하게 됩니다.

이렇게 떼를 쓰는 아이도 중학교에 갈 때쯤이면 분별을 하게 되고, 고등학교를 졸업할 때쯤이면 보통의 성인이 됩니다. 떼 쓰는 아이가 지능 발달이 늦은 것은 아닙니다. 자기 주장이 강할 뿐입니다. 이런 아이는 개성적이기 때문에 훗날 다른 방면의 능력이 뛰어나, 일시적으로 왈칵 치솟는 감정만 억제할 수 있다면 개성 있는 인물이 될 수도 있습니다.

떼쓰는 아이가 있으면 사소한 일로 분쟁 상황이 벌어져 가정의 평화가 깨지기 쉽습니다. 아이의 요구가 그다지 대단하지 않은 것이고 경제적으로도 부담이 되지 않는다면, 때에 따라서는 그 요구를 들어주어 심각한 전투 상태를 만들지 않는 것도 필요합니다. 요구를 어느 정도까지 들어주고 어느 선에서 거부해야 하는지는 그때그때 엄마가 판단하여 결정해야 합니다. 아이를 가장 잘 아는 사람은 엄마입니다. 엄마로서의 능력은 그것을 예술가처럼 즉흥적으로 결정해 가는 데 있습니다. 결코 아이에게 애원하는 태도를 취해서는 안 됩니다.

503. 허약아와 학습장애아 😊

● 허약아라는 말을 비만을 일으킬 수 있는 우량아를 늘리기 위해 사용해서는
안 된다.

● 학습 장애를 섣불리 정신 장애로 취급하여 왕따시켜서는 안된다.

예전에 '허약아'라는 말이 유행했습니다.

약하게 보이는 아이, 마른 아이, 안색이 좋지 않은 아이, 감기에
잘 걸리는 아이, 편도가 큰 아이, 목 옆에 무언가 만져지는 아이, 조
례 때 쓰러지는 아이 등을 허약아라고 했습니다. 허약아에 대해 이
야기가 많았던 이유는, 이런 아이가 어른이 되면 결핵에 걸린다고
생각하고, 아이 때 단련시켜 놓으면 어른이 되어서 결핵에 걸리지
않는다고 생각했기 때문입니다. 허약아를 바다나 산에서 열리는
캠프에 데리고 가서는 결핵 예방법이라고 선전했습니다. 여기에
강장제 제조 회사나 교육청이나 언론이 선두에 섰습니다. 의사들
중에도 동조하는 사람이 등장했습니다.

하지만 허약아가 어른이 되면 결핵에 걸린다는 것은 학문적으로
증명된 사실이 아니라 그렇게 짐작한 것일 뿐입니다. 결핵을 학문
으로 연구하기 시작한 젊은 세대의 의학자는, 결핵은 보통 청년기
에 들어 비로소 감염되어 발병한다는 것을 발견했습니다.

결핵을 예방하려면 감염을 막는 것이 제일이므로 결핵 환자를 격
리 수용할 수 있는 요양소를 더 많이 만들고, 감염되어도 발병하지

않도록 인공 면역을 만드는 BCG를 접종하게 되었습니다. 이때 허약아에게 중점을 두는 것은 결핵 예방에 오히려 방해가 되었습니다. 필자는 당시 허약아와 결핵은 관계가 없다는 사실을 증명하기 위하여, 관계 당국의 견해와 달리 허약아나 건강한 아이나 결핵에 감염되기는 마찬가지이고, 아이가 야위었다고 해도 병이 있는 것이 아니며, 안색이 나빠도 빈혈이 아니라는 것 등을 입증해 냈습니다.

●

학문적으로 검증되지 않은 기준입니다.

학문적으로 검증되지 않은 것을 기업이나 학교 교사들이 신중하게 생각해 보지도 않고 선전하여 세상에 해독을 끼친 사례가 한 가지 더 있습니다. 매년 실시했던 '건강 우량아' 표창이 바로 그것입니다. 키와 체중이 특별히 많이 나가는 아이에게 표창패를 수여했습니다. 분유 회사가 앞장서고 대학교수와 신문사가 참가했습니다. 이것은 분유 회사로서는 좋았겠지만 태어날 때부터 소식하는 작은 아이를 둔 부모를 한숨짓게 했고, 우량아는 학교에 갈 때쯤에는 비만으로 고생하게 되었습니다. 대개 무언가 새로운 것을 아이와 부모에게 권유하려면 그것을 실행한 아이와 실행하지 않은 아이를 성인이 될 때까지 추적한 다음에 해야 합니다.

●

학습 장애에 대해서도 위기감을 느낍니다.

요즘 유치원 교사들 사이에 퍼지고 있는 '학습장애아'란 용어에 대해서도 위기감을 느낍니다. 소아과 의사는 이런 특별한 정신이상이 있다고 생각하지 않지만, 미국정신의학회에서 펴낸 '정신 장애의 진단과 통계 매뉴얼(DSM)'에는 '학습 장애'라는 것이 나와 있습니다. 이것은 학교 교육을 제대로 따라가지 못하는 아이를 말하며 독서 장애, 산수 장애, 작문 장애로 분류합니다. 그리고 이 분류는 학교 교육을 제대로 따라가지 못하는 아이에게 편의상 붙인 것이라는 단서를 달고 있습니다. 필자가 위기감을 느끼는 것은 어떤 엄마에게서 온 편지 때문입니다. "6개월 전 이사를 하게 되어 만 5세 된 남자 아이를 다른 유치원으로 옮겼는데, 이 유치원에서는 학교 교육을 빨리 시작하여 운동 능력에도 5단계의 등급을 매기고 있습니다. 우리 아이는 운동을 잘 못하여 최하등급을 받았고, 공작도 서툴러 다른 아이보다 늦습니다. 이 때문에 잘하는 아이들로부터 바보나 느림보라는 놀림을 받아 때로 큰 소리로 울거나 패닉 상태에 빠지는 것 같습니다. 선생님은 우리 아이가 다른 아이들과 다른 점이 많아 학습장애아가 아닌가 생각된다면서, 지금 유치원에서 학습장애아 연구 모임을 가지고 있다고 참석할 것을 권유했습니다."

유치원의 조기 학교 교육이 왕따를 만드는 것은 방치하고 아이를 장애아로 규정짓는 일이 유행하지 않을까 걱정됩니다.

504. 남자다움과 여자다움 😊

●말과 행동, 일상생활, 옷차림에 관한 '남자다움'이나 '여자다움'의 교육만이 진정한 의미의 성교육이다.

성교육의 교실은 바로 가정에 있습니다.

옛날에는 만 6세가 되면 남자 아이와 여자 아이를 엄격하게 구별했습니다. 남자 아이는 장래 한 집안의 주인이 되고, 여자 아이는 남편을 섬기며 순종하는 아내가 되는 것으로 정해져 있었습니다. 그러나 이러한 생활 방식은 지금은 적용되지 않습니다. 남자도 여자도 평등하게 한 인간으로서 살아갈 권리가 있다는 것이 지금의 사고 방식입니다. 옛날 사람들이 '남녀칠세부동석'이라고 한 것은 만 6세가 되면 아이에게 앞으로 살아가는 방법을 가르쳐야 한다고 생각했기 때문입니다.

지금 우리도 만 6세 아이에게는 앞으로 남녀가 평등한 인간으로 살아가야 한다는 것을 가르쳐야 합니다. 그러기 위해서는 남녀 모두 인간으로서 평등하다는 것을 이때부터 일깨워주어야 합니다. 여자도 남자처럼 어떤 운동이나 예술 활동도 할 수 있다는 것을 가르쳐야 합니다. 현재 보육시설이나 유치원의 집단 교육에서 남자 아이와 여자 아이를 구별하지 않는 것은 이 때문입니다.

현재 우리 사회는 헌법에서는 남녀평등권이라고 말하지만 실제로는 남자가 우위에 있습니다. 여자에게 그 능력에 맞는 지위를 주기 위해서 이제부터라도 헌법대로 실행해 가기를 바랍니다. 그러기 위해서는 지금의 남녀평등 교육을 유아기 때만이 아니라 더 높은 연령층까지 확대하여 철저히 시켜야 합니다. 현재 우리의 가정생활에서 남자와 여자의 역할은 이전과 비교하여 변하긴 했지만 아직 '분업'을 폐지하지는 못했습니다. 생리적인 역할이 다르기 때문에 이 분업은 당분간 계속될 것입니다.

엄마가 전업주부인 가정의 경우 아빠가 신경을 많이 쓰지 않으면 남자가 여자보다 훌륭하다는 생각을 아이에게 심어주게 됩니다. 남편이 자신이 일하여 아내를 먹여 살린다는 사고방식을 가지고 있으면 아이는 엄마의 인격을 존중하지 않게 됩니다. 아빠와 엄마는 평등한 인격을 가지고 가정 경영에 공동으로 참여하고 있는 것입니다. 예전의 군대처럼 상관이 부하에게 명령하는 듯한 태도를 보인다면, 이것을 보고 자라는 아이는 학교에서 남녀평등권을 배워도 원칙만 그런 것이라고 생각하게 됩니다.

그러면 가정에서는 남녀가 각자 어떻게 삶을 살아가는 것이 가장 좋을까요? 지금 아빠와 엄마가 매일 현실에서 해결해 나가고 있습니다. 즐거운 가정생활을 위해 아빠는 아들에게 남자란 무엇인가를 가르치고, 엄마는 딸에게 여자란 무엇인가를 가르치고 있습니다. 가정생활에서 벗어나 '여자다움'과 '남자다움'을 가르치려고 하면 안 됩니다. 말과 행동, 일상생활, 옷차림에 관한 '남자다움'이나 '여자다움'의 교육만이 진정한 의미의 성교육입니다. 부모는 그러한 책임을 면할 수 없습니다. 성교육의 교실은 바로 가정에 있습니다.

505. 방과 후 활동 😊

● 그 분야의 상황을 잘 아는 사람으로부터 예비 지식을 얻은 후에 결정한다.

유아에게 과외 활동을 시키는 것이 유행하고 있습니다.

무용이나 발레 학원, 음악 학원, 그림 학원, 영어회화 학원 등에 다니는 아이들이 많습니다. 이웃 아이가 과외 활동을 받고 있고, 같이 하지 않겠느냐고 권유를 받는 기회가 많아졌습니다. 이때 어떻게 하면 좋을까요?

과외 활동에 대해 너무 심각하게 생각하지 않는 것이 좋습니다. 아이가 춤을 좋아한다고 하여 발레를 시키면서 세계적인 발레리나로 키워야겠다고 생각해서는 안 됩니다. 아이에게 과외 활동이라는 것은 놀이의 일종입니다. 영어회화라고 해도 그것은 학예회에서 동화의 대사를 모조리 외워 이야기하는 것과 전혀 다를 바가 없습니다. 연기를 즐기고 있는 것뿐입니다. 영어를 숙달시켜 외교관이 되게 하겠다는 생각으로 영어 회화 학원에 보내면 실망하기 마련입니다. 아이는 분명히 도중에 싫증이 나 그만두겠다고 할 것입니다. 그때 언제든지 그만두게 할 각오가 되어 있다면 과외 활동을 시켜도 좋습니다. 그림에 소질이 있는지, 음악에 소질이 있는지, 만 5세 때는 잘 알 수 없습니다. 그러나 어떠한 예술 분야라도 좋습니다. 아이에게 천부적인 소질이 있는지를 찾아보는 것은 나쁜 일이 아닙니다.

아이에게는 과외 활동도 놀이입니다.

아이에게 어떤 능력이 있는지 모르고 아이도 특별히 원하는 것이 없다면, 부모가 잘하는 분야를 시키면 됩니다. 그러면 잘못된 교수법을 쉽게 간파할 수 있기 때문입니다. 그러나 옛날에 익힌 솜씨로 자기 아이에게 엄격하게 가르치는 것은 생각해 봐야 할 일입니다. 부모와 자녀 사이에 교사와 제자라는 엄격한 관계가 개입된다면, 부모와 자녀 사이의 본연의 관계를 무너뜨릴 수 있습니다. 아이에게 과외 활동은 놀이가 되어야 합니다.

506. 초등학교 선택하기

● 집 근처의 초등학교에 가는 것이 당연하며, 그것이 가장 좋다.

명문 초등학교라는 것이 있습니다.

지역 내에 있는 초등학교보다 시설도 좋고, 교과 과정도 앞서고, 좋은 친구도 만들 수 있다는 욕심에 교육열이 왕성한 부모들은 통학 거리도 마다하지 않고 그런 초등학교에 보내려고 합니다. 하지만 명문 초등학교에 무리해서 아이를 입학시키는 것은 그다지 현명한 일은 아닌 것 같습니다. 명문 초등학교를 졸업시키고 수준이 높다는 지역으로 위장 전입시켜 명문 중·고등학교를 보내는 이유는 명문 대학교에 입학시키고 싶은 마음 때문일 것입니다. 입시 공부가 상급 학교에 진학하기 위한 필요악이라고 해도 그 악을 최소한으로 줄여야 합니다.

지금의 교육은 입시 공부 때문에 인간을 만든다고 하는 본질마저 흔들리고 있습니다. 학교의 격차는 시험 합격률에 의해 정해집니다. 학교의 교사들도 '합격률이 높은' 학교를 만들기 위해 전력을 다합니다. 교육청은 이것을 보고도 모른 척합니다. 인간의 가치를 출신교로 평가하는 것은 잘못된 일입니다.

●

학교는 인간을 만드는 곳입니다.

지식의 전수보다 훌륭한 인간을 만드는 일이 더 중요합니다. 많은 지식을 갖고 있어도 부모, 형제, 친구들과 평화롭고 즐겁게 살아가는 법을 모르는 사람은 함께 살기 어렵습니다. 자신만 출세하면 다른 사람은 어떻게 되어도 상관없다는 사람만 있다면 이 세상은 즐겁지 않습니다. 입시 공부만 중시하는 명문 학교에 보내면 아이는 다른 사람을 제치고 이기는 것만을 생각하는 사람이 되어버립니다. 초등학교에서 대학교까지 이런 학교에서 생활하면 다른 사람의 괴로움이나 슬픔, 실패에 대해서는 무감각한 사람이 되어버릴 우려가 있습니다. 위장 전입을 하거나 유치원 때부터 학원에 다니게 하면서까지 명문 학교에 보내려는 것은 잘못된 일입니다.

아이는 집 근처의 초등학교에 가는 것이 당연하며, 그것이 가장 좋습니다. 학교에서 사귄 친구들과 방과 후나 여름방학에 같이 놀 수 있는 것은 집 근처의 학교에 다니기 때문입니다. 먼 곳에서 모인 명문 학교의 아이들은 방과 후에도 여름방학에도 이웃 친구들과 어울려 놀지 못합니다. 실제로는 동네 친구들로부터 따돌림을 당하는 것인데 본인은 특권 의식을 가지고 있습니다. 이것이 나중에 아이를 망치게 됩니다.

지역 학교에 다니면 학교에 뭔가 문제가 있을 때 지역 주민들이 힘을 합해 해결할 수 있습니다. 학교가 좋아지게 하려면 지역이 좋아져야 합니다. 자신들이 살고 있는 지역을 자신들의 힘으로 좋게 만들어 나가자는 것이 지방자치의 정신입니다. 지역 주민들의 힘으로 학교가 좋아지는 것을 보면 아이 또한 그 지역을 사랑하게 됩니다.

명문 학교에 다니는 사람들 대부분은 유명 대학에 뜻을 두고, 자신이 살고 있는 지역을 떠나 다른 곳에서 출세하려는 경향이 있습니다. 이런 점에서 명문 학교와 지역 학교의 커다란 차이가 있습니다. 자신이 살고 있는 지역을 사랑하고 그곳에서 살려고 하는 사람은 아이를 지역 초등학교에 보내야 합니다.

507. 입학 준비하기 😊

● 엄마는 주변의 이야기에 휩쓸리지 않도록 긴장을 풀지 말아야 한다.

엄마는 긴장을 풀지 말아야 합니다.

이 시기에 가장 중요한 것은 엄마가 지금까지의 긴장을 풀지 말아야 한다는 것입니다. 아이의 입학을 노리고 여러 업자들이 제품 판매에 열심입니다. 텔레비전, 라디오, 신문, 잡지 등을 이용하여 '인생 출발'의 각오는 되어 있느냐고 긴장을 부채질합니다.

하지만 엄마는 아이가 태어난 날로부터 6년 동안 훌륭하게 키워 온 자신의 업적을 잊어서는 안 됩니다. 엄마는 자신의 방식대로 잘 해 왔습니다. 새삼스럽게 자신의 아이에 대해 전혀 모르는 타인들로부터 이러쿵저러쿵 간섭받을 필요는 없습니다.

취학 전의 건강검진에서 처음 보는 의사로부터 여러 가지 '주의'를 받을지도 모릅니다. 특히 소식을 하여 체중이 덜 나가는 아이일 경우에 그렇습니다. 하지만 그런 얘기에 너무 연연해할 필요는 없습니다. 이유식 이후 좀 더 먹이려고 얼마나 고생했습니까. 처음 만나는 사람은 그것을 알 리 없기 때문에 "영양을 더 보충해 주지 않으면 안 됩니다"라고 쉽게 말하는 것입니다.

"비염을 치료하도록 하세요"라는 말을 들어도, 유치원 시절에 6개월 이상 이비인후과에 다녔지만 계속해서 코를 훌쩍거리며 낫지 않았다는 것을 알고 있는 엄마는 비염이 학교에 입학하는 3월까지

나으리라고는 생각하지 않습니다. 그래도 괜찮습니다. 아이는 힘차게 뛰어놀고 있습니다. 코를 좀 훌쩍거린다고 해서 교육을 받을 수 없는 것은 아닙니다. 이 시기에 엄마가 갈피를 못 잡는 것은, 과거에 습진이나 야뇨를 치료하러 다녔는데 낫지 않아서 발길을 끊었던 병원을 입학 전에 고쳐두려고 다시 다니기 시작하는 경우입니다.

●

아이에게 나타났던 대부분의 증세는 성장과 함께 저절로 낫습니다.

아이의 이상에 대해 여러 가지 주의를 들어도, 그 증상이 유치원 때부터 있었고 즐거운 생활을 방해하지 않는다면 걱정하지 않아도 됩니다. 대부분의 이상 증세는 활발한 아이의 경우 성장과 함께 저절로 낫습니다. '편도선 비대'라는 말을 들어도 지금까지 건강했다면 잘라서는 안 됩니다. 단, 헤르니아(탈장)는 치료해 두는 것이 좋습니다.

아이에게 새로운 기분으로 학교에 다니도록 해주기 위해서 학용품만큼은 설령 형이나 누나의 것을 쓸 수 있다고 해도 새것으로 마련해 주는 것이 좋습니다. 책가방은 6년 동안 사용할 수 있도록 튼튼한 것만을 고른다면 몸집이 작은 아이에게는 너무 무겁습니다. 도중에 다시 사준다고 생각하고 지금 아이에게 맞는 것을 골라야 합니다. 아이들의 환심을 사기 위해 만든 텔레비전 프로그램의 주인공이라든가 캐릭터가 그려져 있는 가방이 많은데, 얼마 가지 않아 유행에 뒤떨어지게 되므로 그런 가방은 되도록 피하는 것이 좋습니다. 그리고 책상은 모서리가 각진 것은 안 됩니다.

●

장애아를 일반 학교에 보내는 것이 반드시 좋은 것은 아닙니다.

장애가 있는 아이는 일반 학교와는 다른 특수학교에 가도록 권유받을지도 모릅니다. 서구에서는 장애가 있는 아이를 일반 학교에 보내는 곳도 있습니다. 그런 곳에서는 학급의 학생수가 20명 전후로 선생님의 눈길이 모든 아이에게 미치며, 주중 몇 시간 정도 장애아를 지도하는 교사가 와서 특수교육(점자·수화·언어 지도)을 실시합니다. 장애아를 일반 학교에 보내는 것이 반드시 좋은 것은 아닙니다. 부모는 아이의 장애 정도, 아이를 받아들이는 학교의 수용 태도 등을 잘 살펴보는 것은 물론, 일반 학교에 다닌 장애아들의 졸업 후 모습까지 살펴보고 결정해야 합니다.

508. 왼손잡이 아이 글씨 쓰기

● 왼손으로 더 잘 쓴다면 그렇게 할 수 있도록 왼손잡이의 인권을 보호해 줘야 한다.

서양 사람들은 왼손잡이를 교정하지 않습니다.

왼손잡이와 오른손잡이는 아이가 태어날 때부터 정해져 있습니다. 사람은 자기가 잘하는 부분을 개발하고 서투른 부분은 보충해

가면서 인생을 즐길 수 있습니다. 우리의 생활은 오른손잡이가 많기 때문에 오른손잡이 본위로 되어 있습니다. 숟가락은 오른손으로 쥐고 밥그릇은 왼손으로 잡는 것은 오른손잡이에게 편리한 방법입니다. 하지만 왼손잡이에게도 기본적인 인권이 있습니다. 오른손잡이 위주의 예법을 강요하여 불편을 겪게 해서는 안 됩니다.

물론 왼손잡이도 연습하면 오른손으로 젓가락질도 할 수 있고, 글씨도 쓸 수 있습니다. 하지만 이것 때문에 왼손잡이는 아기 때부터 학교에 갈 때까지 많은 꾸중을 듣게 됩니다. 많은 왼손잡이들은 지금까지 오른손잡이들의 말을 듣고 고쳐왔습니다.

그러나 아무리 해도 오른손으로는 글씨를 쓸 수 없는 왼손잡이도 있습니다. 그들은 상당한 창피를 무릅쓰고 왼손으로 글씨를 씁니다. 서양 사람들은 왼손잡이를 교정하지 않습니다. 대통령도 영화배우도 왼손으로 펜을 잡고 글씨를 씁니다.

●

왼손잡이의 기본적인 인권을 지켜주어야 합니다.

특히 오른손으로 글씨를 쓰게 하려는 것은 서예를 할 때 왼손으로 쓰면 글자의 붓 끝을 올리는 법이나 붓을 놓는 방법이 바뀌어 규칙에 맞지 않기 때문입니다. 그러나 지금은 일상생활에서 붓글씨를 쓰는 사람은 거의 없습니다. 볼펜으로 쓰는 글씨는 필법이 달라도 크게 문제되지 않습니다. 그렇다면 왼손잡이는 쓰기 쉬운 왼손으로 쓰면 됩니다.

왼손으로 글씨를 써도 된다고 하면, 왼손잡이들의 어린 시절은 지금까지와는 아주 다르게 밝아질 것입니다. 왼손잡이들을 끊임없이 우울하게 하는 교정이 없어지기 때문입니다.

유치원에서는 글자를 가르치지 않기 때문에 유치원 교사는 왼손잡이를 교정시키는 문제로부터 자유롭습니다. 그러나 엄마는 글자를 배운 아이가 자신의 이름을 왼손으로 쓰면 왼손잡이인지를 판단해야 합니다. 왼손으로 쓰는 글씨와 오른손으로 쓰는 글씨 중 어느 쪽을 더 잘 쓰는지, 어느 쪽을 더 빨리 쓰는지를 보면 알 수 있습니다. 왼손으로 더 잘 쓴다면 왼손으로 쓰게 해주어야 합니다.

학교에 들어가 교사가 "우리 학교는 왼손으로 글씨를 쓰게 하지 않습니다"라고 말할 때 엄마는 "우리 아이는 왼손으로 쓰게 하고 있습니다"라고 말하며 왼손잡이의 기본적인 인권을 지켜주어야 합니다. 그럴 자신이 없다면 가엾지만(정말로 가엾지만) 아이에게 오른손으로 글자를 쓰게 하는 연습을 시작해야 할 것입니다. 필자의 생각으로는 모든 교사들이야말로 왼손잡이 아이의 인권을 지키는 운동에 앞장서야 한다고 생각합니다. 교사가 하지 못한 것을 결국 전자 제품이 실현시킬 것입니다. 컴퓨터의 보급이 글씨 쓰는 것을 점점 불필요하게 만들고 있기 때문입니다.

●

충치와 그 예방. 388 충치 대처 및 예방하기 참고

아이의 편식. 465 편식 습관 고치기 참고

지능 테스트. 472 지능 테스트 참고

환경에 따른 육아 포인트

509. 사고가 났을 때

- 골절 부상 시는 빨리 엑스선 사진을 찍는다.

- 머리를 부딪혀 잠깐이라도 실신했다면 신경외과가 있는 응급실로 싣고 간다.

  실신한 시간이 10분 이상이면 CT를 찍어본다.

- 교통사고 후 겉은 멀쩡한데 얼굴이 창백하면 내장 출혈일 수도 있다.

이전과 같은 사고라도 부상 정도가 더 심합니다.

만 5세 아이는 만 4세 아이에 비해 체력이 강해진 만큼 같은 사고라도 부상 정도가 더 심합니다. 침대 위에서 높이뛰기 놀이를 해도 만 5세 아이는 이전보다 훨씬 높이 뜁니다. 침대 밖으로 튀어나가 책상 모서리에 얼굴을 부딪히면 심하게 다칠 수도 있습니다.

유치원에서도 곧잘 그네에서 떨어져 다치는데, 이것은 그네를 타면서 앞으로 뛰어내리는 위험한 짓을 하기 때문입니다. 이때 많이 입는 부상은 골절입니다. 다리나 팔의 골절은 아이가 아파하고 다리나 팔을 움직이지 못하기 때문에 그 부위에 부상을 당했다는 것을 알게 됩니다. 이때는 되도록 빨리 엑스선 사진을 찍어 손상 정도를 알아 보아야 합니다.

단순히 삔 것뿐인지 뼈에 이상이 생긴 것인지는 겉으로 보아서는 알 수 없는 경우가 많습니다. 뼈가 빠져 끼워놓았다는 말만 듣고 그대로 내버려두어서는 안 됩니다. 골절을 오랫동안 내버려두면 뼈가 이상하게 붙어 수술로 다시 치료해야 하기 때문입니다. 바깥쪽의 상처와 함께 생긴 복합골절이 아닌 이상 빨리 조치를 취하면 수술하지 않아도 됩니다.

그네에서 뛰어내렸을 때 손바닥으로 먼저 땅을 짚어서 그 충격으로 손이 움직이지 않으면 팔뼈가 부러졌을 수도 있습니다. 그네를 타다 떨어졌을 때는 많은 힘이 가해지기 때문에 외과에 가서 엑스선 사진을 찍어보는 것이 안전합니다.

그네를 타다가 떨어져 머리를 부딪혔을 때, 지붕이나 나무에서 머리를 앞으로 하여 떨어졌을 때 잠시 동안이라도 실신했다면 신경외과가 있는 병원 응급실로 싣고 가는 것이 좋습니다. 병원에 도착했을 때 전혀 아파하지 않고 건강해 보여도 24시간이 경과할 때까지는 주의하는 것이 좋습니다. 실신한 시간이 10분 이상이었다면 병원에서는 CT(컴퓨터 단층 촬영)를 찍어볼 것입니다.

떨어져서 머리를 부딪혔지만 전혀 정신을 잃지 않고 5~6분간 울었다면 대부분 괜찮습니다. 유치원 안에서의 부상뿐 아니라 도로에서 자동차나 오토바이에 부딪혔을때, 머리를 부딪혔는지 아닌지 모를 때는 머리를 부딪혔다고 간주하고 검사를 받아보아야 합니다.

귀에서 투명한 액체가 나오면 동네 병원이 아니라 구급차로 신경

외과가 있는 병원으로 가야 합니다. 머리 아랫부분의 뼈가 부서져 뇌척수액이 새어 나온 것이기 때문입니다.

자동차나 오토바이가 아이의 배에 부딪히면 내장(간장, 비장, 신장)에 상처를 입어 출혈하는 사고도 있습니다. 내장 출혈은 겉으로는 알 수 없습니다. 타박 후 아이가 정상적으로 걷고 말을 해도 복통이 있을 때는 상당히 주의해야 합니다.

아이를 처음 보는 의사는 아이의 얼굴색이 평소와 어느 정도로 다른지 잘 모릅니다. 평소 아이의 얼굴색을 잘 알고 있는 엄마가 보았을 때 얼굴색이 좋지 않다면, 의사에게 평소보다 얼굴색이 창백하다고 말해야 합니다. 내장 출혈이 있으면 빈혈이 생기기 때문입니다. 또한 보통 때보다 배가 부르면 이것도 의사에게 말해야 합니다. 내장이 파열되어 뱃속에 피가 고이면 배가 불러지기 때문입니다.

●

사고 난 날 밤은 목욕을 시키지 않습니다.

사고 후 병원에서 아무렇지 않다는 말을 듣고 돌아오더라도 그날 밤에는 목욕을 시키지 말고 머리의 열을 식혀 조용히 재워야 합니다. 그리고 소변은 꼭 투명한 병에 받아 잘 살펴봅니다. 신장에 상처가 났을 때는 소변이 피로 빨개집니다. 이런 증상이 있을 때는 곧바로 병원에 연락해야 합니다.

3~4바늘 정도 꿰매야 하는 외부 상처는 나중에 흉터는 남지만 내장의 상처에 비하면 심각하지 않습니다. 단, 자동차나 오토바이에

부딪혔을 때는 흙이 들어가서 파상풍이 생길 수도 있기 때문에 평소에 파상풍 예방접종을 해두는 것이 좋습니다.

아이가 쇠망치로 돌을 두들기다가 돌가루가 눈에 들어갔을 때는 안과에서 정밀 검사를 받아보아야 합니다. 눈을 찌르는 것은 돌가루보다 철의 파편이 많습니다. 철의 파편은 엑스선 사진에 나타나기 때문에 알 수 있습니다. 이것은 강한 자석을 이용하여 빼낼 수 있습니다.

510. 계절에 따른 육아 포인트

- 봄이 되면 자연과 접할 수 있는 기회를 많이 만들어준다.
- 여름에는 수영을 시킨다.
- 가을에 가래가 끓는다고 해서 환자 취급하지 않는다.
- 입학하기 전해의 가을, 학교에 가기 위해 예비 건강검진을 받는다.

아이에게 즐거운 추억거리를 만들어줍니다.

자연에 대해 관심이 많은 아이도 있습니다. 도시에서 자란 아이는 꽃이나 나무에 대해 전혀 모릅니다. 봄이 되어 꽃이 피면 아이에게 자연과 접할 수 있는 기회를 되도록 많이 만들어줍니다. 아파트에서 사는 가정에서는 아이에게 화분에 씨를 뿌려 꽃을 피워보게 하는 것도 좋은 방법입니다. 여름에는 되도록 수영을 시킵니다.

집 근처에 강이나 바다가 있는 곳에서는 아빠가 데리고 가서 수영을 가르쳐주는 것도 좋습니다. 수영장에서 수영한 후에는 수돗물로 몸을 깨끗이 씻고, 눈도 깨끗한 물로 씻게 합니다. 이것은 아데노바이러스의 일종으로 인해 발병하는 수영장 결막염을 예방하기 위해서입니다. 수영장에서 머리를 물속에 담그게 되는데, 이때 귓속에 물이 들어가면 아이가 손가락을 귓속에 넣습니다. 그런데 만약 손톱이 길면 상처를 내어 외이염을 일으킬 수 있습니다. 이때 귀를 잡아당기면 아프다고 하기 때문에 알 수 있습니다. 여름방학 때 가족끼리 어딘가로 여행을 떠나면 아이에게 즐거운 추억거리를 남겨줄 수 있습니다. 가을이 되면 가래가 잘 끓는 아이는 기침을 자주 하고 목 안쪽에서 그르렁거리는 소리가 나지만, 아이가 건강하면 환자 취급을 해서는 안 됩니다.

내년에는 학교에 가야 하므로 아이를 보호하기보다 신체를 단련시켜야 합니다. 체육대회에도 되도록 참가하게 합니다. 아이가 올해에 처음 참가했다면 강한 자신감을 갖게 됩니다. 지금까지 글자를 읽지 못했던 아이도 글자 카드놀이를 하다 보면 글자를 읽을 수 있게 됩니다. 부모도 함께 글자 카드놀이를 즐기는 것이 좋습니다. 혼잡하지 않다면 스키장에 데리고 가는 것도 좋습니다.

초등학교에 입학하기 바로 전해 가을에 학교에 가기 위한 예비건강검진을 받아놓습니다. [507 입학 준비하기] 이때 아이를 처음 보는 의사와 지금까지 5~6년 동안 곁에서 보살펴온 엄마는 아이를 보는 견해가 다릅니다. 의사는 정상과는 좀 다른 점을 찾는 것이 일이지만, 엄마는 정상과 좀 다른 점(예를 들면 코의 분비가 많은 것)이 있어도 생활에는 아무런 지장이 없고 치료가 쉽지 않다는 것을 알고 있습니다.

●

유치원에 가기 싫어하는 아이. ^{474 유치원에 가기 싫어하는 아이 참고}

유치원에 친구가 없다. ^{475 유치원에 친구가 없는 아이 참고}

여름방학. ^{476 여름방학 참고}

엄마를 놀라게 하는 일

511. 야뇨증이다

● 이것을 낫게 하려는 엄마의 조바심이나 환자 취급은 증상을 더 심하게 할 뿐이다.

● 나무라지 말고 아무 일 아니라는 듯 대한다.

엄마의 조바심이 가장 좋지 않습니다.

이제 곧 학교에 들어갈 텐데 아이가 아직도 밤에 오줌을 싸서 요를 적신다면 엄마는 조바심이 납니다. 그러나 야뇨증에는 엄마의 조바심이 가장 좋지 않습니다. 엄마가 조바심을 내지 않고 좀 더 기다려보자는 느긋한 마음만 가진다면 반 이상은 이미 나았다고 해도 과언이 아닙니다. 아이가 소변을 너무 자주 본다고 생각하고 지나치게 걱정하는 엄마의 신경과민이 더 큰 문제입니다.

이런 엄마는 밤에 아이를 여러 번 깨워야 합니다. 특히 추운 밤에는 몇 번이나 더 깨워야 합니다. 그리고 매일 잠옷과 요 커버를 세탁해야 합니다. 요를 밖에다 말리는 것도 아주 힘든 노동입니다(침대 패드를 요 위에 깔아두면 그것만 통째로 빨면 됨). 다른 아이의 엄마보다 일이 많은 데다 자신의 아이만 밤에 오줌을 가리지 못한다는 열등감에 사로잡히게 됩니다.

엄마의 이런 마음이 아이를 대하는 태도에 반영되지 않을 리 없습니다. 어지간히 도의 경지에 오른 사람이 아닌 한, 아침에 옷이 젖어서 깨어난 아이에게 "또 쌌잖아"라든지, "이제 곧 학교에 가야 하는데 이렇게 오줌 싸면 안 되지?"라든지, "엄마 생각도 좀 해줘야지"라는 등의 푸념을 하고 싶어집니다. 요즘 엉덩이를 때리는 엄마는 많이 줄었지만 아주 없어진 것은 아닙니다. 하지만 아이 입장에서 보면 전혀 죄가 없는 것입니다. 아이도 좋아서 매번 밤에 요에 오줌을 싸는 것은 아닙니다. 눈을 떠보니 그러한 결과가 되어 있을 뿐입니다. 내일도 또 전혀 기억할 수 없는 죄로 인해 혼나지 않을까 하는 불안감이 아이에게 소변을 더 자주 보게 합니다.

●

야뇨는 남자아이에게 확실히 많습니다.

남자가 더 깊이 잠들기 때문입니다. 동물학적으로 여자는 자신과 아이를 지키기 위해 아이의 울음소리나 움직임에 금방 깨게 되어 있습니다. 야뇨를 하는 아이는 결코 지능이 떨어지는 아이가 아닙니다. 오히려 예민하고 항상 긴장하는 아이입니다. 아기 때부터 낮에도 소변 보는 횟수가 많은 아이입니다. 아기 때 다른 아기들보다 기저귀를 많이 필요로 했던 아이입니다.

야뇨를 하는 아이도 엄마가 여러 차례 깨워 화장실에 데리고 가서 소변을 보게 하면 그럭저럭 옷을 적시지 않고 끝낼 수도 있습니다. 그러나 밤 11시, 새벽 2시와 5시, 이렇게 밤마다 세 번씩 일어날 수 있는 엄마는 거의 없습니다. 그렇게 일어난다 해도 그 사이를 틈타 오줌을 싸면 백기를 들어버리게 됩니다. 또한 자는 아이를 자주 깨우다 보면 잠이 모자라 그 사이사이에 더욱 깊이 잠들어 오히려 싸버리게 됩니다.

●

소변 보는 횟수가 많은 것은 병이 아닙니다.

사람들 중에는 소변을 자주 보는 사람이 있는가 하면 그렇지 않은 사람도 있습니다. 모두 생리적인 현상입니다. 소변을 그다지 자주 보지 않는 아이는 만 3~4세가 되면 야뇨를 하지 않습니다. 혹은 엄마가 밤에 1~2번 정도 일어나 소변을 보게 하면 옷을 적시지 않고 넘어갈 수 있게 됩니다. 그러나 소변을 자주 보는 아이가 옷을 적시지 않고 넘어가려면 아직 나이가 더 들어야 합니다. 초등학교 저학년 때 오줌을 싸지 않게 되는 아이가 있는가 하면, 5학년 정도가 되어서야 비로소 야뇨에서 벗어나는 아이도 있습니다. 모두 그 아이가 가지고 태어난 생리적인 것입니다.

엄마가 조바심을 내면 소변 가리기가 오히려 늦어질 뿐입니다. 만 5세가 되면 아이는 아침에 옷이 젖어 있는 것을 창피하게 생각합니다. 그래서 엄마에게 아무 말도 못하고 잠옷을 둘둘 말아놓기도 합니다.

●

아이를 불안과 굴욕으로부터 해방시켜 줍니다.

야뇨증을 고쳐야겠다고 생각한다면 아이를 불안과 굴욕으로부터 해방시켜 주어야 합니다. 야뇨를 특별한 병으로 취급하지 말아야 하는 것입니다. 잠옷이나 요 커버가 젖어 있어도 마치 땀으로 젖은 것처럼 대해야 합니다. 땀 흘린 것을 나무라지 않는 것처럼 오줌 싼 것도 나무라지 않습니다.

아침에 잠옷이나 시트가 젖어 있어도 엄마는 무표정한 얼굴로 치웁니다. 그리고 일상생활에서 야뇨를 절대 화제로 삼지 않습니다. 인생에는 더 중요한 일이 많이 있으며 땀이나 소변 같은 것은 아무 문제가 아니라는 얼굴을 해야 합니다.

저녁 이후의 수분을 제한하면 소변량이 줄겠지만, 이것도 "그렇게 많이 마시면 밤에 오줌 싸"라는 식으로 말해서는 안 됩니다. 이유를 말하지 말고 자연스럽게 수분을 제한해야 합니다. 저녁 반찬을 만들 때도 되도록 수분이 많은 음식은 피합니다. 자다가 한 번 깨워 화장실에 가는 것으로 야뇨를 하지 않는다면 계속 그렇게 합니다.

야뇨증을 학교에 들어가기 전까지는 꼭 고치고 말겠다는 비장한 결심은 하지 않는 것이 좋습니다. 이 의사 저 의사를 전전하는 것도 좋지 않습니다. 전에 다른 병원에 다녔지만 낫지 않았다는 이야기를 들으면 의사는 전보다 강한 약을 처방하며 더욱 강도 높은 치료를 할 것입니다. 아이의 모든 인생이 야뇨증을 위해서 존재하는 것처럼 되어 버리면 곤란합니다. 아이가 긴장하기 때문입니다.

아이가 신뢰하는 의사가 금방 나을 거라는 확신을 심어주면 그것으로 낫는 일도 있습니다. 이것은 이미 아이가 야뇨를 벗어날 시기가 되었는데 불안감이 그것을 방해하고 있었기 때문일 것입니다. 의사가 그 불안감을 떨쳐버리게 해준 것입니다. 배꼽 밑에 머큐로 크롬으로 동그라미를 그렸더니 정말로 고쳐진 예를 보면 그렇게 생각하지 않을 수 없습니다. 신경안정제를 먹으니 나았다든지, 한약으로 고쳤다든지, 뜸을 떴더니 나았다든지, 시트가 젖으면 버저가 울리도록 장치를 해놓고 이것이 울리면 옆에서 자던 부모가 아이를 깨워 화장실에 가게 하는 버저법으로 좋아졌다든지 하는 것은 야뇨에서 벗어날 시기가 임박한 아이의 경우입니다. 이런 일은 여자 아이에게 많습니다. 야뇨를 벗어날 시기에 이르지 않으면 약도, 갖가지 시도도 지속적인 효과가 없습니다. 1개월 정도 치료해보아서 효과가 없으면 중단하는 것이 좋습니다.

좀 더 크면 야뇨는 자연히 낫는 것이므로 학교에 들어갈 때까지 낫지 않더라도 전혀 걱정할 필요 없습니다. 엄마가 육체적으로 고생하겠지만 잠옷과 시트를 계속 세탁하고, 부모가 잘 때쯤 한 번 깨워 소변을 보게 하면 됩니다.

겨울에는 춥기 때문에 야뇨에서 벗어났던 아이가 다시 되돌아가기도 합니다. 이불 속을 따뜻하게 해주도록 합니다. 비극이 일어나는 것은 시어머니와 며느리가 대립할 때 야뇨를 하는 경우입니다. 밤에 깨워 소변을 보게 하지 않았기 때문에 이런 일이 생겼다고 시어머니가 뭐라고 하면, 며느리는 지금까지 느긋하게 기다리던 마음을 포기하고 야뇨 치료를 하러 다니기 시작합니다. 한참 동안 기다려야 하는 통원 치료를 반복하다가 그 고생이 허사임을 알았을 때, 시어머니는 그제야 마음을 바꿉니다. 그동안 손자의 고생은 이루 말할 수 없었습니다.

야뇨는 집안 내력인 경우가 많습니다. 이것은 아이에게 이용 가치가 있습니다. 아빠도 4학년 때까지 야뇨를 했다든지 삼촌도 그랬다는 이야기를 들으면 아이는 안심을 합니다. 아빠나 삼촌이 현재 훌륭하게 활동하고 있다면 그 효과는 더욱 큽니다.

●

갑자기 매일 밤 야뇨를 할 때는 소변에 당이 있는지 검사해 봅니다.

지금까지 야뇨를 하지 않던 아이가 갑자기 매일 밤 야뇨를 할 때는 소변에 당이 있는지 검사해 보아야 합니다. 아이의 당뇨병은 갑자기 시작됩니다. 이전까지와는 달리 물을 많이 마십니다. 여자 아이의 경우 음부에 습진이 생겨 가려워합니다. 이 나이에 시작된 당뇨병은 중증이므로 바로 치료해야 합니다. 요붕증은 뇌의 한 부분에 이상이 생겨 발병하는 병으로, 목이 마르고 소변량이 늘며 지금까지 하지 않던 야뇨를 시작하지만 거의 발병하지 않는 병이므로 생각하지 않아도 됩니다.

512. 멀미를 한다 😊

● 즐거운 이야기를 하면서 멀미에 대한 불안감을 씻어준다.

이런 아이는 대부분 감각이 예민합니다.

버스를 타면 기분이 나빠지며 속이 메슥거리는 아이가 있습니다. 택시나 전철을 타도 멀미하는 아이가 있습니다. 이런 아이는 대부분 감각이 예민합니다. 비린내나 파 냄새 등에도 매우 민감합니다. 차가 흔들리는 데다가 휘발유와 차 안의 도료 냄새가 뒤섞여 있기 때문입니다. 정신적인 것도 상당한 관계가 있습니다.

이것은 귀 안쪽에 있는 전정(前庭)의 신경이 진동에 대해 민감하기 때문이라고 생각됩니다. 차 타기 30분 전에 멀미약을 먹어두면 어느 정도는 좋아집니다. 식사를 전혀 하지 않는 것은 좋지 않습니다. 승차하기 1시간 전에 조금 먹이도록 합니다. 평소 진동에 익숙해지도록 하는 훈련을 시키는 것도 좋습니다. 그네에 태워 몸을 흔드는 연습도 좋습니다. 택시를 타면 멀미를 하지만 버스는 꽤 탄다든지, 열차를 타면 심하게 멀미하지 않는다면, 멀미를 덜 하는 교통수단에 몇 번이고 태워서 훈련을 시킵니다.

이제 조금 더 가면 멀미를 하지 않을까 하는 불안감이 멀미를 부르는 일이 많으므로, 가족끼리 여행할 때는 차 안에서 즐거운 이야기를 하여 멀미에 대한 불안감을 잊게 해주는 것이 좋습니다. 그리고 멀미하지 않고 갔을 때는 칭찬하여 자신감을 갖게 합니다. 유아기 때 아무리 해도 낫지 않던 것이 초등학교 5~6학년이 되면 낫는 일이 많습니다. 여러 치료 방법이 효과가 없더라도 낙관하고 있으면 됩니다. 멀미하는 아이를 차에 태워야 할 때는 차 중앙에, 그리고 진행 방향으로 머리를 두고 옆으로 눕히는 것이 좋습니다.

513. 미열이 있다

● 병원에서 아무 이상이 없다고 하면 의사의 말을 믿고 더 이상 체온을 재지 않는다.

미열은 결핵과는 관계가 없습니다.

유치원에 다니는 아이들에게 오후에 5분 정도 체온계를 겨드랑이에 넣어 열을 재보면 37℃ 이상의 미열이 있는 아이가 1/3 정도 됩니다. 매일 학급 전원의 열을 재어 1개월 동안 통계를 내보면 이러한 결과가 나옵니다.

이 미열은 결핵과는 관계가 없습니다. 투베르쿨린 반응에서 음성과 양성으로 나온 아이 모두 미열이 있기 때문입니다. 엑스선 검사를 해보아도 미열인 아이에게서 결핵이 있다는 결과는 나오지 않습니다. 아마도 바이러스 감염이 있었던 후라든지 충치 등이 미열의 원인일 것입니다.

아주 건강한 아이에게도 미열이 있습니다. 대부분의 엄마는 건강한 아이에게도 미열이 있다는 사실을 잘 모릅니다. 그래서 어쩌다 미열을 발견하면 놀랍니다. 어느 부모도 건강하게 유치원에 다니는 아이의 체온을 재보지는 않습니다. 그러다 감기로 열이 나서 유치원을 쉬고 있을 때 오늘은 열이 좀 떨어졌으면 유치원에 보내야겠다는 마음에서 열을 재봅니다. 이때 미열을 발견하고 "선생님, 아이에게 미열이 있어요"라면서 병원에 데리고 옵니다.

하지만 그 열은 감기에 걸리기 전부터 있었던 것인지도 모릅니다. 의사가 미열은 결핵과 관계가 없다고 생각하면 다행이지만 미열이 결핵 때문이라고 생각해 버리면 그것으로 아이는 자동적으로 결핵 환자로 취급될 우려가 있습니다. 특히 작년에 BCG를 접종해서 투베르쿨린 반응이 양성으로 나온 아이는 결핵으로 오진받기 쉽습니다.

미열이 결핵과 관계가 없다고 생각하는 의사라면 부모의 걱정을 웃으면서 받아넘기고 작년에 BCG를 접종했으면 괜찮다고 말할 것입니다. 그래도 걱정이 된다면 엑스선 사진을 찍어 아무 이상이 없다는 것을 확인할 것입니다. 참고로 혈청(적혈구 침강속도) 검사도 해볼 수 있습니다. 이것도 정상이라면 부모는 의사의 말을 믿고 아이를 유치원에 보내야 합니다. 그리고 더 이상 체온을 재지 않도록 합니다. 미열이 있는데 병이 아닐 리 없다고 이 의사 저 의사에게 옮겨 다니면 언젠가는 틀림없이 '자율신경실조'라든가 '용연균 감염'이라고 말해 주는 의사를 만나게 될 것입니다.

514. 천식이다

- 아이에게 큰 병이라고 느껴지지 않도록 한다.
- 수영을 하는 것이 가장 좋다.

천식은 약만으로는 고치기 힘듭니다.

만 5세가 되어 처음으로 천식을 일으켰을 때는 370 천식이다를 다시 한 번 잘 읽어보기 바랍니다. 천식은 약만으로는 고치기 힘듭니다. 아기 때부터 가슴 속에서 그르렁거리는 소리가 나고 가래가 잘 끓던 아이가 만 3~4세가 되면서 밤의 발작이 점점 더 심해졌을 때는 아이의 생활을 대전환하지 않으면 학교에 다니기 어렵습니다. 만 3~4세 때부터 시작된 천식이 잘 낫지 않는 아이는 대부분 애 어른 같은 아이로 지능지수가 높으며, 자신이 천식이라는 큰 병에 걸렸다고 생각합니다. 그리고 부모에게는 거만하게 굴지만 타인 앞에서는 약해집니다.

가장 좋지 않은 것은 아이가 자기 판단대로 규율 없는 생활을 하게 되는 것입니다. 기침을 좀 한다고 유치원을 쉬고, 어떤 날은 몸이 나른하고 좋지 않다면서 언제까지나 잡니다. 가족 전체가 생활의 규율을 지켜서 아이도 지키도록 해야 합니다. 만 5세 정도부터 규율에 따른 생활을 습관화하지 않으면 학교에 들어가서는 학교를 싫어하게 됩니다. 기침을 조금 해도 걸을 수 있는 정도라면 유치원이나 보육시설을 쉬지 않도록 합니다. 교사는 이러한 아이가 늦게

와도 잘 왔다고 칭찬해 주어야 합니다. 유치원에 계속 다니게 되면 재미있어져 기침이 좀 나더라도 쉬려고 하지 않을 것입니다.

●

정신적 원인에 의해 발병하기도 합니다.

천식은 체질에 의한 병이지만 정신적인 원인에 의해 발병하는 일도 많습니다. 평소에는 스파르타식으로 엄격하게 교육하다가 아이가 병에 걸렸을 때는 갑자기 변하여 상냥하고 헌신적으로 간병하는 엄마가 있었습니다. 이 엄마가 낮에 아주 심하게 체벌을 했던 날 밤에 아이가 천식을 일으킨 사례가 있습니다. 엄마가 상냥하게 대해 주길 바라는 마음이 천식을 일으킨 것입니다.

얼굴을 보자마자 "네, 이걸 먹이세요", "주사 놓겠습니다"라고 말하며 기계적으로 치료하는 의사를 아이는 이제 믿지 않게 됩니다. 치료가 성공하기 위해서는 의사와 환자 사이에 인간적인 유대가 있어야 한다는 것을 천식만큼 확실하게 가르쳐주는 병도 없습니다. 어떤 의미에서는 가래가 끓는 아이를 천식으로 몰아버린 주범은, 아이라는 '인간'을 구하려 하지 않고 기침만을 치료하려는 바쁜 의사라고도 말할 수 있습니다. 예방 차원에서 기관지를 넓히는 교감신경자극제(예를 들어 벤토린)를 흡입하는 것은 위험하므로 사용할 때는 반드시 의사의 지시에 따라야 합니다.

●

수영을 하면 좋아지기도 합니다.

가래가 잘 끓는 아이는 뛰고 난 후 곧 쌕쌕거립니다. 이것이 무서워 운동을 시키지 않으면 체력이 떨어져 조금만 운동을 해도 숨이 차게 됩니다. 이 악순환의 고리를 끊어야 합니다. 이 아이에게는 차갑고 건조한 공기가 자극이 되므로, 온수 수영장에서 수영하게 하는 것이 좋습니다. 수영장에 다니면서 천식이 낫는 일이 많습니다. 경영자가 선수 양성에 열심인 곳보다 병균을 옮기지 않도록 주의하는(결막염이나 물사마귀가 난 아이의 수영 금지, 샤워장 설비) 수영장에 보내는 것이 좋습니다.

515. 다리가 무겁다

● 성장통으로 원인은 잘 모른다. 발에서 무릎 쪽으로 쓰다듬어주거나 발바닥을 지압해 주면 다리의 무거운 느낌이 가라앉는다.

밤이 되면 다리가 무겁다든지 아프다고 하는 아이가 있습니다.

밤에 잠자리에 누워서도 다리가 아프다고 하는 아이가 있습니다. 어디가 아픈지 확실하게 말하지 못하는 아이도 있지만, 한쪽 또는 양쪽 무릎 주위가 아프다고 하는 아이도 있습니다. 열은 없고 다음 날 아침에는 아무렇지도 않아 유치원에 갑니다.

관절이 아프다는 이야기를 들으면 엄마는 혹시 관절 류머티즘이 아닌지 걱정이 되어 병원에 데리고 가지만, 혈액 검사 결과 이상은 발견되지 않습니다. 뼈가 나빠지는 병에 걸린 것은 아닌가 하여 정형외과에서 고관절이나 무릎 관절 엑스선 사진도 찍어 보지만 아무 데도 이상이 없습니다. 그런데도 아이는 밤이 되면 계속 다리가 아프다고 합니다. 엄마는 거의 매일 밤 아이의 다리를 주물러주어야 합니다.

이것은 '성장통'이라고도 하는데, 원인은 잘 모릅니다. 소풍을 다녀온 후에 특히 더 아픈 것으로 보아 아마도 피로와 관계가 있는 것 같습니다. 다리가 무거우면 '각기'를 생각할 수도 있지만, 요즘 보통 가정에서 식사를 할 때 비타민 B_1이 부족하리라고는 생각되지 않습니다. 비타민 B_1 주사를 1주 동안 맞아보고 효과가 없으면 각기는 아니라고 생각해야 합니다. 평발을 원인으로 생각하기도 하는데, 이것도 외견상 발바닥의 장심이 평평한 것만으로는 병적이라고 할 수 없습니다. 뒤꿈치를 들고 섰을 때 발바닥의 장심이 파여 있으면 괜찮습니다. 평발인 병사는 총을 메고 행군할 때 자주 탈락하기 때문에 군대에도 면제됩니다.

여러 가지 치료를 해도 낫지 않다가 어느새 잊어버리는 것이 일반적인 경과입니다. 이런 증상은 여자 아이에게도 있지만 남자 아이에게 많습니다. 혈액 순환을 원활하게 하기 위해서 발에서 무릎 쪽으로 쓰다듬어주거나 발바닥을 지압해 주면 다리의 무거운 느낌이 좀 가라앉습니다. 엑스선 사진을 찍었을 때 뼈에 아무 이상이 없다면 그냥 두어도 자연히 낫습니다.

516. 나쁜 버릇이 생겼다 😊

● 모르는 척하고 있는 편이 빨리 낫는다. 생각지도 못한 선물을 주는 것도 하나의 방법이다.

● 버릇이 계속되는 것 이외에 아이의 생활이 정상이고 활력이 있으면 걱정할 필요 없다.

이것은 병이라기보다 버릇입니다.

눈 깜빡임, 헛기침, 혀 차기, 입 꽉 다물기, 목 구부리기, 어깨 움츠리기, 상체 흔들기, 손가락 빨기, 손바닥 핥기, 손톱 물어뜯기, 머리카락 당기기 등 거의 의미 없는 행동의 반복입니다. 보통은 한 가지 버릇을 가지고 있지만 여러 가지 버릇을 동시에 가지고 있는 아이도 있습니다. 남자 아이에게 많으며, 만 4~10세 정도에 볼 수 있습니다.

처음에는 눈 가장자리에 무엇이 생겼다든지 입 옆이 짓무른 것이 원인이 되어 시작되었다가 오랫동안 계속됩니다. 다른 아이가 하는 것을 보고 따라 하는 아이도 있습니다. 본인은 의식하고 있지 않습니다. 엄마가 보기 좋지 않으니 하지 말라고 하면 더 심해집니다.

부모로서는 신경 쓰이는 일이지만 모르는 척하고 있는 편이 빨리 낫습니다. 아이가 새로운 게임이나 플라스틱 조립 완구 만들기에 열중하면 그 버릇이 없어집니다. 생각지도 못한 선물을 주는 것도 하나의 방법입니다. 15일이나 1개월 만에 낫는 아이가 있는가 하면 6개월이나 계속되는 아이도 있습니다. 아빠가 "이상한 헛기침 같은 것 그만 해"라고 혼내면 자연히 나을 수 있는 것을 오히려 방해하게 됩니다.

아이에게 욕구불만이 있거나 엄마가 잔소리를 많이 해서 이런 행동을 한다고 말하는 사람도 있지만, 그렇지 않은 평화로운 가정에도 이런 아이는 꽤 많습니다. 성장과 함께 자연스럽게 고쳐지는 버릇이니 엄마는 자신이 잘못해서 이렇게 되었다고 자책할 필요가 없습니다.

아이가 자신의 버릇을 의식해 고쳐야 한다는 강박관념을 갖지 않도록 약은 먹이지 않는 것이 좋습니다. 먹는 즉시 버릇을 멈추게 하는 약은 오히려 부작용이 더 무섭습니다. 버릇이 계속되는 것 이외에 아이의 생활이 정상이고 활력이 있으면 걱정할 필요 없습니다. 생활의 즐거움이 조만간 나쁜 버릇을 없애줄 것입니다. 버릇에 얽매여 즐거운 생활에 지장을 받고 활동력을 저하시키는 것은 좋지 않습니다.

517. 심장 소리가 나쁘다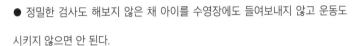

● 정밀한 검사도 해보지 않은 채 아이를 수영장에도 들여보내지 않고 운동도
시키지 않으면 안 된다.

의사에게 정확한 진단을 받습니다.

지금까지 건강하던 아이가 유치원의 건강검진이나 초등학교 입학 전의 건강검진에서 "심장 소리가 나쁩니다"라든가 "수축기 때 잡음이 들립니다"라는 이야기를 듣는 일이 있습니다. 한번 이런 일이 생기면 유치원에 따라서는 요주의 인물로 취급해 버리기도 합니다. 수영장에도 들어가지 못하게 하고, 체육대회 때도 뛰지 못하게 합니다.

유아기에는 심장병이 아닌데도 청진기에서 심장부의 잡음이 들리는 아이는 매우 많습니다. 의사는 무해한 심장 잡음이라든가 기능적 심장 잡음이라고 말합니다. 이것이 무해하다는 증거는, 지금까지 아이가 아무리 격렬한 운동을 해도 심장에 별다른 이상을 일으키지 않았다는 것입니다. 엑스선 사진을 찍어보아도 심장의 모양에는 이상이 없습니다. 심전도를 찍어보아도 아무 데도 이상한 곳이 없습니다.

만 15세 이하의 아이 중 절반에게서 무해한 심장 잡음이 들린다고 하는 사람도 있을 정도이며, 귀가 좋은 의사일수록 이것을 잘 찾아냅니다. 만 7세가 넘으면 잡음은 점점 작아져 어른이 되면 없어

지는 일이 많습니다. 지금까지 건강하던 아이에게 심장 잡음이 있다면 엑스선 검사나 심전도를 찍어보아야 합니다. 이렇게 해서 아무런 이상이 없다면 '기능적 잡음'이라는 진단서를 받아 유치원이나 학교에 제출하는 것이 좋습니다. 그렇지 않으면 건강한 아이가 환자 취급을 받아 체력 단련의 기회를 잃어버리게 되기 때문입니다. 정신적으로도 매우 좋지 않습니다.

유치원이나 초등학교 교사는 무해한 심장 잡음이 있다는 것을 알고 있어야 합니다. 의사가 '이상'이라고 말했다는 이유만으로 정밀한 검사도 해보지 않은 채 아이를 수영장에도 들여보내지 않고 운동도 시키지 않는 것은 교육자로서 태만한 태도입니다.

518. 편도선 비대와 아데노이드

● 편도선 비대나 아데노이드라고 해서 그 기관을 잘라내는 것은 옳지 않다.

편도선 비대라는 병은 실제로는 없습니다.

아이가 입을 벌렸을 때 목 깊은 곳의 양쪽에 있는 편도가 튀어나와 크게 보이는 것뿐입니다. 크게 보인다는 이유만으로 정상적인 기관을 자르는 것은 난폭한 행동일 뿐입니다. 인체의 다른 기관은 크다는 이유만으로 자르는 일은 없습니다. 편도는 불필요한 기관이 아닙니다. 여기서 림프구가 항체를 만듭니다.

편도가 큰 것이 염증 때문이라고 생각하는 사람은 '편도선 비대'라고 말하지 않고 '편도선염'이라는 병명을 붙입니다. 그러나 실제로 잘라낸 편도를 검사해 보면, 편도가 클수록 오히려 세균이 적다는 것을 알 수 있습니다.

어떤 기관이 정상인가, 아니면 이상이 있는가 하는 것은 형태의 대소로 판단하는 것이 아닙니다. 그것이 일상생활에서 이상이 없다면 정상적으로 기능을 하는 것입니다. 지금은 외견상 아무리 커도 초등학교 고학년이 되면 자연히 작아집니다. 편도가 커서 일어나는 물리적 증상(발음할 때 콧소리가 나는 것, 코를 고는 것, 자주 입을 벌리고 있는 것, 삼킬 때 방해가 되는 것 등)도 자연히 없어집니다. 본인은 건강하게 일상생활을 하는데 엄마의 걱정 때문에 수술을 시키는 일이 있어서는 안 됩니다.

●

이전까지 건강한 생활을 해왔다면 신경 쓸 필요 없습니다.

아이가 건강검진에서 편도선 비대라는 소리를 듣기 전까지 건강한 생활을 해왔다면 신경 쓸 필요 없습니다. 정상적인 기관을 상처내서는 안 됩니다. 편도가 크면 감기에 잘 걸린다는 것은 단순한 상상에 지나지 않습니다. 편도는 2차 림프 기관으로 침입한 이물질을 잡아 그것에 대한 면역을 만들기 위해서 림프구를 키우는 중요한 기관입니다. 일시적으로 커져 있어도 시간이 지나면 반드시 작아집니다. 자연히 낫는 것은 자연에 맡기는 것이 현명합니다.

●

정상적인 편도는 잘라서는 안 됩니다.

일본은 세계에서도 편도를 가장 많이 잘라내는 나라입니다. 다른 나라에서도 예전에는 편도를 잘라냈지만 요즘은 그렇지 않습니다. 일본에서만 아이의 편도를 자르는 것은 의료 체계가 의학의 진보를 포용하지 못하기 때문입니다. 학교나 유치원의 건강 검진에서 아이들을 모두 줄 서게 하여 1시간에 50명씩 진찰하는 속도로는, 편도가 큰 것이라도 병으로 취급하지 않으면 병다운 병을 발견할 수가 없습니다.

편도가 큰 것은 병이라는 잘못된 생각을 가지고 있는 한 유해무익한 수술이 계속 시행됩니다. 의료도 영업인 이상 수술하려면 비용이 필요합니다. 학교의 정기 건강검진에서 편도선 비대가 발견되면 학교에서 이것을 치료하라고 권하기도 합니다. 도대체 학교나 유치원에서 편도가 크니까 자르라고 할 권한이 있습니까? 이것은 자기 결정권의 침해입니다. 자르라는 편도를 자르지 않은 아이가 어른이 되어 이상을 일으킨 예를 필자는 한 번도 보지 못했습니다. 오히려 자르지 않는 편이 좋다고 말했는데도 자른 아이가 출혈로 사망한 사례는 보았습니다.

정상적인 편도는 잘라서는 안 됩니다. 수술은 100% 안전하다고 말할 수 없습니다. 전신 마취로 인한 사고와 출혈이 있기 때문입니다. 사고는 수술 후 24시간 이내에 많이 일어납니다. 따라서 만약 수술을 해야 한다면 구급 시설이 갖추어진 큰 병원에 입원해야 합니다. 절대로 외래로 해서는 안 됩니다.

'편도선 비대'라고 쓰여 있는 종이 한 장을 받았다고 해서 편도를 잘라내야 한다고 생각해서는 안 됩니다. 자르라고 한다면 그 아이를 어릴 때부터 지금까지 보아온 의사와 다시 한 번 상담하는 것이 좋습니다. 편도가 크기만 하고 화농도 없고 호흡하거나 삼킬 때 아무런 이상도 없다면, 의사는 자르지 말라고 할 것입니다. 처음 보는 의사보다 그 아이를 어릴 때부터 보아온 의사가 아이의 건강에 대해서는 더 잘 알고 있습니다. 학교 교사는 전문의에게 치료를 받으라는 등의 통지문을 보내서는 안 됩니다. 교육자는 의사를 소개하는 중개업 따위는 하지 말아야 합니다. 아이에게 과연 어떤 것이 이로운지를 생각해 보아야 합니다.

●

아데노이드도 자르지 않는 것이 좋습니다.

목 안쪽에서부터 비강에 걸쳐 림프 장치가 잘 발달되어 있는 곳을 '아데노이드'라고 하는데, 이것은 2차 림프 기관의 하나이므로 원칙적으로 자르지 않는 것이 좋습니다. 아데노이드로 인해 귀와 목을 연결하는 관이 막혀 일시적으로 난청을 일으킬 때가 있지만 2~3개월 이내에 자연히 낫는 경우가 많습니다.

519. 여포성 결막염이다

● 눈꺼풀 안쪽에 작은 쌀알 같은 것이 돋아난 것으로 림프 장치가 잘 발달되어
나타나는 증상일 뿐 병이 아니다.

이것은 병이 아닙니다.

건강검진을 받기 전까지 정상이라고 생각했던 아이가 유치원에
서 "이 아이는 여포성 결막염입니다. 안과에 가서 치료를 받으십
시오"라는 통지문을 받아 오면 엄마는 깜짝 놀라게 됩니다. 안과에
아이를 데리고 가면, 의사가 아이의 눈꺼풀을 뒤집어서 아래 눈꺼
풀 안쪽에 작은 쌀알 같은 것이 돋아나 있는 것을 보여주면서 "이것
이 여포입니다"라고 말할 것입니다.

안과 의사 중에는 "이것은 생리적인 것으로 누구에게나 있는 림
프 장치입니다. 다만 이 아이의 경우 잘 발달되어 있기 때문에 눈
에 띄는 것이지 병은 아닙니다"라고 말하고, 안약 한 방울만 떨어뜨
린 후 가라고 하는 사람도 있을 것입니다.

그러나 이런 의사만 있는 것은 아닙니다. "당분간 병원에 다니십
시오"라고 말하고 여포를 하나씩 짜기 시작하는 의사도 있을 것입
니다. 아이도 처음에는 각오하고 치료하러 다닙니다. 하지만 한참
동안 병원에 다녀도 이제는 괜찮다는 이야기를 해주지 않습니다.
아이는 다른 친구들이 즐겁게 놀고 있을 때 병원 대기실에서 순서
를 기다려야 하기 때문에 병원에 다니기를 싫어하게 됩니다. 그래

서 어느 사이엔가 병원에 다니지 않게 되는 것이 여포성 결막염의 일반적인 진행 과정입니다.

여포성 결막염이라는 것은 거의 다 결막염이 아닙니다. 결막염이라고 하면 뭔가 염증이 있어야 합니다. 하지만 아이의 눈에는 염증이 전혀 없습니다. 눈꼽도 끼지 않고 빨갛지도 않습니다. 단지 여포가 쌀알처럼 돋아나 있을 뿐입니다. 여포는 림프 조직 집합에서 없어서는 안 되는 것입니다. 설령 짜낸다고 해도 반드시 다시 생깁니다. 의사가 쉽게 나았다고 말하지 못하는 것은 계속해서 새로 생기기 때문입니다.

🌱 감수자 주 ···

낫건 낫지 않건 치료만 하면 수입이 들어오는 지금의 의료 제도가 유지되는 한 여포성 결막염은 계속 치료될 수밖에 없을 것이다.

소아과에 오는 유아의 눈을 자세히 살펴보면, 4~5명 중 한 명에게서 여포를 볼 수 있습니다. 이것은 나이를 먹으면서 눈에 띄지 않게 되며, 중학생이 되면 모르게 됩니다. 여포성 결막염은 처음 보는 안과 의사보다 아기 때부터 그 아이를 보아온 의사가 잘 알고 있습니다. 이전부터 여포가 있었고, 이것이 있어도 아이의 생활에 아무런 지장이 없다는 것을 의사가 알고 있다면 내버려두어도 괜찮다고 말해 주면 좋겠습니다.

520. 근시이다

● 아이의 실생활을 보고 밖에서 노는 데 지장이 있다면 안경을 끼게 해야 한다.

안경을 껴야 하는가는 실생활을 보고 결정하면 됩니다.

건강검진 결과 아이가 근시라는 것을 알게 되면, 대부분의 부모는 아직 어리기 때문에 안경을 끼지 않아도 될 것이라고 생각합니다. 실제로 유치원 생활에서는 교사가 칠판에 쓴 글씨를 아이가 필기하는 일은 없기 때문에 안경 없이도 지낼 수 있습니다. 하지만 이 나이에 근시인 모든 아이가 안경을 끼지 않고 지내도 되는 것은 아닙니다.

근시가 심하면 멀리 있는 사물이 보이지 않기 때문에 밖에서 노는 일이 적어지고 대신 방안에서 책만 읽게 됩니다. 그러면 엄마는 우리 아이는 공부를 좋아해서 든든하다며 기뻐합니다. 그러나 이것은 이 나이의 아이에게는 비정상적인 일입니다. 하루의 대부분을 밖에서 노는 것이 이 나이 아이에게 정상적인 생활입니다. 그런데 이 아이는 근시 때문에 밖에서 놀 수 없어서 할 수 없이 책을 읽고 있는 것입니다.

이런 아이에게는 안경을 끼게 해야 합니다. 근시인 아이가 안경을 끼면 갑자기 잘보여 밖에서의 놀이에 흥미를 갖게 됩니다. 그래서 방 안에 갇혀 책만 읽지는 않습니다. 안경을 끼지 않으면 책을 읽거나 텔레비전을 보아서 눈이 더 나빠집니다. 그러면서 점점 더

밖에서 놀지 않게 됩니다.

어느 정도의 근시부터 안경을 껴야 하는지는 실생활을 보고 결정하면 됩니다. 횡단보도의 맞은편 신호등이 빨강인지 초록인지를 판별할 수 있느냐 하는 것이 가장 중요합니다. 신호등이 잘 보이고 밖에서 자주 노는 아이라면, 다소 근시가 있어도 안경을 끼지 않고 지낼 수 있습니다.

●

안경을 끼게 되면 집 안과 밖에서 모두 끼게 합니다.

안경을 끼게 되면 밖에서는 물론 집에서도 끼게 해야 합니다(그 편이 잘 보이기 때문에 아이도 스스로 그렇게 함). 책을 읽을 때는 안경을 끼지 않아도 됩니다. 조명은 충분히 밝게 해주어야 합니다. 단, 침실 조명은 어둡게 합니다. 근시는 안경을 끼든 끼지 않든 만 22~23세까지는 조금씩 진행됩니다. 1년에 한 번은 안과에 가서 검안을 받아야 합니다.

가성 근시라는 말을 자주 듣는데 그렇게 흔하지는 않습니다. 일반 근시는 눈의 굴절 장치는 정상이지만 안축(안구 안쪽 끝까지의 길이)이 길기 때문에 상이 망막 전방에 맺힙니다. 그런데 가성 근시는 모양체근이 경련을 일으켜 렌즈가 심하게 굴절되면서 일어나는 현상을 말합니다. 홍채염이나 외상으로 인해 일시적으로 이런 상태가 되는 일이 있습니다.

가성 근시는 모양체근의 경련을 풀어주는 약을 먹으면 정상으로 돌아옵니다. 발견된 모든 근시에 대해서 가성 근시일지도 모른다면서 치료하는 사람도 있는데, 먼 곳을 바라보는 훈련을 1개월이나 해도 정상으로 돌아오지 않으면 가성이 아니라 일반 근시라고 생각해야 합니다.

521. 만성 비염이다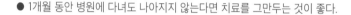

● 1개월 동안 병원에 다녀도 나아지지 않는다면 치료를 그만두는 것이 좋다.

콧물이 많이 나올 뿐 살아가는 데는 아무런 지장이 없습니다.

유치원에서 실시하는 건강검진에서 콧물을 흘리는 아이는 "만성 비염(축농증)이니 전문의에게 치료를 받으십시오"라는 통지문을 받게 됩니다. 그러면 엄마는 놀라서 아이를 데리고 이비인후과에 갑니다. 의사는 "매일 코를 씻어야 하니 통원하십시오"라고 말합니다. 그래서 매일 아이를 데리고 이비인후과에 다닙니다. 씻어낸 후 1시간이나 2시간은 코밑이 깨끗하지만 또 콧물이 나옵니다. 그래도 매일 씻으면 낫겠지 생각하면서 1개월 정도 병원에 다녀도 전혀 나아지지 않습니다.

그러다 보니 아이가 더 이상 병원에 다니기 싫어해 다니지 않게 됩니다. 병원에 다니지 않는다고 해서 콧물이 더 나오는 것은 아닙니다. 아이는 치료하기 전과 똑같이 매일 건강하게 생활합니다. 엄마는 이것을 보고 치료를 하든 안 하든 마찬가지라고 판단하여 더 이상 병원에 가지 않게 됩니다.

　모든 만성 비염이 이런 것은 아니지만 대부분 이러한 과정을 거칩니다. 아이들 중에는 콧물의 분비가 많은 아이가 있습니다. 이것은 부비강염이 원인일 수도 있습니다. 그러나 이 나이에는 부비강 수술은 하지 않는 것이 보통입니다.

　콧물이 많이 나오는 아이를 간단하게 콧물이 나오지 않도록 할 수는 없습니다. 본인도 신경 쓰지 않고, 생활에 지장도 없으며, 코를 씻는 정도로 콧물의 분비가 줄어드는 것도 아니라면, 병이라고 생각하지 않는 것이 좋습니다. 만 5세가 넘은 아이에게는 스스로 코를 풀도록 합니다.

　매일 매일 병원에 다니는데도 좋아지지 않는다면, 아이는 '나는 코가 나쁜데 낫지도 않아'라고 생각하게 됩니다. 이것은 아이의 생활을 어둡게 합니다. 1개월 동안 병원에 다녀도 나아지지 않는다면 만성 비염은 치료를 그만두는 것이 좋습니다. 또한 2~3년 전부터 콧물의 분비량이 많다는 것을 알고 있는 아이라면, 오히려 아이가 열등감을 갖지 않도록 치료를 하지 않는 편이 현명할 것입니다. 축농증이 머리를 나빠지게 한다는 것은 잘못된 상식입니다. 콧물이 좀 많이 나온다고 해도 살아가는 데는 아무런 지장이 없습니다. 땀이 많이 나는 것과 마찬가지라고 생각하면 됩니다.

522. 포경이다 😊

● 영아 때는 반전시킬 수 없는 것이 생리적인 것으로 배뇨시켜보아 어려움이 없으면 그대로 성장하기를 기다린다.

귀두를 노출시킬 수 없는 상태입니다.

의사가 포경이라고 하는 것은, 페니스를 감싸는 포피를 반전시켜 귀두를 노출시킬 수 없는 상태입니다. 결벽증인 엄마가 욕실에서 아이의 귀두를 씻기 위해 포피를 반전시키려다 되지 않아서 포경이라는 것을 알게 됩니다. 그러나 영아의 경우는 전혀 반전시킬 수 없는 것이 생리적입니다. 만 2세부터 약간 반전시킬 수 있지만 만 5세에는 귀두관과 포피가 유착되어 있어 어른처럼 귀두를 노출시킬 수 없습니다. 그러다 사춘기 때까지 자연적으로 반전이 가능해집니다. 사춘기가 지나서도 아직 유착이 남아 있을 때는 포경으로 치료하는 것이 좋습니다. 수술은 간단합니다.

유아(幼兒)의 포피 테가 세게 조여져 출구가 좁으면, 배뇨 때 요도구에서 나온 소변이 포피와 귀두 사이에 고여 페니스가 초롱처럼 붓는 일이 있습니다. 만 2~3세 때 이렇게 되어도 수술을 서두를 필요는 없습니다. 단단하게 조이는 포피는 만 4~5세가 되면 점차 느슨해져 소변이 정상으로 나오게 됩니다. 그러므로 배뇨를 시켜보아 어려움이 없다면 그대로 성장하기를 기다리도록 합니다.

●

유아 때는 생리적인 것이기 때문에 반전시켜 귀두를 닦으려고 하지 말아야 합니다.

배뇨할 때 소변이 줄 모양으로 나오지 않고 똑똑 떨어지는 듯이 나오고 억지로 배뇨하는 것 같으면 비뇨기과에 가보는 것이 좋습니다. 너무 힘을 주면 숨어 있던 서혜 헤르니아가 다시 나오는 일도 있기 때문입니다. 포경은 유아 때는 생리적인 것이기 때문에 반전시켜 귀두를 닦으려고 하지 말아야 합니다. 먼지나 때가 있다고 하여 어떻게 되는 것은 아닙니다. 자신이 포경 수술을 받은 아빠는 걱정이 되어 아이의 포피를 반전시키려 하는데 그렇게 하지 않는 것이 좋습니다. 무리하게 반전시키면 포피의 테가 귀두를 조이게 되고, 이것에 발기가 더해지면 원상복귀되지 못하여 귀두가 자줏빛으로 변하면서 붓습니다. 이 상태를 '감돈' 포경이라고 합니다. 이때는 바로 비뇨기과에 가야 합니다. 빨리 조치를 취하면 간단히 낫습니다.

523. 탈장되었다_헤르니아

● 저절로 낫는 일은 없으니 되도록 빨리 수술하는 것이 좋다.

빨리 수술하여 완치시키는 것이 좋습니다.

아기 때부터 있었던 서혜 헤르니아가 유치원에 갈 때까지 계속 낫지 않는 아이가 있습니다. 수술을 권유받으면서도 아이가 무서워하지 않을까 하여 망설이다 미루어온 것입니다. 어떤 아이는 만 3~4세가 되면서 새롭게 서혜 헤르니아를 일으키는 아이도 있습니다.

여자 아이는 그렇게 눈에 띄지 않지만 남자 아이 중에는 서혜부부터 더 밑에까지 장이 나와 음낭까지 크게 불룩해지는 일도 있습니다. 아기 때를 넘기면 감돈을 일으키는 일이 적기 때문에 부모는 헤르니아가 있어도 괜찮다고 여기고 의사가 권하는 수술에 대해서 대수롭지 않게 생각합니다. 그러나 헤르니아는 귀찮은 존재입니다. 달리기를 할 때도 다소 방해가 됩니다. 그리고 음낭 헤르니아인 경우에는 친구들 앞에서 옷을 벗었을 때 놀림을 당하기도 합니다. 그러면 마음이 여린 아이는 열등감에 괴로워합니다.

이 나이에 헤르니아가 있다면 되도록 빨리 수술하여 완치시키는 것이 좋습니다. 수술은 위험하지 않습니다. 저절로 들어가서 낫는 일은 없으며, 가령 일시적으로 나았다 해도 힘을 주면 다시 나옵니다. 또한 고무로 만든 탈장대는 안전하지 않거니와 이 나이 때 탈장대를 하여 헤르니아가 나았다는 예도 없습니다.

524. 습진이 생겼다 😊

● 일시적인 약에 의존하기보다 시간에 의존하는 것이 더 낫다.

갑자기 특별한 치료를 받을 필요는 없습니다.

유아 때부터 습진이 있었던 아이가 유치원에 갈 나이가 되어도 아직 낫지 않는 것은 드문 일이 아닙니다. 이 시기의 습진은 머리나 얼굴에 생기는 것이 아니라 팔꿈치나 무릎 관절 안쪽의 피부가 까칠까칠하고 딱딱하며 약간 부어올라 두꺼워지는 것입니다. 초등학교에 입학하기 전의 건강검진에서 습진을 치료하라는 말을 들으면 당황하게 됩니다.

그러나 유아 때부터 있었던 습진은 아이의 일상생활에 특별한 지장을 주지 않는 한 갑자기 특별한 치료를 받을 필요는 없습니다. 지금까지 여러 가지 치료를 받은 끝에 겨우 현재의 상태로 가라앉았을 것이기 때문입니다.

바르는 약으로 부신피질호르몬이나 타르나 항히스타민제가 들어 있는 것 등은 모두 발라본 연고들일 것입니다. 이 중에서 어느 것과 어느 것을 같이 바르면 좋다든지, 어느 기간에 바르면 효과가 없다든지 하는 것은 엄마가 제일 잘 알고 있을 것입니다. 2~3년 습진을 경험하면 계절에 따라 나오거나 들어가는 것도 모두 알게 됩니다.

●

식품과 관계된 습진도 있습니다.

날달걀이 습진의 원인이 되는 일이 많습니다. 하지만 섭취하는 음식과는 상관없이 생기는 습진이 더 많습니다. 성장기 때 채식으로 습진을 치료하려는 것은 위험합니다.

일반적으로 습진이 심해졌을 때는 가볍게 샤워를 시키는 것이 좋습니다. 겨울에 난방 기구를 가까이 하거나 방을 너무 따뜻하게 하면 오히려 가려움이 심해집니다.

●

습진인 경우 가장 좋지 않은 것은 긁는 것입니다.

이제 겨우 낫기 시작하던 습진이 다시 심해지는 경우는 아이가 가려워서 긁은 후입니다. 손톱 깎는 것을 잊어 손톱으로 긁은 곳에 세균이 침입해 습진의 일부가 곪는 일도 있습니다. 습진을 악화시키지 않는 최상의 방법이라는 것을 알고는 있지만, 자고 있는 아이의 손을 묶어놓을 수는 없습니다.

습진이 잔설(殘雪)처럼 남아 있는 팔꿈치 관절 안쪽과 무릎 뒤쪽 등은 붕대를 감아 주어 긁지 않도록 할 수 있지만 겨드랑이의 습진은 어떻게 할 수가 없습니다. 이러한 모든 것을 엄마는 이미 터득하고 있습니다. 아이의 습진 상태는 처음 보는 의사보다 엄마가 더 잘 알고 있습니다. 그렇기 때문에 지금 다른 새로운 의사에게 보여도 갑자기 나을 것이라고는 생각하지 않습니다.

●

약은 일시적으로는 좋지만 효과가 오래 지속되지 않습니다.

부신피질호르몬을 먹으면 틀림없이 일시적으로는 좋아집니다. 그러나 효과는 그다지 오래 지속되지 않습니다. 습진은 다시 재발합니다. 이것을 가라앉히려고 약의 양을 늘려 1개월 동안 먹으면 부작용으로 인해 얼굴이 보름달처럼 동그래집니다. 이것도 경험을 해보아야 합니다.

습진 외에 가슴 속에 가래가 끓어 천식성 기관지염이라는 소리를 들은 아이는 습진이 나으면 천식이 재발합니다. 어느 정도 습진이 남아 있는 것이 오히려 천식의 안전 장치처럼 됩니다. 그러므로 팔꿈치 관절이나 무릎 관절 안쪽에 약간의 습진이 남아 있어도 아이가 별로 신경 쓰지 않는다면, 약간 냄새는 나지만 타르가 들어 있는 약을 바르는 정도로만 끝내고 완치시키겠다는 생각은 하지 않는 편이 현명할 것입니다. 습진과 평화 공존하는 동안에 차츰 증세가 가벼워져 초등학교 고학년이 되면 낫는 아이가 많습니다.

내년에 입학하니 그때까지는 습진을 치료해야 한다는 생각은 하지 말아야 합니다. 습진과의 '교제' 기간은 이미 오래되었습니다. 세상 엄마들이 가려워하는 아이에게 습진을 긁지 않도록 하기 위해 얼마나 고생해 왔습니까? 이번에는 나을 것이라고 생각하며 사용했던 약에 몇 번이나 속았습니까? 이러한 고생을 1시간에 30명의 환자를 진찰하는 의사가 초면에 이해해 줄까요? 이럴 때는 시간이라는 수호신을 믿는 것이 더 좋을 것입니다.

습진이 있는 아이 모두가 천식이 되는 것은 아닙니다. 습진과 천식은 독립적으로 유전되지만 공존하는 경우가 많다는 것뿐입니다.

여름이 끝나갈 때쯤 습진이 갑자기 빨개지고 껍질이 벗겨지며, 진물이 나와 딱지가 생기는 일이 있습니다. 수영장에 들어갔다 온 후에 이런 증상이 많이 생깁니다. 이것은 습진에다 농가진이 겹친 것이기 때문에 농가진 치료를 해야 합니다.

525. 밤에 일어나 걸어 다닌다 😊

- 지난밤의 일을 아이에게 말하지 않는다.
- 자기 전 무서운 텔레비전 프로그램을 보게 해서는 안 된다.
- 낮에 집 밖에서 충분히 운동을 시켜 숙면을 취하도록 한다.

무서운 꿈을 꾼 것입니다.

잠든 지 1시간 정도 지났을 때쯤 아이가 겁에 질려 잠에서 깨어 갑자기 방에서 뛰쳐나오는 일이 있습니다. 무서운 꿈을 꾼 것입니다. 왜 그러느냐고 물어보면 괴물에게 쫓겼다든지 칼에 찔렸다든지 하는 꿈 내용을 일부 이야기합니다. 텔레비전에서 본 장면이 많습니다.

이런 일이 몇 번 되풀이되어도 약을 먹여서는 안 됩니다. 이런 증상은 텔레비전을 못 보게 하면 낫습니다.

●

'야경증'이라는 수면 장애도 있습니다.

숙면 중에 갑자기 일어나서 방 안을 걸어 다니거나 큰 소리를 지르거나 허공을 바라보는 아이도 있습니다. 왜 그러느냐고 물어봐도 대답하지 않습니다. 흔들어 깨우면 몇 분 있다가 가라앉아 다시 잠듭니다. 다음 날 아침에 물어봐도 지난밤에 있었던 일을 기억하지 못합니다. 가장 깊이 잠들었을 때 일어났던 일이기 때문입니다.

이것은 야경증이라는 수면 장애로 간질이나 정신병은 아닙니다. 영국의 정신과 의사는 부모에게 4~5일 밤 계속해서 야경증이 일어나는 시간을 체크하게 하여 그 시간이 거의 일정하면 10~15분 전에 아이를 흔들어 깨우도록 합니다. 그리고 5분간 깨어 있게 한 후 다시 잠들게 합니다. 이것을 1주간 계속하면 낫는다고 합니다. 약을 먹이기 전에 한번 시도해 볼 만한 좋은 방법입니다.

아이는 무언가 불안한 일이 있어 마음이 안정되지 않는 것입니다. 하지만 이 나이의 아이가 갖는 불안은 그다지 심각하지는 않습니다. 생활이 즐거우면 반드시 불안을 떨쳐버리게 됩니다.

만약 최근에 아이 혼자 다른 방에서 자게 한 다음부터 이런 증상이 생겼다면 부모와 함께 자고 싶은 것입니다. 아이가 무의식적으로 문을 연다든가 해서 위험하다 싶으면 전처럼 부모와 같은 방에서 자게 하는 것이 좋습니다. 다음 날 아침 아이에게 "어젯 밤에 너 잠결에 돌아다녔어"라는 이야기는 하지 말아야 합니다. 그러면 불안이 그 원인일 때는 더욱 불안을 가중시키게 되기 때문입니다.

밤에 문단속을 잘하여 문을 열지 못하게 해놓고 아이 주위에 칼이나 끝이 뾰족한 물건도 치워놓아 위험을 예방하는 것만으로 충분합니다. 잠결에 이상한 행동을 하지 않도록 약을 먹이는 것은 아이에게 병이라는 인식을 갖게 하므로 오히려 좋지 않습니다. 낮에 집 밖에서 충분히 운동을 시켜 몸을 피로하게 만들어 숙면을 취하게 하는 것이 좋습니다. 자기 전에 어른들이 보는 무서운 텔레비전 프로그램을 보게 해서는 안 됩니다.

편도선 비대나 요충은 그 원인이 아니라고 말할 수 있습니다. 요충 구제에는 반대하지 않지만 편도선 비대 수술은 권하고 싶지 않습니다.

526. 부정교합이다

● 의사가 아이의 나이와 생활을 모두 고려하여 아이가 교정 기구를 감당해 낼 수 있는지를 판단해 결정하도록 한다.

치열이 좋지 않은 데는 여러 가지 원인이 있습니다.

이의 위치가 이상하다든지, 치열궁의 모양이 좁다든지, 뾰족하다든지, 상하의 치열 위치가 앞뒤로 심하게 다른 것이 그 원인입니다. 더구나 턱뼈 모양이 정상과 다르다면 치열만의 문제는 아닙니다.

상하의 치열이 항상 잘 맞는 일은 오히려 드물며, 대부분의 사람은 위 치열의 안쪽에 아래 치열이 닿습니다. 외부에서 보았을 때 입술이 맞지 않을 정도로 위 치열이 나와 있다든지, 위의 입보다 아래 입이 심하게 나와 있다든지, 이를 닦기가 어려울 정도의 난항치가 아니라면 신경 쓰지 않는 것이 좋습니다. 일가친척들이 모두 그 정도의 부정교합이 있으면서도 훌륭하게 사회인으로 살아가고 있다면 부정교합은 인생에 그다지 지장이 없다는 것입니다.

가벼운 부정교합은 외부에서 보았을 때 잘 모르지만 치열 교정을 위한 기구를 끼웠을 때 입을 벌리면 보입니다. 교정 기구를 끼면 입 안을 깨끗이 하기가 어려워 충치가 생기기 쉽습니다. 떼어낼 수 있는 교정 기구라면 아이가 싫어하여 끼고 있으려고 하지 않기 때문에 부모와 자녀 사이에 불화의 원인이 되기도 합니다. 치열 교정은 얼굴의 골격이 아직 완성되지 않은 어린아이에게는 하지 말고, 얼굴 골격이 거의 완성되고 또 변경도 가능한 중학생 시기에 하는 것이 좋습니다.

치열 교정은 부정교합의 정도와 그것을 치료하는 데 드는 부담(경제적인 것도 포함하여)을 생각해서 결정해야 합니다. 한국에서 보건복지부가 치열 교정을 건강보험 대상으로 하지 않는 것도 그 필요와 효과에 대해 회의적인 이유가 됩니다. 교정 효과에 대한 40~50년 후의 조사 결과가 나오지 않은 것도 소아과 의사가 치열 교정에 대해 회의적인 이유가 됩니다. 치열 교정을 하는 의사는 아이의 나이와 생활을 모두 고려하여 교정 기구를 감당해 낼 수 있는지를 판단하기 바랍니다.

●

갑자기 고열이 난다. ^{435 갑자기 고열이 난다 참고}

복통. ^{437 복통을 호소한다 참고}

잘 때 흘리는 땀. ^{438 잘 때 땀을 흘린다 참고}

소변 보는 간격이 짧아졌다. ^{439 소변 보는 간격이 짧아졌다 참고}

소변 볼 때 아파한다. ^{440 소변 볼 때 아파한다 참고}

자위. ^{442 자위를 한다 참고}

말더듬이. ^{443 말을 더듬는다 참고}

자가중독. ^{444 자가중독증이다 참고}

요충. ^{448 밤에 항문이 가렵다고 한다_요충 참고}

두드러기. ^{451 두드러기가 났다 참고}

자주 열이 난다. ^{479 자주 열이 난다 참고}

설사. ^{480 설사를 한다 참고}

아이의 코피. ^{482 코피를 흘린다 참고}

열이 나고 경련을 일으켰다. ^{483 경련을 일으킨다_열성 경련 참고}

엎드려 잔다. ^{485 엎드려 잔다 참고}

보육시설에서의 육아

527. 활기찬 아이로 키우기

● 활기찬 아이로 키우기 위해선 교사가 먼저 활기가 있어야 한다. 그러한 보육

환경을 갖추어야 한다.

아이를 활기차게 하려면 교사 자신도 활기 있어야 합니다.

유치원에 들어간 아이가 항상 활기차고, 교사의 부름에 즉각 응하며, 친구들과의 놀이에도 즐겁게 참여하도록 하는 것이 집단 보육의 출발점입니다. 그 조건에 대해서는 이미 여러 번 이야기했으므로 앞에서 언급한 부분 _{351, 372, 452 늘 기분 좋은 아이 만들기, 405, 486 활기찬 아이로 키우기} 을 다시 한 번 읽어보기 바랍니다.

만 5세가 넘으면 아이는 인간으로서의 자립성이 더욱 강해지고, 사회의 일원으로서 어른과 더불어 더욱 깊은 인간관계를 맺게 됩니다. 지적으로 어른의 내면을 이해하기는 어렵지만 표정이나 말투로 어른의 기분을 이해할 수 있게 됩니다. 그런 만큼 교사에 대해서도 인간으로서 깊이 이해하게 됩니다. 교사가 급한 일이 겹쳐 화장을 하지 못하고 온 날 아침에는 "선생님, 오늘 화장 안 하고 오셨네요"라고 말하기도 합니다. 또 걱정되는 일이 있어 표정이 어두

우면 "선생님, 오늘 어디 아프세요?"라고 묻기도 합니다. 아이는 교사의 얼굴을 주의 깊게 보고 있는 것입니다.

아이를 활기차게 하려면 교사 자신도 활기 있어야 합니다. 아이에게 넓은 운동장과 휴식을 취할 수 있는 방이 필요한 것처럼, 유치원이나 보육시설 교사들 간에 평화롭고 따뜻한 인간관계가 필요합니다. 교사는 동료들 사이에서 자신을 자유로운 인간으로 느껴야합니다. 대장 노릇을 하는 아이의 지배가 다른 아이들을 불쾌하게하는 것과 마찬가지로, 대장 노릇을 하는 교사의 지배는 다른 교사들을 불쾌하게 하고 활기를 앗아갑니다. 교사는 아이를 대할 때 자신 안에서 생명력이 솟아나는 것을 느껴야 합니다. 그러기 위해서는 지쳐 있으면 안 됩니다.

지금의 보육시설은 엄마의 사정상 아이들을 장시간 돌보게 되어있습니다. 오전 9시부터 오후 6시 넘어서까지 항상 똑같이 활기차게 교육시킨다는 것은 육체적으로 거의 불가능합니다. 보육교사 중에 병으로 쓰러지는 사람이 많은 것은 과다한 업무 때문이라고볼 수 있습니다. 현재의 장시간 보육을 유지하기 위해서는 보육교사의 근무 시간을 좀 더 줄이고 교대제로 하여 쉴 시간을 주어야 합니다.

보육교사에게 좀 더 장시간의 보육을 요구하는 엄마는 교사가 피로한 상태에서 아이를 돌볼 때 자기 아이의 교육이 어떻게 이루어질지에 대해서도 생각해야 합니다. 유치원도 보육시설도 아이들교육 외에 불필요한 업무가 너무 많습니다. 교육자를 교육에 전념

시키기 위해서는 사무 전담 직원을 별도로 고용해야 합니다. 이런 직원을 갑자기 고용할 수 없다면 현재의 여러 가지 사무가 정말로 아이들 보육에 필요한 것인지 총체적으로 점검해 봅니다. 보육교사 전원이 모여 불필요한 습관을 바로잡기 위해서 이야기를 나누려면 평등한 분위기가 조성되어야 합니다.

교사는 교육자로서의 위엄을 갖추기 위해서 같은 나이의 다른 여성들에게 뒤처지지 않는 모양새를 갖춰야 합니다. 그런데 현재 유아 교육에 종사하는 교사의 보수는 너무 적습니다. 교사들이 대우에서 느끼는 열등감은 그들의 사기마저 떨어뜨립니다. 유아 교육에 돈을 절약해서는 안 됩니다. 교육자들끼리 서로 자유롭고 차별을 두지 않아야 교사가 아이 앞에서 밝은 표정을 보여줄 수 있습니다. 마찬가지로 교사의 사랑이 모든 아이들에게 똑같이 베풀어져야 아이의 얼굴이 밝아집니다. 특정 아이에 대한 교사의 편애는 교사가 깨닫기 전에 아이들이 먼저 느낍니다. 교사는 편애하지 않도록 항상 주의해야 합니다.

528. 자립심 키우기

● 자기 일을 스스로 할 수 있도록 하는 것뿐 아니라 소속된 집단의 일도 스스로 하려는 의욕을 키워준다.

자기 일뿐 아니라 소속된 집단의 일도 스스로 하려는 의욕을 키워줍니다.

자기 일을 스스로 할 수 있는 정도는 새로 보육시설에 들어온 아이와 2년 이상 다니고 있는 아이의 차이가 큽니다. 이전부터 보육시설에 다니던 아이는 스스로 옷을 입고 벗을 수 있으며, 손이나 발이 더러우면 스스로 씻으러 가고, 자기 물건은 자신의 사물함에 넣어둡니다. 자기 주변의 일로 그다지 교사의 손을 빌리지 않습니다.

하지만 새로 들어온 아이 중에는 혼자서 배설을 제대로 하지 못하는 아이도 있고, 말하지 않으면 손을 씻지 않는 아이도 많습니다. 대가족 속에서 살면서 항상 옷을 입고 벗을 때 도움을 받았던 아이 중에는 단추를 끼우지 못하는 아이도 있습니다. 그러나 이런 아이도 1년이 지나면 다른 아이와 마찬가지로 자기 일을 스스로 할 수 있게 됩니다.

만 5~6세 아이에게 가장 중요한 것은 자신의 일을 스스로 할 수 있도록 해주는 것뿐만 아니라, 자신이 소속된 집단의 일도 스스로 하려는 의욕을 키워주는 것입니다. 자신은 집단의 일원이고, 집단을 위해서 협력하는 것이 집단을 즐겁게 한다는 의식을 모든 아이들이 갖도록 해주어야 합니다. 만 4세부터 시작한 당번은 더욱 복잡한 과제를 주어도 됩니다. 하지만 아이에게 당번이 되는 것은 고역이라는 인상을 심어줘서는 안 됩니다. 당번 맡는 것을 통해 아이의 자존심을 키워주어야 합니다. 그렇지 않으면 아이는 책임감을 느끼지 않습니다. 당번의 표시로 꽃을 달아준다든지 리본을 달아주는 등 여러 가지 방법을 동원해도 좋습니다. _{책임에 대해서는 496 만 5~6세 아이의 몸 참고}

●

역할 분담을 정해 주는 것도 좋습니다.

아이의 재능에 따라 여러 가지로 역할 분담을 정해 주는 것도 협력 정신을 기르는 방법 가운데 하나입니다. 유치원 마당 한쪽에 꽃밭을 만들어보게 하거나, 토끼를 키워보게 하거나, 금붕어를 길러보게 하는 것도 좋습니다. 넓은 땅이 있는 농촌의 보육시설에서는 아이들에게 새장이나 토끼장 만드는 것을 돕게 하는 것도 좋습니다. 아이들은 일하는 기쁨 속에서 협력의 성과를 직접 눈으로 확인하게 됩니다.

529. 창의성 기르기

- 놀이가 자연스럽게 수업이 될 수 있도록 한다.

- 정해진 틀에 얽매이지 않는다.

- 그림을 그리거나 글자를 읽을 수 있는 것만이 재능이 아니다. 재능을 차별대우하지 않는다.

아이의 지적 능력이 한층 높아집니다.

만 5세가 넘으면 아이의 지적 능력이 한층 높아져 교사에게 더 적극적으로 협력하게 됩니다. 교사가 수업에 주력하면 아이들은 잘 따라옵니다. 그러다 보면 교사는 자신도 모르는 사이에 교육의 성과에 정신이 팔려 학교식 수업에 역점을 두게 됩니다. 게다가 유치원이나 보육시설이나 시설다운 시설은 교실밖에 없기 때문에 수업을 하는 것이 당연한 것처럼 느끼게 됩니다. 많은 유치원이나 보육시설이 한정된 공간에서 아이들을 교육하기 때문에 교사는 자유 놀이 등 다양한 수업을 준비해야 합니다.

이러한 외부적인 여건상 현재 유치원이나 보육시설에서는 만 5~6세 된 아이의 보육에서 영역별 자유 놀이 수업이 이루어지고 있지만, 일부 시설에서는 '교과 과정 계통화'라는 이름으로 아이의 창의성과 지역 생활을 고려하지 않은 교육이 일방적으로 강요되고 있습니다.

●

자유 놀이를 가장 즐거워하는 시기입니다.

만 5~6세는 자유 놀이를 가장 즐거워하는 시기입니다. 아이의 생활 내용이 풍부해져 표현도 잘하게 되고 아이들끼리 협력도 잘되기 때문에 집단 놀이도 충실해집니다. 아마도 일생 동안 이 시기만큼 놀이에 열중하는 때도 없을 것입니다.

취학 연령을 한 살 늦추자는 의견도 있는데, 필자는 이 1년 동안 아이에게 창조의 기쁨을 느끼면서 시간을 보내게 했으면 합니다. 놀이를 통해 수업에서는 가르칠 수 없는 인간의 미덕을 몸에 배게 하는 것입니다. 일본의 경우 유치원이나 보육시설 공간이 너무 좁아 만 5~6세 아이에게 창의성을 살리기 위한 자유 놀이를 시킬 수 없습니다. 그래서 수업 위주가 되고, 그 결과 취학 연령을 1년 늦추자는 의견이 나오기도 했습니다.

하지만 아이들이 즐겁게 지낼 수 있고 좀 더 자유롭게 놀 수 있도록 유치원이나 보육시설 공간이 넓어지고 놀이 기구도 갖춰지고 있습니다. 아이들은 이제 더 이상 예전처럼 도로나 공터에서 놀 수 없게 되었습니다. 어른들은 아이들에게 놀이 장소 등 좋은 환경을 만들어주기 위해 꾸준히 노력해야 합니다.

취학 준비라고 해서 읽기와 쓰기, 셈을 가르치느라 1년이나 낭비하는 것은 안타까운 일입니다. 취학 전의 마지막 1년은 지식을 의무로 주입하는 것이 아니라, 놀이 결과의 부산물로 자연스럽게 습득하도록 하는 것이 좋습니다.

이 나이의 아이에게는 지식을 가르치는 것보다는 창의성 교육이 훨씬 중요합니다. 놀이를 창조하고 거기에 지식이나 기술이 자연스럽게 필요해지도록 지도하는 것과 그것을 즉흥시처럼 교육하는 것이 교사의 임무입니다. 아이의 놀이가 창조적인 것 이상으로 교사의 놀이 지도도 창조적인 일입니다. 창의성이 없는 교사일수록 '계통화된' 교과 과정을 원합니다.

●

놀이를 자연스럽게 수업으로 만들어갑니다.

놀이는 아이의 내면 세계가 풍요로워짐에 따라 더욱 즐거워지며, 아이의 발표 능력이 좋아짐에 따라 더욱 다양해집니다. 놀이를 즐겁고 다양화하기 위해서 아이에게 자신의 눈으로 자연을 보게 하고, 동화를 들려주며, 그림을 그리게 하고, 찰흙놀이를 시켜야 합니다. 이러한 기술적인 지도를 위해서는 수업으로 가르쳐야 할 필요성도 생깁니다. 하지만 만 5~6세 때의 수업은 많아야 하루에 한 번, 30분 이내로 실시해야 합니다. 보육시설에서는 아이가 피로하지 않은 경우 하루 두 번의 수업도 가능합니다.

한 그룹에 2명의 교사가 있고 한 그룹의 인원이 25명 전후일 때, 수업은 소그룹을 만들어 자유 놀이 안에서 실시해도 좋습니다. 그룹 활동에서 자유 놀이로, 자유 놀이에서 수업으로 자연스럽게 이동하면 아이들의 창의성을 키워주기 좋습니다.

자연 관찰을 할 때 잡아 온 곤충을 모래밭 안에 가두어 키우거나, 동화를 며칠 동안 연속해서 들려준 후 동화의 주인공이 되어 연극놀이를 하게 하거나, 돌 모으기 놀이나 줄넘기 등을 하는 동안 숫자세는 법이 자연스럽게 나오도록 하는 것이 좋습니다.

●

'여기까지'라는 틀을 만들어 거기에 맞추려 하지 않습니다.

아이의 창의성을 충분히 기르기 위해서는 만 5세 아이에게 '여기까지'라는 틀을 만들어 아이를 거기에 맞추는 것은 바람직하지 않습니다. 다른 아이들 눈에 교사가 편애한다는 느낌을 주지 않을 수 있다면, 어떤 분야에 소질이 있는 아이는 적극적으로 그 소질을 키워주는 것이 좋습니다. 유치원 마당에서 높은 곳에 오르는 것은 잘 못하지만 동화를 좋아하고 어느새 글자를 터득하여 책을 즐겨 읽는 아이에게는 유치원 도서실에서 책을 읽히는 것이 좋습니다. 그림에 뛰어난 능력을 보이는 아이에게는 혼자서 그림을 그리게 하는 것이 좋습니다.

하지만 이런 아이를 천재라고 생각하거나, 다른 아이와 차별을 두거나, 옆 그룹의 교사에게 과시해서는 안 됩니다. 높은 곳에 오를 수 없는 아이를 남들이 모르게 조용히 다루듯이, 책을 잘 읽는 아이와 그림을 잘 그리는 아이도 이런 아이가 없는 것처럼 남들이 모르게 조용히 지켜보는 것이 좋습니다. 다른 아이의 부모에게 이야기하면 부모들 사이에 '경쟁'이 붙어 교육이 엉망이 될 수 있기 때문입니다.

그림을 그리거나 글자를 읽을 수 있는 것만이 재능은 아닙니다. 유치원 마당에서 빨리 달리거나, 밧줄을 잡고 기어오르거나, 친구를 도와가며 공놀이를 잘하는 것도 재능입니다. 아이의 창의력이 늘어 창조의 즐거움을 아이 자신이 느낀다면 어떠한 재능이라도 좋습니다. 재능을 차별대우해서는 안 됩니다. 어떤 한 가지 일이 서툴다고 해서 그 아이를 낙담시켜서도 안 됩니다. 줄넘기를 잘 못해도 음악을 좋아하고 멜로디를 구분하여 들을 수 있고 피아노 치기를 좋아하는 아이에게는 좋아하는 것에서 자신감을 갖도록 해야 합니다.

아이의 재능을 무시한 채 집단 체조와 같은 획일적인 동작을 몇 개월에 걸쳐 가르친 후 시장이나 도지사 앞에 보이는 것은 교육의 본질에서 벗어난 행동입니다. 관공서의 상의하달식 명령은 교육자의 창의성을 위축시킵니다.

530. 바른 말 가르치기

● 아이에게 표준어의 경어를 쓰게 하는 것이 언어 교육은 아니다. 이야기를 들을 때 기쁨과 신뢰가 느껴지도록 해야 한다.

언어는 인간과 인간의 마음을 연결시키는 것입니다.

언어는 정확하게 발음할 수 있다거나, 문법적으로 틀리지 않는 것만이 바른 것은 아닙니다. 언어는 인간과 인간의 마음을 연결시키는 것입니다. 상대방에 대한 감정이나 마음을 정확하게 표현하는 것이 바른 언어입니다. 거친 말투는 상대의 인격을 무시하는 것입니다. 상대의 인격을 존중하고 신뢰한다면, 그것이 언어로 드러납니다.

만 5세가 넘은 아이는 서로에 대한 협력심이 높아져 모두가 친구라는 의식이 강해집니다. 이때 상대방의 인격을 존중하고 신뢰하는 것을 일상생활에서 가르쳐야 합니다. 힘이 세다고 해서 폭력을 휘둘러서도 안 되고, 상대방이 얌전하다고 하여 얕보아서도 안 됩니다. 어떤 능력이 뒤떨어진다고 해서 바보로 취급하면 안 된다는 것 등을 가르칩니다.

●

아이는 사람을 사귀면서 말을 배우게 됩니다.

아이가 말을 어느 정도 구사할 수 있게 되면 말씨가 대인관계를 좌우하게 됩니다. 만 5세가 넘어 말을 어느 정도 자유롭게 구사하는 아이에게는 평등하며 거칠지 않은 말씨를 가르쳐야 합니다. 그러기 위해서는 교사 스스로 항상 아이의 인격을 존중하고 그것을 말로 표현해야 합니다. 물건을 받으면 "고마워"라고 말하고, 모르고 남의 발을 밟았을 때 "미안해"라는 말을 반사적으로 해야 합니다. 아침 인사 "안녕하세요?"나 돌아갈 때의 인사 "안녕히 계세요"도 단순히 형식적으로가 아니라 인간적인 신뢰가 느껴지도록 표현해야 합니다. 그러려면 교사가 아이 한 명 한 명에게 이야기를 할 때, 그리고 아이로부터 이야기를 들을 때 기쁨과 신뢰가 느껴지도록 해야 합니다.

아나운서가 표준어로 말하는 라디오를 켜놓으면 바른 말을 배울 수 있을 거라는 생각은 잘못입니다. 마이크를 통해 나오는 말은 아이에게는 단순한 소리에 불과할 뿐 인간과 인간의 관계가 아닙니다. 아이에게 표준어의 경어를 쓰게 하는 것이 언어 교육은 아닙니다. 일상적으로 지방 사투리를 쓰는 곳에서는 표준어의 경어는 상대방을 치켜세워주는 말이지만 동료로서 신뢰를 나타내는 말은 아닙니다.

때때로 경어는 위선적이기도 합니다. 그 지방의 친한 동료들 사이에서 오가는 말을 먼저 알게 해야 합니다. 그것이 사투리에서 가장 정확하게 표현된 것이라면 사투리로 이야기해야 할 것입니다. 사투리를 천하게 여기는 것은 수도권 사람들의 지방 출신자들에 대한 차별입니다.

531. 즐거운 친구 만들기

● 자주적이고 창조적인 그룹으로 만들어 아이들 사이에 우정이 돈독해지게 하고, 의무감과 책임감도 길러준다.

그룹을 자주적인 집단으로 만들어갑니다.

유치원에 2~3년 다니게 하는 엄마도 있지만 만 5세 때 1년만 다니게 하는 엄마도 있습니다. 이미 집단생활을 1년 이상 해온 아이와 새로 집단생활을 시작한 아이의 차이점은 자신의 일을 스스로 할 수 있는가 하는 자주성 유무에서 드러납니다.

한 그룹에서 규칙을 위반하는 아이가 있으면 자주적인 아이들은 친구들과 함께 그것을 제지하려고 합니다. 그러나 새로 들어온 아이는 교사에게 고자질하러 갑니다. 그 그룹이 자주적인 집단으로 잘 조직되어 있는지를 가장 잘 알 수 있는 방법은, 교사에게 고자질하러 오는 아이가 많은가 적은가를 보는 것입니다.

잘 조직된 그룹에서는 교사의 명령으로 규칙을 정하는 것이 아니라 아이들 사이에서 합의로 정할 수 있습니다. 당번도 점점 아이들끼리 자주적으로 정할 수 있게 됩니다. 하지만 아이의 자주성을 너무 높이 평가해서는 안 됩니다. 아이들이 합의를 하는 자리에는 교사가 꼭 참가하여, 교사로서 교육적 책임에 근거하여 교사의 의견을 말해야 합니다.

특히 아이들이 다수결로 어떤 규칙 위반자에게 벌주는 것을 그대로 용납해서는 안됩니다. 소수의 권리를 무시하는 일에 대해 아무렇지 않게 생각하게 되기 때문입니다. 또 벌로써 노동을 시키면 노동에 대해 멸시하는 감정이 생기게 됩니다.

●

교사는 리더를 철저히 경계해야 합니다.

그룹 안에서 적극적인 아이를 우두머리로 뽑아 교사의 조수 노릇을 하게 할 때는 철저히 경계해야 합니다. 한 조의 인원수가 30명이나 되어 교사의 눈이 제대로 미치지 못하는 곳에서는 자주 우두머리가 리더 역할을 하기 때문입니다. 우두머리가 된 아이는 일종의 실행력을 가지고 있기 때문에 손이 모자라는 유치원에서는 교사의 조수 역할을 하곤 합니다.

이것은 교사에게는 좋지만 우두머리의 권력이 그만큼 강해지기 때문에 피해자를 만들게 됩니다. 즐거운 친구들을 만든다는 목적에 위배되는 것입니다. 우두머리에게 교사의 조수 역할을 맡길 때는 임기를 정해 모든 아이들에게 돌아가면서 시키는 것이 좋습니다.

●

그룹은 창조적으로 조직한다는 원칙을 잊어서는 안 됩니다.

즐거운 친구들을 만들기 위해서는 창조적으로 조직한다는 원칙을 잊어서는 안 됩니다. 낙하산 인사식으로 아이들을 조직해서는 안 됩니다. 즐거운 친구들을 조직하는 것이 아이들 사이에 우정을 돈독하게 하고, 의무감과 책임감도 길러줍니다. 이러한 결과로 집단 도덕이 생기는 것입니다. 유아용 덕목을 염불 외듯 하면서 도덕 교육을 해서는 안 됩니다. 도덕 교육이 어떠해야 하는지에 대해서는 490 즐거운 친구 만들기를 참고하기 바랍니다.

532. 강한 아이로 단련시키기 👩

● 운동량을 늘리고 물놀이도 시킨다.

아이들은 되도록 바깥 공기를 쐬며 놀게 하는 것이 좋습니다.

지금까지의 내용을 다시 한 번 읽어보기 바랍니다. 410·457·491 강한 아이로 단
련시키기 체조는 만 5세가 넘은 아이부터 운동량을 좀 더 늘립니다. 만
5세 아이의 운동 기능은 대략 다음과 같습니다.

· 25m 달리기는 남자 아이와 여자 아이 모두 6~7초

· 제자리 멀리뛰기는 남자 아이가 90~110cm, 여자 아이가 80~100cm

· 소프트볼은 남자 아이가 6~7m, 여자 아이가 4~5m

만 5세가 넘으면 친구들과도 잘 협력할 수 있기 때문에 아이들끼
리 노동을 하는 것도 가능해집니다. 충분한 땅이 있는 농촌의 유치
원에서는 꽃밭이나 새장을 만들면서 신체 단련을 겸할 수 있습니
다.

수영장이 있는 곳에서는 만 5세 아이는 모두 물놀이를 할 수 있
도록 단련시키기 바랍니다. 물놀이를 할 때는 꼭 2명이 한 조가 되
게 합니다. 짝의 이름을 부른 후 물에 들여보내고, 물에서 나왔을
때는 짝과 손을 잡고 서게 합니다. 짝이 없는 아이는 큰 소리로 교
사를 부르게 합니다. 수영장 주위에는 문을 만들어 교사가 있을 때

만 문을 열어 줍니다. 눈이 많이 오는 지방에서는 스키를 가르치는 것도 좋습니다.

일광욕과 수영 시간은 보육교사가 엄마에게 아이가 일광으로 인해 피부염을 일으키는지 여부를 확인한 다음에 정하도록 합니다.

533. 이 시기 주의해야 할 돌발사고

- 급식 당번을 시킬 때 뜨거운 음식을 나르게 해서는 안 된다.
- 익사사고, 교통사고에 주의한다.

사고 예방에도 협력과 자주성을 살리도록 합니다.

만 5세가 넘어 유치원에 들어오는 아이도 있습니다. 이런 아이는 집단생활에 익숙하지 않습니다. 492 이 시기 주의해야 할 돌발 사고를 다시 읽어보고 아이가 다치지 않도록 주의하기 바랍니다. 1년 이상 집단생활을 한 만 5세 이상의 아이는 협력을 꽤 잘하며 자주적인 활동도 할 수 있습니다. 사고 예방에도 협력과 자주성을 살리도록 합니다.

원외 보육에 데리고 나가는 경우에도 처음부터 끝까지 모두 교사가 할 것이 아니라 어느 정도 자주적으로 집단행동이 이루어지도록 훈련합니다. 몇 개의 그룹으로 나누어 각각의 그룹에서 리더를 뽑습니다.

만 5세가 넘으면 수영을 가르쳐주는 것이 좋습니다. 비록 수영을 빨리 하지는 못하지만 몸이 물 위에 뜨기만 하면 물에 빠지는 사고가 발생하더라도 곧 익사하는 것은 피할 수 있습니다. 아이들 익사 사고가 많은 것은 강이 많고 바다로 둘러싸여 있다는 지리적 조건 때문만은 아닙니다. 여기에 대응하여 조기 수영 강습이 이루어지지 않기 때문입니다.

수영을 못하는 아이에게는 물 주위에 가지 않도록 가르쳐야 할 뿐만 아니라, 이 나이의 아이에게는 친구가 물에 빠졌을 때 어떻게 해야 하는지에 대해서도 가르쳐주어야 합니다. 섣불리 물에 뛰어들어서는 안 되며, 제일 먼저 어른을 불러와야 한다는 것을 철저히 가르쳐야 합니다. 어른이 빨리 와준다면 건져내서 인공호흡을 하여 구할 수 있습니다.

급식 당번을 시킬 때는 아이에게 뜨거운 음식을 나르게 해서는 안 됩니다. 도로를 걸어갈 때의 교통규칙을 가르치려면 운동장에 신호등 모형을 세워놓거나 흰 선으로 횡단보도를 그려놓고 교육시키는 것이 가장 효과적입니다. 취학 직후의 교통사고 예방을 위해서 유치원에서는 교통 교육을 철저하게 해주기 바랍니다.

가장 무서운 것은 셔틀버스의 교통사고입니다. 이때는 아이가 아무리 훈련이 되어 있다고 하더라도 어른의 실수로 희생됩니다. 셔틀버스의 차체 검사는 특히 철저하게 해야 합니다. 또한 운전기사는 오랜 경험을 가진 숙련된 사람이어야 합니다. 운전기사가 중년 이상일 때는 운전 중에 심장 발작을 일으키지 않도록 정기검진을 받아야 합니다.

유치원이나 보육시설에서 동물을 키우는 곳이 있습니다. 동물의 생태를 보여주기 위한 교육 목적이지만 위험하기도 합니다. 바다거북은 항산균을 가지고 있습니다. 또 조류에는 병원(病原)이 되는 효모균류인(크립토코쿠스)가 있는 것도 있습니다. 그러므로 동물을 만진 뒤에는 반드시 손을 잘 씻게 합니다. 동물 뺨을 문지르지 않게 하고, 동물이 죽었을 때는 보건소에 알려 사인을 확인해야 합니다.

●

원아가 전염병에 걸렸을 때. ^{493 원아의 전염병 참고}

전염병이 나으면 언제 등원시켜야 할까. ^{494 전염병 완치 후 등원 시기 참고}

원아에게서 결핵이 발견되었을 때. ^{495 결핵에 걸린 원아 참고}

22

학교 가는 아이

이제 학교에 갈 때입니다.
학교에 가면 친구가 있어야 합니다.
아이가 원만한 교우 관계를 유지할 수 있도록
엄마의 관심과 애정이 필요합니다.

534. 아이가 학교에 가게 되면

아이가 입학하게 되면

유치원에 셔틀버스로 오갈 때 마중을 나갔거나 직접 따라다녔던 엄마는 아이 혼자 학교에 보내는 것이 걱정스러울 것입니다. 하지만 중간까지 데려다 주거나, 귀가할 때 마중을 나가지 않는 것이 좋습니다. 대부분의 학교는 고학년 학생과 집단으로 등교시킵니다. 문제는 귀가할 때입니다. 다른 곳에 들러서 오는 일이 없도록 엄하게 주의를 주어야 합니다.

울타리가 없는 저수지, 항상 보도에 불법으로 주차되어 있는 차, 신호등이 없는 횡단보도, 경보기가 없는 건널목 등 개인의 힘으로는 시정하기 힘든 것이 너무 많습니다. 이런 것에 대해서는 학부모들이 공동으로 나서서 시정하도록 항의해야 합니다.

아이가 등교 도중에 준비물을 깜빡한 것을 알고 집으로 가지러 뛰어가다가 사고가 자주 일어납니다. 이런 사고를 방지하기 위해서는 각각의 요일에 가져가야 할 준비물을 적어둔 종이를 현관문 안쪽에 붙여놓고, 집을 나설 때 이름표, 손수건, 휴지, 필통, 수저통, 리코더, 과제물, 책 등을 아이와 함께 확인하는 것이 좋습니다.

급식에서도 자주 문제가 발생합니다. 식사는 개성적인 것입니다. 많이 먹지 못하는 아이, 당근을 싫어하는 아이 등 각양각색입니다. 이런 아이에게 일률적으로 같은 양을 주고 전부 먹게 하는 것은 생리적인 정상을 무시하고 이상을 강요하는 행위입니다. 편식이나 소식은 민주주의 사회에서는 악이 아닙니다. 생리적으로 익숙하지 않은 것을 강요하면 아이는 급식, 나아가서는 학교까지 싫어하게 됩니다.

소식이나 편식을 교정하려는 데 대해서는, 소식이나 편식을 하는 아이의 부모는 물론 민주주의를 사랑하는 부모도 함께 반대해야 합니다. 소식이나 편식을 해도 얼마든지 평화롭게 살아갈 수 있습니다. 오히려 획일화하는 것이 위험합니다.

학교에 가면 친구가 있어야 합니다. 친구가 없는 아이는 학교를 싫어하게 됩니다. 좋은 친구하고만 놀게 하려는 것은 친구의 이상형에 구애받게 하는 것입니다. 아이가 평화롭고 즐겁게 논다면 그것이 바로 좋은 친구입니다. 엄마들끼리도 서로의 집을 오가며 오후 3시에 간식으로 어떤 것을 줄지 의논할 수 있을 정도로 친하게 지내는 것이 좋습니다. 엄마는 아이가 지금 어디서 어떤 친구들과 놀고 있는지를 항상 파악하고 있어야 합니다. 친구 집에 놀러 갈 때 4시까지는 돌려보내는 것으로 부모들끼리 정해둡니다.

친구 집에 여러 명이 놀러 가 4시에 헤어진 후 여기저기 돌아다니면서 놀게 해서는 안 됩니다. 다른 친구 집에 갈 때는 집에 와서 이야기하고 가도록 하게 합니다. 여기저기 돌아다니면서 노는 것이 좋지 않은 이유는, 고학년 아이들이 저학년 아이를 위험한 장소로 데리고 가거나, 용돈으로 과자를 사주면서 '부하'로 삼기도 하기 때문입니다.

학교에서 돌아오면 곧바로 손 씻는 습관을 들입니다. 그리고 친구들과 놀기 전에 숙제를 끝마치게 하는 습관도 들입니다.

학교에서 돌아와 손을 씻거나 숙제를 하거나, 간식을 먹거나, 친구들과 안전한 장소에서 노는 것을 맞벌이 가정에서는 어떻게 해결해야 할까요? 이럴 때는 방과 후 시설이 도움이 됩니다. 집에 할머니가 있어서 아이를 돌보아준다든지, 마음 놓을 수 있는 이웃집에 부탁하는 것도 좋습니다. 방과 후에 학교에 맡기는 방법도 있지만, 어지간히 아이를 잘 놀게 할 수 있는 전문가가 없으면 아이는 수업이 끝난 후에도 해방감을 느끼지 못합니다.

교육이나 복지를 전공하는 대학생이 자원봉사 활동으로, 또는 필수 학점을 이수하기 위해 취학 아동을 돌보게 하는 것도 좋은 방법입니다. 맞벌이 가정처럼 방과 후에 아이를 돌보아줄 사람이 없을 때 아이는 탈선하기 쉽게 마련이고, 다른 아이들에게까지 그 영향이 미치게 됩니다.

●

아이가 저학년이 되면

어떤 경우라도 육아의 근본이 되는 것은 가정입니다. 지금껏 자기 주관대로 키우라고 여러 차례 말했지만, 가정이 평화롭고 그 집만의 개성이 있지 않으면 자기 주관을 유지하기가 어렵습니다. 텔레비전이라는 거대한 정보원은 대량생산하는 민간 기업과 연결되어 시청자를 세뇌시켜 획일화하고 있다는 것을 잊어서는 안 됩니다.

아이를 텔레비전에 맡겨버리면 가정교육은 제대로 되지 않습니다. 엄마가 아무리 상냥함을 가르치려 해도 로봇이나 괴물이 나와 물건을 부수고 사람을 죽이는 텔레비전 화면을 즐기게 놔둔다면, 아이의 마음속에 섬세함은 길러지지 않습니다. 집에 텔레비전을 놓지 않는 데는 상당한 노력이 필요합니다. 아이들을 생각하여 텔레비전 방영 시간을 제한하는 나라도 있다는 것을 잊지 말아야 합니다.

자기 주관대로 살기 어렵게 만드는 것 중에는 입시 산업의 시장 확장 경쟁이 있습니다. 학교에 들어가자마자 학원에 보내라, 방문 교육을 받으라, 백과사전을 사라는 등의 유혹을 받습니다. 그래서 많은 엄마들이 백과사전을 세트로 사거나, 영어 회화 테이프를 사지만 판매원이 말한 것과 같은 효과를 보았다는 말은 들어본 적이 없습니다.

파트타임으로 일하는 엄마가 많아져 육아의 공백을 학원에 맡기는 가정이 늘어나고 있습니다. 학원도 그것을 알고 아이에게 숙제를 내줄 뿐 아니라 놀게도 합니다. 하지만 놀 공간도 충분하지 않고, 고학년 아이들이 같이 있는 곳에서는 놀이도 제한됩니다.

학교에서 운동장을 개방하여 자원봉사 대학생과 함께 놀게 하는 것도 생각해 보기 바랍니다. 학교 관리만이 아니라 집에 돌아가도 아무도 없는 가정의 아이들을 도와주는 것도 교육자의 책임일 것입니다.

학교 숙제도 1시간 이내면 끝나는 저학년 아이의 경우 일하는 엄마를 위해 아이를 대신 돌봐줄 수 있는 시설이 필요합니다. 학교도 가정도 아이가 친구를 사귀는 일에 좀 더 많은 관심을 가져야 합니다. 엄마와의 밀착 때문에 방해받아왔던 아이의 자립을 자연스럽게 끌어낼 수 있는 것이 바로 친구와 만드는 작은 사회입니다.

서예, 그림, 피아노, 검도, 유도, 태권도, 발레 등을 배우러 학원에 다니는 것도 아이를 떠돌아다니지 않게 해줍니다. 하지만 1주 내내 방과 후에 매일 무엇인가를 배우게 하려면 경제적인 부담이 큽니다. 또한 아이의 흥미도 계속될지 의문입니다. 아이에게 재능이 있다고 말하는 학원 교사가 많은데, 그렇다고 해서 그것을 아이의 장래 직업으로 삼게 해야겠다고 쉽게 결정해서는 안 됩니다. ^{505 방과 후 활동}

엄마가 전업주부일 때는 저학년 아이는 그다지 문제가 발생하지 않습니다. 숙제도 엄마가 충분히 가르칠 수 있습니다. 방과 후에 아이가 현재 누구와 어디서 놀고 있는지를 엄마가 파악하고 있다면 아이가 색다른 행동을 하더라도 집에 돌아온 아이의 행동에서 금방 알 수 있습니다. 사주지 않은 장난감을 가지고 있다든지, 약속한 귀가 시간이 훨씬 지나 돌아왔을 때라든지 하는 경우에는 그 자리에서 바로 이유를 들을 수 있습니다.

방을 어지럽힌다고 친구들을 놀러 오지 못하게 해서는 안 됩니다. 그러면 어떤 아이들과 노는지 알 수 없기 때문입니다. 또 집에 놀러 온 아이가 너무 거친 말씨를 쓰거나 행동을 하면 주의를 주어야 합니다. 그 아이는 자신의 말씨나 행동이 거칠고 나쁘다는 것을 알 기회가 없었던 것입니다. 그것이 사회에서는 통용되지 않는다는 것을 가르쳐야 합니다. 그 아이는 사회라고 해도 텔레비전에 나오는 사회밖에는 모릅니다. 텔레비전 속 사회는 얼마나 거칩니까.

가정에서 주관을 지키기가 혼란스러운 이유 중 하나는 학교에서 받아 오는 정기검진 결과 통지입니다. 학교와 같이 정기검진이 성의 없이 이루어지는 곳도 없습니다. 1시간에 1학급을 검진하는 내과 진찰에서는 거의 아무것도 찾아내지 못합니다. 겨우 편도가 크다든지, 코 점막의 분비가 많다든지, 심장에 잡음이 들린다는 정도입니다. ⁵¹⁷ 심장 소리가 나쁘다, ⁵¹⁸ 편도선 비대와 아데노이드, ⁵¹⁹ 여포성 결막염이다

몇십 년 동안 학교의 건강검진에서 이러한 이상을 발견하고, 그 아이들이 어른이 되어 어떻게 되었는지, 그 아이들이 건강검진에 의해 얼마나 도움을 받았는지에 대한 추적 조사는 이루어지지 않고 있습니다. 이렇게 아이에게 실질적인 도움이 되지 않는 건강검진이 학교 행사로 계속되고 있는 것입니다.

더구나 제약 회사가 소변에서 단백질이나 혈액을 쉽게 발견할 수 있는 시약을 판매한 후부터 이것이 건강검진에 채용되었습니다. 미량의 단백질은 대부분 기립성 단백뇨거나 무해한 것으로, 신장염인 경우는 극히 드뭅니다. 소변에 혈액이 미량 나와도 동시에 단백질이 나오지 않는다면 걱정하지 않아도 됩니다.

학교 운동장에서 놀다가 엎어지거나 추락해 앞니가 빠지는 경우가 있습니다. 젖니라면 그냥 두어도 괜찮지만 영구치라면 빠진 이를 바로 제자리에 끼워 넣고 치과에 데려가야 합니다. 이 뿌리의 세포가 살아 있다면 그대로 자리를 잡지만, 이 뿌리가 마르면 세포

가 죽어 이가 붙지 않습니다. 피가 많이 흘러 이를 끼워 넣을 수 없을 때는 우유 속에 넣어서 치과에 가져가면 됩니다. 24시간 이내라면 이가 자리를 잡는 경우가 많습니다.

학교 건강검진에서 유효한 것은 시청력 검사와 충치 검사입니다. 이것은 안과나 치과에 가서 처치해야 합니다. 학교 건강검진에서는 알 수 없지만 엄마는 알고 있어 고민하는 것이 야뇨입니다. 해마다 나아지고는 있으나 저학년 때까지는 완전히 낫지 않는 것이 일반적입니다. 성적(性的)으로 성숙되면 나아지므로 조바심을 내지 말고 기다리도록 합니다.

●

엄마가 육성회(학부모와 교사의 모임)에 가입하면

육성회에서는 부모의 발언을 교사의 발언과 평등하게 취급해야 합니다. 교장이 상부로부터 전해 들은 것을 학부모에게 전달만 해서는 모임의 의미가 없습니다. 이전부터의 지역적인 관례가 아직도 남아 있는 곳에서는 교장과 지역 유지가 단합하여 모임을 이끌고 학부모들을 조종합니다.

교장과 영향력 있는 사람은 대부분 남자이고, 이런 환경에서 육성회는 임원의 대부분인 엄마들이 자신이 생각하는 것을 제대로 말하지 못하는 분위기가 됩니다. 엄마의 발언은 헌법으로 정해져 있는 아이의 교육권을 대변하는 것입니다. 다수 엄마들의 의견과 교장의 의견이 맞지 않는다면, 그것은 아이의 권리와 행정이 어딘가에서 어긋나 있는 것입니다.

교육에서 아이의 권리가 우선되어야 하는 것은, 치료에서 환자의 권리가 우선되어야 하는 것과 같습니다. 교사는 어떤 때는 입장이 난감해집니다. 교육 현장을 가장 잘 알고 있는 교사는 행정이 실정과 맞지 않는 것을 요구할 경우 가장 먼저 반응해야 하기 때문입니다.

교육은 행정이 아니라 아이를 성숙한 인간으로 길러내는 일종의 예술입니다. 예술을 만드는 것은 자유로운 인간입니다. 부모는 행정보다 자유로운 인간으로서의 교사의 후원자가 되어야 합니다.

육성회가 이러한 민주주의적인 역할을 하기 위해서는 엄마가 자발적으로 임원이 되어 아이를 위한 발언을 해야 합니다. 그러기 위해서는 바쁜 엄마도 임원이 될 수 있도록 모임 운영을 요령 있게 해야 합니다. 개회 시간, 모임 의제에 배당된 시간의 명시, 발언 시간의 제한, 종료 시간의 엄수가 필요합니다. 매회마다 1시간을 넘지 않도록 해야 하며, 모임을 밤에 하거나 경우에 따라서는 휴일에 하면 엄마뿐만 아니라 아빠도 임원이 될 수 있을 것입니다.

전업주부만 육성회 임원을 맡고 일하는 엄마는 임원을 맡지 않는 것은 잘못된 것입니다. 직장을 가진 엄마가 학교에 부탁해야 할 일이 더 많습니다. 전업주부 엄마의 아이에게만 맞추어 학교 교육 방침을 정한다면, 엄마가 직장에 다니는 집의 아이가 교육을 받을 권리는 무시되는 것입니다. 직장에 다니는 엄마가 더 많아지는 시대가 되면 육성회 임원 중에도 맞벌이 가정의 엄마가 많아야 합니다.

또한 아빠도 아이의 교육을 위해서는 육성회에 좀 더 적극적으로 참여해야 합니다. 그래야 아직도 남아 있는 남존여비 사상에 따른 편파적인 관습이 개선될 수 있습니다.

육성회를 교육 행정의 말단 조직으로 생각하는 사람이 많습니다. 당연히 행정 측에서 해야 할 일을 육성회 임원들에게 시키는 것이 바로 그 예입니다. 육성회는 교육 예산의 부족을 보충하기 위한 노동 봉사 단체가 아닙니다. 또 육성회 일을 하다 보면 아이들 가정의 사생활과 접하는 일도 있는데, 개인의 사생활은 철저히 보호해 주도록 유의해야 합니다.

●

아이가 척추측만증이 되면

초등학교 6학년 여자 아이가 "학교 건강검진 결과 척추측만증으로 판명되었습니다. 정형외과에서 자세한 검사를 받도록 하십시오"라고 적힌 통신문을 가져와 엄마가 놀라는 일이 많습니다. 등뼈가 심하게 만곡되어 똑바로 서 있을 수 없게 되는 게 아닌가? 수술을 해야만 될까? 장래에 결혼해서 제대로 임신할 수 있을까? 밤낮 없이 보호대를 착용하면 신체 다른 부위의 성장에 방해되지 않을까? 이런저런 걱정이 생길 것입니다.

이 나이에 학교에서 엑스선 검사로 찾아낼 수 있는 특발성 척추측만증은 이전에 외상을 입었다거나, 뼈의 질병을 앓았다거나, 심장이 나쁘다거나 하는 특별한 원인에 의한 것은 아닙니다.

인체의 발육은 반드시 완벽하게 좌우 대칭을 이루는 것은 아니어서 만곡 정도가 10도 이하일 때는 정상이라고 합니다. 50도 이상 만곡하여 수술을 요하는 경우는 예외적이며, 신체가 성장하는 동안에는 좀 더 만곡할 수도 있지만 사춘기가 지나 뼈의 성장이 멈추면 더 이상 만곡하지 않습니다. 정형외과에서는 20도 이상 만곡하면 더 이상 진행되지 않도록 보호대를 착용하게 하는데, 보호대의 종류와 착용 기간에 대해서는 의사마다 의견이 다릅니다.

보호대는 만곡한 척추를 똑바로 잡아주기 위한 것이 아니라 더이상 만곡하지 않도록 하는 것이 목적입니다. 따라서 추후에 엑스선 검사를 해서 뼈의 성장이 멈춤에 따라 '종일 착용', '집에 있을 때만 착용', '잘 때만 착용' 등으로 조정해야 합니다. 뼈의 성장이 멈춘 뒤에 보호대를 벗어도 만곡은 그대로 남아 있지만, 이전부터 아이가 정상적으로 생활하고 있었기 때문에 만곡한 부위가 있어도 일상생활에는 아무런 지장이 없습니다.

등 쪽에서 보았을 때 좌우 어깨 높이가 좀 다르거나 어깨뼈 높이가 다르다고 해도 인생을 살아가는 데는 아무런 문제가 없습니다. 물론 임신과 출산도 정상적으로 할 수 있습니다. 다만 한창 활동하는 사춘기에 보호대를 '종일 착용'하는 것은 정신적으로 부담이 되기 때문에 의사와 부모가 아이를 격려해서 이 시련기를 이겨내도록 도와주어야 합니다. 정기적인 엑스선 검사 외에는 뼈의 성장을 검사할 수 있는 방법이 없기 때문에 이 검사를 게을리 해서는 안 됩니다.

●

아이를 각종 학원을 보내야 되면

학년이 올라가면서 각종 학원에 다니는 아이가 많아집니다. 숙제도 어려워져 엄마가 가르칠 수 없는 것도 있습니다. 또 주위 아이들이 모두 학원에 다니기 때문에 우리 아이도 다니지 않으면 안될 것 같아 보내는 사람도 적지 않습니다.

아이가 수학을 잘 못해서 배우는 것이라면 학원을 잘 선택해야합니다. 일률적으로 정해진 코스를 강요하는 곳이 아니라 아이 한명 한 명의 능력에 맞추어 '개인 지도'를 해주는 곳이 좋습니다. 그런 점에서는 가정교사가 좋을 것 같지만 가정교사와 아이 간의 인간관계가 잘 이루어져야 합니다.

학원 선생님이든 가정교사든 엄마가 직접 만나보고 사람 됨됨이를 잘 살펴본 뒤에 정하는 것이 좋습니다. 학교에서는 선생님과 원만하지 못했지만 학원 선생님이나 가정교사와는 잘 맞아 그 과목을 좋아하게 되는 아이도 많습니다. 하지만 엄마가 가르칠 수 있는 실력이 있고, 아이도 집에서 공부하려고 하면 무리하게 학원에 보낼 필요는 없습니다. 엄마가 가르쳐도 좋고, 방문교육도 좋습니다.

하지만 학원으로 할 것인지 방문교육으로 할 것인지 정하기 전에 부모는 더욱 중요한 것을 먼저 결정해야 합니다. 학원도 방문교육도 좋은 상급 학교에 보내기 위한 입시 체제의 일환입니다. 입시체제라는 것은 학력 사회에서 시험 성적이 좋은 아이에게 높은 지위를 주는 선별 제도입니다. 정부 기관이나 유명 기업에 채용되려면 입시 체제의 벨트컨베이어를 타지 않으면 안 됩니다. 입학 시험은 이 벨트컨베이어를 타기 위한 경쟁입니다. 그러나 시험을 잘 봤다고 하여 뛰어난 인간이 되는 것은 아닙니다. 성실, 관용, 융화력, 배려, 겸허, 정의감, 결단력, 희생 정신 등은 시험으로는 판단할 수 없습니다.

하지만 정부 기관이나 대기업은 시험 성적이 채용 후의 근무 태도와 어느 정도 상관이 있다고 봅니다. 인간으로서의 좋은 점을 묻지 않아도 고도 성장은 할 수 있다고 믿습니다. 그러나 인간 됨됨이가 좋아야 가정이나 사회를 더욱 살기 좋은 곳으로 만들 수 있다고 믿는 사람은, 입시 체제에 아이를 무리하게 맞출 필요는 없습니다. 항상 수학 성적이 좋지 않은 아이를 종합모의고사에서 상위 성적을 받게 하려면 아이의 성격을 무시한 채 공부만 강요해야 합니다. 이 때문에 가정의 평화가 깨져 가정을 이탈하는 아이도 있습니다.

소위 엘리트가 되는 것이 인간의 행복이 아니라 보통 인간에게도 행복할 권리가 있다고 생각한다면, 아이를 입시 체제로 밀어붙이는 일은 없을 것입니다. 부모가 아이를 무리하게 엘리트로 만들지는 않겠다고 결심한다면, 부모가 먼저 자신의 생활에 자신감을 갖고 착실한 시민으로서 하루하루를 살아가야 합니다. 착실한 시민의 행복을 아이에게 보여주지 않으면 아이는 자신의 성적이 나빠 입시에 실패했다는 열등감에 사로잡히게 됩니다. 부모가 마음속으로 입시 체제를 인정하지 않기로 결심한다면, 숙제를 돕는 의미에서 보습 학원에 보낸다고 하더라도 아이를 재촉하지는 않을 것입니다.

아이가 등교 거부를 하면

등교 거부는 문명병입니다. 엄마의 집안일은 가스레인지, 청소기, 세탁기, 전기밥솥, 인스턴트식품 등이 등장함으로써 훨씬 편해졌습니다. 그 남은 시간을 엄마는 육아에 집중합니다. 엄마가 시중을 들어주기 때문에 아이는 아무것도 하지 않아도 됩니다. 집안일이 바빴던 시대에는 아이들에게도 그 나이에 맞는 집안일을 분담시켰습니다. 그 시대에 비하면 요즘의 아이들은 많이 게을러졌습니다. 텔레비전이 등장하여 집 안에서의 즐거움이 늘었습니다.

프로그램을 만드는 사람들은 아이들의 기분을 맞추기 위해 노력합니다. 상품을 팔려는 기업이 스폰서이므로 많은 아이들에게 보이고 싶어 합니다. 아무것도 생각하지 않고 그냥 보고 있는 것만으로도 즐거운 프로그램들이 서로 경쟁을 합니다. 아이들은 집 밖에서 놀 수 있는 놀이터가 없어져 방 안에 있는 시간이 많아졌기 때문에 더욱더 텔레비전을 보게 됩니다. 집에 있어도 엄마보다 텔레비전을 더 가까이합니다.

엄마 곁에 있다는 안도감이 있기에 텔레비전도 즐거운 것입니다. 학교에 가도 즐거운 일이 없으면 엄마와 함께 있고 싶어 합니다. 엄마와 떨어지는 데 대한 불안을 견디지 못합니다.

등교 거부는 '분리불안'이라고 할 수 있습니다. 부모가 집 열쇠를 잠그고 모두 일하러 나가는 가정에서는 등교를 거부하는 아이가 적습니다. 이런 아이가 학교를 쉰다면 학교가 아닌 다른 장소에서 친구들과 놀 때입니다. 등교를 거부하는 아이의 가정은 아빠가 열심히 일만 하고 가정의 단란은 생각하지 않기 때문에 엄마가 '육아에 극성'일 수밖에 없는 경우가 많습니다.

아이가 학교에 가기 싫어하는 것은 학교에 가도 놀 친구가 없기 때문입니다. 방과 후에 친구한테 놀러 가도 "오늘은 나 혼자서 컴퓨터나 할래"라고 거절당하거나 친구가 학원에 가서 집에 없는 경우가 많습니다.

매력 있는 선생님이 수업을 재미있게 해서 학교가 즐거웠던 시대가 있었습니다. 하지만 교실에서 활기 넘치는 수업을 할 수 있었던 것은 아이들끼리 즐겁게 지내고 있었기 때문입니다. 아이가 자유롭게 놀 수 있는 공터가 집 옆에 있었기 때문에 방과 후에 야구나 줄넘기를 하면서 친한 친구가 되었던 것입니다.

친하게 놀 친구를 찾지 못하는 것뿐만 아니라 못살게 구는 친구가 있습니다. '보스 기질'이 있는 아이를 중심으로 모인 집단이 얌전한 아이를 노리고 못살게 굽니다. 당하는 아이의 사정하는 모습에 우월감을 느끼거나 유복한 가정의 아이에게 금품을 강탈하여 용돈으로 씁니다.

이런 못된 짓을 하는 집단에 잡힌 아이의 입장에서 등교 거부는 자신을 지키는 권리입니다. 마음이 맞지 않는 교사로부터 요주의 인물로 지목되어 사사건건 주의를 받는 예민한 아이의 경우도 등교를 거부할 권리가 있습니다. 이런 경우 부모는 아이의 인권을 위해 학교에 항의해야 하며, 등교 거부만을 나쁘다고 해서는 안 될 것입니다.

등교 거부는 아침에 일어나지 않는 것으로 시작됩니다. 머리가 아프다고 하거나 배가 아프다고 하는 것이 예사입니다. 학교에 갈 시간에는 환자처럼 보이지만 쉬라는 말을 듣고 한숨 자고 나면 활달하여 평소와 다르지 않습니다. 혼자서 텔레비전을 보며 웃고 있습니다.

2~3일 쉰 후 학교에 가면 또 머리나 배가 아프기 시작합니다. 부모는 이것이 병이 아니라는 것을 알고 있기에 학교에 가라고 협박도 하고 애원도 해보지만 아이는 아침에 일어나지 않습니다. 성적이 나쁘지는 않으므로 수업을 따라가지 못하는 것이 원인이라고는 생각하기 어렵습니다.

선생님이 걱정이 되어 집에 찾아와도 만나려 하지 않습니다. 소아과에 가서 아침에 일어나지 못한다고 하면 자율신경 실조증이라며 약을 처방해 줍니다. 하지만 이런 약으로도 낫지 않습니다. 아동 상담소에 가서 상담을 하면 부모가 과잉 보호해서 그렇다며, 무엇이든 아이 스스로 하도록 하고 집에서 텔레비전을 없애야 한다고 말합니다.

등교 거부를 하는 아이를 많이 보아온 사람들의 공통된 의견은, 엄마로서는 참으로 낙심천만한 일이지만, 등교 거부에는 특별한 치료법이 없으므로 본인이 스스로 등교하고 싶어 할 때까지 기다리는 수밖에 없다는 것입니다. 학교에 가지 않는 아이를 그대로 놓아둘 수는 없으니 끌어서라도 학교에 보내고 싶은 부모로서는 이해가 되지 않습니다. 부모는 완전히 평정을 잃어버립니다.

학교 선생님에게 부탁하고 싶은 것은, 학생 한 명 한 명에게 오늘은 어떤 즐거움을 주었는지 매일 말할 수 있는 사람이 되었으면 하는 것입니다. 등교 거부를 시작한 아이를 게으름뱅이라든지 무기력하다고 단정하지 말기 바랍니다.

이런 아이는 감각이 예민합니다. 학력 사회가 학교의 인간관계에 미치는 중압감을 느끼고 있는 것입니다. 친구들이나 선생님의 신경이 곤두서 있다는 것을 피부로 느끼는 것입니다. 교사는 아이를 나무라거나 필요 이상으로 친밀하게 다가서기 이전에, 스스로가 입시 경쟁의 와중에서 본연의 자세를 잊고 있는 것은 아닌지 반성해 보기 바랍니다.

●

아이에게 성교육을 해야 할 시기가 되면

학교에서 실시하는 성교육에서 저지르기 쉬운 과오는 아이마다 성적 성숙도가 다른데도 불구하고 어떤 아이에게나 적용되는 표준이 있는 것처럼 가르친다는 것입니다. 여자 아이의 경우 생리가 초경 후 28일마다 규칙적인 아이도 있으나 4~5년 동안은 불규칙한 아이가 더 많습니다.

여고생의 반 정도가 생리불순으로 고민하는 것은 성교육 탓입니다. 중·고등학교 남학생의 1/3 정도에게서 젖꼭지에 응어리가 생기는데 자연히 낫는다는 것을 가르쳐 주어야 합니다. 따라서 성교육은 학교에만 의존하지 말고 부모가 아이의 성적 성숙도에 맞추어 가르쳐야 합니다. 부모가 선생님들보다 더 좋은 성교육 교사입니다.

'성'은 인류의 영원한 문제입니다. 아이에게 쉽게 가르칠 수 있다고 생각하는 것은 오만한 어른들의 착각입니다. 성교육을 성기 교육으로 취급하려는 것은 안이한 생각입니다.

남녀의 차이는 신체 기관에 있는 것이 아니라 인간 자체에 있습니다. 남자는 여자를, 여자는 남자를 어떻게 대할 것인가 하는 문제는 인간과 인간의 관계로 받아들여야 하지 성기의 관계로 받아들여서는 안 됩니다. 성기에 대한 지식은 결혼과 결부시켜 교육해야 합니다.

남녀 관계가 인간 대 인간으로 받아들여지고 나서야 비로소 성 문제는 그 동물성에서 벗어날 수 있습니다. 궁극적으로는 동물적인 숙명인 성을 인간의 문제로 다루어야 합니다. 남녀가 서로를 어떻게 대할 것인가 하는 문제는 삶에 대한 자세와 관련이 있습니다. 아이는 가정에서 아빠와 엄마가 서로를 대하는 태도, 학교에서 교사가 서로 다른 성을 대하는 태도 등을 보고 배우게 됩니다.

아빠가 엄마에게 폭군처럼 굴거나, 엄마가 아빠를 사육하는 것처럼 대하거나, 남교사가 여교사나 여학생에게 천박한 태도로 대한다면, 아이는 성을 천박한 것으로 생각하게 될 것입니다. 이러한 분위기에서는 성기 교육이 성 교육으로 통용되어 버립니다. 여자아이가 6학년이 되어야 성 교육을 시작하는 것이 아닙니다. 성 교육은 아이가 낯을 가리기 시작할 때부터 가정에서는 밤낮으로 행해지고 있습니다. 학교에서도 1학년부터 시작됩니다.

에이즈가 상륙한 이래 성 교육은 성기 교육 일변도가 되어버렸습니다. 초등학생에게 에이즈 예방을 가르친다면 결혼할 때까지 참아라, 결혼하면 바람피우지 말라는 등의 원칙적인 것을 머릿속에 새기게 해야 합니다. 콘돔 사용법만을 에이즈 예방 교육이라고 생각하는 것은 부적절한 관계나 불륜이 많은 나라의 경우입니다.

만약 책으로 성을 가르치려면 성을 인생의 일부로 다루는 문학 작품이 성 교육 책보다 훨씬 좋습니다. 인생에 대해 심도있게 다루는 문학 작품은 꼭 성을 다룹니다. 성은 인생의 일부에 불과하지만 매우 중대한 일부이기 때문입니다.

따라서 아이에게 성을 가르치기 위해서는 문학을 아는 아이로 키우는 것도 하나의 방법입니다. 하지만 어느 문학 작품이나 다 좋다고는 할 수 없습니다. 스탕달의 "적과 흑"이나 모파상의 "여자의 일생"은 아이에게 무리입니다. 그러나 나쓰메 소세키의 "산시로"나 톨스토이의 "소년시대"라면 이해할 수 있을 것입니다.

호리호리한 10대 여학생이 생리가 멈춘 것을 엄마에게 이야기하는 경우가 있습니다. 요즘은 신경성 식욕부진증이 그 원인인 경우가 많습니다. 여학생들은 자신이 너무 뚱뚱하다고 생각하여 식사량을 줄이거나 일단 먹고 나서 토해 버리거나 변비약을 먹기도 합니다. 텔레비전에 나오는 배우나 탤런트의 마른 몸매가 눈에 익었거나 유행하는 옷이 날씬해야만 입을 수 있다면 어떻게 해서라도 날씬해져야 한다는 강박관념에 사로잡히게 됩니다. 끊임없이 잔소리를 해대는 엄마에 대한 반감이 중년 여성의 체형을 혐오하게 되는 원인이 되기도 합니다.

엄마는 10대 딸의 자립을 방해하지 않도록 늘 반성해야 합니다. 외동아들을 너무 '사랑'하여 자립의 기회를 주지 않음으로써 결혼 생활도 제대로 못하는 '마마보이'로 만들지 말아야 하는 것과 마찬가지입니다.

●

아이에게 연대감을 심어주려면

문명이 아이를 고독한 인간으로 만들고 있다는 사실을 부모나 교사들은 깨달아야 합니다. 방과 후 아이들이 야구를 하거나 술래잡기를 할 공터는 이제 없습니다. 밖에서 놀지 못하는 아이는 친구 집에 갑니다. 거기에서도 여러 친구들과 함께 노는 아이는 없습니다. 자신이 가지고 있지 않은 게임을 찾아 혼자서 놉니다. 대부분의 아이는 학교에서 돌아오면 학원에 가거나 가정교사가 집으로 오기 때문에 놀 시간이 없습니다.

친구와 학원에 함께 가도 시험에서는 라이벌입니다. 그래서 상대가 조금이라도 실수하기를 바랍니다. 이런 세계에서는 아이들끼리의 연대감이 생길 수 없습니다. 아이들은 모두 고독합니다. 하지만 인간은 본래 고독을 견디지 못합니다. 그래서 약간의 틈을 이용하여 연대감을 추구한다는 것이 '왕따'를 만드는 현상으로 나타납니다.

별것도 아닌 일로 희생물을 만들어 모두가 떠들어대거나 괴롭히면서 아이들은 연대감을 느낍니다. 놀림을 당하는 아이가 고독한 것이 아니라 함께 놀리는 아이들 각자가 고독한 것입니다. 왕따는 도덕 교육으로는 없앨 수 없습니다. 요즘의 교육이 고독한 아이를 만들어내고 있기 때문에 교육 자체를 바꾸지 않으면 안 됩니다.

아이에게 연대감을 갖도록 하기 위해서는 즐거운 분위기에서 운동을 하거나, 자유롭게 실험하는 시간을 수업 시간표에 넣어야 합니다. 그러려면 시험 위주의 시간표를 대폭 고쳐야 합니다. 학교 교육이 순전히 입시 준비로만 채워지는 것을 막아야 합니다. 한 명이라도 고독을 느끼는 아이가 있을 때 그것을 조기에 발견하기 위해서는 학급 인원을 20명 전후로 해야 할 것입니다. 연대감으로 맺어진 학급을 만드는 것도 교육에서 중요한 일입니다.

학교가 입시 체제로 돌입하면 성적이 나쁜 아이는 탈락하게 됩니다. 이런 아이에게 고독으로부터 벗어날 수 있는 기회를 주는 것은 비행 친구뿐입니다. 어른들 눈을 피해 전자오락실이나 PC방에 데리고 가주는 고학년 선배는 지금까지 어떤 친구에게서도 느끼지 못했던 연대감을 가르쳐줍니다. 아이는 모험과 새로운 기쁨으로 비행에 빠지기 시작합니다.

특히 편모나 편부 슬하의 아이가 방과 후 제대로 된 보육시설에 다니지 않을 경우에는 더욱 세심한 주의가 필요합니다. 이런 아이는 엄마나 아빠가 집에 돌아올 때까지 방황합니다. 동급생과는 별로 놀지 않는 이런 아이는 처음에 저학년 후배들을 모아 골목대장이 되지만 언젠가는 방황하고 있는 상급생을 만나게 됩니다. 그 상급생은 또 나이 많은 직업적인 부랑 집단과 연결됩니다. 비행으로 가는 운명적인 레일이 만들어져 있는 것입니다.

학교는 지역의 편모나 편부 슬하 가정에 대해 각별히 신경 써야 합니다. 방황이나 비행이 나타나기 전에 미리 손을 써야 합니다. 편모나 편부 슬하 가정이기 때문에 아이가 비행을 저지르는 것은 아닙니다. 모든 가정의 아이가 비행을 저지를 가능성이 있습니다. 그러므로 모든 부모가 학부모 모임에 참여해서 이런 문제에 대한 예방을 위해 대책을 세워야 합니다.

학교는 아이들에게 얼마만큼의 학력을 길러주느냐가 아니라 얼마만큼 친구와 연대하고 있느냐에 항상 신경을 써야 합니다.

젖먹이 때와 유아기 때 부모와 자녀 간의 정서 안정에는 부모와 자녀가 한방에서 나란히 누워 자는 육아 방식이 좋았습니다. 이러한 육아 방식에 의해 생긴 부모와 아이의 밀착은 옛날에는 집 밖에서 연대감을 형성할 수 있는 기회가 많았기 때문에 그다지 문제가 되지 않았습니다.

그러나 요즘처럼 연대를 형성할 수 있는 기회가 부족한 시대에 자칫 아이가 연대감을 상실하면 모자 밀착이 언제까지나 이어져, 남자 아이는 부모의 관심이 지나쳐 결혼 생활까지 위태로워질 수도 있습니다. 아이들의 연대를 없애는 원인이 된 자유 공간의 상실, 텔레비전, 컴퓨터 학원, 입시 체제 등은 학부모 모임 토의에서 가장 중요한 논의 대상입니다.

이미 시작된 왕따나 비행에 대한 최선책은 없어도, 시작되기 전이라면 아이들에게 연대감을 갖게 하는 길을 발견할 수 있을 것입니다. 그렇게 하지 못한다면 우리는 우리 자신이 만들어낸 문명에 의해 멸망하게 될 것입니다.

저자 후기

　이 책에서는 가능하면 어린이의 입장에서 육아에 대하여 생각하고자 했다. 어린이의 성장은 하나의 자연스러운 과정이다. 자연에는 자연의 섭리가 있다. 풍토에 밀착한 한 민족의 생활이란 끝없는 시행착오를 거치며, 자연의 섭리에 적응해온 것이다. 일본의 풍토에 맞는 육아 방법은 그와 같이 민족의 풍습으로 형성되어 온 것이라 할 수 있다. 또한 문명의 발달은 모든 이들의 생활을 서서히, 때로는 급격하게 바꾸고 있다. 제2차 세계대전 이후 일본에서는 '제2의 유산'이라고 할 정도로 생활 양식이 바뀌어 왔다. 이는 어린이들의 성장 과정에도 어느 정도의 가속화를 초래했다.

　대가족제도 틀 안에서 시어머니로부터 며느리에게 전해졌던 풍습으로서의 육아법을 배우는 기회를 현대 여성은 잃어버리고 만 것이다. 그래서 처음으로 어머니가 되면 전혀 경험이 없는 초보자 상태에서 아기와 어린이의 성장에 대처해나가야 하는 상황에 처하게 되었다. 어느 나라나 그렇지만 육아에 대한 조언은 병을 치료하는 의사가 주도권을 가지고 있다. 그러다 보니 육아서를 집필하는 이는 의사이다. 그런데 어머니들에게 조언을 하는 의사들에게는 메이지 유신 시절의 각인이 아직도 찍혀 있는 것 같다.

문명이란 서구로부터 수입하는 것, 그리고 위로부터 아래로 대중을 계몽시켜 나가는 것이라는 사상이 아직도 의사들 사이에 남아 있다. 이는 의사를 양성하는 의과대학이 메이지 시대의 관료정부와 굳게 연결되어 있던 사실에 유래한다. 제2의 유신에도 불구하고 일본 정부가 독일식 관료제로부터 벗어나지 못하고 있는 것과 마찬가지로 일본의 의사들은 학벌이라는 형태로 관료제에 얽매여 있다. 전쟁 이후 일본의 의사를 양성하는 대학은 전처럼 관료 정부로부터 지원을 받지 못하게 되자, 연구 비용을 제약 회사나 유제품 회사에 기대게 되었다. 이 때문에 상품을 팔려는 목적으로 어린이의 성장과 자연의 섭리를 무시하는 시도에 대하여 학문적인 견지에서 이를 비판하는 일도 줄게 되었다.

예전의 육아 지도가 정부가 기대하는 질서에 대한 순응을 요구하는 것이었다면, 근래의 육아 지도는 제약 회사나 유제품 회사와의 공존·공영을 요구하는 것이라고 본다. 이는 보건소에서 어머니들에게 나누어주는 육아 카탈로그에서 단적으로 나타난다. 내용은 서구적이지만, 외국의 문명을 위로부터 어머니들에게 주입해 나가는 메이지 시대의 자세는 오늘날의 육아 지도에서도 유지되고 있다.

이 책은 내용면에서는 우리만의 개성을 지키고, 집필 자세에서는 '높으신 분들(정부, 관료)'의 억지에 나름대로 저항을 한다는 의도로 썼다. 어린이의 입장에 서고자 한다면 어린이와 가장 가까운 어머니의 입장에 근접해야 한다. 또 어린이의 자연스러운 성장을 존중하려면 어머니에게 닥치는 부자연스러움을 최소화할 수 있어야한다. 여기서 말하는 부자연스러움이란 불필요한 상품을 강매하는 광고이고, 불필요한 주사를 놓는 '치료'를 말한다.

그러기 위해서는 몇천 년에 걸쳐 동양의 어머니들이 만들어온 풍습 같은 육아를 학문적 시각으로 다시 바라보아야 한다. 그냥 전통이라는 이유로 지켜야 하는 것이 아니다. 동양인으로 이곳 풍토에 묶여 살고, 지금의 문화 수준으로 바뀔 수 없는 풍습이 존재하는한, 그에 순응하여 만들어진 동양식 육아법을 무시할 수 없다는 말이다. 부모가 아기를 다른 방에서 재우는 미국 중류사회의 육아법은 철근 콘크리트로 지어진 현대식 건물에 산다 할지라도 부모가아기를 같은 방에서 데리고 자는 우리 육아법과 다를 수 있다.

의사 입장이 아닌, 환자 입장에서 치료를 생각하는 자세는 30년 전에 대학을 떠나 가난한 이들을 구하고자 하는 결핵예방건강상담소에서 일하면서 내 마음에 뿌리 내리게 되었다. 그 시절 나의 연구 방향을 정해주신 히라이 이쿠타로(平井郁太郎) 선생님께서 어린이들을 주사기로 괴롭혀서는 안 된다고 말씀하셨던 것이 내 신념을 더욱 굳게 했다. 그리고 전후 20년 동안 거리 소아과 의사로서의 생활은 나를 어머니의 입장에 더 가깝게 만들어주었다. 이전 세대로부터 떨어져서 고립되고 원조가 없는 상태에서 아기를 키워야 하는 어머니가 어떠한 문제에 직면하는지를 현장에서 배울 수 있었다.

많은 똑똑한 어머니들이, 성장이 빨라진 아기들에게 지금까지의 육아서에는 없는 새로운 영양법을 시도하고, 성공하는 것을 보아왔다. 그 어머니들은 아기의 자연스러운 성장을 존중했던 것이다. 그러나 모든 어머니들이 아기의 자연스러운 성장을 존중하는 것은 아니다. 어떤 어머니는 아기의 개성을 무시하고 규칙적이고 자로 잰 듯한 육아법으로 아기를 고통스럽게 한다. 그러한 아기들의 고통을 줄이고자 아기와 어린이의 입장에서 육아를 비판한 것이 『나는 아기』, 『나는 두 살』(이와나미신서)이었다.

그리고 1963년 경부터 내 마음속에서 민족문화가 지니고 있는 풍토적 숙명에 대한 관심이 커져갔다. 일본의 풍습으로서의 육아를 다시 보려는 시도를 하게 되었고, 나는 자진하여 마이니치 신문에 '일본식 육아법'(그 후에 『고단샤현대신서』로 출판됨) 연재를 맡게 되었다. 그 준비 과정에서 일본에서도 시대의 육아학을 만든 가즈키 고잔(香月牛山)이 집필한 『소아필용양육초(小兒必用養育草)』를 읽게 되었다. 또한 킨키(近畿) 지방의 각지를 돌면서 민속으로서의 육아법을 묻고 들었다.

이 책에서 '구식'으로 보이는 면이 눈에 띄는 것은 그와 같은 '구식'의 육아법이 어린이의 정서를 튼튼하게 하고 어머니를 안정시켜 준다는 사실을 목격했기 때문이다.

『나는 아기』, 『나는 두 살』과 신문의 연재를 통해 내 지명도가 오른 후 때때로 병원으로부터 '탈주'한 환자가 나를 찾아오기도 했다. 그리고 나는 어머니들로부터 근대의학에 대한 환자 측의 비판을 듣게 되었다. 그것은 의사 측에서야 연구에 대한 열의라고도 볼 수 있는 것이, 환자 입장에서는 아픈 사람의 고뇌를 무시하는 꼴이 될 수 있다는 사실이었다. 국가의 원조보다 환자의 부담에 더 의존하는 지금의 의료제도로 인해 의사나 간호사의 선의에도 불구하고 병원 경영이 곤란해지고, 환자의 입원 생활이 자유롭지 못하며, 치료라는 것이 학문적인 면에서 불완전해지고 있다. 각각의 병환으로 입원을 해야 할지 말아야 할지를 정하는 것은 환자의 입장에서 보면 큰 문제가 되고 있다.

어머니의 입장에서 이러한 문제를 피할 수는 없다. 의사에게는 입원시켜버리면 만사 편리하지만 이것은 어디까지나 의사 입장이다. 환자, 의사 그리고 간호사 모두가 같이 손잡고 불완전한 의료제도를 새롭게 정비해나가야 한다. 그리고 이것이 달성될 때까지 나는 어린이의 입장에서 생각하고 싶다. '어린이 질병'은 이 점을 고려했다('어린이 질병' 챕터는 의학 진보에 따른 개정의 필요성이 있기 때문에 이 책에는 수록되지 않았음-편집자 주).

물론 이 책이 의사를 대신할 수는 없다. 병에 걸리면 의사를 찾는 것이 당연하다. 하지만 불행하게도 의사들은 너무 바빠 어머니들에게 충분한 설명을 하지 못한다. 의사를 찾는 어머니들을 도와주고 싶은 것이 나의 바람이다. 대부분의 의사들은 어린이의 입장을 옹호하는 어머니들의 생각에 동감한다. 하지만 영업적인 이유로 어린이의 입장을 무시하는 이들은 이 책에 저항감을 느낄지도 모르겠다. 의사들에 대한 비판으로 그들의 신용을 떨어뜨린다고 하는 이들이 있다. 그러나 의사는 단지 의사라고 해서 신뢰받는 것이 아니다. 어떤 의사를 믿고 어떤 의사를 믿지 않느냐 하는 것은 환자들이 선택할 일이다.

자유경쟁시대에 의사만이 경쟁에서 면제되는 것은 자연스럽지 않다. 요즈음의 관료적인 보험제도가 의사로 하여금 자유라는 것을 잊게 하고, 환자를 바보 취급하는 현실이 눈에 띄고 있다. 공정한 재판관이 사람들의 눈을 두려워하지 않는 것처럼, 공정한 의사는 어린이를 걱정하는 어머니를 귀찮아하지 않을 것이다. 재판이 죄 없는 이를 벌하지 않는 것처럼 의사는 불필요한 주사로 어린이를 괴롭혀서는 안 된다.

이 책 '보육시설에서의 육아' 편에는 '보육은 이렇게 되어야 한다' 는 바람을 많이 실었다. 그것들이 실제적으로 보면 그냥 이상론으로 보일 것이다. 하지만 현실의 부족한 조건에 적응하여 어린이를 키우는 것보다 이상을 향해 현실을 바꾸어나가는 쪽이 바람직하다고 나는 믿고 있다. 어린이 입장에서 육아를 생각한다면 예외는 없다.

이제 집단보육이 직장에 다니는 어머니들에게만 필요한 시대는 지났다. 어린이들은 지금까지는 항상 집단 속에서 성장해 왔다. 하지만 지금은 넘치는 자동차와 밀집된 주택들이 어린이들에게서 놀이터와 친구를 빼앗아갔기 때문에 어린이들은 집 안에 홀로 갇히는 꼴이 되었다. 모든 어린이들에게 집단보육의 장소를 제공해 줌으로써 고독으로부터 해방시켜주는 일은 어머니들의 바람이다. 집단보육의 장과 노동 개선을 위해 모든 어머니들이 협력해야 한다.

나는 이 책을 보건소에서 근무하는 이들도 읽었으면 하는 것이 바람이다. 보건소는 특히 지금까지의 획일적인 육아 지도에서 벗어나야 한다. 어린이 각자의 특기와 장점을 살리려면 각각의 개성을 존중해야만 한다. 어린이의 성장 유형에는 여러 가지가 있다. '표준 체중'을 기준으로 아기들을 구별하는 것은 옳지 못하다. 아직 젖을 안 뗀 아기를 위한 지도에서는 각기 개성에 맞게 경험이 없는 어머니들을 격려해야만 한다.

이 책은 육아의 대상을 초등학교 입학 전까지의 어린이로 정해 놓았다. 어린 학생에 관해서는 일반적인 성장과 전망에 대해서만 기재했다. 어린 학생들이 가장 앓기 쉬운 병에 대해서는 '어린이 질병'에 언급해 놓았다.

이 책을 완성하는 데 도움을 주신 여러 관계자분들에게 깊이 감사를 드린다.

1967년 초판을 펴내며

『육아백과』(원제) 초판을 내고 13년이 흘렀다. 그동안 너무나 많은 분들이 읽어주신 것에 깊이 감사를 드린다.

원래 육아는 풍습이다. 우리에게 삶의 방식이 있다면 육아라는 것도 모르고 있어서는 안 된다. 핵가족이 늘어감에 따라 세대에 걸친 육아법 전수가 어렵게 되고 말았다. 『육아백과』가 많이 읽혔던 것은 육아법 전수의 중단이라는 문제를 어느 정도 해결해 주었기 때문이라고 본다.

어린이가 우리의 생활과 관련되는 한 의학과 사회를 아우르는 정해진 범위가 있어야 한다. 이는 수천 년에 걸친 경험이 풍습으로 되기까지 잘 다져진 이치와 육아의 길을 새로운 환경에서 잃지 않기 위함이다. 어머니들이 이러한 관점을 거리의 늙은 소아과 의사에게 기대해 주신 점은 더없는 영광이다.

　지난 13년 사이에 『육아백과』의 또 다른 이용법이 개발되었다. 의료제도 빈약하기에 일본 의사들은 상식을 넘는 분주함 속에서 진료를 하고 있고, 치료 내용을 환자에게 이해시키는 여유도 잃고 말았다. 그럴 때 『육아백과』는 의사의 설명을 대신하는 새로운 역할을 맡게 된 것이다. 내용을 이해하고 치료를 받는 환자가 늘어가면, 환자가 모른다는 것을 전제로 하는 독단적인 치료가 개선되리라는 바람이 초판이 출간되었을 때보다 더욱 절실해졌다. 그리고 『육아백과』가 결혼 선물이 되는 경우가 많아짐에 따라 '임신~출산'이라는 새로운 장을 추가했다.

1980년 신판을 펴내며

　20년 전에 『육아백과』를 출간하며 두 가지 목적을 밝혀 두었다.

　하나는 어린이의 입장에 서서 육아법을 생각하는 일, 그리고 또 하나는 핵가족이 되어 육아 전통에서 멀어져 버린 어머니를 지원하는 일이었다. 지금 이 책을 새롭게 출간하면서 이 두 가지 목적이 더더욱 선명하게 떠오름을 느낀다. 고도의 성장은 새로운 비즈니스를 창출하고, 육아라는 분야도 새로운 시장이 되었다. 이에 따른 신제품의 홍수는 어린이들의 자연스러운 성장을 저해하고 있다. 의료라는 이름으로 육아의 영역에 들어오는 새로운 비즈니스는 무엇보다도 시간을 거쳐 확증이 되지 않은 새로운 '약'과 '검사'를 밀어붙이고 있다. 의료라는 것이 영리 추구가 되었다가 연구가 되기도 하여 아이와 부모가 겪는 고충을 무시하게 되는 것이다. 말 못하는 아기와 어린이의 인권이 오늘날만큼 위협받는 일은 없었다.

　어머니는 육아에 대해 이전만큼 고립되고 지원을 못 받는 일이 겉으로 보기에는 사라진 듯하다. 그런데 커뮤니케이션 산업의 발전이 정보의 과다를 불러왔다고 하지만, 정보를 제공하는 쪽은 대부분 남자 위주의 관점이다. 따라서 여자로서 어머니의 부담을 경시하는 것이 아닐까? 커뮤니케이션이 상품이 된 이상 판매하는 입장이 어머니의 입장에 우선되는 것은 당연한 일이다. 육아에 정말로 필요하고 충분한 것이 무엇인지가 지금만큼 중요한 질문이 되었던 때는 없었다. 그런 면에서 『최신 육아백과』는 이 시대의 요청에 대응하고자 한다.

1987년 최신판 간행을 맞이하며

『육아백과』는 1967년 일본에서 초판이 출간되고 나서 150만 권 (1998년) 이상 판매되었다. 그리고 중국, 태국, 한국에서도 번역판이 나오게 되었다. 저자로서 그저 깊이 감사할 따름이다.

그간 급속한 의학의 진보에 책의 내용이 따라갈 수 있도록 영국, 미국, 북부 유럽, 네덜란드, 캐나다, 호주의 소아과 잡지와 의학 주간지 20권을 구독해 왔다. 매일 오전 나의 일과는 이것을 독파하는 일이었다. 그리고 새로 알게 된 점을 매년 개정판에 덧붙여 써나갔다.

여기에는 의학 지식뿐만 아니라, 『육아백과』를 읽고 잘 이해되지 않는 부분에 대한 독자들의 지적도 한몫을 했다. 30년 이상 걸친 독자들과의 교신과 정정 덕택에 근래에는 질문 편지를 받는 경우가 거의 없어졌다. 행복하게도 요즘에는 감사의 마음을 담은 편지가 많다. 덕분에 책 내용에 대해 점점 자신을 얻게 되었다.

가장 많이 정정한 것은 '어린이 질병'이다. 그중에서도 특히 치료에 관한 부분이다. 책에 정리된 병의 원인과 자연 경과는 소아과 의사에게는 상식적인 내용이다. 하지만 의사가 다수의 불특정 환자들을 진찰하게 된 요즘, 의사들은 그 상식마저 설명할 여유를 잃고 말았다.

이전에 내가 더 이상 일을 하지 못하게 되면 '어린이 질병' 부분을 떼어내고 본문만 계속 간행하려고 했다. 하지만 어머니들로부터 "저를 키우실 때 어머니가 쓰셨던 『육아백과』를 물려받아서 소중히 읽고 있습니다"라는 편지를 몇 통 받은 뒤에는 생각을 고치고, 책의 생명이라는 것에 대해 다시금 생각하게 되었다.

이 책은 나 개인의 책이라기보다 아이를 키우는 수많은 어머니들과의 공동 작품이다.

1998년 정본 『육아백과』를 펴내며

색인

1 한 개의 항목에는 한 개의 페이지만 나오도록 만들었다. 그 항목에 관해서 가장 중요한 것만을 알려주기 위한 것이다.

2 월령, 연령은 세세하게 나눈 경우(2~3개월)와 대략 나눈 경우(1~3개월, 4~6개월)가 있다. 후자의 경우, 3개월은 넘고 4개월은 아직 안 된 아기는 1~3개월로 보면 된다.

3 월령, 연령이 특별히 기입되지 않은 항목에는 일반적인 사항을 기재하였다.

4 임신과 그 경로의 관계를 알고 싶을 때는 우선 '임신'으로 찾는다. 없으면 항목 옆에 '임신'이라고 되어 있는 곳을 찾으면 된다. 예) 풍진(임신)

5 본문의 항목과는 별개로 문제별로 항목을 만들었다. 예) 토마토는 언제부터 줄 수 있나?

6 내용을 위주로 한 색인이므로 항목과 본문의 용어가 똑같지 않을 수도 있다.

ㅊ

마쓰다식 임신 출산 육아 백과 3
-만 1세 반에서 7세까지-

초판 1쇄 인쇄 2022년 7월 10일
초판 1쇄 발행 2022년 7월 15일

저자 : 마쓰다 미치오
번역 : 김순희

펴낸이 : 이동섭
편집 : 이민규, 탁승규
디자인 : 조세연, 김형주
영업·마케팅 : 송정환, 조정훈
e-BOOK : 홍인표, 서찬웅, 최정수, 김은혜, 이홍비, 김영은
관리 : 이윤미

㈜에이케이커뮤니케이션즈
등록 1996년 7월 9일(제302-1996-00026호)
주소 : 04002 서울 마포구 동교로 17안길 28, 2층
TEL : 02-702-7963~5 FAX : 02-702-7988
http://www.amusementkorea.co.kr

ISBN 979-11-274-5421-0 14590
ISBN 979-11-274-5418-0 14590 (세트)

TEIHON IKUJI NO HYAKKA, Iwanami Bunko Edition
by Michio Matsuda
Copyright © 1999, 2009 by Shuhei Yamanaka and Saho Aoki
First published 2009 by Iwanami Shoten, Publishers, Tokyo.
This Korean print edition published 2022
by AK Communications, Inc., Seoul
by arrangement with the proprietors c/o Iwanami Shoten, Publishers, Tokyo